U0370487

TERAHERTZ BIOMEDICAL SCIENCE AND TECHNOLOGY

"十二五"国家重点图书出版规划项目

湖北省学术著作出版专项资金资助项目

世界光电经典译丛

丛书主编　叶朝辉

太赫兹生物医学科学与技术

Joo-Hiuk Son　编 著

张存林　苏 波　译

华中科技大学出版社

http://www.hustp.com

中国·武汉

献给那些敢于突破极限挑战
未知领域的科学家们

译者序

太赫兹波也称为 T 射线,是指频率在 0.1～10 THz 范围内的电磁波,terahertz 的缩写为 THz,1 THz＝10^{12} Hz。从行业习惯方面来说,在微波领域更愿意将太赫兹波称为亚毫米波,在光学领域则更愿意称其为远红外波或超远红外波。太赫兹波称谓的这种行业习惯其实反映了产生和探测太赫兹波的两种基本技术途径:一种是源于毫米波技术向短波(高频)方向发展;另一种是源于光学技术向长波(低频)方向延伸。在经历了近几十年的技术发展与理论沉淀后,太赫兹技术于 21 世纪初迸发出蓬勃的活力,在物理学、化学、生物医学、天文学、材料科学和环境科学等方面展现出广阔而诱人的应用前景,并将推动基础科学研究、国民经济发展、国家安全反恐和新一代 IT 技术产业的大力发展。

本书主要由 Joo-Hiuk Son 博士编写,他于 1994 年获得密歇根大学安娜堡分校电气工程博士学位,现任韩国首尔大学物理系教授。他的早期研究主要集中在利用太赫兹时域光谱技术表征纳米材料,包括碳纳米管和石墨烯的电学和光学性质。近年来,他主要研究太赫兹电磁与生物材料的相互作用及其在医学中的应用。他还结合纳米材料和太赫兹医学诊断的专业知识,发明了一种利用纳米探针进行高灵敏度太赫兹分子成像的技术。本书专业性非常强,包含的专业知识覆盖了生物学、医学、物理学、化学等方面的内容,对太赫兹在生物医学方面前沿动态的把握非常到位,可以说为读者倾心打造了一场太赫兹生物医学的"盛宴",是每一位从事太赫兹研究尤其是太赫兹生物医学研究的人员不可错过的经典。开卷有益,相信每一位读者都能从中得到启发。

本书将太赫兹技术应用到生物医学领域,对生物医学的发展具有重大意义。本书共 19 章,由四大部分组成,第一部分是太赫兹生物医学研究导论,也是第 1 章的内容,主要介绍太赫兹的基本概念和太赫兹的主要优点。第二部分包括第 2 章～第 6 章,回顾了最先进的太赫兹技术,主要包括太赫兹源、太赫兹探测器及内镜检测技术。第三部分包括第 7 章～第 13 章,从自由水和液体的太赫兹特性出发,讲述了利用太赫兹波研究的基本生物学成果。第四部分包括第 14 章～第 19 章,主要介绍了太赫兹波在医学中的应用。本书的每一章节都有更加细分的研究内容,方便读者有选择、有重点地进行阅读。更重要的是,本书对太赫兹在生物医学方向的发展做了进一步阐述,相信这对读者有很好的引导意义。

本书由张存林、苏波两位老师指导翻译,并由苏波老师进行审校。所有译者对全书译稿进行了多次讨论,并就疑难点的译文进行反复推敲,力求做到最忠实于原文的表达。

本书既可以作为高等院校微波技术、光学等专业的本科生和研究生教材,帮助刚跨入太赫兹领域开展学习与研究的科研院校学生、初级研究人员建立起全面的基础理论与技术概念,也可以供相关领域的工程技术人员结合本专业领域技术与太赫兹科学技术进行思考与研究。这也是我们希望将此书翻译出来介绍给国内读者的主要原因。

苏波

2021 年 3 月 8 日于北京

前言

  微波和远红外分子光谱具有悠久而卓越的历史,至少有 9 个诺贝尔奖与它相关,在 1952 年,诺贝尔物理学奖颁给了布洛赫和珀塞尔;在 2012 年,诺贝尔物理学奖颁给了哈罗彻和温兰德,他们依靠一个独特的由太赫兹应用的先驱 Philippe Goy 发明的亚毫米波矢量网络分析仪去研究他们的里德伯原子。20 世纪 80 年代,贝尔实验室的奥斯顿和努斯,以及 IBM 的格里什科夫斯基提出的亚皮秒电子瞬态的产生和相干探测,以及 20 世纪 90 年代初锁模钛蓝宝石飞秒激光的出现,极大地扩展了太赫兹光学领域,并使太赫兹光学可被跨越不同领域(如超快速化学、量子物理学、生物学和医学等领域)的研究人员广泛使用。

  在过去 20 年中,人们非常关注应用这些具有挑战性的技术和仪器来更好地理解在正常环境温度和低温下主导化学过程和生物过程的低能(分子水平)相互作用。特别令人感兴趣的是"宇宙中最重要的水分子以及它的普遍第一性原理模型",该模型只能使用全套的远红外源、探测器和借助测量技术来完成,相应技术目前正在全球各地的实验室中被开发和利用。

  这部关于太赫兹装置、测量技术和应用的非常全面的最新研究著作(专门针对生物和生物医学的用途)为那些希望调查和理解这一新兴技术领域且拥有日益增长的兴趣的人来说,提供了精彩的介绍和持久的参考。撰稿者包括许多优秀的研究团体和当今世界上最著名的专家。具体主题包括太赫兹源和探测器、脉冲和连续波电路、成像和层析技术、导波元件、溶剂化合物和生物分

子的光谱研究、太赫兹电磁场与生物的相互作用及其近期在生物医学领域的
应用(例如,药物吸收、癌症检测和纳米颗粒探测)。

　　虽然太赫兹光谱学和成像在生物科学中的应用仍然非常有限,并且这些
技术与更成熟的模式相比,其效果仍然是一个非常有争议的问题,但相信读者
不会对早期的文本所包含的研究范围感到失望。

Peter H. Siegel

California Institute of Technology

Pasadena,California

NASA Jet Propulsion Laboratory

Pasadena,California

参 考 文 献①

P. H. Siegel,Terahertz pioneer:Philippe Goy—If you agree with the majority you might be wrong,*IEEE Transactions on Terahertz Science and Technology*,3(4),247-353, July 2013.

D. H. Austen and M. C. Nuss,Electrooptic generation and detection of femtosecond electrical transients,*IEEE Journal of Quantum Electronics*,24(2),184-197,February 1988.

P. H. Siegel, Terahertz pioneer: David H. Auston—Working collectively to combine complementary knowledge,perspectives and talents,*IEEE Transactions on Terahertz Science and Technology*,1(1),5-8,September 2011.

Ch. Fattinger and D. Gischkowsky,Terahertz beams,*Applied Physics Letters*,54,490-492,1989.

P. H. Siegel,Terahertz pioneer:Daniel R. Grischkowsky—We search for truth and beauty, *IEEE Transactions on Terahertz Science and Technology*,2(4),377-382,July 2012.

D. E. Spence,P. N. Kean,and W. Sibbett,Sub-100 fs pulse generation from a self-modelocked titanium: sapphire laser,*Conference on Lasers and Electro-optics*,*CLEO*,Technical Digest Series: Optical Society of America,pp. 619-620,1990.

P. H. Siegel,Terahertz pioneer: Richard J. Saykally—Water,water everywhere ... ,*IEEE Transactions on Terahertz Science and Technology*,2(3),265-270,May 2012.

---

① 　注:本书所有参考文献同原书。

序言

在过去的 20 多年,自可用飞秒激光驱动皮秒电脉冲产生太赫兹信号以来,太赫兹科学技术开始备受关注。为了弥补电磁波谱的空缺,新的产生技术、探测技术,以及必要的组件已经被开发并应用于诸如科学光谱学、安全检查和医学成像等众多领域。

随着太赫兹技术的发展,关于这一主题的研究论文的出版量也激增,因为其在科学和技术上都具有巨大的潜力,所以许多介绍这种先进技术的书在陆续出版。这些书主要集中介绍太赫兹的产生和探测、层析成像仪器等类似仪器的使用方法,以及诸如半导体和电介质等凝聚物质的光谱学等方面。最近 2 年出版的书籍反映了太赫兹技术及其应用的进展,但限制了利用太赫兹波进行生物医学研究的空间,尽管生物医学领域是太赫兹应用中发展最快的领域之一。

因此,一本能展现迄今为止获得的大部分相关研究成果的太赫兹生物医学研究图书有着巨大的需求,该项目由泰勒和弗兰西斯集团的高级编辑 Luna Han 发起,他联系我编写这本关于太赫兹生物医学研究的书,我有幸聘请到太赫兹研究的先驱和太赫兹生物医学领域的杰出科学家作为这本书的作者,这本最近被研讨了很长一段时间的书是他们研究成果的汇编。

本书由三部分组成。第一部分简要回顾了太赫兹技术,从源和探测器到成像技术和波导,引导学生和科学家进入太赫兹研究领域。第二部分的内容是,利用太赫兹波进行的基础生物学研究的汇编,包括水和液体的特性、生物分子光谱学、蛋白质的动力学,以及太赫兹辐射的生物学效应。第三部分介绍了太赫兹成像在医疗应用方面的最新成果,特别是在癌症诊断方面。本书还从太赫兹波的原理和应用出发,讨论了太赫兹波分子成像技术,最后总结了太赫兹技术在医学领域的应用前景。

如果没有杰出的章节作者,这本书无法面向读者出版。在此感谢作者贡献的知识,并对罗切斯特大学的张希成教授给出的鼓励和建议表示衷心的感谢。同时对首尔市立大学太赫兹生物医学实验室的学生 Jae Yeon Park、Kwang Sung Kim 和 Heejun Shin 表示感谢,感谢他们做的手稿录入工作。感谢 Luna Han、Robert Sims,以及泰勒和弗兰西斯集团的工作人员、SPi Global 的 Remya Divakaran,感谢他们为这本书的出版所做出的辛勤工作。最后,我要感谢我的妻子 Miyoung 和我的女儿 Eunho 和 Jeeho,感谢她们的爱和支持。

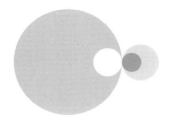

编者

Joo-Hiuk Son 分别于 1986 年和 1988 年在韩国国立首尔大学电子工程系获得学士学位和硕士学位,1994 年在安娜堡的密歇根大学获得电气工程博士学位。他的博士工作是通过监测飞秒激光驱动的太赫兹脉冲对半导体瞬态速度超调动力学进行实验和理论研究。离开密歇根州后,他在加州大学伯克利分校劳伦斯伯克利国家实验室和电子工程与计算机科学系从事博士后研究工作,1994 年至 1996 年,他继续研究半导体的太赫兹光谱。1997 年,他以助理教授的身份在首尔大学物理系工作,后来被提升为教授。在早期,他的研究主要集中在各种纳米材料的电学和光学性质的表征上,包括利用太赫兹时域光谱技术研究碳纳米管和石墨烯。近年来,他的研究兴趣转移到生物材料与太赫兹波的相互作用及其在医学中的应用。结合他在纳米材料和太赫兹医学诊断方面的专长,他发明了一种使用了纳米颗粒探针的高灵敏度太赫兹分子成像技术。

撰稿者

Philip C. Ashworth
Cavendish Laboratory
University of Cambridge
Cambridge, United Kingdom

Benjamin Born
Department of Biological
Regulation
Weizmann Institute
of Science
Rehovot, Israel

Nikolay Brandt
Faculty of Physics
and
International Laser Center
Lomonosov Moscow State
University
Moscow, Russia

Massimiliano Cariati
Division of Cancer Studies
School of Medicine
King's College London
London, United Kingdom

Andrey Chikishev
Faculty of Physics
and
International Laser Center
Lomonosov Moscow State
University
Moscow, Russia

Hyuk Jae Choi
Asan Medical Center
Seoul, Republic of Korea

Hyunyong Choi
Yonsei University
Seoul, Republic of Korea

Simon Ebbinghaus

Lehrstuhl für Physikalische
Chemie Ⅱ
Ruhr-Universität Bochum
Bochum,Germany

Shuting Fan

The Hong Kong University
of Science and Technology
Kowloon,Hong Kong,People's
Republic of China

Anthony J. Fitzgerald

School of Physics
University of Western Australia
Perth,Western Australia,
Australia

Deepu K. George

University at Bufalo
Bufalo,New York

Daniel Grischkowsky

Oklahoma State University
Stillwater,Oklahoma

Maarten R. Grootendorst

Division of Cancer Studies
School of Medicine
King's College London
London,United Kingdom

Seungjoo Haam

Department of Chemical and
Biomolecular Engineering
Yonsei University
Seoul,Republic of Korea

Joon Koo Han

College of Medicine
Seoul National University
Seoul,Republic of Korea

Martina Havenith

Lehrstuhl für Physikalische
Chemie Ⅱ
Ruhr-Universität Bochum
Bochum,Germany

Frank A. Hegmann

University of Alberta
Edmonton,Alberta,Canada

Matthias Heyden

Department of Chemistry
University of California
at Irvine
Irvine,California

Mohammad P. Hokmabadi

Department of Electrical and
Computer Engineering
University of Alabama
Tuscaloosa,Alabama

Tae-In Jeon
Korea Maritime and Ocean
University
Busan,Republic of Korea

Cecil Joseph
University of Massachusetts
Lowell
Lowell,Massachusetts

Alexey Kargovsky
Faculty of Physics
and
International Laser Center
Lomonosov Moscow State
University
Moscow,Russia

Gurpreet Kaur
Intel Corporation
Hillsboro,Oregon

Kwang Sung Kim
University of Seoul
Seoul,Republic of Korea

Kyung Won Kim
Dana-Farber Cancer Institute
Boston,Massachusetts

Seongsin Margaret Kim
Department of Electrical and
Computer Engineering
University of Alabama
Tuscaloosa,Alabama

Olga Kovalchuk
University of Lethbridge
Lethbridge,Alberta,Canada

Yun-Shik Lee
Department of Physics
Oregon State University
Corvallis,Oregon

Emma Macpherson
The Chinese University
of Hong Kong
Shatin,Hong Kong,People's
Republic of China

Andrea G. Markelz
University at Buffalo
Buffalo,New York

Seung Jae Oh
YUMS-KRIBB Medical
Convergence Research
Institute
Yonsei University
Seoul,Republic of Korea

Jae Yeon Park

Department of Physics

University of Seoul

Seoul,Republic of Korea

Arnie Purushotham

Division of Cancer Studies

School of Medicine

King's College London

London,United Kingdom

Jae-Sung Rieh

School of Electrical Engineering

Korea University

Seoul,Republic of Korea

Alexander Shkurinov

Faculty of Physics

and

International Laser Center

Lomonosov Moscow State

University

Moscow,Russia

Yookyeong Carolyn Sim

Princeton University

Princeton,New Jersey

Joo-Hiuk Son

Department of Physics

University of Seoul

Seoul,Republic of Korea

Jin-Suck Suh

Department of Radiology

Yonsei University

Seoul,Republic of Korea

Lyubov V. Titova

University of Alberta

Edmonton,Alberta,Canada

Vincent P. Wallace

School of Physics

University of Western Australia

Perth,Western Australia,

Australia

Daekeun Yoon

School of Electrical Engineering

Korea University

Seoul,Republic of Korea

Jongwon Yun

School of Electrical Engineering

Korea University

Seoul,Republic of Korea

Xi-Cheng Zhang

Huazhong University of

Science and Technology

Wuhan,Hubei,People's

Republic of China

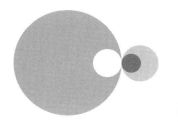

目录

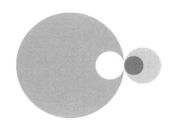

第 1 章
太赫兹生物医学研究导论

　　太赫兹波也叫作 T 射线,是指频率在 0.1～10 THz 范围内的电磁波,terahertz 的缩写为 THz,1 THz＝10^{12} Hz。在电磁频谱中,太赫兹波位于微波和红外波之间,如图 1.1 所示。直到大约 20 年前,Grischkowsky 和他的同事(Fattinger and Grischkowsky,1988,1989;van Exter,et al,1989)发明了太赫兹时域光谱技术,而太赫兹光谱仍然或多或少地未被探索和利用。直到 20 世纪 80 年代,超快激光器(Son,et al,1992;Spence,et al,1991;Valdmanis and Fork,1986)和光电导开关、采样(Auston,et al,1984;Ketchen,et al,1986;Mourou,et al,1981;Smith,et al,1981)、电光产生和检测(Auston,et al,1984;Valdmanis,et al,1982)等衍生技术的发展,才使得研究太赫兹波成为可能。换句话说,超快技术有助于发展高效的太赫兹源和探测器,但小型太赫兹系统的制造仍然是一个挑战。

　　20 世纪 90 年代,除了 Grischkowsky 的光电导开关外,各种自由空间太赫兹的产生和检测技术也得到了发展。其中,产生太赫兹波最有效的技术是光学整流(Zhang,et al,1992)和电光效应(Wu and Zhang,1995),这些技术促进了比光电导开关所允许的带宽更大的太赫兹辐射的研究。此外,以上技术具有测量的灵活性,例如可以进行活体成像(Mickan,et al,2000)。自由空间太赫兹光谱系统已广泛应用于科学研究,特别是在半导体物理学(Grischkowsky,et al,1990;

Roskos，et al，1992；Son，et al，1993，1994，1996；van Exter，et al，1990）和气体传感（Harde，et al，1991，1994）方面。太赫兹光谱技术的优点之一是它允许将样品直接插入太赫兹光路中，并在时域中显示直观的相干响应；其另一个优点是易于实现超过 80 dB 的高信噪比。

太赫兹成像的首次报道是关于用太赫兹波对具有不同含水量的叶子和封装的集成电路进行成像的，如图 1.2 所示（Hu and Nuss，1995）。尽管这些实验相当简单，但研究人员还是欣赏这些图像所包含的光谱信息。在本例中，由于太赫兹波对水分子比较敏感从而被水吸收，而对于诸如塑料的电解质来说，太赫兹波穿过它们时几乎没有被吸收。由于分子转动和振动所具有的特征能量在太赫兹频率范围内（见图 1.1），所以用太赫兹波可以识别化学分子和生物分子的特征共振峰。图 1.3 所示的是一些核碱基的太赫兹图谱，核碱基是DNA 的重要组成物质，是含氮化合物。来自分子键和分子运动的共振能量（Fischer，et al，2002）在图 1.3 中能够清楚地显示出来。利用太赫兹波进行分子识别是太赫兹光谱学最独特和最重要的特征，这是其他光谱范围内的电磁波很少具有的特征。太赫兹波的这种优势已经被用于检测爆炸物（Chen，et al，2004）和非法药物（Kawase，et al，2003），同样也可以利用它来研究生物分子。

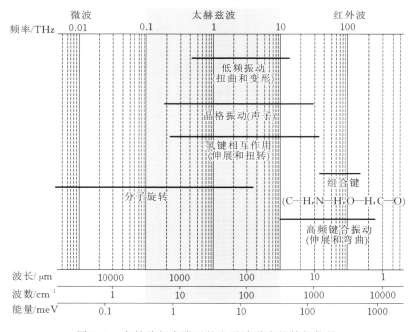

图 1.1　太赫兹频率附近的电磁波谱中的特征能量

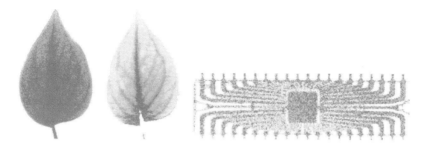

图 1.2　太赫兹成像演示

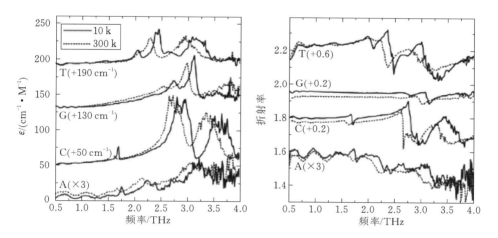

图 1.3　太赫兹频率范围内核碱基、DNA 组分的共振特征

太赫兹光谱的另一个优点是太赫兹波的光子能量较低,从小于 1 meV 到几十 meV,该能量远远低于电离能,因此,可以在不受探测工具干扰的情况下研究分子系统。在医学成像中,由于太赫兹波的能量较低,因此利用太赫兹波可以避免电离辐射(例如,通过 X 射线诱发)引起的损伤。太赫兹波还具有小于几百微米的相当好的空间分辨率。即使是在生物细胞和组织中,衍射极限分辨率仍能得以保持,这是因为细胞的尺寸与太赫兹波波长相当或者更小。另一方面,由于细胞的瑞利散射,可见光或红外光在这些细胞中几乎不能具有这样的分辨率。太赫兹波的这些优势首次被应用于对人类皮肤癌的成像(Woodward,et al,2002)。此后,许多研究人员认识到了太赫兹波在医学应用中的潜力,并将其作为研究人类乳腺癌和口腔癌的主要医学成像方式之一,最终取得了成功(Ashworth,et al,2009;Sim,et al,2013)。用于医疗诊断的太赫兹成像技术的进一步发展促进了使用纳米颗粒探针的太赫兹分子成像技术的

实现,该技术极大地提高了测量的灵敏度(Oh,et al,2011;Son,2013)。

本书分为 19 章,由三部分组成。第一部分包括 5 章内容,回顾了最先进的太赫兹技术,包括太赫兹源、太赫兹探测器,以及内镜检测技术。太赫兹源包括基于激光的产生技术和固态器件,这些内容分别呈现在第 2 章和第 5 章。第 2 章还介绍了基于飞秒激光的探测技术、外差接收器、热探测器和高莱探测器等。第 3 章讨论了非线性动力学研究中的强场的产生方法,以及大视场成像系统的实现方法。基于这些太赫兹源和太赫兹探测器,许多太赫兹成像和层析成像技术已经发展成脉冲和连续波模式,这些内容在第 4 章进行了综述。第 5 章介绍了基于二极管和晶体管的各种固态器件和电路。第 6 章总结了太赫兹波导的最新进展,这对于太赫兹内窥镜的发展是绝对必要的。由于太赫兹波在没有内窥镜的帮助下不能达到内脏,所以太赫兹内窥镜在太赫兹成像技术向新的成像方式发展的过程中有望发挥关键作用。

第 7 章至第 13 章是第二部分内容,第 7 章从自由水和液体的太赫兹特性出发,讲述了利用太赫兹波研究的基本生物学结果。水不仅是生物细胞的重要组成部分,也是一个重要的科学课题。利用太赫兹波还研究了生物水,例如与蛋白质分子周围的溶剂化动力学有关的生物水。这部分研究结果将在第 8 章给出。第 9 章描述了各种生物分子,以及 DNA 和 RNA 的太赫兹光谱。第 10 章和第 11 章分别综述了利用太赫兹波研究蛋白质分子结构和功能,以及蛋白质的介电响应。第 12 章介绍了蛋白质和氨基酸的非线性相互作用的结果。第 13 章讨论了太赫兹脉冲辐射对生物细胞和皮肤组织的影响,另外还讨论了相关的安全问题。第 14 章至第 19 章是第三部分内容,主要介绍了太赫兹波在医学中的应用。第 14 章讲述了药物在皮肤中吸收的动态成像,这利用了太赫兹波对药物的敏感性。第 15 章至第 17 章回顾了用于皮肤癌、乳腺癌和口腔癌的太赫兹成像技术的现状。利用太赫兹技术对癌症的诊断已经研究了十余年,虽然结果显示该技术具有良好的可行性,但在将技术应用于临床之前,仍有一些问题需要解决和改进,尤其是良性组织和恶性组织之间的对比问题。为了提高测量结果的对比度或灵敏度,纳米颗粒造影剂探针已被用于太赫兹成像。第 18 章讲述了利用纳米探针进行太赫兹分子成像的原理和应用。第 19 章总结了太赫兹波在医学方面的潜在应用。

编者认为,这本书对于那些想要用太赫兹技术探索生物科学和医学应用新领域的科学家和学生来说,是一个良好的起点。

参 考 文 献

Ashworth, P. C., E. Pickwell-MacPherson, E. Provenzano et al. 2009. Terahertz pulsed spectroscopy of freshly excised human breast cancer. *Optics Express* 17:12444-12454.

Auston, D. H., K. P. Cheung, J. A. Valdmanis, and D. A. Kleinman. 1984. Cherenkov radiation from femtosecond optical pulses in electro-optic media. *Physical Review Letters* 53:1555.

Chen, Y., H. Liu, Y. Deng et al. 2004. Spectroscopic characterization of explosives in the far-infrared region. Presented at *Defense and Security*, pp. 1-8.

Fattinger, C. and D. Grischkowsky. 1988. Point source terahertz optics. *Applied Physics Letters* 53:1480-1482.

Fattinger, C. and D. Grischkowsky. 1989. Terahertz beams. *Applied Physics Letters* 54:490-492.

Fischer, B. M., M. Walther, and P. U. Jepsen. 2002. Far-infrared vibrational modes of DNA components studied by terahertz time-domain spectroscopy. *Physics in Medicine and Biology* 47:3807.

Grischkowsky, D., S. Keiding, M. van Exter, and C. Fattinger. 1990. Far-infrared time-domain spectroscopy with terahertz beams of dielectrics and semiconductors. *Journal of the Optical Society of America B* 7:2006-2015.

Harde, H., N. Katzenellenbogen, and D. Grischkowsky. 1994. Terahertz coherent transients from methyl chloride vapor. *Journal of the Optical Society of America B* 11:1018-1030.

Harde, H., S. Keiding, and D. Grischkowsky. 1991. THz commensurate echoes: Periodic rephasing of molecular transitions in free-induction decay. *Physical Review Letters* 66:1834.

Hu, B. and M. Nuss. 1995. Imaging with terahertz waves. *Optics Letters* 20:1716-1718.

Kawase, K., Y. Ogawa, Y. Watanabe, and H. Inoue. 2003. Non-destructive terahertz imaging of illicit drugs using spectral fingerprints. *Optics Express* 11:2549-2554.

Ketchen，M.，D. Grischkowsky，T. Chen et al. 1986. Generation of subpicosecond electrical pulses on coplanar transmission lines. *Applied Physics Letters* 48:751-753.

Mickan，S.，D. Abbott，J. Munch，X. -C. Zhang，and T. Van Doorn. 2000. Analysis of system trade-offs for terahertz imaging. *Microelectronics Journal* 31:503-514.

Mourou，G.，C. Stancampiano，A. Antonetti，and A. Orszag. 1981a. Picosecond microwave pulses generated with a subpicosecond laser-driven semiconductor switch. *Applied Physics Letters* 39:295.

Mourou，G.，C. V. Stancampiano，and D. Blumenthal. 1981b. Picosecond microwave pulse generation. *Applied Physics Letters* 38:470-472.

Oh，S. J.，J. Choi，I. Maeng et al. 2011. Molecular imaging with terahertz waves. *Optics Express* 19:4009-4016.

Roskos，H. G.，M. C. Nuss，J. Shah et al. 1992. Coherent submillimeter-wave emission from charge oscillations in a double-well potential. *Physical Review Letters* 68:2216.

Sim，Y. C.，J. Y. Park，K. -M. Ahn，C. Park，and J. -H. Son. 2013. Terahertz imaging of excised oral cancer at frozen temperature. *Biomedical Optics Express* 4:1413.

Smith，P.，D. Auston，A. Johnson，and W. Augustyniak. 1981. Picosecond photoconductivity in radiation-damaged silicon-on-sapphire films. *Applied Physics Letters* 38:47-50.

Son，J. -H. 2013. Principle and applications of terahertz molecular imaging. *Nanotechnology* 24:214001.

Son，J. -H.，S. Jeong，and J. Bokor. 1996. Noncontact probing of metal-oxide-semiconductor inversion layer mobility. *Applied Physics Letters* 69:1779-1780.

Son，J. -H.，T. B. Norris，and J. F. Whitaker. 1994. Terahertz electromagnetic pulses as probes for transient velocity overshoot in GaAs and Si.

Journal of the Optical Society of America B 11:2519-2527.

Son, J. -H., J. V. Rudd, and J. Whitaker. 1992. Noise characterization of a self-mode-locked Ti:sapphire laser. *Optics Letters* 17:733-735.

Son, J. -H., W. Sha, J. Kim et al. 1993. Transient velocity overshoot dynamics in GaAs for electric fields ≤200 kV/cm. *Applied Physics Letters* 63: 923-925.

Spence, D. E., P. N. Kean, and W. Sibbett. 1991. 60-fsec pulse generation from a self-mode-locked Ti:sapphire laser. *Optics Letters* 16:42-44.

Valdmanis, J. and R. Fork. 1986. Design considerations for a femtosecond pulse laser balancing self phase modulation, group velocity dispersion, saturable absorption, and saturable gain. *IEEE Journal of Quantum Electronics* 22:112-118.

Valdmanis, J. A., G. Mourou, and C. W. Gabel. 1982. Picosecond electro-optic sampling system. *Applied Physics Letters* 41:211.

van Exter, M., C. Fattinger, and D. Grischkowsky. 1989. Terahertz time-domain spectroscopy of water vapor. *Optics Letters* 14:1128-1130.

van Exter, M. and D. Grischkowsky. 1990. Optical and electronic properties of doped silicon from 0.1 to 2 THz. *Applied Physics Letters* 56:1694-1696.

Woodward, R. M., B. E. Cole, V. P. Wallace et al. 2002. Terahertz pulse imaging in reflection geometry of human skin cancer and skin tissue. *Physics in Medicine and Biology* 47:3853.

Wu, Q. and X. C. Zhang. 1995. Free-space electro-optic sampling of terahertz beams. *Applied Physics Letters* 67:3523-3525.

Zhang, X. C., X. Ma, Y. Jin et al. 1992. Terahertz optical rectification from a nonlinear organic crystal. *Applied Physics Letters* 61:3080-3082.

第 2 章
太赫兹源和
探测器

2.1 引言

对未知领域的探索已经成为新科学发现和新技术发展的动力。远红外（FIR）光谱仍然是电磁（EM）波谱中很少探寻的区域之一。直到20世纪70年代，由于缺乏有效的源和探测器，太赫兹频率范围（100 GHz～3 THz，3000～100 μm）被称为太赫兹空隙（Gallerano and Biedron，2004；Tonouchi，2007；Zhang and Xu，2009；Zhang，et al，2005）。最近开发的强源和灵敏探测器都工作在太赫兹光谱范围内，旨在迅速缩小太赫兹空隙。这些发展促进了跨越不同领域（包括生物医学应用）的若干工业产品的引进。

现在已经开发出了可克服光子学和电子学产生电磁波的极限的许多技术。在光子技术中，已经报道了在约200 K的温度下将量子级联激光器（QCL）用于特殊的电磁频段的技术。在电子技术中，也报道了固态振荡器（如耿氏二极管、碰撞雪崩渡越时间二极管）以及肖特基二极管倍频器可以产生亚太赫兹辐射的研究。此外，相关人员还研究了基于自由电子源的返波振荡器（BWO）和自由电子激光器（FEL）。目前，基于光子学和电子学产生太赫兹波的各类商业设备都可用于生物医学领域的光谱分析和成像。

虽然太赫兹连续波源在不断发展,但其工作频率和输出功率仍然有限。传统的耿氏二极管和二极管倍频技术可以在太赫兹范围内的初始频率下工作,但不能超出太赫兹范围太多。BWO 已被证明具有有限的频率可调性和在 $1\mu W$ 范围内的低输出功率。QCL 在 5 THz 范围内可以产生几毫瓦的功率,尽管其工作温度需保持为液氮环境下的温度或者更低。目前,研究人员使用光混合器和热探测器已经实现了几个相干的连续太赫兹频域光谱系统(Demers,et al,2007),与飞秒激光系统相比,其具有成本低、时间效率高的特点,所以其被认为适合于制成便携式系统。

目前最流行的太赫兹产生和检测方法是利用飞秒激光脉冲进行的光电导和光整流技术。20 世纪 80 年代后期,太赫兹时域光谱技术作为一种强有力的光谱技术被引入,可以用来探测太赫兹波的光学特性。太赫兹时域光谱使用飞秒激光器通过光电导和光整流的方法产生太赫兹波,各种利用光电导和光整流方法产生太赫兹波的技术已经开发出来(Han,et al,2000;Rice,et al,1994;Smith,et al,1988;Zhang,et al,1992)。研究人员已经证明,宽带太赫兹信号可以通过空气的光电离获得(Wilke,et al,2002)。

各种太赫兹源和探测器的最新发展表明,太赫兹技术在诸如生物材料成像和层析成像的生物医学研究领域具有巨大的应用潜力。本章主要讨论利用飞秒激光产生和探测太赫兹脉冲的方法,并介绍各种连续太赫兹源和探测器。

2.2 太赫兹源

产生太赫兹信号的方法很多,太赫兹源大致可以分为脉冲源和连续源两类。脉冲太赫兹源利用飞秒激光器产生宽带太赫兹信号。产生太赫兹波的三种主要技术是光电导、光整流和空气光子学,这三种技术经常与太赫兹光谱系统结合使用。光混合器和差频发生器是产生连续太赫兹信号的光电子器件。具有代表性的小型固态源是基于 GaN 的耿氏二极管、基于二极管的倍频器和QCL。随着太赫兹系统的商业化,这些固态源在短时间内也被开发出来。BWO 和 FEL 是尺寸差异较大,使用加速电子产生太赫兹波的源。本章简要讲述太赫兹波的产生方法及作用机理。第 3 章和第 5 章详细讨论强场太赫兹波的产生和小型固态源。

2.2.1 基于飞秒激光的脉冲太赫兹波产生技术

2.2.1.1 飞秒激光器

飞秒激光是众所周知的,它能够最有效地产生太赫兹脉冲。然而,超快激光脉冲本身已经开辟了激光技术在科学和技术方面的新领域(Sibbett,et al,2012)。一般来说,激光系统由增益介质和腔组成,激光的模式由激光腔的光学长度和谐振频率决定。锁模是一种可用来产生飞秒脉冲的基本方法。当模的相位相同且强度的时间分布周期性地重复时,就可以产生超短飞秒脉冲,从而产生模式的相长干涉。1981 年,第一台飞秒激光器使用锁模的方法使其脉冲的持续时间低于 100 fs(Fork,et al,1981)。然而,染料激光存在稳定性和维护方面的问题,因此,需要开发飞秒固态激光器。20 世纪 80 年代后期,二极管泵浦 Nd：YAG、Nd：YLF 固体激光器首次通过锁模产生了皮秒脉冲;P. Moulton 将钛蓝宝石晶体作为增益介质,在非常宽的光谱范围内产生了飞秒脉冲,这为飞秒激光器替代染料激光器提供了机会。最终,由 D. E. Spence(Spence,et al,1991)通过自锁模钛蓝宝石激光器实现了 60 fs 的激光脉冲。

目前,大功率飞秒激光脉冲已经用于非线性光学的研究,包括二次谐波产生、和频生成、参数振荡和放大。在麦克斯韦方程中,由激光脉冲引起的瞬态极化能够产生太赫兹波。由高速光导天线和电光(EO)晶体中的光整流引起的快速极化变化,可在未知的电磁光谱中产生宽带相干辐射。100 fs 激光束对电光晶体进行瞬态极化可以产生约 3 THz 的脉冲电磁波。直到最近,基于飞秒激光器的太赫兹源已经成为相干光源的理想候选者。

2.2.1.2 光电导天线

光电导开关技术是产生太赫兹脉冲的最常用方法。由聚焦飞秒激光脉冲和直流偏置光电导天线组成的光电导开关产生瞬态极化,当飞秒激光脉冲聚焦在光电导天线上时,天线中产生光生载流子,从而使天线两电极短路,外加电压降低。瞬态极化过程使得半导体中超快地产生电子-空穴对,光电导开关技术原理和各种天线结构示意图如图 2.1(a)所示。光生电子和空穴被偏置电场加速,电流密度可表示为(Zhang and Xu,2009)

$$J(t) = N(t)e\mu E_{dc} \tag{2.1}$$

其中,$N(t)$ 是光生载流子密度;e 是电子电荷;μ 是载流子迁移率;E_{dc} 是偏置电场。

可通过天线结构的激光脉冲宽度和阻容（RC）时间常数来设置快速电流脉冲 $J(t)$（Abdullaev,et al,1972；Smith,et al,1988），产生的太赫兹波电场的大小与光电流对时间的微分成正比：

$$E_{THz} \propto \frac{\partial}{\partial(t)} J(t) \qquad (2.2)$$

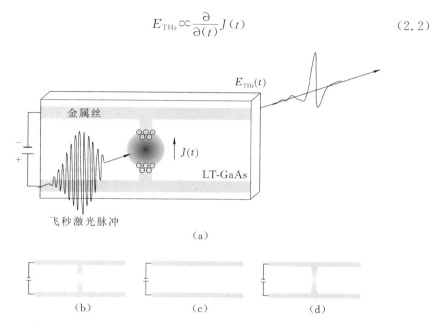

图 2.1　(a)光电导开关技术原理和各种天线结构示意图。(b)偶极子天线。(c)共面线天线。(d)蝴蝶结天线

用上述方式产生的太赫兹电磁波的光谱范围由多种条件决定，例如，天线结构、输入激光脉冲的形状和功率、偏置电压和天线基板的特性。特别值得一提的是，为了获得宽光谱，输入激光器的半峰全宽（FWHM）是一个非常重要的关键参数。输入激光器会在基板上产生电流，可以使用短的激光脉冲宽度来产生短的太赫兹电磁脉冲，也可以用这种方法对太赫兹波进行检测。

奥斯顿是这一方法的先驱，而 Grischkowsky 将其发展成一个时域光谱系统（Auston,et al,1984；Fattinger and Grischkowsky,1988,1989）。一般来说，光电导技术的光谱范围介于亚太赫兹频率和 3 THz 频率之间，具有超过10000∶1 的良好的信噪比。目前广泛使用的三种类型的天线是偶极子天线、共面线天线和蝴蝶结天线，它们分别由偶极子、共面线和蝴蝶结形成，用各种天线产生的太赫兹脉冲及其傅里叶变换幅度谱如图 2.2 所示。偶极子天线和共面线天线之间的区别在于偶极子间隙的存在。偶极间隙的宽度、共面线之间的距离都较小,能够产生较宽的频谱范围,但与宽偶极间隙和相应的共面线间距相比,天线辐射的功率有所降低。偶极间隙的宽度和共面线之间的距离会影响到太赫兹波的产生,因为产生的功率和光谱宽度之间存在折中。受这些因素的影响,蝴蝶结天线比偶极子天线辐射的功率大,特别是在较低的频率范围内(Tani,et al,1997)。

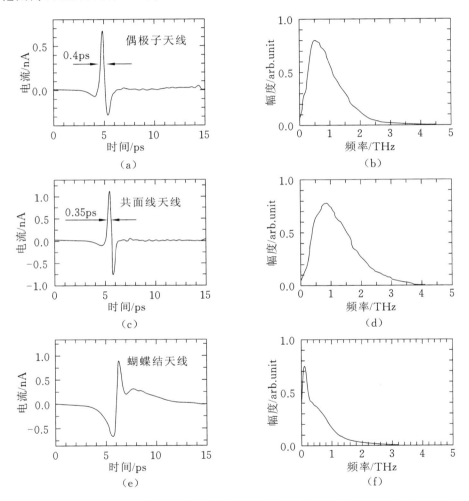

图 2.2　不同天线产生的太赫兹脉冲及对应的傅里叶变换振幅谱。(a)和(b)分别是 10 μm 厚、30 μm 长、带有 5 μm 光电导间隙的偶极子天线的时域谱和频域谱。(c)和(d)分别是 10 μm 宽、具有 80 μm 间距的共面线天线的时域谱和频域谱。(e)和(f)分别是 1 mm 长、光电导间隙为 10 μm、蝴蝶结角为 90°的蝴蝶结天线的时域谱和频域谱。采用 10 μm 厚、10 μm 长的传输线和 5 μm 光导间隙偶极子天线进行探测

在光电导天线中使用的衬底材料有 GaAs,低温生长的 GaAs(LTG-GaAs)和蓝宝石(SOS)上生长的硅(Hamster,et al,1993,1994;van Exter,et al,1989)。这些材料具有高电阻率、理想的载流子迁移率,但寿命短。高电阻率使人们可在天线上施加更高的击穿电压,进而使载流子具有高的迁移率,最终影响到天线辐射太赫兹波的效率。由于 LTG-GaAs 载流子的寿命很短,因此它被广泛用作天线的衬底($\tau_e=1\text{ ps}$,$\tau_h=4\text{ ps}$)。

2.2.1.3 光学整流

光学整流方法使用了非线性光学晶体中的极化超快变化技术(Carrig,et al,1995;Huber,et al,2000;Kawase,et al,2001;Lee,et al,2001;Verghese,et al,1998)。高峰值飞秒激光脉冲器利用光电导效应产生相干载流子分布,并在电光晶体中引起与时间相关的相干极化。然而,由于载波-声子和载波-载波散射的存在,载流分布和极化仅仅在短时间(大约从亚皮秒到几皮秒)内保持相干状态。

光学整流是利用电光晶体的二阶极化实现的。入射激光脉冲作为光源产生二阶非线性效应。外加电场影响非线性晶体的极化。由电场 E 引起的极化 P 表示为(Boyd,2003)

$$P=\varepsilon_0(\boldsymbol{\chi}^{(1)}E+\boldsymbol{\chi}^{(2)}EE+\boldsymbol{\chi}^{(3)}EEE+\cdots) \tag{2.3}$$

其中,$\boldsymbol{\chi}^{(n)}$ 是 n 阶非线性磁化率张量。光整流使用具有非零二阶磁化率张量的非线性晶体。假设入射电场只有两个频率分量 ω_1 和 ω_2,那么 E 可以用 $E=E_1\mathrm{e}^{-i\omega_1 t}+E_2\mathrm{e}^{-i\omega_2 t}+\mathrm{c.c.}$ 表示。其中,c.c. 代表复共轭。二阶极化由下式给出:

$$P=\varepsilon_0\boldsymbol{\chi}^2EE=\varepsilon_0\boldsymbol{\chi}^2[2(|E_1|+|E_2|\mathrm{e}^0+(|E_2|^2\mathrm{e}^{-i2\omega_2 t})$$
$$+2E_1E_2\mathrm{e}^{-i(\omega_1+\omega_2)t}+2E_1E_2^*\mathrm{e}^{-i(\omega_2-\omega_1)t})] \tag{2.4}$$

极化有 $2\omega_1$ 和 $2\omega_2$、$\omega_1+\omega_2$、$\omega_2-\omega_1$ 频率分量,分别称为二次谐波、和频波、差频波。在非线性光学过程中,差频产生是太赫兹脉冲产生的主要机制。换句话说,所产生的太赫兹脉冲的频谱对应入射脉冲的差频 $\omega_2-\omega_1$。因此,产生的太赫兹波的带宽由入射激光脉冲的带宽决定。太赫兹场与时间 t 的极化的二阶导数成正比,即 $E_{\text{THz}}\propto(\partial^2/\partial t^2)P$。

所产生的太赫兹脉冲受到与入射脉冲相关联的非线性磁化率张量的取向的强烈影响。考虑到晶体的取向,二阶非线性极化可以写成(Boyd,2003)

$$P_x^{(2)} = \sum_{y,z} \varepsilon_0 \boldsymbol{\chi}_{xyz}^{(2)} E_y(\omega) E_z^*(\omega) \tag{2.5}$$

其中,符号 x、y 和 z 表示入射脉冲 E 的笛卡儿坐标方向。因为大多数晶体结构是高度对称的,所以 18 个磁化率 $\boldsymbol{d}_{xl}=(1/2)\boldsymbol{\chi}_{xyz}^{(2)}$ 张量中只有少数能幸存,也就是说,它们中的许多都消失了。对于碲化锌晶体,它具有对称闪锌矿结构和非零矩阵分量 $\boldsymbol{d}$,$\boldsymbol{d}_{14}=\boldsymbol{d}_{25}=\boldsymbol{d}_{36}$。光脉冲与晶体结构之间的方向的相互作用也很关键。对于垂直入射的光,ZnTe 晶体只能在(110)取向上产生太赫兹场。太赫兹场振幅也取决于入射光和晶轴之间的夹角 ϕ。图 2.3 描述了 ZnTe 晶体上光脉冲的入射场。根据 Chen 等人的研究报告(2001),当角度 ϕ 为 54.7°时,产生的太赫兹场的强度最大。

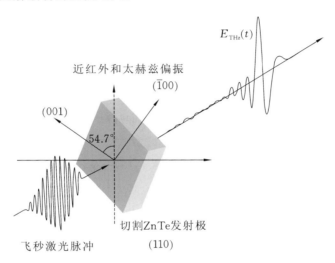

图 2.3 用 ZnTe 晶体(110)产生太赫兹场的相位匹配示意图

另一个重点是在非线性晶体中产生的太赫兹脉冲与光脉冲之间的相位匹配。如果满足相位匹配条件,则光脉冲在晶体中产生太赫兹场,并且太赫兹场可以通过在晶体内传播而增强。该相位匹配条件具有以下形式

$$\Delta \boldsymbol{k} = (\boldsymbol{k}_2 - \boldsymbol{k}_1) - \boldsymbol{k}_{THz} \approx 0$$

其中,$\boldsymbol{k}_1$ 和 $\boldsymbol{k}_2$ 是光脉冲的波矢;$\boldsymbol{k}_{THz}$ 是产生的太赫兹脉冲的波矢。通过使用关系 $k=2\pi/\lambda=\omega n(\omega)/c_0$ 可以重写相位匹配条件为(Nahata,et al,1996)

$$n(\omega_2)\omega_2 - n(\omega_1)\omega_1 = n(\omega_{THz})\omega_{THz} \tag{2.6}$$

其中,相互作用达到 π,即 $\Delta k L_c = \pi$,由于相位匹配条件不满足,因此太赫兹的辐射效率降低了。由此可以推断,非线性晶体的厚度应该比相干长度 L_c 短。

当太赫兹频率远低于光学激光脉冲频率时,飞秒激光脉冲的群速度 $v_g(\omega) = (\partial\omega/\partial k)$ 和太赫兹脉冲的相速度 $v_p(\omega) = (\omega/k)$ 具有与相位匹配相似的关系。通过控制光束偏振方向和非线性晶体角度能够实现相位匹配。

最常用的非线性晶体是 ZnTe,它产生的太赫兹的带宽在 0.1～3 THz 范围内。除了高的化学稳定性外,ZnTe 还具有与远红外入射激光脉冲相一致的良好的相位匹配条件。除了 ZnTe 之外,其他的一些非线性晶体也可用来产生超宽带太赫兹脉冲。例如,硒化镓具有源自大双折射率的非常宽的速度匹配范围,可用于产生超宽带太赫兹脉冲(约 30 THz)。理想情况下,10 fs 激光脉冲可以在无损耗和无色散非线性介质中产生约 100 THz 的带宽。然而,在非线性介质中产生的如此宽的太赫兹波光谱范围尚未被报道。

2.2.1.4　空气的光电离

当高功率脉冲激光束聚焦在空气中时,空气中的原子被电离并达到等离子体状态。电离原子的激发电子通过有质动力产生 100 kV/cm、0.1～30 THz 的高功率高宽带太赫兹电磁波,如图 2.4 所示。它产生的太赫兹信号为(Xie,et al,2006)

$$E_{\text{THz}}(t) \propto \chi^3 E_{2\omega}(t) E_\omega(t) E_\omega(t) \cos(\varphi) \tag{2.7}$$

其中,$E_\omega(t)$ 是基波激光器的电场;$E_{2\omega}(t)$ 是 BBO 晶体产生的二次谐波;φ 是相移。

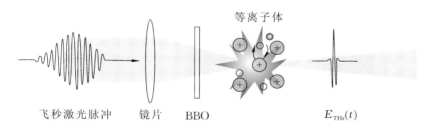

图 2.4　利用空气光子学产生太赫兹波示意图

改进以前的脉冲太赫兹产生方法还存在许多问题。通常,光电导天线的样式和衬底限制了其产生的太赫兹波的带宽。对于光学整流方法,由于电光晶体中的色散和声子现象会导致带宽损失,并且高功率激光束照射到晶体上时存在晶体损伤阈值,所以用该方法产生的太赫兹波的功率具有一定的限制。然而,空气的光电离方法相对没有带宽损失或输出功率的限制,其存在许多优点,例如,通过改变泵浦激光器的脉冲宽度来控制太赫兹信号的带宽。此外,当使用空气击穿相干检测作为检测方法时,该方法能够不损失带宽地测量太赫兹信号,这与太赫兹的产生方法类似(Dai,et al,2011;Lu and Zhang,2011)。该方法可用产生太赫兹信号和探测光束的四波混频方程来表示:

$$E_{2\omega}(t) \propto \chi^3 E_{THz}(t) E_\omega(t) E_\omega(t) \cos(\varphi) \tag{2.8}$$

空气光子学对太赫兹信号的控制有限制,并且会导致信号不稳定。因为该方法的主要介质为空气,空气具有非均匀流密度的特性,因此,人们正在研究使用各种类型的气体,特别是高压气体来解决这些问题。

2.2.2 光电连续波源

2.2.2.1 光混频器

光混频是光电导中的常见应用方式,它需要用两个频偏激光器和集成电路来产生连续太赫兹信号。两束偏振方向相同而频率不同的激光 $\omega_\pm = \omega_0 \pm \omega_{THz}/2$ 在空间上重叠并聚焦到光混频器上(Verghese,et al,1997)。光混频器由超快光导材料制成,具有光子吸收特性和短的载流子寿命。光混频器利用频率差调制其电导率,外加的电场将电导率的变化转换成电流,该电流由一对天线进行辐射。光混频器对光振幅的调制为(Preu,et al,2011;Sakai,2005)

$$P = P_1 + P_2 + 2\sqrt{m P_1 P_2} \cos(\omega_{THz} t) \tag{2.9}$$

其中,P_1 和 P_2 是两个入射激光器的功率;m 是 $0 \sim 1$ 的混合效率值。

典型的光电导混频器由带有图案化金属层的低温 GaAs 组成,用于形成电极阵列和辐射天线。近年来,对数螺旋天线由于其普遍的适用性而得到了广泛的应用(Verghese,et al,1997)。

光混频的优点在于,它在 300 GHz~3 THz 的频率范围内可连续调谐,并且可以达到 1 MHz 的光谱分辨率。由于输入太赫兹波的频率可调性和频谱分辨率取决于入射激光的质量,因此当频率 ω_0 处的波长差分别为 2.05 nm 和 8.05 nm 时,在 780 nm 和 1550 nm 处可获得 1 THz 的信号(Brown,2003)。激光束在 1.55 μm 波长下产生的太赫兹波的最大输出功率在 100 GHz 和 1 THz 时分别为 20 mW 和 10 μW,然而,不用该技术产生的太赫兹波的输出功率通常低于 1 μW。

2.2.2.2 差频产生

DFG 是一种常用的二阶非线性光学过程,它使用高度非线性材料(如 GaSe、GaP)和有机离子盐晶体 4-二甲基氨基-N-甲基-4-芪唑-甲苯磺酸盐产生太赫兹波(Geng,et al,2010)。类似于光混频,两束光 $\omega_\pm = \omega_0 \pm \omega_{THz}/2$ 入射到非线性晶体上,输出频率被转换为两个输入频率之间的一个差值。二阶非线性现象已经在第 2.2.1.3 节提到过。当两个光束的频率相似时,电场可表示为

$$E(t) = E_0 \sin\left(\left(\omega_0 + \frac{\omega_{THz}}{2}\right)t\right) + E_0 \sin\left(\left(\omega_0 - \frac{\omega_{THz}}{2}\right)t\right) = 2E_0 \cos(\omega_{THz}t)\sin(2\omega_0 t)$$

$$(2.10)$$

第二振荡频率 $2\omega_0$ 对极化的调制不是很显著,因此,二阶极化为

$$P = \varepsilon_0 \boldsymbol{\chi}^{(2)} EE = \varepsilon_0 \boldsymbol{\chi}^2 E^2 \cos(\omega_{THz}t)^2 = \frac{1}{2}\varepsilon_0 \boldsymbol{\chi}^{(2)} E^2 (1 + \cos(\omega_{THz}t)) \quad (2.11)$$

与光整流类似,产生的太赫兹脉冲与极化强度对时间 t 的二阶导数相关。二阶非线性磁化率 $\boldsymbol{\chi}^{(2)}$ 确定了可调谐波长范围内的太赫兹增益。输出功率和转换效率主要受非线性晶体和两个频偏激光束的质量的影响,利用声光器件的电子调谐钛蓝宝石激光器的双波长振荡可提高调谐范围(Kawase,et al,1999)。

2.2.3 小型固态太赫兹源

2.2.3.1 GaN 基耿氏二极管

耿氏二极管,也称为转移电子器件(TED),应用于高频电子学领域,其内部结构不同于其他二极管,因为它只由 n 型掺杂的半导体材料组成,而大多数二极管由 p 型和 n 型掺杂区组成。在耿氏二极管中存在三个区域,其中的两个区域在每个端部都有 n 型重掺杂,中间有一薄层轻掺杂(Panda,et al,2009)。当对器件施加电压时,薄中间层上的电位梯度最大。传导发生在任何导电材料中,电流与施加的电压成比例。最终,在较高的场值下,中间层的导电性能会发生变化,电阻率增加,以防止电流进一步下降。这意味着耿氏二极管具有负微分电阻区域,其最大的用途是可在电子振荡器中产生微波,如可应用在雷达测速枪和微波中继发射器中等。

频率可以通过调整腔体的大小来进行机械式调节,或者,对于钇铁石榴石(YIG)球体来说,可以通过改变磁场来进行机械式调节。

2.2.3.2 基于二极管的倍频器

肖特基二极管在倍增太赫兹源领域取得了巨大的进展,其通过倍频输入的微波来产生约 0.1 THz 的信号。根据 Erickson 提出的第一平衡倍增电路方案,触须型二极管是唯一的关键元件,其不需用滤波器来分离输入波和生成波(Erickson,1990),因为它有助于功率处理,所以平面二极管已成功地应用于倍频器,所获得的最大功率约为 95 mW,效率为 45%(Porterfield,et al,1999)。

另一种类型的微波倍频器的功能是通过三次谐波产生太赫兹波。GaAs

肖特基二极管是三倍频电路的有效元件。由于肖特基二极管的开关速度高达 10 GHz,所以人工调谐器是不必要的。在基本三倍频模块中,频率为 ω_0 的波通过波导和接收天线后入射在肖特基二极管阵列上。像非线性材料一样,肖特基二极管阵列将入射波转换成谐波,最终,从波导端口输出频率为 $3\omega_0$ 的波。最近,Porterfield 应用三倍频器对 220 GHz 和 440 GHz 的波进行了三倍频(Porterfield,2007)。据报道,440 GHz 的波经过三倍频后输出的峰值功率可达到 9 mW,效率可达到 12%。而 220 GHz 的波经过三倍频后输出的峰值功率可达到 23 mW,效率可达到 16%。

2.2.3.3　量子级联激光器

量子级联激光器最近被引入并发展为太赫兹源。纳米技术的最新进展使得这种基于半导体的太赫兹源的实现成为可能。QCL 这个概念是基于在 1970 年提出的超晶格理论产生的,1994 年,QCL 的构想在贝尔实验室完成(Faist,et al,1994;Kazarinov and Suris,1971)。量子级联激光器采用分子束外延技术制作,已经发展成为太赫兹源;第一台太赫兹 QCL 在 2002 年被展示(Ajili,et al,2002;Köhler,et al,2002)。

相对来说,QCL 可以发射高功率的连续波和脉冲波,输出功率可达到数百毫瓦(Williams,2007)。通常,QCL 在低温下运行,随着温度的升高,其发光效率降低(Indjin,et al,2003;Mátyás,et al,2010),但其这一缺点已经得到了解决(Belkin,et al,2007)。

QCL 由异质结构成,异质结是具有不同带隙的晶格匹配半导体的结,三电平量子级联结构示意图如图 2.5 所示,该结构由注射器、注射屏障和有源区组成,重复该结构可形成 QCL 器件,势垒结构与外部偏置电压对齐。与普通光学激光器一样,有源区的一个周期中具有三级子带结构,注入的电子在有源区中产生带间跃迁的辐射发射。该电子传播到势垒区域,并且将透射的电子注入下一个结构。这个过程就像一系列的光发射一样重复运作。

最近的研究旨在降低器件的阈值电流和激光频率,同时将工作温度提高到室温,并扩大频率范围。为了实现这些目标,需要对网格、波导等进行深入研究。

2.2.4　自由电子源

2.2.4.1　返波振荡器

BWO 是用于产生可调谐连续太赫兹波的电真空器件。它由电子枪、真空

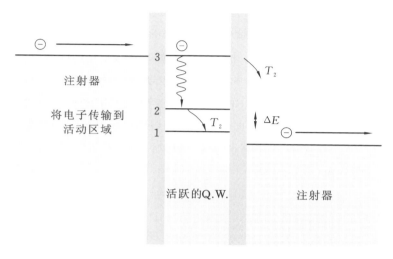

图 2.5 三电平量子级联结构示意图

管中的慢波结构和用于施加磁场的外部装置组成,如图 2.6 所示。在加热的阴极中产生的电子束被磁场聚焦,并通过诸如光栅的减速结构移动到阳极,这将在相反方向上产生导行电磁波,波导将导行电磁波进行耦合,并将其传输到自由空间中。BWO 具有高的输出功率、良好的波前质量和高的信噪比。另外,BWO 还被用作成像系统的太赫兹源(Chen,et al,2012;Dobroiu,et al,2004)。

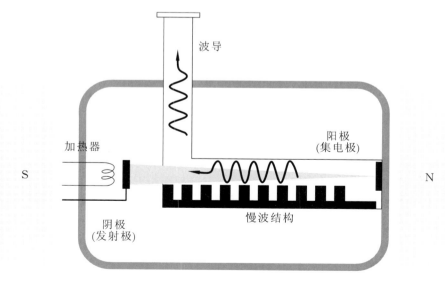

图 2.6 BWO 示意图

最近,已有报道说明 BWO 的工作频率从亚太频段(Xu,et al,2011)变化到了 1 THz(Xu,et al,2012)频段。然而,一个 BWO 覆盖的光谱范围通常是100 GHz,并且需要许多 BWO 和倍频器来覆盖太赫兹频率区域(Grüner and Dahl,1998)。BWO 的输出频率取决于电子移动速度,这可由施加在电极之间的电压调节。然而,频率也取决于光栅上表面波的相速度和电子移动速度之间的一致性程度。为了提高工作频率,需要一个高度均匀的磁场和新的慢波结构,以减少电路的欧姆损耗和反射。

2.2.4.2　自由电子激光器

原则上,自由电子激光器(FEL)不是实际的激光器。它使用相对论电子束和加速器代替光子的受激发射。即使对于某些国家正在研究的小型太赫兹FEL 也是如此。FEL 不是一个小系统,因为它具有电子束加速器和摆动阵列。电子束通过摆动器自由移动,摆动器是磁体阵列,磁体阵列被布置成可提供周期性横向磁场的结构,以产生相干电磁辐射。如图 2.7 所示,周期性交变磁场迫使电子正弦振荡。在振荡器这一部分,电子束的速度被加到几乎与光速相同,并且电子沿着这条路径的加速运动导致了光子的释放。发出的光的波长可以通过改变磁体阵列的磁场强度或调整电子束的能量来调整。FEL 可以产生比典型 PC 天线发射器高出 6 个数量级以上的高功率辐射。因此,FEL在大功率源至关重要的应用中,或在非线性太赫兹光谱如生物和医学研究(Doria,et al,2002),以及振动和构象分子跃迁的探索方面具有显著的潜力(Grosse,2002;Xie,et al,2001)。

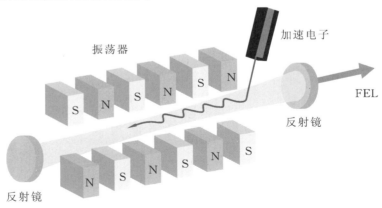

图 2.7　FEL 示意图

2.3 太赫兹探测器

与太赫兹源类似,对太赫兹波进行探测的探测器也有许多不同的机制。由于太赫兹脉冲的电信号速度非常快,因此常规的电子设备是不能对其进行探测的。为获得快速的电信号,主要采用的方法是光电法。最广泛使用的探测方法是光电导探测法,例如,使用光电导开关探测,或根据电光晶体的特性而采用电光探测。外差接收机通过参考太赫兹信号的脉动来探测连续太赫兹波信号,通过获得相同的振幅和相位来进行相干检测。与这些相干检测技术不同,热探测器仅测量振幅信息。常用的热探测器有测辐射热计、热释电探测器和高莱探测器。

2.3.1 基于飞秒激光的太赫兹探测技术

2.3.1.1 光电导探测器

光电导天线根据由入射飞秒激光束产生的太赫兹电磁波和光生载流子之间的相互关系,产生直流光电流。太赫兹场诱导的平均光电流可表示为(Hamster,et al,1993;Zhang and Xu,2009)

$$\overline{J}(\tau) = \overline{N} e \mu E(\tau) \tag{2.12}$$

其中,$\overline{N}$ 是平均电子密度;τ 是太赫兹脉冲与探测激光脉冲之间的时间延迟。

电流放大器通过探测激光脉冲来读取光电流选通,其工作原理如图 2.8 所示。

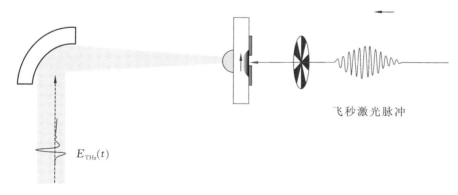

$E_{\mathrm{THz}}(t)$

飞秒激光脉冲

图 2.8　光导探测器示意图

宽带太赫兹脉冲的光电导检测是基于某种基片材料和天线结构的,这与产生太赫兹脉冲所用的材料和结构相似。衬底的短的载流子寿命对于太赫兹脉冲的高灵敏度和低噪声检测也是非常重要的。

光电导采样具有较高的信噪比(超过 1：100000)和由低暗电流引起的低背景噪声。这种方法也非常敏感。然而,对于光电导探测方法,4.5 THz 是其极限探测值。频谱探测还有诸如光电导偶极子天线中的阻容时间延迟和天线衬底材料中的声子吸收的限制。

2.3.1.2　电光采样

一般来说,电光采样技术的光谱范围比光电导采样技术的更宽。根据所使用的电光晶体,该技术可探测不同的光谱范围,带宽可以达到 100 THz。

电光采样技术需要电光晶体、四分之一波片($\lambda/4$)、沃拉斯顿偏振器和平衡光电探测器,如图 2.9 所示。电光采样使用了电光晶体的泡克耳斯效应,这与二阶非线性极化有关(Boyd,2003)。静电场施加到电光晶体上会引起双折射现象。在这种情况下,太赫兹电磁波充当静电场,并用激光束来探测它的双折射。

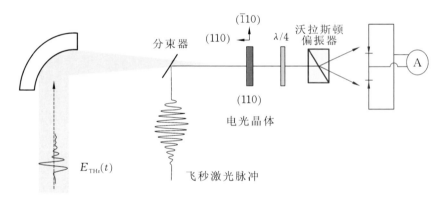

图 2.9　电光采样示意图

激光束和太赫兹波在电光晶体中将产生作用。线偏振激光束在通过电光晶体传播时变化为椭圆偏振。入射光束经过四分之一波片时将引入相移,使线偏振光变为圆偏振光。沃拉斯顿棱镜将圆偏振光束分为 p 线偏振光和 s 线偏振光两部分。这两束光照射到平衡探测器上,然后就可以探测太赫兹电场了。

将几种非线性晶体,如 ZnTe、GaP、GaSe 结合使用,所产生的太赫兹波能够覆盖 1～30 THz 的整个范围。使用 ZnTe 和 GaSe,覆盖的频率范围为 0.1～3 THz 和 10～30 THz,太赫兹频率范围具有高的非线性。GaP 部分覆盖了该间隙,但由于其非线性较低,其功率低于 ZnTe 部分的。用 GaSe 晶体在不同相位匹配角下产生的太赫兹脉冲和傅里叶变换振幅谱图如图 2.10 所示。

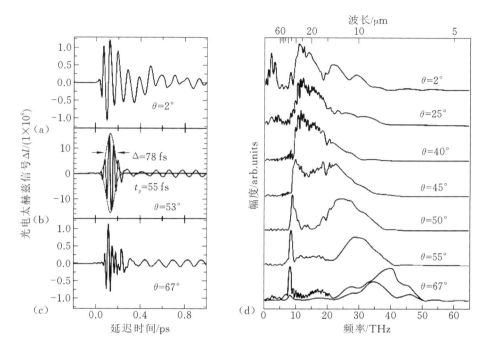

图 2.10 用 90 μm 厚的 GaSe 晶体和 10 fs 激光脉冲在不同的相位匹配角下通过光学整流方法产生太赫兹脉冲,并用 10.3 μm 厚的 ZnTe 电光传感器探测得到的太赫兹脉冲信号及其傅里叶振幅图谱。相位匹配角为:图(a)为 2°;图(b)为 53° 和图(c)为 67°;图(b)中的细线表示与场包络的高斯拟合,其 FWHM 为 78 fs,对应于 FWHM 值小于 $t_p = 55$ fs 的强脉冲;图(d)为在不同相位匹配角下用 90 μm 厚的 GaSe 产生的,并用电光方法探测的电光太赫兹信号归一化幅度谱

2.3.2 外差接收器

外差接收器通过拍频和下变频测量连续太赫兹信号的振幅和相位信息。拍频是频率略有不同的两个信号之间的干扰。该器件主要由本机振荡器、混频器等组成,如图 2.11 所示。本机振荡器产生参考信号,其频率与太赫兹信号的频率相似。近年来,诸如 BWO、QCL、光泵浦太赫兹气体激光器和基于二极管的倍频器之类的各种连续太赫兹源被用作本机振荡器。混频器接收参考信号和太赫兹信号,以两个信号的不同频率传送下变频信号。在微波范围内的下变频信号称为中频(IF)。中频信号被放大,然后由分光计进行检测。

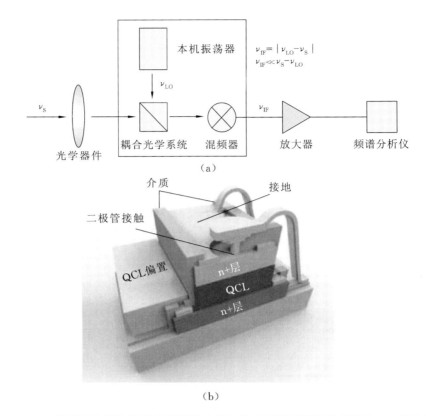

图 2.11　(a)外差接收器和集成收发器的方案。外差接收器的操作原理为:ν_{LO}是本地振荡器的频率;ν_S是信号的频率;ν_{IF}是混频器产生的拍频。ν_{IF}以及ν_{LO}和ν_S之间的差异通常比ν_S更容易放大和处理,因为它的频率低得多。(b)集成收发器的结构。肖特基二极管位于 QCL 波导脊的顶部,集成收发器取代了离散的本地振荡器和混频器单元,以及耦合光学器件

　　有三种常用混频器:肖特基二极管混频器、隧道结(超导体-绝缘体-超导体,SIS)混频器和热电子测辐射热计混频器。这些混频器都具有复杂的特性,这取决于其材料和结构(Hübers,2008)。在毫米波段,SIS 混频器具有最佳的灵敏度,接近量子极限。外差探测器比直接探测器的结构复杂,但它能够以更高的灵敏度测量幅度和相位信息。这种相干检测方法具有比直接检测法高100 dB 的信噪比。

　　高分辨率外差探测是天文学和大气科学中的一项重要技术(Kulesa,2011)。这项技术涉及大型天文项目,如欧空局的赫歇尔空间观测和阿塔卡马

大型毫米阵列,以测量来自不同状态的恒星和分子云的天文发射。行率的特征表现为分子种类及其转动跃迁。基于同样的原因,利用外差探测能够对地球的大气层进行研究。

2.3.3 热探测器

2.3.3.1 测辐射热计

测辐射热计使用具有高灵敏度的热敏电阻来测量电磁辐射功率,它用于观测从太赫兹波到 X 射线的宽光谱范围,因此在天文学、粒子物理、毫米波等领域有着广泛的用途。为了使毫米波到太赫兹波段具有良好的灵敏度,需要用到液氦。

测辐射热计由具有温度计的吸收器、热存储器(储热器)和热连接器组成,如图 2.12 所示(Chasmar,1956;Jones,et al,1953)。吸收器充当热能探测器,它可使用各种材料,如半导体、超导体和金属等,这取决于测量的光谱范围。当电磁辐射能量入射到吸收器上时,吸收器温度升高,并通过热连接器将电磁辐射能量变为热能传递到热存储器(Low,1961)。测辐射热计的检测时间取决于吸收器和热存储器之间的热时间常数,测辐射热计比其他热探测器的检测时间要短。

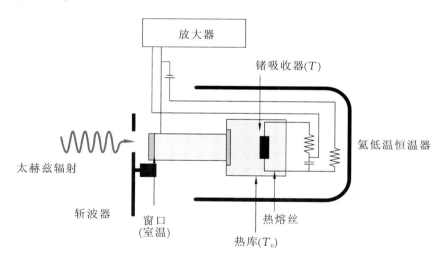

图 2.12　测辐射热计示意图

2.3.3.2 热释电探测器

热释电是某些材料将热能转化为电能的能力(Sebald,et al,2008)。可以观察到,热电材料是自发极化的,因为它们的晶胞在所在的材料中具有一个定轴的电偶极矩（Porter,1981）。

热释电探测器由热电极材料制成,金属电极位于热电材料的两侧,如图2.13 所示。热释电探测器通常以硫酸三甘肽（TGS）、氘化三甘氨酸硫酸酯 (DTGS)、钽酸锂（LiTaO$_3$）和钛酸钡（BaTiO$_3$）作为热电材料。电极的顶部具 有用于测量光谱区域的吸收体。如果电极在光谱范围内是透明的,那么热电 材料可以用作光谱范围内的吸收体。将热释电材料用在热释电探测器中进行 极化以使它们的电畴彼此平行。然而,在两个电极之间没有发现明显的电位 差,这是因为在施加外部电极之前,极化的热释电材料中的内部极化总是通过 两个面之间的各种泄漏路径累积的表面电荷来平衡的。如果外部电场（或辐 射）被施加到热释电探测器上,这意味着热量被施加到探测器上,由于热释电 材料中的极化改变是由温度变化和热释电系数决定的,所以热释电探测器中 的电容会直接改变。

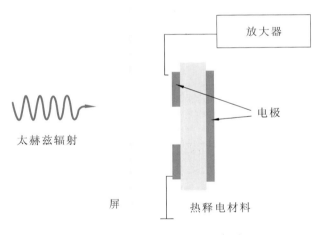

图2.13 热释电探测器示意图

2.3.3.3 高莱探测器

高莱探测器是一个光声探测器,它由覆盖有红外吸收材料的充气腔和柔 性膜组成。当红外辐射被吸收时,它加热气体,使其膨胀,所造成的压力使膜 变形。高莱探测器的示意图如图2.14所示,其通过光电二极管检测从膜上反 射的光,并且膜的运动会引起光电二极管上信号的变化（Golay,1947）。与热 辐射计相比,高莱探测器的响应时间较长,但它具有更好的灵敏度,而且不需 要低温条件,所以其仍然可用于探测太赫兹波。

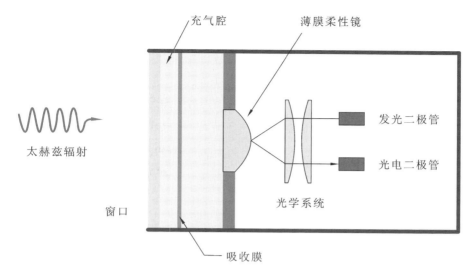

图 2.14 高莱探测器示意图

参 考 文 献

Abdullaev,G. B. ,L. A. Kulevskii, A. M. Prokhorov et al. 1972. GaSe,a new
effective material for nonlinear optics. *JETP Letters* 16:90-95.

Ajili,L. ,G. Scalari,D. Hofstetter et al. 2002. Continuous-wave operation of
far-infrared quantum cascade lasers. *Electronics Letters* 38:1675-1676.

Auston, D. , K. Cheung, and P. Smith. 1984. Picosecond photoconducting
Hertzian dipoles. *Applied Physics Letters* 45:284-286.

Belkin,M. A. ,F. Capasso,A. Belyanin et al. 2007. Terahertz quantum-cascade-laser
source based on intracavity difference-frequency generation. *Nature
Photonics* 1:288-292.

Boyd,R. W. 2003. *Nonlinear Optics*. San Diego,CA:Elsevier Science.

Brown, E. 2003. THz generation by photomixing in ultrafast photoconductors.
International Journal of High Speed Electronics and Systems 13:
497-545.

Carrig,T. J. , G. Rodriguez, T. S. Clement, A. Taylor, and K. R. Stewart.
1995. Scaling of terahertz radiation via optical rectification in electro-
optic crystals. *Applied Physics Letters* 66:121.

Chasmar，R. P.，W. H. Mitchell，and A. Rennie. 1956. Theory and performance of metal bolometers. *Journal of the Optical Society of America A* 46：469-477.

Chen，G.，J. Pei，F. Yang et al. 2012. Terahertz-wave imaging system based on backward wave oscillator. *IEEE Transactions on Terahertz Science and Technology* 2：504-512.

Chen，Q.，M. Tani，Z. Jiang，and X. C. Zhang. 2001. Electro-optic transceivers for terahertz-wave applications. *Journal of the Optical Society of America B* 18：823-831.

Dai，J.，J. Liu，and X. C. Zhang. 2011. Terahertz wave air photonics：Terahertz wave generation and detection with laser-induced gas plasma. *IEEE Journal of Selected Topics in Quantum Electronics* 17：183-190.

Demers，J. R.，R. T. Logan，and E. R. Brown. 2007. An optically integrated coherent frequency-domain THz spectrometer with signal-to-noise ratio up to 80 dB. Presented at *IEEE International Topical Meeting on Microwave Photonics*，pp. 92-95.

Dobroiu，A.，M. Yamashita，Y. N. Ohshima et al. 2004. Terahertz imaging system based on a backward-wave oscillator. *Applied Optics* 43：5637-5646.

Doria，A.，G. P. Gallerano，and E. Giovenale. 2002. Free electron broad-band THz radiator. *Nuclear Instruments and Methods in Physics Research Section A：Accelerators，Spectrometers，Detectors and Associated Equipment* 483：461-465.

Erickson，N. 1990. High efficiency submillimeter frequency multipliers. Presented at *IEEE MTT-S International Microwave Symposium Digest*，pp. 1301-1304.

Faist，J.，F. Capasso，D. Sivco et al. 1994. Quantum cascade laser：An intersub-band semiconductor laser operating above liquid nitrogen temperature. *Electronics Letters* 30：865-866.

Fattinger，C. and D. Grischkowsky. 1988. Point source terahertz optics. *Applied Physics Letters* 53：1480-1482.

Fattinger,C. and D. Grischkowsky. 1989. Terahertz beams. *Applied Physics Letters* 54:490-492.

Fork,R. ,B. Greene,and C. Shank. 1981. Generation of optical pulses shorter than 0. 1 psec by colliding pulse mode locking. *Applied Physics Letters* 38:671.

Gallerano,G. and S. Biedron 2004. Overview of terahertz radiation sources. *Proceedings of the* 2004 *FEL Conference*,pp. 216-221.

Geng, Y. ,X. Tan ,X. Li,and J. Yao. 2010. Compact and widely tunable terahertz source based on a dual-wavelength intracavity optical parametric oscillation. *Applied Physics B:Lasers and Optics* 99:181-185.

Golay,M. J. E. 1947. heoretical consideration in heat and infra-red detection, with particular reference to the pneumatic detector. *Review of Scientific Instruments* 18:347-356.

Grosse,E. 2002. THz radiation from free electron lasers and its potential for cell and tissue studies. *Physics in Medicine and Biology* 47:3755.

Grüner, G. and C. Dahl. 1998. *Millimeter and Submillimeter Wave Spectroscopy of Solids*. Heidelberg,Germany:Springer.

Hamster, H. , A. Sullivan, S. Gordon, and R. Falcone. 1994. Short-pulse terahertz radiation from high-intensity-laser-produced plasmas. *Physical Review E* 49:671.

Hamster,H. ,A. Sullivan,S. Gordon,W. White,and R. W. Falcone. 1993. Subpicosecond, electromagnetic pulses from intense laser-plasma interaction. *Physical Review Letters* 71:2725-2728.

Han,P. Y. ,M. Tani,F. Pan,and X. C. Zhang. 2000. Use of the organic crystal DAST for terahertz beam applications. *Optics Letters* 25:675-677.

Huber,R. ,A. Brodschelm,F. Tauser,and A. Leitenstorfer. 2000. Generation and field-resolved detection of femtosecond electromagnetic pulses tunable up to 41 THz.*Applied Physics Letters* 76:3191.

Hübers, H. W. 2008. Terahertz heterodyne receivers. *IEEE Journal of Selected Topics in Quantum Electronics* 14:378-391.

Hübers, H. W. 2010. Terahertz technology:Towards THz integrated photonics. *Nature Photonics* 4:503-504.

Indjin, D. , P. Harrison, R. Kelsall, and Z. Ikonic. 2003. Mechanisms of temperature performance degradation in terahertz quantum-cascade lasers. *Applied Physics Letters* 82:1347-1349.

Jones, R. C. 1953. The general theory of bolometer performance. *Journal of the Optical Society of America A* 43:1-10.

Kawase, K. , M. Mizuno, S. Sohma et al. 1999. Diference-frequency terahertz-wave generation from 4-dimethylamino-N-methyl-4-stilbazolium-tosylate by use of an electronically tuned Ti: sapphire laser. *Optics Letters* 24: 1065-1067.

Kawase, K. , J. Shikata, K. Imai, and H. Ito. 2001. Transform-limited, narrow-linewidth, terahertz-wave parametric generator. *Applied Physics Letters* 78:2819.

Kazarinov, R. F. and R. A. Suris. 1971. Possibility of the amplification of electromagnetic waves in a semi-conductor with a superlattice. *Soviet physics: Semiconductors* 5:707-709.

Köhler, R. , A. Tredicucci, F. Beltram et al. 2002. Terahertz semiconductor-heterostructure laser. *Nature* 417:156-159.

Kulesa, C. 2011. Terahertz spectroscopy for astronomy: From comets to cosmology. *IEEE Transactions on Terahertz Science and Technology* 1:232-240.

Lee, Y. S. , T. Meade, T. B. Norris, and A. Galvanauskas. 2001. Tunable narrow-band terahertz generation from periodically poled lithium niobate. *Applied Physics Letters* 78:3583-3585.

Low, F. J. 1961. Low-temperature germanium bolometer. *Journal of the Optical Society of America A* 51:1300-1304.

Lu, X. and X. C. Zhang. 2011. Balanced terahertz wave air-biased-coherent-detection. *Applied Physics Letters* 98:151111.

Mátyás, A. , M. A. Belkin, P. Lugli, and C. Jirauschek. 2010. Temperature performance analysis of terahertz quantum cascade lasers: Vertical versus diagonal designs. *Applied Physics Letters* 96:201110.

Nahata, A. , A. S. Weling, and T. F. Heinz. 1996. A wideband coherent terahertz spectroscopy system using optical rectification and electro-optic sampling. *Applied Physics Letters* 69:2321.

Panda, A. K. , G. N. Dash, N. C. Agrawal, and R. K. Parida. 2009. Studies on the characteristics of GaN-based Gunn diode for THz signal generation. Presented at *APMC* 2009 *Microwave Conference*, pp. 1565-1568.

Porter, S. 1981. A brief guide to pyroelectric detectors. *Ferroelectrics* 33:193-206.

Porterield, D. W. 2007. High-eiciency terahertz frequency triplers. Presented at *IEEE/MTT-S International Microwave Symposium*, pp. 337-340.

Porterield, D. W. , T. W. Crowe, R. F. Bradley, and N. R. Erickson. 1999. A high-power fixed-tuned millimeter-wave balanced frequency doubler. *IEEE Transactions on Microwave Theory and Techniques* 47:419-425.

Preu, S. , G. Döhler, S. Malzer, L. Wang, and A. Gossard. 2011. Tunable, continuous-wave Terahertz photomixer sources and applications. *Journal of Applied Physics* 109:061301.

Rice, A. , Y. Jin, X. Ma et al. 1994. Terahertz optical rectification from ⟨110⟩ zinc-blende crystals. *Applied Physics Letters* 64:1324-1326.

Sakai, K. 2005. *Terahertz Optoelectronics*. Berlin, Germany: Springer.

Sebald, G. , E. Lefeuvre, and D. Guyomar. 2008. Pyroelectric energy conversion: Optimization principles. *IEEE Transactions on Ultrasonics, Ferroelectrics and Frequency Control* 55:538-551.

Sibbett, W. , A. A. Lagatsky, and C. T. A. Brown. 2012. The development and application of femtosecond laser systems. *Optics Express* 20:6989-7001.

Smith, P. R. , D. H. Auston, and M. C. Nuss. 1988. Subpicosecond photoconducting dipole antennas. *IEEE Journal of Quantum Electronics* 24: 255-260.

Spence, D. E. , P. N. Kean, and W. Sibbett. 1991. 60-fsec pulse generation from a self-mode-locked Ti:sapphire laser. *Optics Letters* 16:42-44.

Tani, M. , S. Matsuura, K. Sakai, and S. Nakashima. 1997. Emission characteristics of photoconductive antennas based on low-temperature-grown GaAs and semi-insulating GaAs. *Applied Optics* 36:7853-7859.

Tonouchi, M. 2007. Cutting-edge terahertz technology. *Nature Photonics* 1:
97-105.

van Exter, M., C. Fattinger, and D. Grischkowsky. 1989. High-brightness
terahertz beams characterized with an ultrafast detector. *Applied
Physics Letters* 55:337-339.

Verghese, S., K. McIntosh, and E. Brown. 1997. Highly tunable fiber-coupled
photomixers with coherent terahertz output power. *IEEE Transactions
on Microwave Theory and Techniques* 45:1301-1309.

Verghese, S., K. McIntosh, S. Calawa et al. 1998. Generation and detection of
coherent terahertz waves using two photomixers. *Applied Physics
Letters* 73:3824.

Wilke, I., A. M. MacLeod, W. Gillespie et al. 2002. Single-shot electron-beam
bunch length measurements. *Physical Review Letters* 88:124801.

Williams, B. S. 2007. Terahertz quantum-cascade lasers. *Nature Photonics* 1:
517-525.

Xie, A., A. F. G. van der Meer, and R. H. Austin. 2001. Excited-state lifetimes
of far-infrared collective modes in proteins. *Physical Review Letters* 88:
18102.

Xie, X., J. Dai, and X. C. Zhang. 2006. Coherent control of THz wave
generation in ambient air. *Physical Review Letters* 96:75005.

Xu, X., Y. Wei, F. Shen et al. 2011. Sine waveguide for 0. 22-THz traveling-
wave tube. *IEEE Electron Device Letters* 32:1152-1154.

Xu, X., Y. Wei, F. Shen et al. 2012. A watt-class 1-THz backward-wave
oscillator based on sine waveguide. *Physics of Plasmas* 19:013113.

Zhang, X. C. and J. Xu. 2009. *Introduction to THz Wave Photonics*. New
York:Springer.

Zhang, X. C., X. Ma, Y. Jin et al. 1992. Terahertz optical rectification from a
nonlinear organic crystal. *Applied Physics Letters* 61:3080-3082.

Zhang, Y., Y. W. Tan, H. L. Stormer, and P. Kim. 2005. Experimental
observation of the quantum Hall effect and Berry's phase in graphene.
Nature 438:201-204.

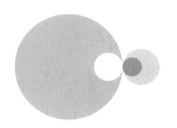

第3章 台式高功率太赫兹脉冲产生技术

3.1 引言

宽带太赫兹脉冲的产生方法通常有两种:①偏置光电导(PC)天线的瞬态光电流激励法;②非线性晶体的光学整流法。二者都采用了飞秒激光器。对光谱带技术的探索仍在进行中,而太赫兹辐射源已被广泛应用于癌症诊断、化学和生物制剂鉴定、安全成像,以及包装货物的非接触检查等领域(Lee,2009;Zhang and Xu,2009)。对于采用宽带太赫兹脉冲和时间分辨的太赫兹探测技术,太赫兹时域光谱法已成为获取太赫兹区域内物质复杂光学常数的标准方法,而不必进行 Kramers-Kronig 分析。

然而,传统太赫兹源的低输出功率阻碍了太赫兹技术的广泛应用。太赫兹源的低功率限制了太赫兹光谱只能用于探测材料系统的线性光学性质。例如,生物大分子的线性光学光谱在太赫兹区域没有表现出明显的特征;因此,很难在线性光谱范围内识别和表征它们。高场太赫兹源的非线性太赫兹光谱具有利用诸如饱和吸收和光子回波光谱的非线性光谱技术的新角度揭示高分子动力学的潜力(Tanaka,et al,2011)。太赫兹源的低功率也是太赫兹成像技术发展尚处于起步阶段的主要原因之一。目前,大多数太赫兹成像系统采用具有单个太赫兹探测器和机械平移台的光栅扫描装置。对于这些系统,通常需要几分钟才能获取单个二维图像。大功率太赫兹源是太赫兹实时成像系统的重要组成部分,这将大大提高成像速度。

以前,偏置光电导天线(Darrow,et al,1992)或 ZnTe 晶体(Blanchard,et al,2007;Löffler,et al,2005)的大面积光激励已被用于产生高功率太赫兹脉冲。大口径偏置光电导天线的辐射源是由偏置场引起的光生载流子的浪涌电流。它输出的太赫兹场在高光激发下表现出普遍的饱和行为(Darrow,et al,1992;Taylor,et al,1993)。最大太赫兹脉冲能量受偏置光电导天线的电容和击穿电压的限制,即太赫兹脉冲能量不能超过存储在电极闭合间隙中的电能。输出的太赫兹电场约为 10 kV/cm(Darrow,et al,1992;Taylor,et al,1993)。光整流方法在大面积的 ZnTe 晶体中也被用于高功率太赫兹的产生,脉冲能量高达 1.5 μJ,但能量转换效率仅为 3×10^{-5}。转换效率相对较低主要是由于 ZnTe 存在强双光子吸收(Vidal,et al,2011)。

本章将讨论两种最近开发的用于有效产生高场太赫兹脉冲的技术:①铌酸锂中倾斜光脉冲的光整流产生太赫兹波;②气体等离子体中双色光激发产生太赫兹波。由这些光源输出的太赫兹脉冲能量超过 1 μJ,光到太赫兹脉冲的能量转换效率达到 10^{-3} 量级,相当于光子转换效率的 30%。

3.2 铌酸锂中倾斜光脉冲的光整流产生太赫兹波

3.2.1 铌酸锂的材料特性

铌酸锂($LiNbO_3$)晶体是一种广泛应用于光子学和光电子领域的非线性光学晶体。这种多用途材料具有良好的应用性能:它在从中红外到紫外(350~5200 nm)的宽光谱范围内是透明的,并具有明显的光学非线性、铁电性和压电性。大的电光系数 $d_{eff} = 168$ pm/V(Wu and Zhang,1996)表明铌酸锂具有通过光整流有效产生太赫兹波的潜力。铌酸锂内在的不良性质是具有很强的光折变性。为了避免这个问题,掺杂有氧化镁的铌酸锂通常用于光整流中。掺杂的氧化镁通过抑制寄生非线性光学效应提高铌酸锂的光学损伤阈值,降低太赫兹吸收。对于化学计量的 $LiNbO_3$,所需的掺杂水平小于 0.02 mol,这导致材料的线性和非线性光学性质几乎没有变化(Pálfalvi,et al,2004)。

3.2.2 铌酸锂的相位匹配和光整流

3.2.2.1 光与太赫兹脉冲之间的速度失配

在铌酸锂中,由于太赫兹波的相速度和群速度相差很大,所以用光整流方法在共线相位匹配条件下产生太赫兹波的传统方法不能应用于铌酸锂。在 800 nm 处,此时非寻常光和太赫兹光的折射率分别为 $n_O = 2.55$(Nakamura,et al,2002)和 $n_T = 4.96$(Pálfalvi,et al,2005)。在非线性晶体中光整流太赫兹辐射源是二阶非线性极化 $P_T^{(2)}(t)$。光诱导的局部太赫兹场 $E_T(t)$ 与 $P_T^{(2)}(t)$ 的二阶时间导数成正比,即

$$E_T(t) \propto \frac{\partial^2 P_T^{(2)}(t)}{\partial t^2} = \chi^{(2)} \frac{\partial^2 |E_O(t)|^2}{\partial t^2} \tag{3.1}$$

其中,χ^2 是晶体的二阶非线性磁化率张量;$E_O(t)$ 是该位置处的光场。

太赫兹波的波形类似于光泵浦脉冲包络。当光脉冲和太赫兹脉冲在铌酸锂中共线传播时,光脉冲将在太赫兹脉冲之前通过,在光学脉冲持续时间 τ_p 内,传播的长度为 $l_w = c\tau_p/(n_T - n_O)$。因此,太赫兹场在长度分隔的两个位置处分离产生相消干涉,如图 3.1(a)所示。在均匀介质中,太赫兹辐射场通过连续的相消干涉后完全消失。当光脉冲通过有限厚度 L 的铌酸锂晶体时,只能从 l_w 深度内的入口和出口表面产生太赫兹辐射,如图 3.1(b)所示(Xu,et al,1992)。由于光脉冲和太赫兹脉冲之间的速度失配,来自两个表面的脉冲在时间上出现分离,时间延迟是 $\Delta t = (n_T - n_O)L/c$。

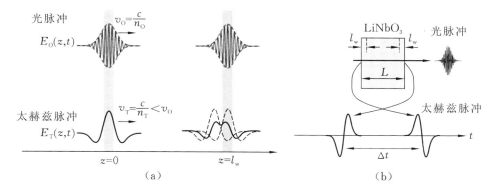

图 3.1 (a)在铌酸锂晶体中,光脉冲和太赫兹脉冲之间的速度失配导致在两个位置上光学诱导的太赫兹场之间的相消干涉,并且具有走离长度分离。(b)当光脉冲通过具有有限厚度 L 的铌酸锂晶体时,只能从 l_w 深度内的入口和出口表面产生太赫兹辐射

3.2.2.2　倾斜脉冲前沿相位匹配

　　一种避免铌酸锂晶体中光/太赫兹速度失配的理想方法是使光脉冲前沿朝垂直于切连科夫锥的方向倾斜（Hebling，et al，2002）。在铌酸锂晶体中，聚焦的飞秒激光脉冲尺寸（全方位～10 μm）明显小于太赫兹辐射的波长，其作用就像点源一样，比生成的太赫兹波移动得更快。切连科夫辐射的塌缩太赫兹波成锥形的激波阵面，如图 3.2(a)所示。切连科夫辐射在恒定角度 θ_c 下是用光脉冲轨迹发射的，θ_c 可用下式表示：

$$\theta_c = \cos^{-1}\left(\frac{v_T}{v_O}\right) = \cos^{-1}\left(\frac{n_O}{n_T}\right) = 63.0° \tag{3.2}$$

其中，v_T 和 v_O 分别是太赫兹的相速度和光的群速度。当光束的脉冲前沿倾斜垂直于切连科夫辐射角，且光束尺寸显著大于太赫兹辐射的波长时，光脉冲前沿和太赫兹波以相同的速度移动，即 $v_T = v_O \cos\theta_c$。切连科夫辐射的方向如图 3.2(b)所示。在此速度匹配条件下，光整流在相位上连续提供太赫兹辐射，因此，随着光脉冲在铌酸锂晶体中的传播，太赫兹辐射被相干放大。

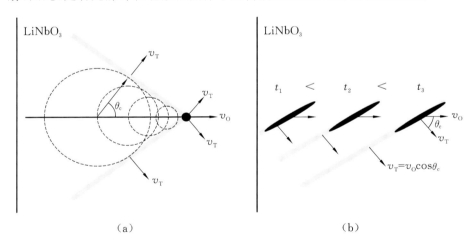

(a) 　　　　　　　　　　　　　　　(b)

图 3.2　(a)聚焦飞秒激光脉冲产生太赫兹辐射，形成具有发射角 θ_c 的切连科夫锥。(b)与切连科夫锥对准的倾斜脉冲的前沿光脉冲以相同的速度与太赫兹辐射共同传播，$v_T = v_O \cos\theta_c$

　　对于利用衍射光栅来倾斜光学脉冲前沿，图 3.3(a)所示的是光线的示意图；在光栅衍射之后，垂直于其传播方向的光学脉冲前沿发生倾斜，其倾斜角 θ 有

$$\sin\theta = \gamma \left(1 - \sin^2\alpha + 2\gamma\sin\alpha\right)^{-\frac{1}{2}} \qquad (3.3)$$

其用 $m = +1$ 的一阶正数光栅方程计算路径长度差：

$$\sin\alpha + \sin\beta = \frac{\lambda}{d} \equiv \gamma \qquad (3.4)$$

其中，α 是入射角；β 是衍射角；λ 是光波长；d 是光栅周期。

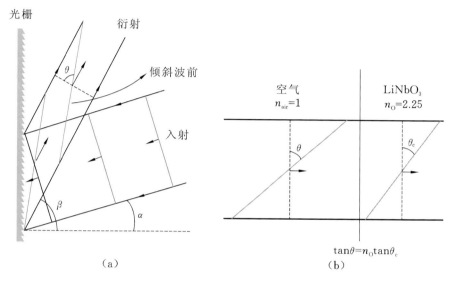

（a）   （b）

图 3.3 （a）光脉冲前沿在不同位置处会有路径长度差异，因此衍射光栅会使光脉冲前沿倾斜。（b）当光脉冲进入铌酸锂晶体时，倾斜角减小

当光脉冲进入铌酸锂晶体时，倾斜角由于折射而减小，如图 3.3（b）所示。将铌酸锂的倾斜角与切连科夫角 θ_c 进行匹配，得到 θ 和 θ_c 的关系为

$$\tan\theta = n_O\tan\theta_c \qquad (3.5)$$

在 $\lambda = 800$ nm，$n_O = 2.25$ 的情况下，获得 $\theta_c = 63.0°$，即 $\theta = 77.2°$ 的实验结果，对于 2000 线/毫米的光栅，入射角和衍射角分别为 $\alpha = 44.8°$ 和 $\beta = 61.8°$。应该注意的是，铌酸锂中的倾斜角还取决于光栅和晶体之间的成像光学元件的放大系数。倾斜角的切线与放大倍率 M 成反比，即式（3.5）应修改为 $\tan\theta = n_O/M\tan\theta_c$。

3.2.2.3 铌酸锂光学整流理论

光整流是二阶非线性光学过程。二阶非线性极化由频率为 ω 的单色光学平面波引起，可表示为

$$P_i^{(2)}(0) = \sum_{j,k} \varepsilon_0 \chi_{ijk}^{(2)}(0,\omega,-\omega) E_j(\omega) E_k^*(\omega) \tag{3.6}$$

其中,$\chi_{ijk}^{(2)}$ 是铌酸锂的二阶非线性磁化率张量元素。张量有 8 个非零元素和 3 个独立元素。在简约表示法 $d_{ij} = \chi_{ijk}^{(2)}/2$ 中,铌酸锂的 $\boldsymbol{d}$ 矩阵为

$$\begin{bmatrix} 0 & 0 & 0 & 0 & d_{31} & -d_{22} \\ -d_{22} & d_{22} & 0 & d_{31} & 0 & 0 \\ d_{31} & d_{31} & d_{33} & 0 & 0 & 0 \end{bmatrix} \tag{3.7}$$

铌酸锂是一种具有强各向异性的非线性晶体,d_{33} 比 d_{31} 和 d_{22} 大得多。在铌酸锂中有效产生太赫兹波的简单偏振结构使光场沿着晶体 z 轴对准,从而产生相同方向的非线性极化,使得非线性极化可简单地表示为 $P^{(2)} = 2d_{\text{eff}}E_O(\omega)^2$,在这种极化几何中,有效电光系数 $d_{\text{eff}} = d_{33}$。

在没有泵浦吸收或耗尽的相位匹配条件下,包括在铌酸锂的太赫兹波吸收在内(吸收系数为 α_T)的太赫兹转换效率(定义为太赫兹功率与光功率之比)可表示为(Hoffmann and Fülöp,2011)

$$\eta_{\text{THz}} = \frac{2\omega_{\text{THz}}^2 d_{\text{eff}}^2 L^2 I_O}{\varepsilon_0 n_O^2 n_T c^3} \frac{\sinh^2(\alpha_T L/4)}{(\alpha_T L/4)^2} e^{-\alpha_T L/2} \tag{3.8}$$

其中,ω_{THz} 是太赫兹波频率;L 是晶体厚度;I_O 是光泵强度;n_T 和 n_O 是太赫兹波和光频率的折射率;c 是光速。

表 3.1 列出了铌酸锂对超极化光波和太赫兹波的光学常数(平行于晶体 z 轴)(Hoffmann and Fülöp,2011)。太赫兹吸收系数(在室温下 $\alpha_T = 17\ \text{cm}^{-1}$)表明:在铌酸锂中太赫兹波仅在包括太赫兹辐射出射表面的 0.5 mm 厚层内有效。

表 3.1　LiNbO$_3$ 的光学常数

n_O(800 nm)	n_T(1 THz)	α_T/cm^{-1}	$d_{\text{eff}}/(\text{pm/V})$
2.25	4.96	17	168

3.2.3　实验结果

3.2.3.1　实验装置

图 3.4 所示的是倾斜脉冲前沿产生太赫兹波的实验装置。该装置由一个光栅、一个半波片、一个透镜和一个铌酸锂晶体组成。以连伦科夫角 θ_c 切割 LiNbO$_3$ 晶体的一个表面,得到在垂直入射下耦合到自由空间中的太赫兹波。半

波片使光脉冲的偏振从水平方向旋转到垂直方向,使得其与晶体 z 轴平行。透镜将光栅上倾斜的脉冲前沿的图像转移到铌酸锂晶体中。为了抑制太赫兹波的吸收,光脉冲图像应该在距离铌酸锂晶体出射表面很短的距离(<0.5 mm)内形成。

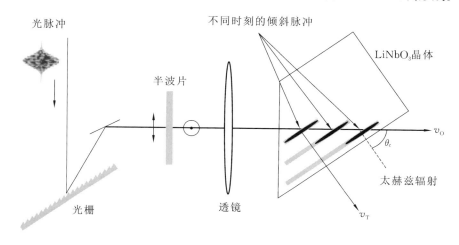

图 3.4　铌酸锂中倾斜脉冲前沿产生太赫兹波的实验装置

脉冲前沿倾斜法的太赫兹发射效率易受成像系统的影响。在焦平面上获得高质量的深度图像是至关重要的。理论研究表明,望远镜成像系统优于单透镜系统,在太赫兹光束轮廓和相位前沿产生较小的失真(Fülöp,et al,2010;Pálfalvi,et al,2008),如图 3.5 所示。

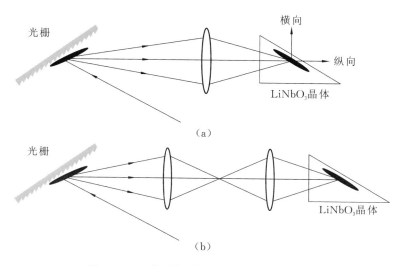

图 3.5　(a)单透镜系统;(b)望远镜成像系统

3.2.3.2 铌酸锂太赫兹发生器的太赫兹输出

在铌酸锂中，由于倾斜脉冲前沿相位匹配需要大面积的光激励，所以通过光整流的方法产生太赫兹脉冲需要用大功率飞秒激光脉冲进行光泵浦。最常用的激光系统是 1 kHz 钛蓝宝石放大器。图 3.6 显示了由 1 kHz 钛蓝宝石再生放大器泵浦的铌酸锂太赫兹发生器的典型太赫兹波输出。在 LiNbO$_3$ 晶体中，利用倾斜脉冲前沿(中心波长为 800 nm；脉冲能量为 1 mJ；脉冲持续时间为 90 fs；重复频率为 1 kHz)的飞秒激光脉冲进行光整流来产生宽带太赫兹脉冲(中心频率为 1 THz；带宽为 1 THz，见图 3.6(b))。图 3.6(a) 显示了在 ZnTe 晶体中通过电光采样测量得到的时域太赫兹波形。当泵浦脉冲能量为 0.6 mJ 时，太赫兹场幅值达到 160 kV/cm。图 3.6(b) 显示了通过对太赫兹波进行傅里叶变换获得的太赫兹脉冲的功率谱。宽带频谱集中在 1 THz 附近，最高可达 3 THz。图 3.6(c) 显示了输出太赫兹脉冲能量与光泵浦脉冲能量的关系。实心方块表示实验测量值，而实线表示没有泵浦损耗和非线性吸收的光整流的理想二次相关性。测得了太赫兹脉冲能量偏离光泵浦脉冲能量约 0.25 mJ 时的二次函数关系，并且在 0.4 mJ 以上呈线性关系。饱和效应主要是由强太赫兹场增强的多声子吸收引起的(Stepanov，et al，2005)。图 3.6(c) 的插图显示了光脉冲能量的转换效率。由于饱和效应，转换效率在 0.57 mJ 时达到 0.64×10^{-3}，并且在 0.4 mJ 以上，曲线变平。太赫兹脉冲的产生效率受到铌酸锂中较强的太赫兹吸收系数的限制(Lee，2009)。铌酸锂的太赫兹脉冲吸收机制主要是：光学声子非谐衰变成两个声学声子，通过冷却晶体可以显著抑制这两个声学声子。据报道，在温度为 77 K 时光学太赫兹脉冲的转换效率比温度为 300 K 时高出 3 倍以上(Stepanov，et al，2003)。

在铌酸锂晶体中，利用倾斜脉冲前沿光整流效应，各种类型的钛蓝宝石放大器已被用于产生太赫兹波。表 3.2 总结了几种倾斜脉冲前沿太赫兹发生器的性能和特点。最常用的激光系统是 1 kHz Ti-Sapphire 放大器，其太赫兹脉冲能量约为 1 μJ，能量转换效率可达 1×10^{-3}。值得注意的是，可以使用光纤激光系统构建小型的铌酸锂太赫兹发生器。相关人员用掺镱放大光纤激光器系统演示了铌酸锂中倾斜脉冲前沿的光整流现象(Hoffmann，et al，2007，2008)。1 kHz 的光纤激光器(波长为 1.03 μm；脉冲能量为 0.5 mJ；脉冲宽度为 300 fs)产生 0.1 μJ 的太赫兹脉冲的能量转换效率为 2.5×10^{-4}。

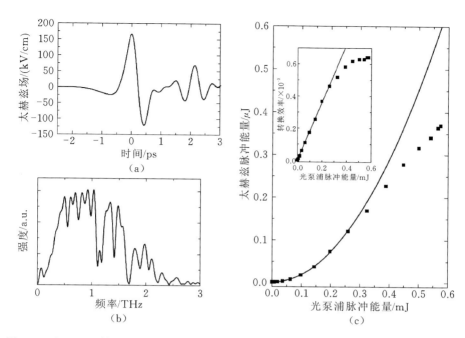

图 3.6　由 1 kHz 钛蓝宝石再生放大器泵浦的铌酸锂太赫兹发生器(中心波长为 800 nm;
脉冲能量为 1 mJ;脉冲持续时间为 90 fs;重复频率为 1 kHz)所发出的太赫兹辐
射。(a)在 ZnTe 晶体中通过电光采样测量得到的太赫兹波;(b)通过对太赫兹波
的傅里叶变换得到的相应功率谱;(c)输出太赫兹脉冲能量与光泵浦脉冲能量的
关系。实心方块是实验测量值。实线表示没有泵浦损耗和非线性吸收的光整流
的理想二次相关性;插图显示了光学太赫兹能量转换效率

表 3.2　具有各种钛蓝宝石放大器的倾斜脉冲前沿太赫兹发生器

光泵浦脉冲					太赫兹脉冲			
重复率	持续时间/fs	能量	光栅密度/mm^{-1}	成像系统	能量	频率/THz	太赫兹转换效率 η	参考
200 kHz	150	2.3 μJ	2000	望远镜	30 pJ	1.8	1.3×10^{-5}	Stepanov, et al, 2003
1 kHz	150	0.5 mJ	2000	望远镜	0.24 μJ	—	5×10^{-4}	Stepanov, et al, 2005
1 kHz	150	0.65 mJ	1800	望远镜	0.57 μJ	0.9	8×10^{-4}	Jewariya, et al, 2009
1 kHz	85	2 mJ	1800	望远镜	2 μJ	1	1×10^{-3}	Hirori, et al, 2011
10 Hz	400	20 mJ	2000	单透镜	10 μJ	0.5	6×10^{-4}	Yeh, et al, 2007

3.3 气体等离子体中双色光激发产生宽带太赫兹波

3.3.1 概述

强激光脉冲与光生气体等离子体的相互作用可以产生涵盖从太赫兹波到X射线的非常宽的光谱的电磁辐射。从激光诱导空气等离子体中已经观察到了太赫兹脉冲,其中,太赫兹波产生机制是作用于电子和离子的有质运动力分离两种电荷并产生电荷密度梯度(Hamster,et al,1993)。当施加强偏置场时,太赫兹波产生效率相对较高,与来自半导体表面的太赫兹辐射的效率相当(Loffler,et al,2000)。

双色光激发使激光与等离子体相互作用而产生太赫兹波的效率大大提高,而双色光激发是通过将频率为 ω 的基频光和频率为 2ω 的二次谐波混合实现的(Bartel,et al,2005;Cook and Hochstrasser,2000;Kress,et al,2004),实验方案如图 3.7 所示。二次谐波脉冲是在诸如硼酸钡晶体的非线性光学晶体中产生的。基波和二次谐波叠加的不对称电场驱动电离电子产生瞬态光电流(Kim,et al,2007)。激光诱导的光电流是激光与等离子体相互作用产生的太赫兹辐射源。太赫兹辐射强度易受光偏振的影响。为了优化太赫兹波产生效率,基波和二次谐波的偏振方向必须是共线偏振的(Kress,et al,2004;Xie,et al,2006)。

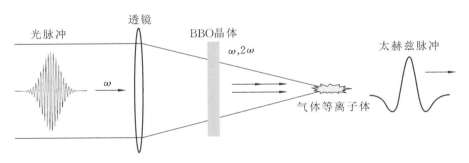

图 3.7　气体等离子体中双色光激发宽带太赫兹波的产生过程基频(ω)和二次谐波(2ω)脉冲的非对称叠加激光场在等离子体产生宽带太赫兹脉冲中感应出瞬态电流

应该指出,激光诱导的气体等离子体不仅用于太赫兹波的辐射,而且还用于太赫兹波的传感(Dai,et al,2006;Karpowicz,et al,2008;Liu,et al,2010)。气体等离子体太赫兹波传感的检测带宽覆盖了 0.1～30 THz 的整个太赫兹波间隙,这仅受光探头脉冲持续时间的限制。此外,在大气环境中可获得超过数十米的遥感,这对于传统的太赫兹遥感技术几乎是不可能的。太赫兹波空气光子学涉及太赫兹辐射和激光诱导等离子体探测,是太赫兹科学和技术的一个子领域,下面将重点研究气体等离子体中双色光激发产生的太赫兹波。

3.3.2 太赫兹波产生机制

3.3.2.1 四波混频近似

基于四波混频(FWM)技术可建立描述气体等离子中双色光激发产生太赫兹波的简单唯象模型,其中,两个基频光子(ω)和一个二次谐波光子(2ω)在产生一个太赫兹波光子的介质中耦合。太赫兹区域中的三阶非线性极化为

$$P^{3}(\omega_{\text{THz}}) = \varepsilon_0 \boldsymbol{\chi}^{(3)}(\omega_{\text{THz}},\omega,\omega,-2\omega+\omega_{\text{THz}})E(\omega)E(\omega)E^{*}(2\omega-\omega_{\text{THz}})$$

$$(3.9)$$

其中,$\boldsymbol{\chi}^{(3)}$是气体等离子体的三阶非线性磁化率张量。在四波混频过程中,太赫兹波频率在光学带宽范围内,而三个光场的载波频率被抵消。在四波混频模型中,气体等离子体被视为各向同性非线性介质,其中,$\boldsymbol{\chi}^{(3)}$有三个独立分量:$\chi^{(3)}_{xxxx}$、$\chi^{(3)}_{xyxy}$和$\chi^{(3)}_{xxyy}$。光波和太赫兹波共线偏振的 xxxx-偏振结构,获得了最大的太赫兹场(Xie,et al,2006)。

远场区域中的太赫兹场与非线性极化有关,即

$$E_{\text{THz}}(t) \propto \frac{\partial^2 P^{(3)}(t)}{\partial t^2}$$

$$(3.10)$$

瞬时产生的偏振 $P^{(3)}(t)$ 的时间分布由光脉冲包络决定,可用叠加的光场表示为

$$E(t) = E_{\omega}(t)\cos\omega t + E_{2\omega}(t)\cos(\omega t + \phi)$$

$$(3.11)$$

其中,ϕ 是基频场和二次谐波场之间的相对相位,其与发射的太赫兹场的关系为(Cook and Hochstrasser,2000;Xie,et al,2006)

$$E_{\text{THz}}(t) \propto \boldsymbol{\chi}^{(3)} E_{\omega}(t)^2 E_{2\omega}(t)\cos\phi \propto \boldsymbol{\chi}^{(3)} I_{\omega} \sqrt{I_{2\omega}}\cos\phi$$

$$(3.12)$$

图 3.8 显示了太赫兹场振幅随 ϕ 的变化而变化的情况。图 3.8(a)所示的干涉图符合 $\cos\phi = \cos(\omega_{400\,\text{nm}}\tau)$ 的关系,其中,τ 是基频波和二次谐波脉冲之间的相对时间延迟。四波混频的光学强度依赖关系 $E_{\text{THz}}(t) \propto \boldsymbol{\chi}^{(3)} I_{\omega} \sqrt{I_{2\omega}}$ 如图 3.9 所示,太赫兹场振幅与基频波脉冲强度成正比,也与二次谐波脉冲强度的平方根成正比。

当光激励强度相对较低时,四波混频模型是有效的($<10^{14}$ W/cm^2),如图 3.8 和图 3.9 所示。然而,当气体介质随着等离子体的形成开始变成高度非

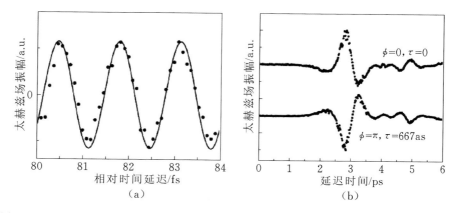

图 3.8　(a)干扰模式取决于相对相位 ϕ。实线由 $\cos\phi=\cos(\omega_{400\,nm}\tau)$ 拟合得到；(b)太赫兹
　　　　波在 $\phi=0$ 和 $\phi=\pi$ 处显示出相反的极性

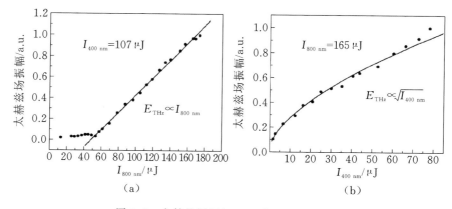

图 3.9　太赫兹振幅与(a)I_ω 和(b)$I_{2\omega}$ 的关系

线性时,微扰方法开始失效。很明显,太赫兹发射功率超出阈值,即突然增加
且超过临界光强。四波混频模型的失效也表明,在高光激发强度下,输出的太
赫兹场振幅与 $\sin\phi$ 成正比。值得注意的是,唯象四波混频模型没有阐明非线
性光学过程的微观起源,即太赫兹极化的来源是等离子体中的自由电子还是
分子的束缚电子。

3.3.2.2　非对称瞬态光电流模型

在高激发强度($>10^{15}$ W/cm^2)下,强激光场与气体分子的相互作用进入
非微扰状态,其中,隧穿电离是产生高度电离气体等离子体的主要机制
(Augst,et al,1989)。隧穿电离过程是瞬时的和高度非线性的。当气体分子
处于强双色激光场中时,通过非对称激光场驱动的瞬态电流的快速隧穿电离,

自由电子从分子中逃逸出来。光电离的时间尺度是激光脉冲持续时间(通常小于 100 fs),因此,电磁辐射光谱范围为 1～10 THz。

图 3.10(a)显示了当相对相位 ϕ 为 0 或 $\pi/2$ 时(Kim,et al,2007),基频波($\lambda=800$ nm,$I_\omega=10^{15}$ W/cm^2)和二次谐波($\lambda/2=400$ nm,$I_{2\omega}=10^{14}$ W/cm^2)的叠加光场。图 3.10(b)显示了在各种激光相位下产生的自由电子的轨迹,在 $\phi=\pi/2$ 处,光场引起电子的非对称漂移运动。激光相位 θ 和相对相位 ϕ 的电子漂移速度可表示为

$$v_{\mathrm{d}}=\frac{eE_\omega}{m_{\mathrm{e}}\omega}\sin\theta+\frac{eE_\omega}{2m_{\mathrm{e}}\omega}\sin(2\theta+\phi) \tag{3.13}$$

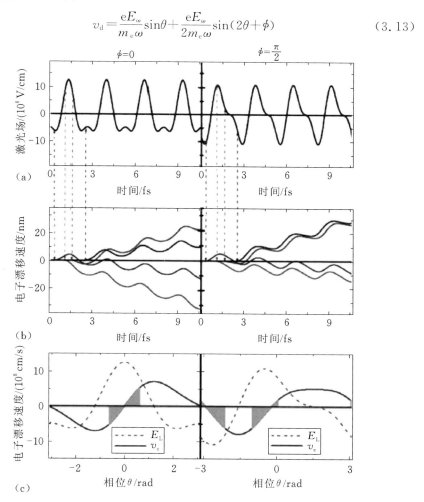

图 3.10 (a)相对相位 $\phi=0$ 和 $\phi=\pi/2$ 时的基频波和二次谐波的叠加光场;(b)不同阶段的电子轨迹($\theta=-9\pi/10,-\pi/10,\pi/10,9\pi/10$);(c)电子漂移速度与 θ 的关系(实线),及其与激光场(虚线)的叠加关系

图 3.10(c) 比较了从 $\phi=-\pi$ 到 $\phi=\pi$ 的一个周期内，在 $\phi=0$ 和 $\phi=\pi/2$ 处的电子漂移速度。激光场峰值附近的漂移速度是有意义的，因为隧穿电离主要发生在这里。当 $\phi=0$ 时，漂移速度在激光场峰值附近均匀分布，而当 $\phi=\pi/2$ 时，漂移速度分布不均匀。该结果表明，光生电子的瞬态电流在 $\phi=0$ 处消失，在 $\phi=\pi/2$ 处最大。因此，瞬态光电流发射的太赫兹场具有如下性质：

$$E_{\mathrm{THz}}(t) \propto \frac{\mathrm{d}J_{\mathrm{d}}}{\mathrm{d}t} \sim e v_{\mathrm{d}} \frac{\mathrm{d}N_{\mathrm{e}}}{\mathrm{d}t} \propto \sin\phi \qquad (3.14)$$

其中，J_{d} 是瞬态电流密度；N_{e} 是电子密度。

图 3.11(a) 展示了实验观测结果，证实了关于太赫兹波产生的相对相位依赖性的非对称瞬态光电流模型的预测。太赫兹出光率是 BBO 到等离子体距离 d 的正弦函数。数据推断表明，在 $d=0$ 时太赫兹出光率消失。因为等离子体中的相对相位与 d 成线性比例关系：

$$\phi = \frac{\omega}{c}(n_{\omega} - n_{2\omega})d \qquad (3.15)$$

其中，n_{ω} 和 $n_{2\omega}$ 是在 ω 和 2ω 处的空气折射率，太赫兹出光率的相对相位依赖性与瞬态非对称光电流模型一致，即：$E_{\mathrm{THz}}(t) \propto \sin\phi$。

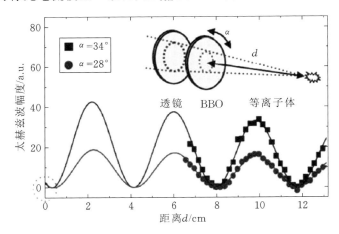

图 3.11　太赫兹波幅度和 BBO 与等离子体的距离 d 的关系

3.3.2.3　量子力学模型

基于四波混频和瞬态光电流的经典模型在不同的光激发强度下的应用是有限的。由于隧穿电离是等离子体形成的基本物理过程，在本质上是量子过程，因此通过隧道电离和光-等离子体相互作用产生太赫兹波，需要借助量子力学模型来全面描述等离子体的形成。相关人员建立了描述强激光脉冲与气体分子相互作用时电子波包的形成的量子力学模型（Karpowicz and Zhang，2009）。

量子理论的数值模拟表明，太赫兹波发射过程分为两步，如图 3.12(a)所示。最初，由隧穿电离产生的电子波包在原子附近形成瞬变电流，从而发射太赫兹波辐射。随后，电子波包从原子向外传播，通过与周围的原子和产生太赫兹辐射的离子产生非弹性碰撞而减速，而这种太赫兹辐射会相干地加到初始太赫兹辐射上。量子力学模型为太赫兹波发射的相对相位依赖性提供了精确的数值分析。相对相位依赖性随光激励强度变化而变化。图 3.12(b)和(c)分别显示了在 $\phi = 5\pi/12$ 和 $\phi = 11\pi/12$ 的强双色光场（峰值幅度为 2×10^{10} V/m）下，氩等离子体的电子密度分布。在适度光激发强度下，电子密度的不对称性在 $\phi = 5\pi/12$（接近 $\pi/2$）处最小，在 $\phi = 11\pi/12$（接近 π）处最大。

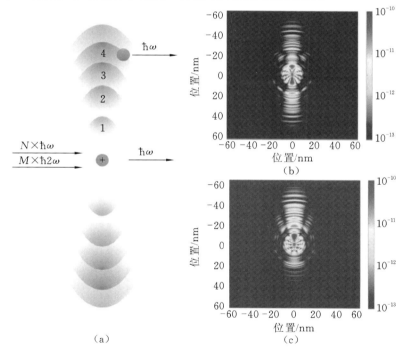

图 3.12 （a)光生电子波包的太赫兹波发射示意图；(b)，(c)在 $\phi = 5\pi/12$ 和 $\phi = 11\pi/12$ 的强双色光场下，氩等离子体的电子密度分布

3.3.3 气体等离子体太赫兹发生器的性能

在气体等离子体中产生太赫兹波的一个明显优势是介质不受光学损伤的限制，当超出固体材料的光学损伤阈值时，可将光脉冲聚焦成一个小点。然而，这

并不意味着太赫兹波的发射效率会随着光激发强度的增加而增加。图 3.13 显示了入射光泵浦脉冲能量与太赫兹场幅度峰值的关系（Kim，et al，2007）。太赫兹波输出在低于 5 mJ 的低激发强度下表现出阈值行为，在 5～15 mJ 的中间区域中急剧增加，并且在 15 mJ 以上的高强度下变得饱和。高密度等离子体中太赫兹波吸收的强烈增强是造成太赫兹波产生饱和行为的主要原因。

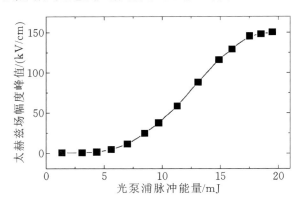

图 3.13 倍频前的太赫兹场幅度峰值与光泵浦脉冲能量之间的关系

相关人员用不同的气体种类和压力研究了太赫兹波功率的标度行为（Rodriguez and Dakovski，2010）。图 3.14(a)显示了空气、氖气、氩气、氪气和氙气在 590 Torr(1 Torr＝133.3 Pa)的气压条件下，太赫兹脉冲能量与入射光脉冲能量之间的关系。氩气具有最大的光能转换效率(1.5×10^{-4})，在 6 mJ 的光脉冲能量下可产生约 0.9 μJ 的太赫兹脉冲。

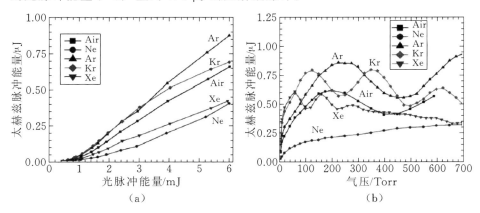

图 3.14 (a)对于空气、氖气、氩气、氪气和氙气，太赫兹脉冲能量与 590 托气压下的入射光脉冲能量之间的关系；(b)太赫兹脉冲能量与光脉冲能量为 5.4 mJ 的气压之间的关系

图 3.14(b)显示了对于相同种类气体,当气压从 5 托到 700 托变化时,在 5.4 mJ 的光脉冲能量下,太赫兹脉冲能量对气压的依赖性。太赫兹输出呈现周期性波动,其频率随质量的增加而增加。在等离子体形成之前中性气体的折射率的变化引起的 ω 和 2ω 光场的相位滑移会造成气压波动。值得注意的是,氪气和氙气的太赫兹脉冲能量在低于 100 托的低压区迅速增加,但在饱和气压以上逐渐降低。太赫兹脉冲能量的饱和和衰减可能是由等离子体中的相位滑移或等离子体散焦效应造成的。

隧穿电离过程几乎是瞬时的,因此,来自光激发气体等离子体的太赫兹辐射带宽与光泵浦脉冲的带宽大致相同。如果光场足够强,太赫兹频谱也可以通过自相位调制和电离引起的蓝移而显著展宽(Kim,et al,2008)。研究表明,超宽带飞秒脉冲(<20 fs)可以产生光谱达到 100 THz 的远红外和中红外脉冲(Matsubara,et al,2012;Thomson,et al,2010)。在空气等离子体中由 10 fs 光脉冲产生的太赫兹脉冲的傅里叶变换谱具有 20 THz 的中心频率带宽,而在高频尾部达到 200 THz(Matsubara,et al,2012)。

3.4 结论

本文综述了产生高场太赫兹脉冲的两种有效方法,这两种方法都能产生很强的太赫兹脉冲:脉冲能量超过 1 μJ,场振幅达到 1 MV/cm。然而,这两种方法有一些不同的特征。当光脉冲能量约为 1 mJ 时,铌酸锂太赫兹发生器的太赫兹能量转换效率高达 1×10^{-3},而气体等离子体太赫兹发生器的最佳转换效率约为 1×10^{-4}。由于没有光学损伤,气体等离子体太赫兹发生器可以承受超过 10 mJ 的高激光激发强度。由铌酸锂太赫兹发生器产生的太赫兹脉冲的中心频率和带宽约为 1 THz。另一方面,空气等离子体太赫兹发生器可以产生频谱延伸到 100 THz 的超宽带太赫兹脉冲。

参 考 文 献

Augst, S., D. Strickland, D. D. Meyerhofer, S.-L. Chin, and J. H. Eberly. 1989. Tunneling ionization of noble gases in a high-intensity laser field. *Physical Review Letters* 63:2212.

Bartel, T., P. Gaal, K. Reimann, M. Woerner, and T. Elsaesser. 2005. Generation of single-cycle THz transients with high electric-field amplitudes. *Optics Letters* 30:2805-2807.

Blanchard, F., L. Razzari, H. C. Bandulet et al. 2007. Generation of 1. 5 μJ single-cycle terahertz pulses by optical rectification from a large aperture ZnTe crystal. *Optics Express* 15:13212-13220.

Cook, D. J. and R. M. Hochstrasser. 2000. Intense terahertz pulses by four-wave rectification in air. *Optics Letters* 25:1210-1212.

Dai, J., B. Clough, I. -C. Ho et al. 2011a. Recent progresses in terahertz wave air photonics. *IEEE Transactions on Terahertz Science and Technology* 1:274-281.

Dai, J., J. Liu, and X. -C. Zhang. 2011b. Terahertz wave air photonics: Terahertz wave generation and detection with laser-induced gas plasma. *IEEE Journal of Selected Topics in Quantum Electronics* 17:183-190.

Dai, J., X. Xie, and X. -C. Zhang. 2006. Detection of broadband terahertz waves with a laser-induced plasma in gases. *Physical Review Letters* 97: 103903.

Darrow, J. T., X. -C. Zhang, D. H. Auston, and J. D. Morse. 1992. Saturation properties of large-aperture photoconducting antennas. *IEEE Journal of Quantum Electronics* 28:1607-1616.

Fülöp, J. A., L. Pálfalvi, G. Almási, and J. Hebling. 2010. Design of high-energy terahertz sources based on optical rectification. *Optics Express* 18:12311-12327.

Hamster, H., A. Sullivan, S. Gordon, W. White, and R. W. Falcone. 1993. Subpicosecond, electromagnetic pulses from intense laser-plasma interaction. *Physical Review Letters* 71:2725.

Hebling, J., G. Almasi, I. Z. Kozma, and J. Kuhl. 2002. Velocity matching by pulse front tilting for large area THz-pulse generation. *Optics Express* 10:1161-1166.

Hirori, H., F. Blanchard, and K. Tanaka. 2011. Single-cycle THz pulses with amplitudes exceeding 1 MV/cm generated by optical rectification in LiNbO$_3$. *Applied Physics Letters* 98:091106.

Hoffmann, M. C. and J. A. Fülöp. 2011. Intense ultrashort terahertz pulses: Generation and applications. *Journal of Physics D: Applied Physics* 44:083001.

Hoffmann，M. C.，K.-L. Yeh，J. Hebling，and K. A. Nelson. 2007. Efficient terahertz generation by optical rectification at 1035 nm. *Optics Express* 15:11706-11713.

Hoffmann，M. C.，K.-L. Yeh，H. Y. Hwang et al. 2008. Fiber laser pumped high average power single-cycle terahertz pulse source. *Applied Physics Letters* 93:141107.

Jewariya，M.，M. Nagai，and K. Tanaka. 2009. Enhancement of terahertz wave generation by cascaded χ^2 processes in LiNbO$_3$. *Journal of the Optical Society of America B* 26:A101-A6.

Karpowicz，N.，J. Dai，X. Lu et al. 2008. Coherent heterodyne time-domain spectrometry covering the entire "terahertz gap". *Applied Physics Letters* 92:011131.

Karpowicz，N. and X.-C. Zhang. 2009. Coherent terahertz echo of tunnel ionization in gases. *Physical Review Letters* 102:093001.

Kim，K.-Y.，J. H. Glownia，A. J. Taylor，and G. Rodriguez. 2007. Terahertz emission from ultrafast ionizing air in symmetry-broken laser fields. *Optics Express* 15:4577-4584.

Kim，K. Y.，A. J. Taylor，J. H. Glownia，and G. Rodriguez. 2008. Coherent control of terahertz supercontinuum generation in ultrafast laser-gas interactions. *Nature Photonics* 2:605-609.

Kress，M.，T. Löffler，S. Eden，M. Thomson，and H. G. Roskos. 2004. Terahertz-pulse generation by photoionization of air with laser pulses composed of both fundamental and second-harmonic waves. *Optics Letters* 29:1120-1122.

Löffler，T.，T. Hahn，M. Thomson，F. Jacob，and H. Roskos. 2005. Large-area electro-optic ZnTe terahertz emitters. *Optics Express* 13:5353-5362.

Lee，Y. S. 2009. *Principles of Terahertz Science and Technology*. New York：Springer.

Liu，J.，J. Dai，S. L. Chin，and X.-C. Zhang. 2010. Broadband terahertz wave remote sensing using coherent manipulation of fluorescence from asymmetrically ionized gases. *Nature Photonics* 4:627-631.

Loffler，T.，F. Jacob，and H. Roskos. 2000. Generation of terahertz pulses by photoionization of electrically biased air. *Applied Physics Letters* 77：453-455.

Matsubara，E.，M. Nagai，and M. Ashida. 2012. Ultrabroadband coherent electric field from far infrared to 200 THz using air plasma induced by 10 fs pulses. *Applied Physics Letters* 101：011105.

Nakamura，M.，S. Higuchi，S. Takekawa et al. 2002. Optical damage resistance and refractive indices in near-stoichiometric MgO-doped LiNbO$_3$. *Japanese Journal of Applied Physics* 41：L49-L51.

Pálfalvi，L.，J. A. Fulop，G. Almási，and J. Hebling. 2008. Novel setups for extremely high power single-cycle terahertz pulse generation by optical rectification. *Applied Physics Letters* 92：171107.

Pálfalvi，L.，J. Hebling，J. Kuhl，A. Peter，and K. Polgár. 2005. Temperature dependence of the absorption and refraction of Mg-doped congruent and stoichiometric LiNbO$_3$ in the THz range. *Journal of Applied Physics* 97：123505.

Pálfalvi，L.，J. Hebling，G. Almási et al. 2004. Nonlinear refraction and absorption of Mg doped stoichiometric and congruent LiNbO$_3$. *Journal of Applied Physics* 95：902-908.

Rodriguez，G. and G. L. Dakovski. 2010. Scaling behavior of ultrafast two-color terahertz generation in plasma gas targets：Energy and pressure dependence. *Optics Express* 18：15130-15143.

Stepanov，A. G.，J. Hebling，and J. Kuhl. 2003. Efficient generation of subpicosecond terahertz radiation by phase-matched optical rectification using ultrashort laser pulses with tilted pulse fronts. *Applied Physics Letters* 83：3000-3002.

Stepanov，A.，J. Kuhl，I. Kozma et al. 2005. Scaling up the energy of THz pulses created by optical rectification. *Optics Express* 13：5762-5768.

Tanaka，M.，H. Hirori，and M. Nagai. 2011. THz nonlinear spectroscopy of solids. *IEEE Transactions on Terahertz Science and Technology* 1：301-312.

Taylor，A. J.，P. K. Benicewicz，and S. M. Young. 1993. Modeling of femtosecond electromagnetic pulses from large-aperture photoconductors. *Optics Letters*

18:1340-1342.

Thomson, M. D. , V. Blank, and H. G. Roskos. 2010. Terahertz white-light pulses from an air plasma photoinduced by incommensurate two-color optical fields. *Optics Express* 18:23173-23182.

Vidal, S. , J. Degert, M. Tondusson, J. Oberlé, and E. Freysz. 2011. Impact of dispersion, free carriers, and two-photon absorption on the generation of intense terahertz pulses in ZnTe crystals. *Applied Physics Letters* 98:191103.

Wu, Q. and X. C. Zhang. 1996. Ultrafast electro-optic field sensors. *Applied Physics Letters* 68:1604-1606.

Xie, X. , J. Dai, and X. -C. Zhang. 2006. Coherent control of THz wave generation in ambient air. *Physical Review Letters* 96:075005.

Xu, L. , X. C. Zhang, and D. H. Auston. 1992. Terahertz beam generation by femtosecond optical pulses in electro-optic materials. *Applied Physics Letters* 61:1784-1786.

Yeh, K. -L. , M. Hoffmann, J. Hebling, and K. A. Nelson. 2007. Generation of 10 μJ ultrashort terahertz pulses by optical rectification. *Applied Physics Letters* 90:171121.

Zhang, X. C. and J. Xu. 2009. *Introduction to THz Wave Photonics*. New York: Springer.

第 4 章
太赫兹成像与
层析成像技术

4.1 引言

太赫兹成像技术在无损、非接触测量领域具有广阔的应用前景。随着太赫兹源和探测器的不断发展,太赫兹成像在各个领域以及大规模的市场产品中得到应用。自从 Hu 和 Nuss(1995)首次实现了太赫兹成像以来,许多与生物医学材料、安全性材料和半导体工业相关的目标材料已经被研究。此外,基于太赫兹波的成像技术的开发已经取得了相当大的进展。

由于大多数半导体和生物材料的指纹图谱在 0.1~10 THz 范围内,因此太赫兹成像有其固有的优势。太赫兹辐射与材料有强烈的相互作用,因为它们的波长顺序与分子级结构的波长顺序相对应。太赫兹频率范围包含一些半导体输运参数、气体分子的转动能,以及集体振动模式的转动能。另外,与分子结构的氢键模式相关的能量也可在太赫兹频率范围内找到。太赫兹频率范围是识别材料特性的重要的光谱区域(Abbott and Zhang,2007;Ho,et al,2008;Mantsch and Naumann,2010)。太赫兹辐射具有传统 X 射线、超声波、红外线和毫米辐射所不具备的独特特性。因为太赫兹波的能级约为 4.14 meV(远低于 X

射线的能量——0.12～120 keV),因此其不会像 X 射线辐射那样造成电离危险。太赫兹波的特征在于其对非金属和非极性材料的高透射率和对高分子组分的高反应性。太赫兹波的穿透性与 X 射线的穿透性有些相似,然而太赫兹波的穿透性不会造成诸如电离辐射之类的有害影响。

基于太赫兹源的性质,太赫兹成像系统可分为脉冲太赫兹辐射系统和连续波太赫兹辐射系统。太赫兹脉冲的产生和探测使用的是基于飞秒激光的技术。该波的特征是其在频域中有一个宽带信号。脉冲太赫兹成像已经发展到飞秒时间成像的水平,它可以提供断层信息和视频实时成像的一次成像。与脉冲太赫兹成像不同,连续波太赫兹成像的特征是具有固定的或有限的可调谐频率范围,并且不提供关于相位的信息。尽管存在这些缺点,连续波太赫兹成像仍具有潜在的应用价值,因为它提供了快速检测方法和简单的分析方法,并且具有相对较低的成本。

层析成像技术是一种非侵入式测量技术,通过传输二维图像的序列来获得三维信息。由于太赫兹波易于穿过非金属和非极性材料,因此由这些材料构成的物体的层析图像仅仅显示这些物体的内部区域。有两种常用层析成像技术,即基于太赫兹衍射的层析成像(DT)和基于太赫兹计算机的层析成像(CT)。层析成像技术通过将样品旋转到不同的投影角度来测量散射或透射的太赫兹图像。按照这个程序,图像被重建为三维图像。太赫兹菲涅耳透镜层析成像和太赫兹全息技术作为新技术将在后面介绍。菲涅耳透镜的焦距根据频率的变化而变化。在衍射形貌系统中应用菲涅耳透镜后,样品可以在同一像面上获得图像,也可以从不同的位置获得图像。太赫兹全息技术与传统全息技术不同。由于太赫兹全息技术可以记录幅度和相位信息,而不需要将源光束分成参考光束和采样光束,因此其可以借助简单的系统获取三维图像。另外,由于太赫兹波处于不可见的范围内,所以成像必须使用数字全息的方法。

本章将简要回顾太赫兹成像技术,并讨论最近的太赫兹成像技术及其应用,介绍层析成像和衍射层析成像方法及其三维图像重建算法。然后讨论每种层析成像方法的成像质量和局限性,并介绍新的层析成像技术。

4.2　太赫兹成像技术综述

4.2.1　基于飞秒激光的太赫兹脉冲成像

4.2.1.1　光栅扫描成像

太赫兹时域光谱(THz-TDS)是基于飞秒太赫兹辐射产生和探测的强大的光谱技术,它提供了高信噪比(SNR)、高振幅的亚毫米分辨率测量技术和通过透射或反射技术来获得样品的相干太赫兹脉冲相位的方法。

THz-TDS 系统示意图如图 4.1 所示。常规的宽带太赫兹产生方法通常是基于脉冲持续时间小于 100 fs 的飞秒激光器来实现的。飞秒激光脉冲被用于产生和检测相干的几个周期的太赫兹脉冲。借助 THz-TDS 可测量太赫兹脉冲的幅度和相位。产生和检测太赫兹脉冲的最常用方法是光电导开关和电光采样。飞秒激光束被分束器分成两路,分别聚焦在发生器和探测器上。两条射线的路径长度必须相同,因为脉冲必须在探测器处同时选通。时域太赫兹脉冲信号是通过改变发生器和探测器之间的时间延迟而获得的。这些技术可以很容易地实现 60 dB 以上的高光谱分辨率和高信噪比。由于太赫兹光谱可使用快速傅里叶变换(FFT)来计算,所以光谱分辨率由时间扫描范围的倒数决定。对于 100 GHz 的光谱分辨率,需要 10 ps(机械延迟线中的行程约为 1.5 mm)的时域频谱范围(Chan,et al,2007)。参考信号 $E_{reference}(\omega)$ 和采样信号 $E_{sample}(\omega)$ 提供了依赖于频率 ω 的复数光学特性,样品的复折射率可以由给定的关系得到(Duvillaret,et al,1996)。

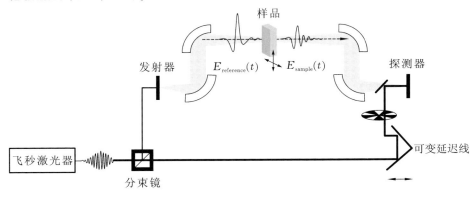

图 4.1　基于飞秒激光的常规 THz-TDS 系统

$$\frac{E_{\text{sample}}(\omega)}{E_{\text{reference}}(\omega)} = T e^{-\frac{da(\omega)}{2}} e^{-i\frac{2\pi}{\lambda}[n(\omega)-1]d} \equiv |R| e^{i\theta} \tag{4.1}$$

其中,T 由菲涅耳方程给出,即 $T_{1\to2} = \left(\dfrac{2 n_1}{n_1 + n_2}\right)$;$\alpha(\omega)$ 是吸收系数;λ 是波长;d 是样品的厚度。

对于与频率相关的复折射率的值 $n + \mathrm{i}k$,有

$$n(\omega) = 1 + \frac{c}{\omega d}\theta \tag{4.2}$$

$$k(\omega) = -\frac{c}{\omega d}\ln\left(\frac{R}{T}\right) \tag{4.3}$$

其中,c 是光速。借助这种分析方法可以获得与频率相关的样品的复杂性质。如前所述,太赫兹光谱对于大多数半导体和生物材料具有独特的指纹,这些指纹可以用于识别未知样品。

在光栅扫描成像技术中,控制具有移动台的样品的位置,并使用传统的THz-TDS 系统测量图像的每个像素,可逐像素地形成图像。样品位于离轴抛物面镜的焦平面上。THz-TDS 系统可确定太赫兹图像质量,它可以在每个像素处提取依赖于频率的复折射率。利用这些特性,太赫兹光栅扫描成像可以作为一种非接触和无创的方法来用于确定样品的有用特征。所获得的图像可以用时域振幅、频域振幅和相位差来表示。如图 4.2 所示,成像的空间分辨率受频率的影响。由于较高的频率对应较短的波长,因此其对应更好的分辨率,使用分量空间模式分析法进行化学制图时需要选择与指纹图谱相对应的合适频率(Shen,et al 2005),这对于研究非常不均匀的系统是特别有用的,例如某些生物样品,包括植物细胞和生物细胞等。

在第一个成像系统中,太赫兹波以每秒 12 个波形的速率进行测量(Hu and Nuss,1995)。该速率主要与光延迟线的速度有关。用于高速测量的光延迟线有多种,包括线性扫描回射器、压电光纤延伸器和旋转反射镜。专门设计的旋转反射镜阵列与旋转延迟线可一起使用(Xu and Zhang,2004),旋转光学延迟线可将扫描重复频率增加到每秒 400 个波形,对应扫描长度为 2.1 cm(Kim,et al,2008)。

4.2.1.2　飞行时间成像

时域太赫兹信号只能通过基于飞秒激光器的系统获取,它可以提取样品的深度信息。当电磁波入射到光学介质上时,一部分光束从介质表面反射回

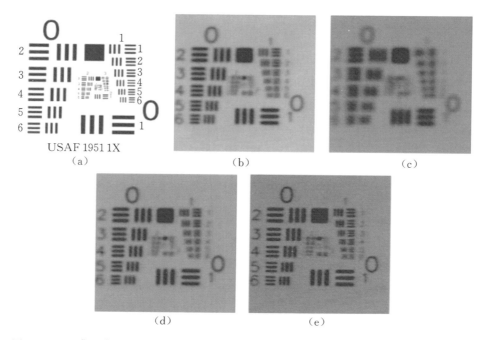

图 4.2 (a)$2''×2''$ USAF 1951 分辨率目标的光学图像;(b)峰值振幅太赫兹波图像;
(c)0.75 THz 太赫兹波图像;(d)1.5 THz 太赫兹波图像;(e)3 THz 太赫兹波图像

来,其余的则传播到介质中(Born,et al,1999)。从这个意义上说,假设目标由多层不同的介质组成,则反射的太赫兹波信号包含了目标内部结构组织的信息。通过反射模式太赫兹系统获得的信号是由目标中每个界面反射的信号组成的(Mittleman,et al,1997,1999),其示意图如图 4.3 所示。

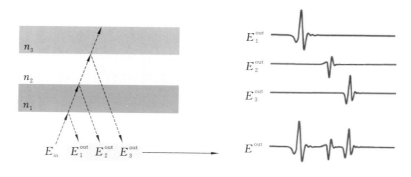

图 4.3 层状样品界面太赫兹波的反射

得到的信号是从各层反射的分量的线性和,即

$$E^{\text{out}} = \sum_{i=1} E_i^{\text{out}} \tag{4.4}$$

$$E_i^{\text{out}} = E^{\text{in}} \Big(\prod_{j=0}^{i-1} t_{j,j+1} p_{j+1}^2 t_{j+1,j} \Big) r_{i-1,i} \tag{4.5}$$

其中,t、r 和 p 分别是传输系数、反射系数和传播因子;下标符号 j 表示对应符号为第 j 和第 $j+1$ 层之间的界面处的值。

这里给出以下系数:$t_{j,j+1} = 2\, n_j / (n_j + n_{j+1})$,$r_{j,j+1} = (n_j - n_{j+1})/(n_j + n_{j+1})$,$p_j = \exp\Big[-\mathrm{i}\omega \dfrac{n_j}{c_0} d \Big]$,其中,$n$ 是折射率;d 是层的厚度(Born,et al,1999;Duvillaret,et al,1996)。

界面图像可以通过由波传播引起的时间延迟来获得。每个这样的图像都是由三维数据画出的。示例如图 4.4 所示(Cho,et al,2011)。

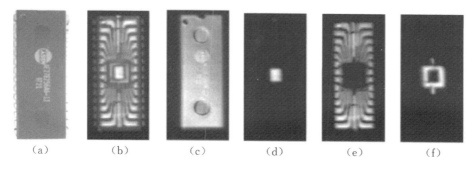

$$\text{(a)} \qquad \text{(b)} \qquad \text{(c)} \qquad \text{(d)} \qquad \text{(e)} \qquad \text{(f)}$$

图 4.4　(a)可见图像;(b)信号的最大值的图像;(c)~(f)在 0.14 mm、2.06 mm、2.44 mm 和 3.19 mm 的深度拍摄的图像

此外,还可以通过去卷积关系来提取与深度有关的光学特性。如果将反射波假设为入射波与光学结构信息的卷积,则可得到所谓的脉冲响应为

$$y(t) = x(t) * h(t) \tag{4.6}$$

其中,$y(t)$、$x(t)$ 和 $h(t)$ 分别是测量的反射波、入射波和脉冲响应函数。

在频域中的对应关系为

$$y(\omega) = x(\omega) h(\omega) \tag{4.7}$$

$$h(t) = \text{FFT}^{-1} \left\{ \frac{\text{FFT}[y(t)]}{\text{FFT}[x(t)]} \right\} \tag{4.8}$$

使用前面描述的简单过程时,由于噪声放大效应的存在,SNR 很低,很难获得清晰的信号。因此需要适当地调节信号,这个过程包括适当选择滤波器

来进行噪声抑制,即

$$h(t) = \text{FFT}^{-1} \left\{ \text{Filter} \frac{\text{FFT}[y(t)]}{\text{FFT}[x(t)]} \right\} \tag{4.9}$$

由于计算机测量的信号是长度为 N 的离散阵列的形式,所以在实际计算时使用的是阵列中的索引,而不是时间 t。每个索引具有的时间分辨率为 t/N,借助 $h(t)$ 可以估计所有阵列索引的反射系数和折射率值:

$$r_k = h_k \prod_{j=1}^{k-1} (1-r_j^2)^{-1}, r_1 = h_1 \tag{4.10}$$

$$n_n = \prod_{j=1}^{n} \frac{1-r_j}{1+r_j} \tag{4.11}$$

根据折射率和时间分辨率可计算厚度:

$$d_i = \frac{c_0}{n_i} \Delta t \tag{4.12}$$

4.2.1.3　单次成像

传统的太赫兹成像系统使用单像素进行测量和光栅扫描。使用这种技术可以获得高质量的图像,但由于其使用串行像素采样,因此采样时间很长。电光采样探测方法能够利用 CCD 相机增加测量像素的数量(Jiang and Zhang,1999;Wu,et al,1996),该技术显著缩短了采样时间,并实现了实时成像。尼康公司开发了一种利用了大孔径光电导天线、大面积 ZnTe 晶体和 CCD 相机的实时太赫兹成像系统,该系统的示意图如图 4.5(a)所示(Usami,et al,2002)。电光采样技术可测量电光晶体上的偏振变化。太赫兹电磁波可引起双折射,这可使用光学探测光束来检测。太赫兹波成像系统利用大面积的电光晶体和大的探测光束探测扩展的太赫兹光束的偏振变化,并通过正交偏振器和 CCD 相机记录这些变化。电光晶体被放置在两个正交偏振器之间,以提高太赫兹偏振变化大小与探测光束强度之间的比率。然而,太赫兹波束和探测光束的功率值限制了探测区域。为了产生更高的太赫兹场振幅和更深的光学调制深度,研究放大的飞秒激光系统是必要的。图 4.5(b)和(c)显示了以每秒 30 帧的视频速率采样的金星捕蝇器的快照图像。改变太赫兹波与光学探测光束之间的时间延迟就可测量时域中的太赫兹脉冲。与每个像素的频率相关的测量也是可以实现的,分辨率随着频率的增加而提高,并且大约是瑞利分辨率极限的 2 倍(由衍射和相位失配等模糊效应定义)(Usami,et al,2002)。

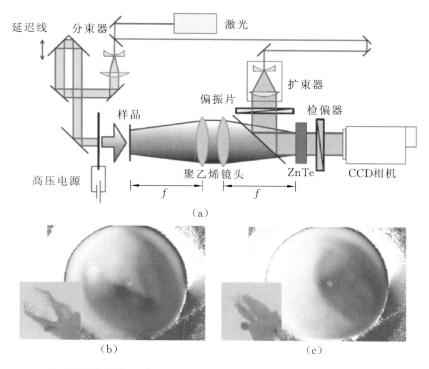

图 4.5　(a)实时太赫兹成像系统示意图,聚乙烯透镜的焦距为 10 cm;(b),(c)来自太赫兹电影的快照,金星捕蝇器的初始(图(b))和最终(图(c))的状态,相应的可见光图像显示在左下方的插图中

4.2.2　连续波太赫兹成像

随着脉冲太赫兹成像技术的进步,连续太赫兹成像系统的应用在过去的几十年中得到了迅速的发展。通过对样品进行逐像素光栅扫描来构造太赫兹图像是耗时的,而太赫兹成像在医学诊断、化学分析和工业检测等领域的应用需要其可进行快速或实时的操作。与脉冲太赫兹成像相比,连续波太赫兹成像技术可以实现快速扫描。太赫兹脉冲成像比连续波成像更耗时,因为前者是采用光电导探测器、电光采样装置和紧密聚焦光束的线性平移台进行检测的。Kawase 等人证明了有关连续波成像最著名的应用(2003),他们开发了用于检测和识别隐藏在邮件信封中的药物的连续波成像系统。他们使用的样品和得到的图像如图 4.6 所示。使用参数振荡器和热释电探测器测量 1.3~2.0 THz 范围内的信号,吸收光谱能够检测出浓度为 20 mg/cm^2 的药物。对于更短的采样

时间,可以使用具有热探测器的连续太赫兹源,这使得单次成像覆盖大面积成为可能。阵列探测器,如测辐射热计阵列和锗探测器阵列,也可以用于太赫兹连续波成像。这种技术也可以用于在单次测量中获取图像的多个像素。然而,探测器的温度灵敏度和工作条件不同。商用测辐射热计是为热成像而开发的,它可以用于生成实时图像,例如可视摄像机,其采样率为 $30\sim60$ 帧/秒(Bolduc,et al,2010)。

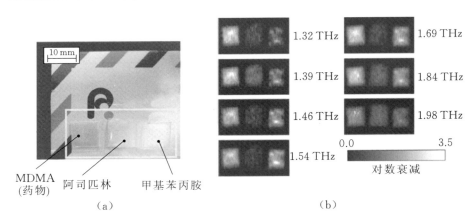

图 4.6　(a)样品的光学图像。小聚乙烯袋包含约 20 mg 的粉末,从左到右依次是 MDMA (药物)、阿司匹林和甲基苯丙胺。在成像期间,将袋放置在信封内。(b)7 个多光谱图像

　　此外,对于在 $0.1\sim2$ THz 范围内产生特定频率的可调连续波源,在相同的特定频率下,连续波太赫兹成像系统对比脉冲太赫兹成像系统可产生分辨率更高的图像(Tonouchi,2007)。半导体技术的最新进展使得实现既紧凑又具有简单硬件的连续波太赫兹成像系统成为可能。因为 QCL 结构紧凑,基于量子级联激光器的连续波太赫兹成像系统是一种非常有吸引力的样品连续波太赫兹成像系统(Lee,et al,2006)。

4.2.3　太赫兹成像技术的应用

　　太赫兹成像技术的应用是非常多样化的。太赫兹成像技术的应用体现在以下几个代表性领域。

　　1. 生物医学

　　太赫兹成像技术可用于乳腺癌和皮肤癌的诊断、片剂薄膜涂层的监测 (Ho,et al,2009)、药物试验和太赫兹内窥镜医学诊断(Ji,et al,2009)。

太赫兹辐射不会损坏材料的特性使得太赫兹成像技术成为生物医学领域的有用工具。太赫兹图像的分辨率与通过磁共振成像(MRI)获得的分辨率相当;然而,其所需的设备相对简单。第一个有关太赫兹图像的报道是关于叶片中的水分吸收变化的实验(Hu and Nuss,1995)。水分吸收的变化是区分健康组织和病变组织的关键,乳腺癌和皮肤癌诊断则利用了这种效应(Fitzgerald,et al,2006;Woodward,et al,2002)。通过分析太赫兹光学常数的变化以及细胞结构的变化可检测疾病,如冷冻人脑组织(Png,et al,2009)、猪组织(Hoshina,et al,2009)和兔肝脏肿瘤组织(Park,et al,2011)均会表现出不同的太赫兹振幅。

太赫兹成像技术已被开发用于测试表征药物和固体药物的结晶性能(Zeitler,et al,2010),评价包衣片剂的包衣厚度和均匀性(Ho,et al,2009)。使用太赫兹频率范围内的光谱特性,结合药物的化学成分,可验证多种药物的混合物的性质。此外,相关人员已经开发出了允许对人体内的器官成像的太赫兹最小化装置,该太赫兹最小化装置可基于光纤技术测量消化器官侧壁的太赫兹吸收率和折射率(Ji,et al,2009)。

2. 安全和军事药物

太赫兹成像技术可用于对邮件、行李等中的非法药物进行检测。

Kawase 等人使用可调谐太赫兹波源的太赫兹成像方法研究出一种无损检测技术,用于检测和识别隐藏在邮件中的非法药物(Kawase,et al,2003)。爆炸物和麻醉品的指纹谱在太赫兹频率范围内,因此,提高太赫兹成像技术识别这些化学品的能力,对于安全等相关领域的应用是有价值的(Choi,et al,2004;Shen,et al,2005)。利用脉冲太赫兹成像技术,可以实现埋藏在三维模型中的不同化学物质的无损三维化学测绘和识别(Shen,et al,2005)。

太赫兹成像已被用于检测隐藏在可见不透明材料(如纸张、塑料袋和衣服)中的物体。这可以帮助食品药品监督管理局(FDA)发现有害药物或帮助发现机场内的危险武器。在机场安检应用中,太赫兹技术已经在 500 GHz 的频率下使用,它利用了肖特基势垒二极管阵列,以及硅光子带隙晶体和外差探测技术。

3. 食品检验

太赫兹成像技术可用于监测食品质量,检测农药和抗生素。

为了保证太赫兹技术应用于食品检测的可靠性,相关人员已经进行了大量的研究,特别是对于含水量的检测,因为太赫兹波对于极性液体的吸收系数很高(Federici,2012)。目前已有人员探索了干制食物,如山核桃(Li,et al,2010)、压碎的小麦谷粒(Chua,et al,2005)和油(Gorenflo,et al,2006)中的含水量。通过使用不同的吸收指纹图谱,目前相关人员已经能检测出食物中的杀虫剂(Hua and Zhang,2010)和抗生素(Redo-Sanchez,et al,2011),并能在食物基质中检测出金属和非金属异物(Jördens and Koch,2008;Lee,et al,2012)。

4. 半导体行业

太赫兹成像技术可用于非接触式电探针领域。

太赫兹成像系统可以通过以秒为单位的快速扫描实现实时成像,其还可以用于大面积的阵列成像,规模大约在毫米到厘米范围内。可以使用透射或反射太赫兹成像装置来精确表征半导体器件的电学性质,诸如迁移率、电导率、载流子密度和等离子体振荡,而不需要任何接触或预处理。太赫兹成像技术可以成功地用来测量电子密度,而不需要接触样品(Hu and Nuss,1995;Mittleman,et al,1997;van Exter and Grischkowsky,1990)。因此,期望通过该技术实现对半导体器件的检查,例如,探测电路内断开的金属线等,帮助提高半导体器件的成品率。通过映射热量分布,太赫兹成像技术还可以用来提高单元或设备阵列的效率或局部过载(Kiwa et al,2003)。此外,半导体晶体管上的太赫兹近场显微镜允许以 40 nm 的分辨率获取载流子浓度和迁移率(Huber,et al,2008)。

5. 其他应用

太赫兹成像技术可用于天文学中的成像。

在太赫兹区域实施的敏感外差光谱技术对于远程物体的映射是重要的,这些方法对于探测行星和天文学中的热辐射,研究天体动力学和行星大气动力学(Boreiko and Betz,2009;Roeser,et al,1986),以及平流层中气体分子的分布(Englert,et al,2000;Mees,et al,1995;Pickett,2006)显得越来越重要。

利用热探测器在没有额外照明的情况下探测热辐射的被动成像和对窄带源照明的反射/散射辐射的感测都非常依赖于热探测器的灵敏度。因此,在利用太赫兹成像技术检测来自目标的热辐射的应用中,开发在太赫兹区域有效工作的低噪声热接收器是重中之重。

太赫兹成像技术中的一个重点是,图像的分辨率基本上会受到波长衍射的限制,这与在其他常规成像系统中发生的情况类似。更高频率的分量能更好地解决这种限制,但是因为在传统系统中,这些分量的波长对应几百微米的范围,所以对于医学应用来说,分辨率仍然不够高。为了克服这些衍射极限,相关人员提出了一种近场成像技术,可将分辨率极限提高到 $\lambda/4$。对于单个频点和 $\lambda/600$ 量级或宽带系统(Wachter et al,2009),一种近场显微镜技术最近被用来在 2.54 THz 的频率下获得 $\lambda/3000$ 的分辨率(Huber,et al,2008)。在不久的将来,这些先进的技术将应用于各种领域。

4.3 太赫兹层析成像

4.3.1 太赫兹 CT

4.3.1.1 层析成像信号的采样和重建

在三维成像领域,X 射线 CT 是一种优良的无损三维成像技术,可用于医学诊断、生物医学材料研究和半导体制造等各个方面。X 射线 CT 使用在不同入射角下获取的二维投影图像来构建三维图像。然而,对于塑料、纸张等软材料,其对低 X 射线的吸收是不利的(Recur,et al,2012)。太赫兹 CT 作为新的三维图像模式,可以很容易地应用于软材料中(Ferguson,et al,2002)。使用太赫兹辐射获取样品的横截面图像的基本思想与常规 X 射线 CT 的相同,太赫兹 CT 的概念示意图如图 4.7 所示。

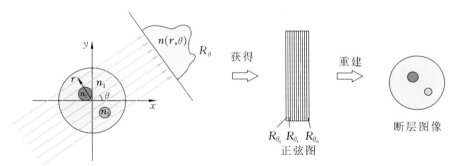

图 4.7 太赫兹 CT 概念示意图。角依赖的投影 R_θ 是沿着 360° 测量的;投影的二维图像的集合称为正弦图;利用正弦图的逆 Radon 变换可重建三维断层图像

重建的关键算法是由奥地利数学家 Johann Radon 提出的 Radon 变换。测量沿着传播路径的投影数据的函数 $R_\theta(r)$ 是实际截面图像 $f(x,y)$ 的投影阴影的 Radon 变换信号,即

$$R_\theta(r) = \int_{-\infty}^{+\infty} \int_{-\infty}^{+\infty} f(x,y)\delta(r - x\cos\theta - y\sin\theta)\mathrm{d}x\mathrm{d}y \qquad (4.13)$$

其中,r 是传播路径距离旋转轴的偏移距离;θ 是投影角;δ 是狄拉克脉冲。

为了获取层析图像,可通过旋转样品或者发生器和探测器,沿 360° 测量投影数据。从不同方向收集的二维投影图像的集合称为正弦图。图 4.8 所示的为具有 72 个投影的混合材料样品及其正弦图(Recur,et al,2011)。样品是具有两个孔的黑色平行六面体,一个孔是中空的,而另一个孔由聚四氟乙烯圆柱体填充,其折射率高于平行六面体的其他部分的。利用重建算法,即逆 Radon变换,可以从不同纵向位置的断层图像中获得三维图像。逆 Radon 变换为

$$f(x,y) = \int_0^\pi \int_{-\infty}^{+\infty} R_\theta(r)\delta(r - x\cos\theta - y\sin\theta)\mathrm{d}r\mathrm{d}\theta \qquad (4.14)$$

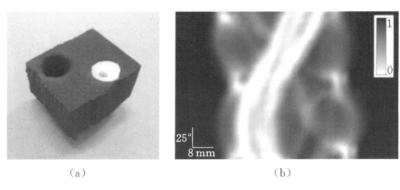

(a)   (b)

图 4.8 (a)用于太赫兹 CT 演示的样品:平行六面体为黑色泡沫形状(面积为 41×49 mm²),其有两个孔,每个孔的直径为 15 mm(一个孔是空的,另一个孔包含一个聚四氟乙烯圆柱体,圆柱体气孔的内径为 6 mm)。(b)具有 72 个投影(行),对每个投影进行 128 个采样(列)的正弦图

沿不同轴向位置获得的截面图像可用于重建包括样品内部结构的三维图像。

4.3.1.2 太赫兹 CT 系统

太赫兹 CT 在常规 THz-TDS 系统中使用聚焦准直光束。目标被安装在光束线上的旋转台上,以获得旋转投影数据。与测量连续波强度的常规 X 射线 CT 相反,太赫兹 CT 不仅可使用连续波,而且可使用脉冲波。由于连续太赫兹源比脉冲源具有更高的强度,因此高功率成像器件的优势在于具有连续模式(Zhang,2002)。宽带信号的脉冲模式可比连续模式提供更多的信息。根据已知的光学关系,信号的幅度有助于吸收,而相位延迟与折射率有关(Born, et al,1999；Hecht,1998)。这种通过各种处理技术获得的信息可以映射到三维空间。

4.3.1.3　太赫兹 CT 的质量和局限性

作为最简单的 CT 重建方法,Radon 变换也称为简单反投影(BFP)算法。这种方法的特点是精度相对较低,使用这种方法重建的图像必然有模糊的地方。滤波 FBP 算法(滤波投影的反投影)是使用最广泛的算法,它在重建阶段前通过适当的信号处理和滤波来提高图像质量(Nguyen,et al,2005)。除了将滤波器添加到简单的 Radon 变换之外,其还使用了其他迭代重建方法,例如同时代数重建技术(SART)或有序子集期望最大化(OSEM)算法(Recur,et al,2011)。对于不同数量的投影图像,使用这些方法获得的重建图像如图 4.9 所示。使用迭代重建方法获得的结果优于使用滤波 BFP 算法获得的结果。分辨率取决于投影数据值的数量,并且这种相关性在目标的边缘尤其突出。对于某些重建方法,在使用非渗透性材料时(例如,当样品内部是金属时)会出现强条纹,但可以通过选择合适的信号处理方法去除这些伪影(Zhao,et al,2000)。

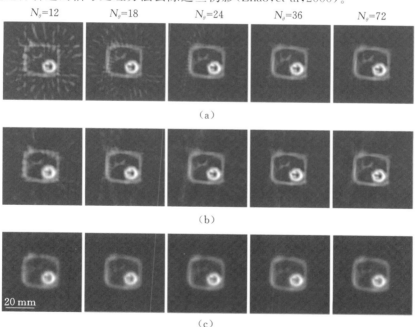

图 4.9　重建图像。使用具有 12、18、24、36 和 72 个投影的正弦波重建。(a)BFP 算法；
　　　　(b)SART；(c)OSEM 算法。所有横截面都使用相同的比例尺

大量用于太赫兹 CT 信号处理和重建的方法是从 X 射线 CT 中借鉴而来的。与 X 射线不同的是,太赫兹波在传播时根据介质的特性而折射。由于上述算法假定由衍射带来的损失和菲涅耳损失的影响可以忽略不计,所以太赫兹 CT 重建图像时会发生畸变。另外,上述算法还假定材料是由不能吸收和散射的目标组成的(Wang and Zhang,2004)。这些局限性是太赫兹 CT 广泛应用的障碍。太赫兹 CT 在生物医学中难以应用,而层析成像由于其高吸收特性而被广泛应用。

4.3.2 太赫兹衍射层析成像

4.3.2.1 来自样品的太赫兹衍射

太赫兹 DT 是 CT 的一种推广形式。CT 是基于射线在直线路径中传播的几何模型而生成的,其没有考虑空间进行的衍射和散射,然而,当样品的不均匀性接近波长时,太赫兹 CT 必须考虑衍射和散射。由于太赫兹波的波长在亚毫米范围内,因此衍射和散射是常见的。当样品位于行进的平面波的路径上时(见图 4.10),传播波可由标量亥姆霍兹方程(Born,et al,1999)描述为

$$\mathbf{\nabla}^2 U(r) + k^2 n^2(r) U(r) = 0 \tag{4.15}$$

其中,$U(r)$ 是电磁场;$k = 2\pi/\lambda$ 是波数;$n(r)$ 是折射率。

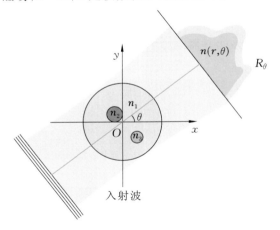

图 4.10 DT 示意图

也可表示为

$$\mathbf{\nabla}^2 U(r) + k^2 U(r) = -4\pi F(r) U(r) \tag{4.16}$$

其中,$F(r) = \dfrac{1}{4\pi} k^2 \left[n^2(r) - 1 \right]$ 称为介质的散射电位。那么式(4.15)可以写为

$$(\mathbf{V}^2 + k^2)U^i(r) = 0 \qquad (4.17)$$

$$(\mathbf{V}^2 + k^2)U^s(r) = -4\pi F(r)U^s(r) \qquad (4.18)$$

其中,$U(r)$ 是入射场 $U^i(r)$ 和散射场 $U^s(r)$ 之和。这些微分方程可以用格林函数来求解。然而,在大多数情况下,线性近似方法(如一阶玻恩近似或 Rytov 近似)已足够。如果 $U^s(r)$ 与 $U^i(r)$ 相比被认为是小的,则式(4.18)可写为

$$U^s(r) = \int G(r-r')F(r')U^i(r')\,d^3r' \qquad (4.19)$$

这就是一阶玻恩近似。使用一阶玻恩近似的条件为(Wang and Zhang,2004)

$$d\delta_n < \frac{\lambda}{4} \qquad (4.20)$$

其中,d 是样品的厚度;δ_n 是折射率。

这个条件仅适用于折射率发生微小变化时。Rytov 近似假设样品引起的入射波扰动可以通过参考波的相位变化来描述,它是通过下式导出的:

$$U(r) = \exp[\phi(r)] = \exp[\phi^i(r) + \phi^s(r)] \qquad (4.21)$$

由式(4.17)、式(4.18)和式(4.21)可得

$$(\mathbf{V}^2 + k^2)U^i(r)\phi^s(r) = U^i(r)\{[\mathbf{V}\phi^s(r)]^2 + F(r)\} \qquad (4.22)$$

如果分散复相位 $\phi^s(r)$ 较小,则其解为

$$U^i(r)\phi^s(r) = \int G(r-r')F(r')U^i(r')\,d^3r' \qquad (4.23)$$

此外,散射场的复相位为

$$\phi^s(r) = \frac{1}{U^i(r)}\int G(r-r')F(r')U^i(r')\,d^3r' \qquad (4.24)$$

虽然 Rytov 近似比一阶玻恩近似更准确,但它要求散射场的相位相对于一个波长缓慢变化(Wang and Zhang,2004)。

4.3.2.2　太赫兹衍射层析成像系统

太赫兹 DT 通过在样品中发送平面波来进行操作。太赫兹波从样品表面传播并散射出去,散射波可提供散射样品的信息。太赫兹 DT 系统是太赫兹单次成像系统,其包括平面波束产生部分和采样位置控制器。利用展开的太赫兹波照射样品,并从样品中散射,散射光束由大面积的非线性晶体测量。在这种情况下,利用望远镜透镜系统扩展探测光束,通过电光晶体调制太赫兹波的偏振。分析仪和 CCD 相机通过电光采样,检测调制的探测光束。可通过控制平移台来移动和旋转样品,以获得正弦图。

太赫兹 DT 用于测量时域信号,而大多数常规 DT 系统工作在频域内。为

了验证 DT 系统的准确性,Wang 和 Zhang 进行了杨氏双缝干涉实验,他们发现结构峰与频率的分离与理论预测的非常吻合(Wang and Zhang,2004),他们也利用一阶玻恩近似和一阶 Rytov 近似对散射波进行了分析。

4.3.2.3　太赫兹衍射层析成像的质量和局限性

图 4.11(a)和(b)分别显示了样品的照片和几何形状。该样品由三个矩形聚乙烯圆柱组成,每个圆柱的折射率在太赫兹范围内为 1.5。旋转样品可测量其各种投影,可使用一阶玻恩近似和一阶 Rytov 近似来重构三维图像。Wang 和 Zhang 发现,一阶 Rytov 近似提供了更好的结果。如图 4.11(c)所示,图像质量随频率的增加而提高。然而,由于系统的信噪比较高,对于高于 0.4 THz 的频率,图像的质量不会变得更高。因此,高功率成像系统的发展是非常必要的。常用源的低输出功率是需要解决的首要问题。由于线性逼近仅允许折射率存在微小变化,因此需要进行更多的研究来开发合适的重建算法。

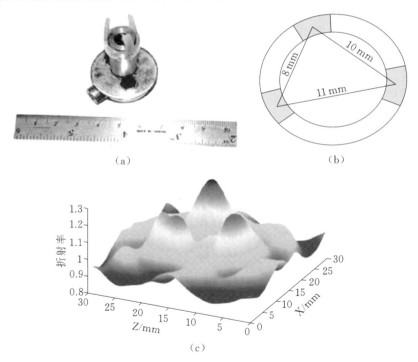

(a)　　　　　　　　　　　　　　(b)

(c)

图 4.11　(a)用于太赫兹 DT 测量的样品的照片。样品由三个矩形聚乙烯圆柱组成。(b)样品的几何形状。矩形圆柱的尺寸为 2.0 mm×1.5 mm、3.5 mm×1.5 mm 和 2.5 mm×1.5 mm。(c)聚乙烯圆柱的重建三维图像。每个水平切片独立于 DT 重建,并组合形成三维图像

4.3.3 太赫兹层析成像新技术

4.3.3.1 太赫兹菲涅耳透镜层析技术

菲涅耳透镜是一种小型透镜,其最初是为了减轻透镜重量而开发的。利用这种设计可以制造出大口径和短焦距的镜头,而不需要常规设计透镜时所需的重而大的材料。Wang 等人借助频率相关特征证明了太赫兹层析成像系统的可行性(Wang and Zhang,2003)。可通过在一系列深度不同的同心圆中加工介电材料来构造菲涅耳透镜,菲涅耳透镜的物体距离 z 为

$$z=\frac{f_{\mathrm{v}}z'}{z'-f_{\mathrm{v}}}=\frac{r_{\mathrm{p}}^2 z' v}{2cz'-r_{\mathrm{p}}^2 v} \tag{4.25}$$

其中,r_{p}^2 是具有面积尺寸的菲涅耳带周期;c 是光速;f_{v} 是焦距;z' 是图像距离。

在每个照明频率下,在 z' 处形成的图像对应于在不同深度 z 处穿过目标的平面的聚焦图像。

Wang 等人进行了一个实验,他们将具有不同图案和位置的三个塑料片沿着太赫兹光路放置,并使它们到透镜(对应于 z)的距离分别为 4 cm、6 cm 和 15 cm。分别在 0.9 THz、1.1 THz 和 1.4 THz 的频率下测量距离 $z'=5.7$ cm 处的传感器平面内图案的倒置图像(见图 4.12)。

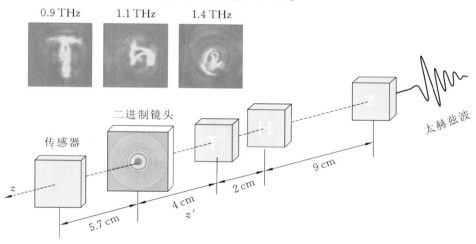

图 4.12 使用菲涅耳透镜的层析成像方法示意图

尽管该演示使用宽带太赫兹辐射作为成像光束,并且没有获取光谱信息,但是这种层析成像概念也可应用于可调窄带成像光束,并且可应用于包括可见光在内的其他频率范围。

太赫兹生物医学科学与技术

4.3.3.2 三维太赫兹全息术

近年来,大量的太赫兹成像技术得到了发展,许多技术避免了物体的深度照明,这些系统由低功率太赫兹源和一个探测器组成,它们需要避免可能降低图像质量的相干效应。三维太赫兹全息技术在这方面是个例外,它用于菲涅耳-基尔霍夫(Fresnel-Kirchhoff)方程的时间反转,该方程描述了再现波在全息图的微观结构处的衍射。由于 THz-TDS 系统具备相干性,因此在全息技术中已经采用了简单的太赫兹技术。

如图 4.13 所示,在三维太赫兹全息系统中,太赫兹脉冲与目标相互作用,使入射脉冲发生衍射,散射脉冲到达探测器后,系统使用单次成像方法进行测量,最后通过重建过程将所测量的二维太赫兹图像重建为三维样品全息图像。使用基于窗口傅里叶变换的重建算法,能够以极快的速度进行三维成像(Wang,et al,2003)。对于忽略极化和排除太赫兹源区的最简单情况,很容易证明太赫兹脉冲满足标量亥姆霍兹方程和瑞利-萨默菲尔德公式(Wang,et al,2003):

$$\Gamma(P_0) = \frac{i}{\lambda}\iint_s \Gamma(P_1)\frac{\exp(-\mathrm{i}kr_{01})}{r_{01}}\cos(\overline{n},r_{01})\mathrm{d}s \tag{4.26}$$

其中,s 是测量衍射太赫兹脉冲的重建表面;P_0 和 P_1 分别是目标上的点和重建平面中的点;参数 r_{01} 是点 P_0 和 P_1 之间的距离;$\overline{n}$ 是重建平面法线。

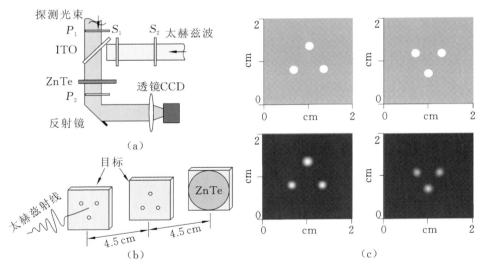

图 4.13 (a)三维太赫兹全息系统示意图。(b)目标的安排。每个孔的直径为 1.8 mm,孔之间的距离为 6 mm。(c)目标样品平面及其重建全息图

式(4.26)是重建数字全息图的基础,它不仅影响散射中心的分布,而且还影响散射中心的重建。

此外,利用连续波技术(Gorodetsky and Bespalov 2008；Mahon et al,2006；Tamminen et al,2010)和太赫兹时域技术(Gorodetsky and Bespalov 2010)发展伪全息图的实例也已有相关报道。

参 考 文 献

Abbott,D. and X. C. Zhang. 2007. Special issue on T-ray imaging,sensing,and retection. *Proceedings of the IEEE* 95：1509-1513.

Bolduc,M.，L. Marchese,B. Tremblay et al. 2010. Video-rate THz imaging using a microbolometer-based camera. Presented at *35th International Conference on Infrared Millimeter and Terahertz Waves*,pp. 1-2.

Boreiko,R. T. and A. L. Betz. 2009. Heterodyne spectroscopy of the 63 μm OI line in M42. *The Astrophysical Journal Letters* 464：L83.

Born,M.，E. Wolf,and A. B. Bhatia. 1999. *Principles of Optics：Electromagnetic Theory of Propagation,Interference and Diffraction of Light*. Cambridge,U. K.：Cambridge University Press.

Chan,W. L.，J. Deibel,and D. M. Mittleman. 2007. Imaging with terahertz radiation. *Reports on Progress in Physics* 70：1325.

Cho,S. H.，S. H. Lee,C. Nam-Gung et al. 2011. Fast terahertz reflection tomography using block-based compressed sensing. *Optics Express* 19：16401-16409.

Choi,M. K.，A. Bettermann,and D. W. Van Der Weide. 2004. Potential for detection of explosive and biological hazards with electronic terahertz systems. *Philosophical Transactions of the Royal Society of London. Series A：Mathematical,Physical and Engineering Sciences* 362：337-349.

Chua,H. S.，J. Obradovic,A. D. Haigh et al. 2005. Terahertz time-domain spectroscopy of crushed wheat grain. Presented at *IEEE MTT-S International Microwave Symposium Digest*,p. 4.

Duvillaret,L.，F. Garet,and J. L. Coutaz. 1996. A reliable method for extraction of material parameters in terahertz time-domain spectroscopy. *IEEE Journal of Selected Topics in Quantum Electronics* 2:739-746.

Englert, C. R., B. Schimpf, M. Birk et al. 2000. The 2.5 THz heterodyne spectrometer THOMAS—Measurement of OH in the middle atmosphere and comparison with photochemical model results. *Journal of Geophysical Research* 105:22.

Federici, J. F. 2012. Review of moisture and liquid detection and mapping using terahertz imaging. *Journal of Infrared, Millimeter and Terahertz Waves* 33:1-30.

Ferguson, B., S. Wang, D. Gray, D. Abbot, and X. C. Zhang. 2002. T-ray computed tomography. *Optics Letters* 27:1312-1314.

Fitzgerald, A. J., V. P. Wallace, M. Jimenez-Linan et al. 2006. Terahertz pulsed imaging of human breast tumors1. *Radiology* 239:533-540.

Gorenflo, S., U. Tauer, I. Hinkov et al. 2006. Dielectric properties of oil-water complexes using terahertz transmission spectroscopy. *Chemical Physics Letters* 421:494-498.

Gorodetsky, A. A. and V. G. Bespalov 2008. THz computational holography process and optimization. Presented at *Integrated Optoelectronic Devices*, p. 68930F9.

Gorodetsky, A. A. and V. G. Bespalov. 2010. THz pulse time-domain holography. Presented at *OPTO*, p. 760107.

Gowen, A. A., C. P. O'Donnell, C. Esquerre, and G. Downey. 2010. Influence of polymer packaging films on hyperspectral imaging data in the visible near-infrared (450950 nm) wavelength range. *Applied Spectroscopy* 64:304-312.

Hecht, E. 1998. Hecht optics. *Addison Wesley* 997:213-214.

Herman, G. T. 1995. Image reconstruction from projections. *Real-Time Imaging* 1:3-18.

Ho, L., R. Müller, K. C. Gordon et al. 2009. Terahertz pulsed imaging as an analytical tool for sustained-release tablet film coating. *European*

Journal of Pharmaceutics and Biopharmaceutics 71:117-123.

Ho,L.,M. Pepper,and P. Taday. 2008. Terahertz spectroscopy: Signatures and fingerprints. *Nature Photonics* 2:541.

Hoshina,H.,A. Hayashi, N. Miyoshi, F. Miyamaru, and C. Otani. 2009. Terahertz pulsed imaging of frozen biological tissues. *Applied Physics Letters* 94:123901.

Hu,B. and M. Nuss. 1995. Imaging with terahertz waves. *Optics Letters* 20: 1716-1718.

Hua, Y. and H. Zhang. 2010. Qualitative and quantitative detection of pesticides with terahertz time-domain spectroscopy. *IEEE Transactions on Microwave Theory and Techniques* 58:2064-2070.

Huber,A. J., F. Keilmann, J. Wittborn, J. Aizpurua, and R. Hillenbrand. 2008. Terahertz near-field nanoscopy of mobile carriers in single semiconductor nanodevices. *Nano Letters* 8:3766-3770.

Hunsche,S.,M. Koch,I. Brener,and M. Nuss. 1998. THz near-field imaging. *Optics Communications* 150:22-26.

Ji,Y. B.,E. S. Lee,S. H. Kim,J. H. Son,and T. I. Jeon. 2009. A miniaturized fiber-coupled terahertz endoscope system. *Optics Express* 17: 17082-17087.

Jiang,Z. and X. C. Zhang. 1999. 2D measurement and spatio-temporal coupling of few-cycle THz pulses. *Optics Express* 5:243-248.

Jördens,C. and M. Koch. 2008. Detection of foreign bodies in chocolate with pulsed terahertz spectroscopy. *Optical Engineering* 47:037003.

Kawase,K.,Y. Ogawa,Y. Watanabe,and H. Inoue. 2003. Non-destructive terahertz imaging of illicit drugs using spectral fingerprints. *Optics Express* 11:2549-2554.

Kim,G. J.,S. G. Jeon,J. I. Kim,and Y. S. Jin. 2008. High speed scanning of terahertz pulse by a rotary optical delay line. *Review of Scientific Instruments* 79:106102.

Kiwa,T.,M. Tonouchi,M. Yamashita,and K. Kawase. 2003. Laser terahertz-emission microscope for inspecting electrical faults in integrated circuits. *Optics Letters* 28:2058-2060.

Lee,A. W. M. ,B. S. Williams, S. Kumar, Q. Hu, and J. L. Reno. 2006. Realtime imaging using a 4. 3-THz quantum cascade laser and a 320/spl times/240 microbolometer focal-plane array. *IEEE Photonics Technology Letters* 18: 1415-1417.

Lee,Y. K. ,S. W. Choi,S. T. Han,D. H. Woo,and H. S. Chun. 2012. Detection of foreign bodies in foods using continuous wave terahertz imaging. *Journal of Food Protection* 75:179-183.

Li,B. , W. Cao, S. Mathanker, W. Zhang, and N. Wang 2010. Preliminary study on quality evaluation of pecans with terahertz time-domain spectroscopy. Presented at *Proceedings of SPIE 7854* ,p. 78543V.

Mahon, R. J. , J. A. Murphy, and W. Lanigan. 2006. Digital holography at millimetre wavelengths. *Optics Communications* 260:469-473.

Mantsch, H. H. and D. Naumann. 2010. Terahertz spectroscopy: The renaissance of far infrared spectroscopy. *Journal of Molecular Structure* 964:1-4.

Mees,J. ,S. Crewell, H. Nett et al. 1995. ASUR-an airborne SIS receiver for atmospheric measurements of trace gases at 625 to 760 GHz. *IEEE Transactions on Microwave Theory and Techniques* 43:2543-2548.

Mittleman,D. , J. Cunningham, M. Nuss, and M. Geva. 1997a. Noncontact semiconductor wafer characterization with the terahertz Hall effect. *Applied Physics Letters* 71:16-18.

Mittleman,D. M. ,M. Gupta,R. Neelamani et al. 1999. Recent advances in terahertz imaging. *Applied Physics B:Lasers and Optics* 68:1085-1094.

Mittleman,D. M. , S. Hunsche, L. Boivin, and M. C. Nuss. 1997b. T-ray tomography. *Optics Letters* 22:904-906.

Nguyen,K. L. , M. L. Johns, L. F. Gladden et al. 2005. Three-dimensional imaging with a terahertz quantum cascade laser. Presented at *High Frequency Postgraduate Student Colloquium* ,pp. 101-104.

Park,J. Y. ,H. J. Choi, K. S. Cho, K. R. Kim, and J. H. Son. 2011. Terahertz spectroscopic imaging of a rabbit VX2 hepatoma model. *Journal of*

Applied Physics 109:064704.

Pickett, H. M. 2006. Microwave limb sounder THz module on aura. *IEEE Transactions on Geoscience and Remote Sensing* 44:1122-1130.

Png, G. M., R. Flook, B. W. H. Ng, and D. Abbott. 2009. Terahertz spectroscopy of snap-frozen human brain tissue: An initial study. *Electronics Letters* 45:343-345.

Recur, B., J. P. Guillet, I. Manek-Hönninger et al. 2012. Propagation beam consideration for 3D THz computed tomography. *Optics Express* 20: 5817-5829.

Recur, B., A. Younus, S. Salort et al. 2011. Investigation on reconstruction methods applied to 3D terahertz computed tomography. *Optics express* 19:5105-5117.

Redo-Sanchez, A., G. Salvatella, R. Galceran et al. 2011. Assessment of terahertz spectroscopy to detect antibiotic residues in food and feed matrices. *Analyst* 136:1733-1738.

Roeser, H. P., R. Wattenbach, E. J. Durwen, and G. V. Schultz. 1986. A high resolution heterodyne spectrometer from 100 microns to 1000 microns and the detection of CO (J = 7-6), CO (J = 6 5) and (C-13) O (J = 3-2). *Astronomy and Astrophysics* 165:287-299.

Shen, Y. C., T. Lo, P. F. Taday et al. 2005a. Detection and identification of explosives using terahertz pulsed spectroscopic imaging. *Applied Physics Letters* 86:241116.

Shen, Y. C., P. F. Taday, D. A. Newnham, M. C. Kemp, and M. Pepper 2005b. 3D chemical mapping using terahertz pulsed imaging. Presented at *Integrated Optoelectronic Devices*, pp. 24-31.

Tamminen, A., J. Ala-Laurinaho, and A. V. Räisänen 2010. Indirect holographic imaging: Evaluation of image quality at 310 GHz. Presented at *Proceedings of SPIE 7670*, pp. A1-A11.

Toft, P. A. and J. A. Sørensen. 1996. The radon transform-theory and implementation. Tekniske Universitet, Doctoral Dissertation.

Tonouchi, M. 2007. Cutting-edge terahertz technology. *Nature Photonics* 1:97-105.

Usami, M., T. Iwamoto, R. Fukasawa et al. 2002. Development of a THz spectroscopic imaging system. *Physics in Medicine and Biology* 47:3749.

Van Exter, M. and D. Grischkowsky. 1990. Carrier dynamics of electrons and holes in moderately doped silicon. *Physical Review B* 41:12140-12149.

Wachter, M., M. Nagel, and H. Kurz. 2009. Tapered photoconductive terahertz field probe tip with subwavelength spatial resolution. *Applied Physics Letters* 95:041112.

Wang, S., B. Ferguson, D. Abbott, and X. C. Zhang. 2003. T-ray imaging and tomography. *Journal of Biological Physics* 29:247-256.

Wang, S. and X. C. Zhang. 2003. Terahertz wave tomographic imaging with a Fresnel lens. *Chinese Optics Letters* 1:53-55.

Wang, S. and X. Zhang. 2004. Pulsed terahertz tomography. *Journal of Physics D:Applied Physics* 37:R1.

Woodward, R. M., B. E. Cole, V. P. Wallace et al. 2002. Terahertz pulse imaging in reflection geometry of human skin cancer and skin tissue. *Physics in Medicine and Biology* 47:3853.

Wu, Q., T. Hewitt, and X.-C. Zhang. 1996. Two-dimensional electro-optic imaging of THz beams. *Applied Physics Letters* 69:1026-1028.

Xu, J. and X. C. Zhang. 2004. Circular involute stage. *Optics Letters* 29:2082-2084.

Zeitler, J. A., P. F. Taday, D. A. Newnham et al. 2010. Terahertz pulsed spectroscopy and imaging in the pharmaceutical setting—A review. *Journal of Pharmacy and Pharmacology* 59:209-223.

Zhang, X. 2002. T-ray computed tomography. *Hot Topic LEOS Newsletter*, pp. 1-4.

Zhao, S., D. D. Robeltson, G. Wang, B. Whiting, and K. T. Bae. 2000. X-ray CT metal artifact reduction using wavelets:An application for imaging total hip prostheses. *IEEE Transactions on Medical Imaging* 19:1238-1247.

第5章
小型固态电子太赫兹器件和电路

5.1 引言

太赫兹频段近来引起了各个科学和工程研究团体越来越多的兴趣。这个波段大致定义为 $0.1 \sim 10$ THz(有些人更喜欢定义下边界为 0.3 THz,以此与亚毫米的边界一致)。与相邻的微波和光谱带相比,它是一个相对不成熟的领域,相关研究较少。由于缺乏适当的设备产生、检测和控制频带中的太赫兹信号,且地球大气层中的太赫兹波具有高的衰减率,因此,该波段目前没有被广泛研究。曾经被认为是挑战的因素,现在为研究人员寻求新的发现提供了丰富的机会。从实用的角度来看,这个波段显得更为重要,该波段提供了各种独特的性能,可用于各种应用领域:①太赫兹波对不同材料的透明度有较高的选择性,特别地,其对含水物质的透过率较低;②频带对应于各种分子的共振频率,当分子存在时,太赫兹能够对分子进行光谱检测;③太赫兹波在人体上照射时是安全的,因为它不会对生物组织造成光电离;④与微波波段相比,太赫兹波段具有更短的波长和更高的频率。

由于具有以上性质,因此太赫兹波段具有广泛的应用前景,其应用领域包括安全和医学成像、光谱学、传感器、产品质量检测和宽带通信（Kim and Rieh，2012；Rieh，et al，2011）。为了实现这些应用，可靠和高性能的太赫兹组件的开发是必不可少的。太赫兹系统需由许多不同类型的器件组成，其中，高功率太赫兹源和低噪声太赫兹探测器是两个最重要、最具挑战性的器件。

实现太赫兹源和太赫兹探测器有两种不同的方法：一种是从光学向下研究，另一种是从电子学向上研究。诸如基于飞秒激光器和光混频的光学太赫兹技术已经广泛用于时域光谱学和成像等各领域。电学方法可以再次分为两种：一种基于真空器件，另一种基于固态装置。各种类型的真空装置已经被开发出来了，如速调管、磁控管、反向波振荡器、行波管（TWT）、回旋管，以及自由电子激光器等，它们非常适合于产生高输出功率。固态方法基于诸如二极管和晶体管的固态器件，其主要采用半导体技术实现。

虽然光学和真空电子学方法相对完善并且相当成熟，但是它们通常基于庞大、昂贵且耗电的设备。它们对实验室和专用仪器有很大的作用，但几乎不符合商业产品的要求。另一方面，固态方法具有尺寸小、功耗低和成本低的优点，当其在商业产品方面被认真考虑时，受到高度青睐。以生物医学应用为例，如果需要设备具有移动性，则部署到医院环境的产品需要具有价格优势，而且在体积上紧凑。如果手持式医疗设备被认为具有极高的移动性，则低功耗是必需的。综上所述，固态方法最符合要求，其在实际生物医学应用中对太赫兹波的产生和探测提出了更高的要求。

本章旨在描述用于太赫兹波产生和探测的固态电子设备的基本原理和现状。基于二极管和晶体管的方法将分别在第 5.2 节和第 5.3 节中讨论。第 5.4 节将简要介绍封装问题。

5.2 基于二极管的方法

以二极管为代表的双端子器件与晶体管相比，已经在相对长的时间内用于太赫兹波的产生和探测了，这主要是因为二极管可以在更高的频率下工作。在与太赫兹波相关的应用中使用了各种类型的二极管，本节将对用于产生和探测太赫兹波的二极管进行说明。

5.2.1 基于二极管的太赫兹源

下面介绍四种被广泛接受的用于产生太赫兹波的二极管。

5.2.1.1 耿氏二极管

耿氏二极管利用耿氏效应获得负电阻(Eisele and Kamoua,2004)。广泛应用于电子器件的许多 III-V 族化合物半导体,如 GaAs、InP 和 GaN,在带结构中具有共同的性质。对于他们来说,E-k 图中的主谷与附近的卫星谷相邻,卫星谷的能量水平略高于图 5.1 所示的主谷的。因此,当主谷中的电子被外部因素(例如来自偏置电压的外部电场)激发时,当其所获得的能量足够大,并足以克服谷之间的屏

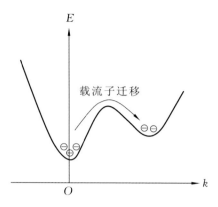

图 5.1 显示耿氏效应的半导体的 E-k 图。当电子由于外部原因从主谷转移到卫星谷时,平均迁移率降低

障时,电子就被转移到卫星谷。如果卫星谷在底部附近出现较大的曲率(通常是这种情况),则那里的电子将表现出比主谷中的电子更低的迁移率。所以,当电子的这种迁移发生时,平均迁移率会降低。

对于基于这种类型的半导体的二极管,当二极管两端的偏置电压超过临界值时,会发生电子迁移,这表明流过器件的电流会突然下降。这会导致整个装置产生负的差动电阻。可以通过适当地终止装置的两个电极来解决此问题,通常借助谐振电路来实现振荡。器件尺寸和掺杂分布等本征因素会影响振荡频率,振荡频率可达几百吉赫兹。

关于耿氏二极管的报道有很多,各种基于二极管的振荡器的输出功率与振荡频率的关系如图 5.2 所示。值得注意的是,耿氏二极管广泛用于商业目的,封装产品对于各种功率和频率都适用。

5.2.1.2 IMPATT 和 TUNNETT 二极管

IMPATT 二极管通过雪崩倍增和载流子穿越器件引起时间延迟而获得负电阻(Ino,et al,1976)。IMPATT 二极管由含有 p-n 结的高掺杂的注入区域组成,临近低掺杂漂移区。当在二极管上施加较大的反向偏压时,载流子将在注入区域中通过雪崩倍增产生,然后通过漂移区向端子漂移,从而产生二极管电流。由于雪崩倍增基本上是碰撞电离的连锁反应,因此在产生足够数量的载流子之前将会有一个有限的延迟。此外,对于产生的载波,将存在额外的时间延迟以跨越漂移区到达终端。因此,当突然施加外部偏置时,在终端出现

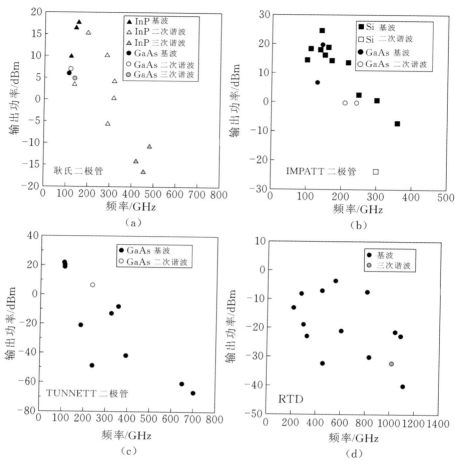

图 5.2　各种基于二极管的振荡器的输出功率与振荡频率的关系

显著的电流之前,会出现由雪崩和渡越引起的时间延迟。如果外部偏置是周期性的,并且时间延迟恰好与半个周期相匹配,则电压和电流之间将存在180°的相位差,从而导致二极管端子之间出现负电阻。这种负电阻可以用来触发二极管振荡。振荡频率由总延迟时间决定,并且可以通过调整漂移区的长度来调整渡越时间。另一方面,雪崩延迟是一种材料特性,一旦二极管的材料被选定,其就很难控制。有趣的是,对于硅来说,其雪崩延迟时间比 GaAs 的小,这使得 Si IMPATT 二极管比 GaAs IMPATT 二极管的响应时间更短。

　　为了使器件能更快地运行,可以不通过较小的雪崩延迟来实现,而是通过引入感应击穿电流以提高振荡频率来实现,对应的二极管是 IMPATT 二极管

的变体(Nishizawa,et al,1978)。众所周知,有两种机制可以导致 p-n 结击穿:
雪崩倍增和隧道效应。对于结附近的掺杂浓度较低的情况,前者占主导地位,
而后者随着掺杂浓度的增加而成为主导。为了将载流子注入漂移区,
TUNNETT 二极管使用的是隧道电流,而不是 IMPATT 二极管的雪崩电流。
与雪崩电流相比,隧道电流的产生需要更短的时间延迟,从而使 TUNNETT
二极管能够更快地运行。通过隧道机制产生的抑制弥散效应进一步促进了这
一点。因此,与 IMPATT 二极管相比,TUNNETT 二极管具有更高的工作频
率和更低的噪声水平。

图 5.2(b)显示了在公开文献中报道的 IMPATT 二极管在输出功率和振荡
频率方面的性能。在 100~200 GHz 范围内,其输出功率超过 20 dBm,最大频率
接近 400 GHz(Ino,et al,1976)。另一方面,如图 5.2(c)所示,TUNNETT 二极管
可以工作在 700 GHz 以上的主模(Nishizawa,et al,2008),然而 TUNNETT
二极管的输出功率低于 IMPATT 二极管的,并且随着频率的增加而迅速
降低。

5.2.1.3　共振隧穿二极管

共振隧穿二极管(RTD)通过将量子阱中的能级与外界能级对准来获得负
电阻(Asada,et al,2008)。当具有不同能带隙的半导体层叠加时,会在导带
(和价带)中形成量子阱,并在其中产生离散能级。在叠加层上施加偏压,量子
阱内的能级可以与跨过势垒的相邻半导体区域的导带边缘对准(或不对准),
这将导致隧穿电流增加(或减小)。图 5.3 说明了能级错位和对齐的情况。
因此,当偏置电压由低到高变化时,如果偏置的增加倾向于使该范围内的能
级进一步失调,则可能存在电流电平的局部降低。这将导致位于叠加层两
端的两个端子产生负的差动电阻,如果施加适当的偏置电压,就可以利用该
电阻产生振荡。振荡频率受量子阱中电子停留的时间和向终端的渡越时间的
影响。

在基于二极管的振荡器中,RTD 的振荡频率是最高的。利用主模振荡实
现了 1111 GHz 的频率输出(Cojocari,et al,2012),尽管如此,RTD 在低频范
围内的输出功率仍然比耿氏二极管或 IMPATT 二极管的小。

图 5.4 清楚地表明,RTD 展现出了最高的频率。同样值得注意的是,与其
他器件相比,RTD 的输出功率随着频率的增加而衰减得并不明显。TUNNETT
二极管的工作频率较高,但其输出功率随着频率的增加而急剧下降。另外,对于

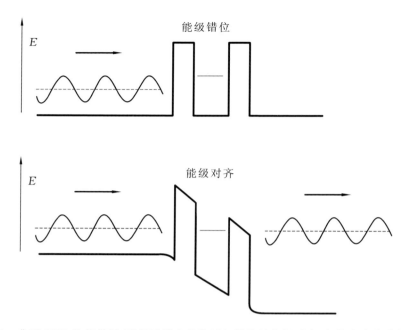

图 5.3 典型 RTD 的能带图(当量子阱中的能级与阱外的能级对齐时,就会发生共振隧穿)

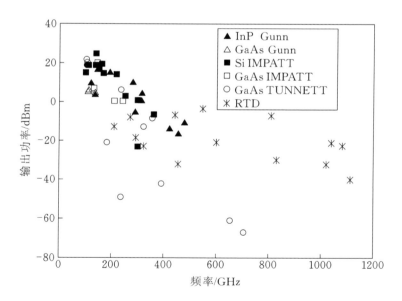

图 5.4 各种基于二极管的振荡器的性能比较

低于 500 GHz 的低频区域,Gunn 二极管和 IMPATT 二极管更适合于高功率运行,其中,IMPATT 二极管的输出功率比 Gunn 二极管的稍高。

5.2.2 基于二极管的太赫兹探测器

目前已经成功开发了多种方法来探测电磁波。在光照下产生的光电流可用于探测,光电二极管设备是一种用于探测光谱范围的有效方案,但不太适合于太赫兹波的探测。另外,利用太赫兹辐射产生的热效应也可进行探测,这是目前已知的最适合太赫兹探测的方法,基于这种机制的探测器包括测辐射热计、热释电探测器和 Golay 探测器,它们可探测电阻的变化、电容器上的电荷存储,以及所含气体的体积随温度的变化。此外,将交流电信号的整流(最初由电磁波通过天线转换而来)转换成直流电压也可以用于探测,就像平方律检波器一样。该方法在标准电子器件的制作中已经常态化,并且,随着器件截止频率的提高,其正向太赫兹区域发展。最后,可以采用外差技术进行探测,信号由混频器进行下变频,并用传统的交流探测器在较低频率下探测,这降低了对接收机链后端探测器的工作频率的要求。实际上,大多数基于二极管的太赫兹探测器,如 SBD(肖特基势垒二极管)、HEB(热电子测辐射热计)和 SIS(超导体-绝缘体-超导体)混频器,都是基于外差技术的混频器,本节将对此进行讨论。

5.2.2.1 SIS 混频器

SIS 混频器由夹在两个超导层之间的薄绝缘层组成,其经常使用的材料有 Nb、NbN 和 NbTiN。当环境温度处于临界温度以下时,电子在超导层内部形成库珀对,导带和价带边缘附近的态密度激增。当在二极管上施加偏置电压时,两个超导体层的带隙之间的相对位置会发生偏移,如图 5.5 所示。如果偏压变得几乎等于带隙,则超导体层另一侧的价带和导带将会对准,从而导致隧穿电流突然增加,这将导致终端电流的 I-V 关系具有很强的非线性。如果增加局部振荡(LO)辐射,则会发生光子辅助隧道效应,I-V 关系将呈现阶梯状分布,同时保持非线性。只要信号被施加到器件上,就会发生非线性混频,信号被下变频。值得注意的是,对于 SIS 混频器来说,所需的 LO 功率相当低,只在几微瓦的范围内。更重要的是,SIS 混频器以极低的噪声水平闻名,在典型情况下,在 1 THz 附近测得的噪声温度远低于 1000 K,如图 5.6(a)所示。因此,SIS 混频器广泛应用于天文外差接收机,其非常高的灵敏度对于捕获来自空间的微弱信号至关重要。然而,与将在第 5.2.2.2 小节和第 5.2.2.3 小节中描述的其他类型的二极管混频器相比,其频率上限相对较低。

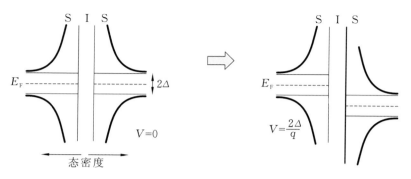

图 5.5　SIS 混频器的频带图(当超导体层左侧的价带和右侧的导带对齐时,隧穿电流会急剧增加)

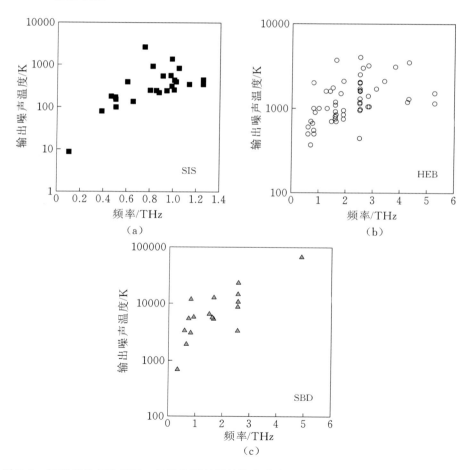

图 5.6　探测器的各种基于二极管的混频器的输出噪声温度与工作频率的关系:(a)SIS 混频器;(b)HEB 混频器;(c)SBD 混频器

5.2.2.2 热电子测辐射热计

尽管任何测辐射热计都可以作为混频器,但超导体 HEB 由于其高达几个太赫兹的带宽而特别适用于太赫兹探测。典型的超导体 HEB 由跨越两个金属垫形成的超导微桥组成,其中,Nb、NbN 和 NbTiN 通常用作超导材料。当超导微桥被外部辐射加热时,温度局部升高,从而导致辐射区域从超导状态转变为正常状态。其结果是,超导微桥的电阻值突然增加,从而影响流过器件的电流。由于电子的热容量不同,电子被加热的速度比桥体中的声子的快,所以该装置被称为"热电子"测辐射热计。HEB 比 SIS 混频器的工作频率高,从图 5.6(b)中可以看出,其工作频率可以达到 5 THz(Zhang,et al,2010)。值得注意的是,虽然 HEB 的噪声略高于 SIS 混频器的,但当太赫兹波频率为 1 THz 时,输出噪声温度通常只有 1000 K 左右。

5.2.2.3 肖特基势垒二极管

SBD 基本上是金属-半导体结型二极管。作为多载流子器件,由于其具有较短的反向恢复时间,其本质上比 p-n 结二极管具有更快的开关特性。GaAs 作为一种半导体材料,其由于具有较高的运行速度而被广泛采用,但在需要与 CMOS 工艺兼容的情况下,Si 也被广泛使用。迄今为止报道的最高的 GaAs SBD 截止频率为 11.1 THz(Thomas,et al,2005),而 Si SBD 的截止频率约为 4 THz(Chen,et al,2010)。为了提高工作频率,对电容和寄生电阻的控制非常关键,这使得对器件的布局优化成为器件设计的关键步骤。由于 SBD 与典型的半导体结型二极管一样,呈现出非线性的 I-V 特性,因此可以在对其施加适当偏置电压的情况下实现混频。与 HEB 或 SIS 混频器相比,SBD 混频器的输出噪声温度相当高,测量值约为数千开尔文,如图 5.6(c)所示。但是,其工作频率远高于 SIS 混频器的,与 HEB 混频器的差不多。更重要的是,SBD 混频器可以在室温下运行,并且与传统的半导体工艺技术兼容。这两个特性使 SBD 混频器非常适用于商业产品,以及基于晶体管的混频器。

图 5.7 比较了三种二极管混频器的性能。结果表明,SIS 混频器的输出噪声温度最低,而 HEB 混频器的高频性能最好。SBD 混频器的工作频率与HEB 混频器的差不多,但由于其在室温下运行,所以其输出噪声温度较高。

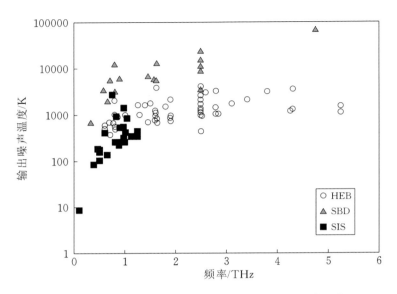

图 5.7　各种基于二极管的混频器作为探测器的性能比较

5.3　基于晶体管的方法

如前文所述,固态二极管可以同时用于太赫兹源和探测器,但它们有一个固有的临界限制:它们是无源器件,没有增益。相反,晶体管是有源器件,可以提供增益。对于辐射源和探测器来说,增益是非常有利的。对于辐射源端,在输出端设置功率放大器,就可以进一步提高振荡器的输出功率。对于探测器,只要在其他模块之前设置有低噪声放大器(LNA),就可显著降低接收器的整体噪声。此外,有源混频器的正转换增益将抑制来自下级的噪声。

历史上,晶体管进入太赫兹领域的一个主要障碍是其有限的工作频率。然而,在过去几十年中,半导体工艺技术的不断扩展和材料的创新已经导致晶体管的工作频率超过了 100 GHz,并且某些种类的已达到了 1 THz(Lai,et al,2007;Plouchart,2011;Rieh,et al,2004;Urteaga,et al,2011)。所以,有必要对现代晶体管技术进行概述,并在描述用于太赫兹源和探测器应用的基于晶体管的电路之前,对它们进行简要比较。

5.3.1　晶体管技术比较

现代晶体管技术可根据所使用的半导体类型分为两类:Ⅲ-Ⅴ族元素晶体管技术和硅基晶体管技术。在第 5.3.1.1 小节和第 5.3.1.2 小节将分别对它们进行描述。

5.3.1.1　Ⅲ-Ⅴ族元素晶体管技术

化合物Ⅲ-Ⅴ族半导体,例如 GaAs 和 InP,以及基于这些半导体的各种合金,与主流 Si 相比,具有优异的电子传输特性。此外,由于基于 GaAs 或 InP 的晶体管的带隙较大,其往往比 Si 晶体管显示出更高的击穿电压,从而允许更高的电源电压和更大的信号摆动,这将使晶体管的运行功率更高。如果采用 GaN 等大能带隙半导体,则可以实现更高的输出功率。Ⅲ-Ⅴ族半导体对于诸如传输线、电感器和电容器等无源器件的高频应用也是有益的。通常借助Ⅲ-Ⅴ族半导体的 GaAs 或 InP 衬底显示出比 Si 衬底高得多的电阻率,这是由于前者具有较大的带隙和较小的本征载流子浓度。由于具有这些固有的优势,Ⅲ-Ⅴ族半导体系统在高频操作方面长期受到青睐。基于Ⅲ-Ⅴ族半导体的晶体管有两种主要类型:HBT(异质结双极晶体管)和 HEMT(高电子迁移率晶体管),稍后将分别讨论。图 5.8 显示了硅基器件 HBT 和 HEMT 等的典型截面。

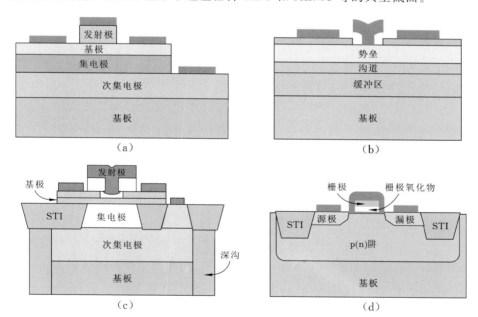

图 5.8　各种类型晶体管的简化横截面(a)HBT;(b)HEMT;(c)SiGe HBT;(d)Si MOSFET

HBT 本质上是双极型晶体管,与传统的晶体管的区别在于其发射极的带隙比基极的大。较高的电流增益可以通过较大的发射极带隙实现,但实际上可以通过减小基极宽度和增加基极掺杂来获得更高的速度和更低的噪声,这是高频应用的两个关键特性。与 HEMT 相比,HBT 倾向于具有更高的电流驱动能力和更大的跨导 g_m,这是双极型晶体管的典型优点。另一方面,由于需要多个外延层和刻蚀步骤,因此,HBT 的制造过程更加复杂。晶体管具有两个重要参数,即 f_T 和 f_{max},虽然这两个参数都被广泛使用,但人们普遍认为,当涉及 RF 应用时,f_{max} 是更相关的参数。迄今为止,根据 Teledyne 开发的 0.25 μm InP HBT 技术,f_{max} 最高可达 1 THz(Urteaga,et al,2011)。虽然这并不代表基于该器件的电路可以以足够高的增益在 1 THz 下正常工作,但是这是晶体管技术逐渐进入太赫兹领域的一个很好的迹象。

HEMT 是一种场效应晶体管(FET),它利用一个未掺杂的沟道区来提高性能。在沟道区中不存在电离掺杂物,这将意味着散射减少,在通道中行进的载流子的机动性将大大提高,从而使器件的速度和噪声方面得到改进。特别地,由于声子散射和杂质散射都被显著抑制,所以低温噪声电平非常低,这使得 HEMT 在需要极低噪声性能时成为接收机前端的首选器件。金属栅极与沟道区被具有较大带隙的阻挡层隔开,该阻挡层向沟道区提供载流子,并且还提供栅极与沟道之间的隔离(见图 5.8(b))。HEMT 的性能很大程度上取决于栅极长度,电子束光刻技术被广泛应用于栅极图案化。此外,为了减少影响速度和噪声的外栅电阻,通常采用具有 T 形截面的栅极金属。与 HBT 相比,由于其需要较少的光刻步骤,所以其制作步骤更简单。HEMT 目前被认为是速度最快的晶体管类型,诺斯罗普·格鲁曼公司基于 35 nm InP HEMT 技术实现的创纪录的 f_{max} 为 1.2 THz(Lai,et al,2007)。

5.3.1.2 硅基晶体管技术

尽管前面讨论过的Ⅲ-Ⅴ族半导体有许多有利于高频应用的优点,但是其也具有一定的缺点。基于Ⅲ-Ⅴ族半导体的技术通常会导致非平面结构的产生,使器件的部分有源区域暴露。在器件没有完全钝化的情况下,这种暴露可能会导致电流路径附近的不良表面/界面特性,增强漏电流并降低器件的可靠性。Ⅲ-Ⅴ族半导体的缺陷密度通常比 Si 的高很多,这将进一步加剧这些缺陷。另一个可能影响可靠性的事实是 GaAs 和 InP 的热导率(0.46 W·K^{-1}·cm^{-1}、0.68 W·K^{-1}·cm^{-1})比 Si 的(1.41 W·K^{-1}·cm^{-1},都在 $T=300$ K 时测得)低。较低的热导率往往会阻碍通过衬底的热耗散,对于给定的功率耗散,这将导致较高的器件结面温度,加速器件磨损并降低器件的可靠性。最后,Ⅲ-Ⅴ族半导体的制造成本较高,这主要是由于小直径的晶片昂贵,外延生长步骤复杂,以及需要低通量电子束光刻工艺。因此,如果考虑商业应用,基于硅的技术可能是一个有利的选择(Rieh,et al,2012)。

两个主要的硅基技术是 SiGe HBT(或 BiCMOS)技术和 Si CMOS 技术。SiGe HBT 基本上是 Si 双极型晶体管的一种变体,其在基极区域包含少量的 Ge 以降低带隙。较小的基极带隙的优点与用于 InP HBT 的较大的发射极带隙的优点类似,其使得 SiGe HBT 与传统的 Si 双极型晶体管相比,具有更高的速度和更低的噪声。与 Si MOSFET 相比,SiGe HBT 具有双极晶体管的优点,例如其具有更强的电流驱动能力和更大的电导 g_m。SiGe HBT 的性能是由垂直尺寸决定的,这比受光刻变化影响的横向尺寸更好控制,从而其可具有比 Si MOSFET 更好的器件匹配方式(见图 5.8(c)和(d))。目前,以 f_{max} 表示的 SiGe HBT 的性能为 500 GHz,这是由 IHP 基于其 0.25 μm 的技术开发得到的(Heinemann,et al,2010)。

Si MOSFET 是当今各种电子应用中最流行的器件。的确,Si MOSFET 直到最近才被认为是高频应用的重要竞争者,因为虽然其电子传输特性比Ⅲ-Ⅴ族半导体的差,但是,基于高速数字应用的强烈需求,以及 Si 制造工艺技术的高度发展,Si MOSFET 的尺寸在不断扩大,这使得 Si MOSFET 在高频率应用中也成为具有竞争力的器件。最近开发的 Si MOSFET 在 f_{max} 方面的运行速度已超过 400 GHz(Plouchart,2011),基于器件的电路的运行速度远远超过 100 GHz。Si MOSFET 与其他集成电路模块的集成度高,且成本低,在成熟的设计环境下,其有望成为太赫兹应用的有力候选。

5.3.2 基于晶体管的太赫兹源组件

振荡器用于信号的产生,因此它是太赫兹源的核心电路模块,其他的电路模块可以与振荡器集成在一起作为太赫兹源。例如,当需要额外提升输出功率时,功率放大器可以跟随振荡器。当需要进一步提高输出频率时,可以增加一个倍频器。本节将介绍基于晶体管技术的振荡器、功率放大器和有源乘法器。

5.3.2.1 振荡器

基于二极管的振荡器利用基于二极管的器件级特性获得负电阻,而晶体管振荡器利用基于晶体管的网络的电路级特性获得负电阻。用由电感器和电容器组成的适当谐振电路或等效传输线组件终止显示负电阻的节点可实现振荡器,其振荡频率由谐振器的谐振频率决定。基于这种结构的太赫兹频率振荡器广泛采用的是 LC 交叉耦合振荡器和考比次振荡器,有些人更喜欢后者,因为它具有较低的相位噪声。环形振荡器的工作基于完全不同的机制,其通过一系列级联逆变器的 $180°$ 相位反转产生正反馈并引起振荡。尽管环形振荡器由于没有谐振电路而有较小的面积,但它通常会出现高相位噪声,因此其很少用于毫米波和更高频带。基于晶体管的振荡器的主要优点之一是其具有相对较大的调谐范围,这是压控振荡器(VCO)必备的特性,这可以通过在谐振电路中使用变容二极管和/或偏置电平控制来实现。

　　一个仅仅大于 1 的增益可能足以触发晶体管振荡器的振荡,使得它们有可能在所用器件的 f_{max} 附近振荡。因此,与要求器件的 f_{max} 至少为其工作频率的 $2\sim3$ 倍以获得足够增益的放大器相比,对于给定的工艺技术,振荡器可以在更高的频率下工作。此外,通过将谐波作为输出信号而不是基本信号,可以进一步提高工作频率。为此,在提取振荡器的二次谐波时,广泛采用推挽技术。在作为振荡器核心的差分对的公共节点处,由于包括基模在内的奇模信号被抑制,所以仅出现偶模信号。采用带有附加的简单滤波电路的公共节点作为输出,推挽振荡器将振荡器核心的二次谐波作为输出信号。对于更高的工作频率,也可以采用三重推挽技术,此时需连接三个对称振荡器芯,并且从仅出现三次谐波(及其倍数)的公共节点处提取输出信号。以类似的方式,虽然输出功率电平随着 n 的增加而降低,但是可以通过获取振荡器内核的 n 次谐波来实现 n 推挽振荡器。

　　事实上,降低输出功率以增加频率是电子信号源的普遍趋势。因此,与低频振荡器相比,太赫兹频率振荡器的输出功率通常较低。由于包括成像和通信在内的大多数太赫兹应用需要高输出功率,因此需要提高振荡器输出功率。例如采用增加一个功率放大器的方法,但这受限于放大器的工作频率。增加输出功率的另一种可能方法是在多个振荡器上进行功率的组合。由于单个振荡器倾向于以随机相位振荡,所以简单地组合振荡器无法提高功率。为此,需要振荡器之间进行相位同步。为达此目的,相关人员已经提出了各种方法来锁定振荡器的输出(Sengupta and Hajimiri,2012;Stephan,1986),这将使组合振荡器的功率增加。

　　图 5.9 显示了最近公布的工作频率超过 100 GHz 的晶体管振荡器的数据,数据点旁边的数字表示谐波的数目,字母 c 表示进行了功率组合。迄今为止,报

道的最高基波振荡频率是基于 InP HBT 实现的 573 GHz(Seo,et al,2011),而基于四次谐波的 Si CMOS 振荡器的工作频率高达 553 GHz(Shim,et al,2011)。在一个单独的器件上,基于 Si CMOS 工艺可使输出功率接近 0 dBm,工作频率达到 300 GHz,不需要使用放大器增加功率(Tousi,et al,2012)。

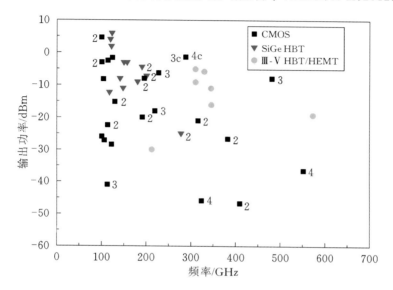

图 5.9 各种基于晶体管的振荡器的输出功率与振荡频率的关系。每个数据点旁边的数字表示谐波的数目,如果没有显示数字,则振荡基于基本模式。字母 c 表示进行了功率组合

5.3.2.2 功率放大器

采用晶体管而不是二极管的主要优点之一是晶体管的源级和探测器都具有放大能力。对于源级来说,在振荡器或任何其他地方产生信号之后,使用放大器可进一步提高输出功率。但是,这种方法的一个限制是,它只能覆盖放大器本身的工作频率。然而,由于近年来半导体技术的快速发展,放大器工作频率在持续增加,从而扩大了通过放大器受益的频率范围。

由于在最后一级存在放大器,因此前一级放大器的输出功率增大了与放大器增益一样大的倍数。然而,如果输入功率由于放大器的非线性而变得非常大,则增益开始下降。因此,当输入功率过大时,输出功率就会饱和,这是放大器非线性的典型问题。所以用于高频操作的放大器的饱和功率往往较小,因为为最大工作频率而开发的器件的击穿电压通常会通过降低电压来提高速

度,这会导致器件的功率处理能力变小。

目前存在通过器件级优化来改善放大器的线性度的多种技术。此外,广泛用于克服饱和输出功率限制的另一种方法是,组合多个并联放大器的输出功率。更具体地说,输入信号通过功率分配器被分流至多个功率放大器,然后它们被并行放大,最终通过功率组合器组合,在输出端产生大的功率。如果有 N 个放大器并联,则输出功率在理论上将是饱和功率的 N 倍。功率组合器和功率分配器基本上是互用的,因此它们可以使用相同的配置。然而,对于每个功率放大器,至关重要的是沿着分配器和组合器的路径的长度必须相同,以获得最大的输出功率。

为此,相关人员提出了许多不同的功率组合方法。具有 T 形接头的二进制功率组合器是一种简单有效的相干功率组合器,但是输入支路之间的隔离度较差。基于变压器的组合器可以同时提供功率组合和阻抗匹配,这是一个很重要的特性,因为阻抗匹配是功率放大和功率组合的一个主要问题(Tai,et al,2012)。注意,通常情况下,随着并联连接器和放大器的数量增加,输出阻抗会变小并偏离 50 Ω,从而导致严重的失配问题。此外,空间功率组合方法得到了广泛的研究(Harvey,et al,2000),其工作原理是,来自多个信号源的功率通过单独的天线后辐射到自由空间并被合并。

图 5.10 显示了最近报道的基于各种技术的功率放大器的饱和功率与工作频率的关系。如果使用功率放大器,则每个数据点旁边的数字表示功率组合的次数。有报道称,诺斯罗普·格鲁曼公司的 InP HEMT 技术(Radisic,et al,2012)采用了双向功率组合技术,工作频率高达 650 GHz,输出功率为 4.8 dBm,得到了令人印象深刻的结果。另一个值得注意的数据点是在 210 GHz 下获得的 22.7 dBm 的输出功率,其基于具有 32 路功率组合的 InP HEMT 技术实现(Radisic,et al,2012)。

5.3.2.3 有源乘法器

提高振荡器振荡频率的一种方法是,使用前面提到的推挽(或高阶推挽)技术产生信号的谐波。借助位于振荡器之后的倍频器也可提高振荡频率。当然,乘法器也可以与谐波技术结合使用。

当通过级联多级乘法器来实现高阶乘法时,通常要在乘法器之间插入放大器以恢复功率值,这主要是因为每个乘法器都存在功率损耗。对于这种由级联乘法器和放大器组成的乘法器链,最后一级可以是乘法器或功率放大器,

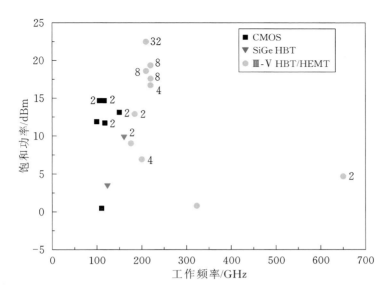

图 5.10　基于各种技术的功率放大器的饱和功率与工作频率的关系。每个数据点旁边的
　　　　数字表示功率组合的次数。如果没有数字,则表示对应数据点没有进行功率组合

这要取决于具体的应用。当需要高输出功率时,功率放大器将放在最后;当需要高的频率时,乘法器将放在最后。

尽管诸如二极管之类的无源器件仍然可以用作乘法器的核心器件,但是当晶体管技术可用于太赫兹系统时,通常采用晶体管来实现有源乘法器。有源乘法器优于无源乘法器的原因是,晶体管是三端器件,在选择最佳操作偏置条件方面,其具有较小的转换损失和较大的灵活性。基于晶体管的乘法器有多种实现方法,例如利用了晶体管工作的非线性的方法,以及类似于二极管乘法器的方法(Lewark,et al,2011)。还有一种方法是在晶体管差分对的公共节点处提取偶模谐波,这与用于推挽振荡器的技术类似(Kallfass,et al,2011)。倍增器、四倍频器,甚至更高阶的偶模乘法器都可以这样实现。一种基于混频器自混合原理的方法也是可行的(Valenta,et al,2013)。如果输入信号同时被注入到混频器的两个输入节点,则输入信号是自混合的,并且在输出节点处出现平方项。平方项的存在会导致输出频率为输入频率的两倍,所以这种配置可以用作倍频器。此外还有注入锁定倍频器(Monaco,et al,2010)。如果输入信号被注入到一个自由运行频率接近输入信号频率整数倍的振荡器中,并且输出频率正好是输入频率的整数倍,则会实现倍频功能。

图 5.11 显示了最近报道的基于 Si 和 Ⅲ-Ⅴ 族元素晶体管技术的有源乘法器的性能。据报道,SiGe 技术(Ojefors,et al,2011)采用 45× 倍频链(由两个三倍频器、一个五倍频器,以及两个放大器组成),其输出频率高达 820 GHz。尽管倍增器在较高频率下的输出功率较小,但据报道,在 300 GHz 以上,其可获得 0 dBm 的输出功率(Lewark,et al,2012)。

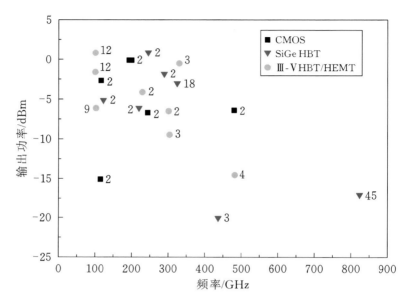

图 5.11　有源乘法器的性能

5.3.3　基于晶体管的太赫兹集成探测器组件

晶体管是一种多功能器件,它可以提供提高检测性能所需的各种功能,这是基于晶体管的检测优于基于二极管的检测的一个有利方面。基于晶体管的集成探测器有两种类型——直接式和外差式。图 5.12 显示了直接式和外差式集成探测器的概念框图。对于直接式,探测是射频级的,而对于外差式,探测是在下变频之后的中频级进行的。对于任何一种情况,所有的电路模块都可以用晶体管来实现。本节将简要介绍构成集成探测器的电路组件。

5.3.3.1　低噪声放大器

系统的噪声电平由位于链路第一级的电路决定,该原理也适用于集成探测器。如果放大器不能用于集成探测器,则前级电路需要平方律检波器或者混频器,但这会使噪声电平偏高。然而,前端低噪声放大器的存在将显著降低

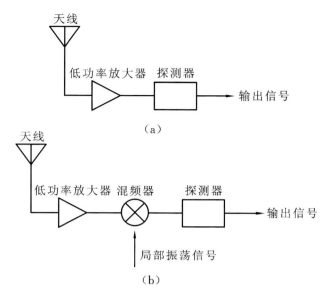

图 5.12　集成探测器的概念框图。(a)直接式;(b)外差式

系统噪声水平。事实上,在前端放置低噪声放大器,可使噪声等效功率(NEP)降低一个数量级,这种效果可以与将系统冷却到低温得到的情况相比较,且并不需要低温恒温器之类的特殊装置。

　　太赫兹波段的低噪声放大器的拓扑结构和设计方法与典型的微波低噪声放大器的没有太大的区别,事实上,在工作频率较高的情况下,它们因匹配的元件尺寸较小而受益。

　　然而,很少有关于噪声系数(NF)的实际测量数据报道,这可以归因于在高频区域测量噪声比较困难。图 5.13 显示了已报道的低噪声放大器的噪声系数,包括测量值和模拟值。基于 SiGe HBT 的低噪声放大器在 130 GHz 下测得的噪声系数为 6.8 dB,伴随峰值增益为 24.3 dB(Hou,et al,2012),而基于 InP HBT 的放大器在 380 GHz 下测得的噪声系数为 17.1 dB,增益为 22 dB(Hacker,et al,2012)。对于 130～240 GHz 的操作频率,使用 SiGe HBT LNA 模拟的噪声系数为 7～14 dB。

5.3.3.2　混频器

　　如前所述,晶体管的可用性使得有源混频器成为可能,其可显示正的转换增益。一旦获得正增益,来自后级的噪声将由混频器抑制,这与无源混频器的

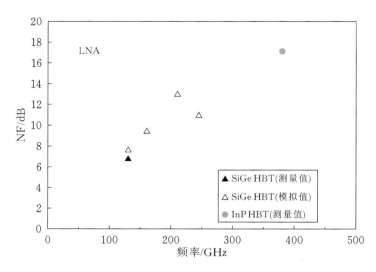

图 5.13　已报道的低噪声放大器的噪声系数

情况相反,在这种情况下,无源混频器实际通过转换损耗来放大这种噪声。此外,正转换增益将有助于外差探测器的总增益,提高系统的响应度。确实,对于有源混频器,尤其是在非常高的频率下,不能总是保证显示正的转换增益,但是其转换损耗将小于无源混频器的。

吉尔伯特单元混频器是各种微波应用的首选,并且将吉尔伯特单元混频器用于太赫兹波段已经实现,但是在实际操作时可能需要较大的直流功率(Pfeiffer,et al,2010;Schmalz,et al,2010)。基于器件非线性的替代方法在保持正转换增益的同时可大大降低功耗(Kim and Rieh,2012;Kim,et al,2012)。在选择工作在太赫兹区域的混频器时,目前的一个显著趋势是采用次谐波混频器,其中注入的 LO 信号的整数倍与输入射频信号混合。尽管转换增益和噪声电平不如基频混频器的,但次谐波混频器放宽了对 LO 信号频率的要求,这对于高频应用来说,是一个有吸引力的特征(Schmalz,et al,2010)。

5.3.3.3　探测器

如前所述,各种类型的太赫兹探测器已经通过包括二极管在内的各种方法开发出来,与此同时,基于晶体管的太赫兹探测器电路模块也可以实现。基于晶体管的探测器可以分为两种:主动模式探测器和被动模式探测器。在用 FET 或 HBT 实现的主动模式探测器中,电路基于具有共同节点的差分对(Zhou,et al,2011)。由于器件具有非线性,因此差分对的每个支路的输出信号将包括平方项,并且在公共节点处相加,而包括线性基本项的奇次谐波项将被抵消。可以通过滤除高阶项来从平方项中提取直流分量,高阶项应与输入功率成比例。由此,相关人员提出了平方律探测的方案。

被动模式探测器基于 FET 的电阻混频器操作(Maas,1987),因此其只能通过 FET 来实现。为了探测,FET 工作在三极管区域,没有专用漏极偏压(Al Hadi,et al,2011)。输入信号只施加到栅极,其通过栅极和漏极之间的电容耦合到漏极。电容可以是寄生栅漏电容,也可以是有意增加的外部电容,来增强效果。输入信号由于非线性而在 FET 处自混合,使输出端出现与输入功率成比例的直流电压。这种方式可实现平方律探测。可以看出,即使对于非准静态 FET 操作模式,也会发生这样的自混合,这基本上等同于 FET 的等离子体波操作(Ojefors,et al,2009)。值得注意的是,与放大器或振荡器不同,基于晶体管的探测器可以在器件截止频率以外工作,因为探测器不一定需要增益。

5.3.3.4　集成探测器

通过适当连接电路,或在必要时将电路与 LO 相连,可构成集成探测器。由于集成探测器是基于标准电路模块的,因此它们可以基于标准的半导体工艺技术来实现。此外,它们可以在单个芯片上与其他电子部件集成,这是基于晶体管的方法相对于其他更传统的太赫兹方法的主要优点。

据报道,基于 Si 和 Ⅲ-Ⅴ族晶体管技术的集成探测器的数量在不断增加,这些技术由半导体技术的发展等推动。图 5.14 显示了 NEP 与基于各种技术的集成探测器的探测频率的关系。基于 CMOS 的集成探测器的探测频率高达 1 THz,而基于 HEMT 的集成探测器的探测频率可达 3 THz。此外,由图 5.14 可知,与诸如基于 Golay cell 的传统探测器和热释电探测器相比,基于晶体管的集成探测器显示出相当的或更好的性能。值得注意的是,测辐射热计显示出较低的噪声电平,其最大工作频率远高于 4 THz。

一个明显的趋势是,包含一个低噪声放大器会将 NEP 降低几个数量级,尽管它被限制在低噪声放大器的工作频率范围之内。随着放大器的工作频率不断上升,LNA 的加入所带来的好处将会在未来进一步扩大。这些趋势都进一步表明,基于晶体管的集成探测器有望成为太赫兹应用中的主要参与者。

太赫兹生物医学科学与技术

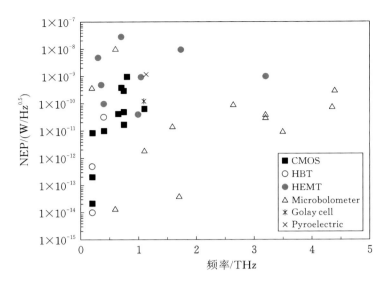

图 5.14　NEP 与基于各种技术的集成探测器的探测频率的关系,显示了测辐射热计、
Golay cell 和热释电探测器的典型值(所有数据点都是在室温下获得的)

5.4　封装问题

　　固态太赫兹器件通常以平面形式出现,大多数情况下是制作在半导体衬底上的。虽然晶圆上的探测可用于固态太赫兹器件的表征,但到目前为止,商用射频探头支持的频率为 750 GHz,对于具有实际系统的实际应用来说,封装是必需的。本节将对与固态太赫兹器件相关的一些实际封装问题进行回顾。

5.4.1　波导

　　诸如微带线波导和共面波导(CPW)之类的波导被广泛用于半导体芯片上太赫兹器件的平面实施。然而,在实际应用中,非平面波导是不可缺少的,因为通常使用的金属封装要求内部具有这种非平面波导,并且封装之间的连接也需要由非平面波导来实现。各种波导,如同轴波导、电介质波导、平行板波导等,都可以用来满足这种需要,其中应用最广泛的是金属矩形波导。矩形波导基本上是由具有矩形截面的金属制成的中空管,在标准情况下,矩形的长宽比为 2。

　　与同轴波导、平行板波导、微带线波导和共面波导等其他类型的波导相比,矩形波导的一个显著特征是,它是由一个导体组成的,这种结构的主要缺点是,在波导内部不允许横向电磁(TEM)模式存在。横电波(TE)和横磁波(TM)模式是可用的,TE₁₀模式在许多实际情况中是主导模式。对于在波导内部存在的每种模式,要求相关的尺寸足够大,至少是给定频率波长的一半。对于 TE_{mn} 模式,其截止频率为

$$f_c = \frac{c}{2}\sqrt{\left(\frac{m}{a}\right)^2 + \left(\frac{n}{b}\right)^2}, \quad m=1,2,3,\cdots; \quad n=0,1,2,\cdots \quad (5.1)$$

其中,a 和 b 分别是矩形波导的矩形长度和宽度;c 是光速。

在截止频率和单模工作条件(TE₁₀模式)下,对每个频段推荐使用具有特定尺寸的波导截面。表 5.1 所示的为频带和矩形波导标准。注意,波导标准是由以 10 密耳为单位的宽边宽度命名的。对于 TE₁₀ 单模工作模式,分别取 $(m,n)=(1,0)$ 和 $(m,n)=(2,0)$,可得到理论下限频率(=截止频率)和上限频率,即

$$f_{\text{low}} = \frac{c}{2a}$$

$$f_{\text{high}} = \frac{c}{a} = 2f_{\text{low}}$$

表 5.1 也列出了 f_{low} 和 f_{high} 的计算值。值得注意的是,理论上获得的可用频率窗口比相应频带的跨度稍宽。

表 5.1　频带和矩形波导标准

波段	频率范围 /GHz	波导标准	内部维度 $(a \times b)$/in	内部维度 $(a \times b)$/mm	f_{low}/GHz	f_{high}/GHz
W 波段	75～110	WR10	0.1×0.05	2.54×1.27	59.1	118.1
D 波段	110～170	WR6.5	0.065×0.0325	1.651×0.8255	90.9	181.7
G 波段	140～220	WR5.1	0.051×0.0255	1.2954×0.6477	115.8	231.6
H 波段	220～325	WR3.4	0.034×0.017	0.8636×0.4318	173.7	347.4
Y 波段	325～500	WR2.0	0.02×0.01	0.508×0.254	295.3	590.6
—	500～725	WR1.5	0.015×0.0075	0.381×0.1905	393.7	787.4
—	725～1100	WR1.0	0.01×0.005	0.254×0.127	590.6	1181.1

5.4.2　波导转换器

当使用两种不同类型的波导并且要将二者连接时,需要使用波导连接器

进行平滑连接。对于本文所考虑的平面太赫兹电路封装,矩形波导和微带线波导或共面波导之间的转换需要波导转换器来完成。典型的波导转换器所需的特性是宽的宽带和低的插入损耗,而从制造的角度来看,低机械复杂性也是有利的。在微波和毫米波波段已经有多种出于此目的开发的转换结构,其中有一些转换结构也可以很好地用于太赫兹波段。

微带线波导和矩形波导之间的各种转换方法有如下报道。鳍线过渡结构由微带线的信号线和接地平面组成,微带线在薄衬底的两侧以鳍状图案逐渐变细,在转换区域中以相反的方式变细(Lavedan,1977)。对于脊形波导转换器,矩形波导的顶侧导体平面的中心部分被修改以形成脊,该脊沿转换区连接到微带线的信号线,与矩形波导的槽形底侧导体平面相结合(Moochalla,1984)。E 平面探针转换指的是微带信号线伸入矩形波导内部并沿着 E 平面悬挂的结构,其辐射在波导中形成 TE_{10} 模(Shih,et al,1988)。这些转换结构具有宽的宽带和低的损耗,但涉及相当高的机械复杂度。基于准八木天线的另一种转换形式易于与微带线集成,但是需要高介电常数衬底(Kaneda,et al,1999)。值得注意的是,E 平面探针方法已被成功地应用于太赫兹频率区域,并被广泛用于各种太赫兹应用,其中一个例子是与太赫兹混频器单片的集成(Siegel,et al,1999)。

针对 CPW 到矩形波导的转换,相关人员已经开发出了许多与上文所述结构类似的转换结构,如脊形波导(Ponchak,et al,1990)、鳍线转换(Bellantoni,et al,1989)和准八木天线(Kaneda,et al,2000)等,另一种基于孔径耦合的方法也有报道(Simon,et al,1998)。最近,基于偶极子天线的转换成功地被用于能够容纳宽 MMIC 芯片的 InP 太赫兹电路,在 350 GHz 附近,插入损耗小于 1 dB(Leong,et al,2009)。

5.4.3 片上天线

大多数太赫兹应用都是通过自由空间而不是波导来实现远距离太赫兹波传输的。如前面所述的矩形波导一样,太赫兹波导的导向传输是有用的,但是由于路径过长可能会导致更多的损耗和更高的成本,所以通常采用限于局部短距离的情况。从这个角度来看,天线是太赫兹固态电子系统必不可少的设备,它需要在芯片和自由空间之间转换。

可以使用外部天线(例如传声器天线)来达到此目的,其通常通过波导和波导转换连接到芯片。但是,链路配置需要相当庞大的结构(与芯片尺寸相比），以及成本昂贵的封装。另一种方法是，采用可在同一芯片上实现与其他电路集成的片上天线，该天线将芯片上的电子信号直接转换成自由空间的电磁波，而不需要额外的转换和波导（Rebeiz，1992）。随着频率的增加，这种方法更具吸引力，因为对于较高的频率，天线尺寸减小，太赫兹电子设备可从中受益。

太赫兹应用可以考虑各种类型的片上天线，其典型布局如图 5.15 所示。偶极子天线可能是最常见的通用天线，由于其具有二维特性，因此其在芯片上也可以很好地实现。在半导体芯片上形成的偶极子天线的一个优点是，如果在半导体芯片的前侧有接地面的话，则它们不需要背面金属镀层，其性能不受地面与信号线之间的窄间隙的限制。然而，片上偶极子天线的一个缺点是，由于其衬底的介电常数较大，因此辐射主要指向衬底，如果衬底不够薄，则有限的电阻率和衬底模式将导致显著的衬底损耗。可以考虑采取有效手段来抑制损耗，包括简单地减薄晶片、在天线下面形成空腔，或者将芯片放置在硅透镜的顶部。

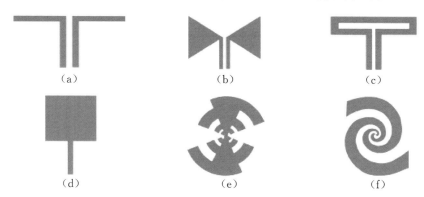

图 5.15　各种片上天线的布局。(a)偶极子；(b)蝴蝶结；(c)折叠偶极子；(d)贴片；(e)对数周期；(f)等角螺旋

平面结构偶极子天线有多种形式，也可以用于片上天线。蝴蝶结天线是双锥形天线的二维版本，旨在提高带宽（Schuster，et al，2011）。当另外需要阻抗变换时，也可采用折叠偶极子天线（Al Hadi，et al，2011）。其他类型的天线也可以用于片上应用。贴片天线也称为微带天线，其可以很容易地用于片上天线，尽管其具有窄带特性，但其被广泛应用于毫米波和太赫兹应用（Han，et al，2012）。对于特殊宽带方面的应用，可以采用与频率无关的天线，如对数周期天线（DuHamel and Isbell，1957）或等角螺旋天线（Dyson，1959），它们分别

采用线性和圆极化的图案。

5.5　总结

本章描述了基于固态二极管或晶体管的各种类型的太赫兹源和探测器，以及一些相关的封装问题。这些固态电子太赫兹器件有望实现低成本、低功耗的小型太赫兹系统，这对于商用移动太赫兹设备在生物医学环境中的应用将是非常有利的。诚然，固态太赫兹电子技术是相对新兴的技术，尚未成熟。然而，出于完全相同的原因，其是一个有吸引力的研究领域，并保留了未来商业化的巨大潜力。

参 考 文 献

Al Hadi，R.，H. Sherry，J. Grzyb et al. 2011. A broadband 0. 6 to 1 THz CMOS imaging detector with an integrated lens. Presented at *2011 IEEE MTT-S International Microwave Symposium Digest*（MTT），Baltimore，MD，pp. 1-4.

Asada，M.，S. Suzuki，and N. Kishimoto. 2008. Resonant tunneling diodes for sub-terahertz and terahertz oscillators. *Japanese Journal of Applied Physics* 47：4375.

Bellantoni，J. V.，R. C. Compton，and H. M. Levy. 1989. A new W-band coplanar waveguide test fixture. Presented at *IEEE MTT-S International Microwave Symposium Digest*，Long Beach，CA，pp. 1203-1204.

Chen，S. -M.，Y. -K. Fang，F. Juang et al. 2010. Terahertz Schottky barrier diodes with various isolation designs for advanced radio frequency applications. *Thin Solid Films* 519：471-474.

Cojocari，O.，C. Sydlo，M. Feiginov，and P. Meissner. 2012. RTD-based THz-MIC by film-diode technology. Presented at *2012 IEEE MTT-S International Microwave Symposium Digest*（MTT），Montreal，QC，pp. 1-3.

DuHamel，R. and D. Isbell. 1957. Broadband logarithmically periodic antenna structures. Presented at *IRE International Convention Record*，New York，vol. 5，pp. 119-128.

Dyson，J. 1959. The equiangular spiral antenna. *IRE Transactions on Antennas and Propagation* 7:181-187.

Eisele，H. 2010. 480 GHz oscillator with an InP Gunn device. *Electronics Letters* 46:422-423.

Eisele，H. and R. Kamoua. 2004. Submillimeter-wave InP Gunn devices. *IEEE Transactions on Microwave Theory and Techniques* 52:2371-2378.

Hacker，J.，M. Urteaga，R. Lin et al. 2012. 400 GHz HBT differential amplifier using unbalanced feed networks. *IEEE Microwave and Wireless Components Letters* 22:536-538.

Han，R.，Y. Zhang，Y. G. Kim et al. 2012. 280 GHz and 860 GHz image sensors using Schottky-barrier diodes in 0.13 μm digital CMOS. Presented at *2012 IEEE International Solid-State Circuits Conference Digest of Technical Papers (ISSCC)*，San Francisco，CA，pp. 254-256.

Harvey，J.，E. R. Brown，D. B. Rutledge，and R. A. York. 2000. Spatial power combining for high-power transmitters. *IEEE Microwave Magazine* 1:48-59.

Heinemann，B.，R. Barth，D. Bolze et al. 2010. SiGe HBT technology with fT/ fmax of 300 GHz/500 GHz and 2.0 ps CML gate delay. Presented at *IEDM Technical Digest IEEE International Electron Devices Meeting*，San Francisco，CA，pp. 688-691.

Hou，D.，Y.-Z. Xiong，W.-L. Goh，W. Hong，and M. Madihian. 2012. A D-band cascode amplifier with 24.3 dB gain and 7.7 dBm output power in 0.13 μm SiGe BiCMOS technology. *IEEE Microwave and Wireless Components Letters* 22:191-193.

Ino，M.，T. Ishibashi，and M. Ohmori. 1976. CW oscillation with p＋-p-n＋ silicon IMPATT diodes in 200 GHz and 300 GHz bands. *Electronics Letters* 12:148-149.

Kallfass，I.，A. Tessmann，H. Massler et al. 2011. Balanced active frequency multipliers for W-band signal sources. Presented at *2011 European Microwave Integrated Circuits Conference (EuMIC)*，Manchester，U. K.，pp. 101-104.

Kaneda，N.，Y. Qian，and T. Itoh. 1999. A broad-band microstrip-to-waveguide transition using quasi-Yagi antenna. *IEEE Transactions on Microwave Theory and Techniques* 47:2562-2567.

Kaneda, N., Y. Qian, and T. Itoh. 2000. A broadband CPW-to-waveguide transition using quasi-Yagi antenna. Presented at *2000 IEEE MTT-S International Microwave Symposium Digest*, Boston, MA, vol. 2, pp. 617-620.

Karpov, A., D. Miller, J. Stern et al. 2007. Development of 1 THz SIS mixer for SOFIA. Presented at *Eighteenth International Symposium on Space Terahertz Technology*, vol. 1, p. 50.

Kim, D.-H. and J.-S. Rieh. 2012a. A 135 GHz Differential Active Star Mixer in SiGe BiCMOS Technology. *IEEE Microwave and Wireless Components Letters* 22:409-411.

Kim, D.-H. and J.-S. Rieh. 2012b. CMOS 138 GHz low-power active mixer with branch-line coupler. *Electronics Letters* 48:554-555.

Kim, M., J.-S. Rieh, and S. Jeon. 2012c. Recent progress in terahertz monolithic integrated circuits. Presented at *Circuits and Systems (ISCAS), 2012 IEEE International Symposium on*, Seoul, South Korea, pp. 746-749.

Lai, R., X. Mei, W. Deal et al. 2007. Sub 50 nm InP HEMT device with fmax greater than 1 THz. Presented at *Electron Devices Meeting, 2007. IEDM 2007. IEEE International*, pp. 609-611.

Lavedan, L. 1977. Design of waveguide-to-microstrip transitions specially suited to millimetre-wave applications. *Electronics Letters* 13:604-605.

Leong, K., W. R. Deal, V. Radisic et al. 2009. A 340-380 GHz integrated CB-CPW-to-waveguide transition for sub millimeter-wave MMIC Packaging. *IEEE Microwave and Wireless Components Letters* 19:413-415.

Lewark, U., A. Tessmann, H. Massler et al. 2011. 300 GHz active frequency-tripler MMICs. Presented at *2011 European Microwave Integrated Circuits Conference (EuMIC)*, Manchester, U. K., pp. 236-239.

Lewark, U., A. Tessmann, S. Wagner et al. 2012. 255 to 330 GHz active frequency tripler MMIC. Presented at *Integrated Nonlinear Microwave and Millimetre-Wave Circuits (INMMIC), 2012 Workshop on*, Dublin, Republic of Ireland, pp. 1-3.

Maas, S. A. 1987. A GaAs MESFET mixer with very low intermodulation. *IEEE Transactions on Microwave Theory and Techniques* 35:425-429.

Monaco, E., M. Pozzoni, F. Svelto, and A. Mazzanti. 2010. Injection-locked CMOS frequency doublers for mu-wave and mm-wave applications. *IEEE Journal of Solid-State Circuits* 45:1565-1574.

Moochalla, S. S. 1984. Ridge waveguide used in microstrip transition. *Microwaves* 23:149-152.

Nishizawa, J., K. Motoya, and Y. Okuno. 1978. GaAs TUNNETT diodes. *IEEE Transactions on Microwave Theory and Techniques* 26:1029-1035.

Nishizawa, J., P. Płotka, T. Kurabayashi, and H. Makabe. 2008. 706-GHz GaAs CW fundamental-mode TUNNETT diodes fabricated with molecular layer epitaxy. Presented at *Physica Status Solidi (c)*, vol. 5, pp. 2802-2804.

Ojefors, E., J. Grzyb, Y. Zhao et al. 2011. A 820 GHz SiGe chipset for terahertz active imaging applications. Presented at *2010 IEEE International Solid-State Circuits Conference Digest of Technical Papers (ISSCC)*, San Francisco, CA, pp. 224-226.

Ojefors, E., U. R. Pfeiffer, A. Lisauskas, and H. G. Roskos. 2009. A 0.65 THz focal-plane array in a quartermicron CMOS process technology. *IEEE Journal of Solid-State Circuits* 44:1968-1976.

Pfeiffer, U. R., E. Ojefors, and Y. Zhao. 2010. A SiGe quadrature transmitter and receiver chipset for emerging high-frequency applications at 160 GHz. Presented at *2010 IEEE International Solid-State Circuits Conference Digest of Technical Papers (ISSCC)*, San Francisco, CA, pp. 416-417.

Plouchart, J.-O. 2011. Applications of SOI technologies to communication. Presented at *2011 IEEE Compound Semiconductor Integrated Circuit Symposium (CSICS)*, Waikoloa, HI, pp. 1-4.

Ponchak, G. E. and R. N. Simons. 1990. A new rectangular waveguide to coplanar waveguide transition. Presented at *IEEE MTT-S International Microwave Symposium Digest*, Dallas, TX, pp. 491-492.

Radisic, V., K. M. Leong, X. Mei et al. 2012a. Power amplification at 0.65

THz using InP HEMTs. *IEEE Transactions on Microwave Theory and Techniques* 60:724-729.

Radisic,V.,K. M. Leong,S. Sarkozy et al. 2012b. 220-GHz solid-state power amplifier modules. *IEEE Journal of Solid-State Circuits* 47: 2291-2297.

Rebeiz, G. M. 1992. Millimeter-wave and terahertz integrated circuit antennas. *Proceedings of the IEEE* 80:1748-1770.

Rieh,J.-S.,B. Jagannathan,D. R. Greenberg et al. 2004. SiGe heterojunction bipolar transistors and circuits toward terahertz communication applications. *IEEE Transactions on Microwave Theory and Techniques* 52:2390-2408.

Rieh,J.-S.,S. Jeon,and M. Kim. 2011. An overview of integrated THz electronics for communication applications. Presented at *IEEE 54th International Midwest Symposium on Circuits and Systems* (*MWSCAS*),Seoul,South Korea,pp. 1-4.

Rieh,J.-S.,Y. H. Oh,D. K. Yoon et al. 2012. An overview of challenges and current status of Si-based terahertz monolithic integrated circuits. Presented at *2012 IEEE 11th International Conference on Solid-State and Integrated Circuit Technology* (*ICSICT*),Xi'an,China,pp. 1-4.

Schmalz,K.,W. Winkler,J. Borngräber et al. 2010. A subharmonic receiver in SiGe technology for 122 GHz sensor applications. *IEEE journal of Solid-State Circuits* 45:1644-1656.

Schuster,F.,H. Videlier,A. Dupret et al. 2011. A broadband THz imager in a low-cost CMOS technology. Presented at *2010 IEEE International Solid-State Circuits Conference Digest of Technical Papers* (*ISSCC*), San Francisco,CA,pp. 42-43.

Sengupta,K. and A. Hajimiri. 2012. A 0. 28 THz power-generation and beam-steering array in CMOS based on distributed active radiators. *IEEE Journal of Solid-State Circuits* 47:1-19.

Seo,M.,M. Urteaga,J. Hacker et al. 2011. InP HBT IC technology for terahertz frequencies:Fundamental oscillators up to 0. 57 THz. *IEEE*

Journal of Solid-State Circuits 46:2203-2214.

Shih，Y. -C. ，T. -N. Ton，and L. Q. Bui. 1988. Waveguide-to-microstrip transitions for millimeter-wave applications. Presented at *IEEE MTT-S International Microwave Symposium Digest* ，New York，pp. 473-475.

Shim，D. ，D. Koukis，D. Arenas，D. Tanner，and K. Kenneth. 2011. 553-GHz signal generation in CMOS using a quadruple-push oscillator. Presented at *2011 Symposium on VLSI Circuits* （VLSIC），Honolulu，HL，pp. 154-155.

Siegel，P. H. ，R. P. Smith，M. Graidis，and S. C. Martin. 1999. 2. 5-THz GaAs monolithic membrane-diode mixer. *IEEE Transactions on Microwave Theory and Techniques* 47:596-604.

Simon，W. ，M. Werthen，and I. Wolff. 1998. A novel coplanar transmission line to rectangular waveguide transition. Presented at *IEEE MTT-S International Microwave Symposium Digest* ，Baltimore，MD，vol. 1，pp. 257-260.

Stephan，K. D. 1986. Inter-injection-locked oscillators for power combining and phased arrays. *IEEE Transactions on Microwave Theory and Techniques* 34:1017-1025.

Tai，W. ，H. Xu，A. Ravi et al. 2012. A transformer-combined 31. 5 dBm outphasing power amplifier in 45 nm LP CMOS with dynamic power control for back-off power efficiency enhancement. *IEEE Journal of Solid-State Circuits* 47:1646-1658.

Thomas，B. ，A. Maestrini，and G. Beaudin. 2005. A low-noise fixed-tuned 300-360-GHz sub-harmonic mixer using planar Schottky diodes. *IEEE Microwave and Wireless Components Letters* 15:865-867.

Tousi，Y. M. ，O. Momeni，and E. Afshari. 2012. A 283-to-296 GHz VCO with 0. 76 mW peak output power in 65 nm CMOS. Presented at *2010 IEEE International Solid-State Circuits Conference Digest of Technical Papers* （ISSCC），pp. 258-260.

Urteaga，M. ，M. Seo，J. Hacker et al. 2011. InP HBTs for THz frequency integrated circuits. Presented at *23rd International Conference on*

Indium Phosphide and Related Materials and Compound Semiconductor Week (CSW/IPRM),Berlin,Germany,pp. 1-4.

Valenta,V. ,A. C. Ulusoy,A. Trasser,and H. Schumacher. 2013. Wideband 110 GHz frequency quadrupler for an FMCW imager in 0. 13-μm SiGe:C BiCMOS process. Presented at *2013 IEEE 13th Topical Meeting on Silicon Monolithic Integrated Circuits in RF Systems* (SiRF),Austin, TX,pp. 9-11.

Wu,L. ,Z. Sun,H. Yilmaz,and M. Berroth. 2006. A dual-frequency Wilkinson power divider. *IEEE Transactions on Microwave Theory and Techniques* 54:278-284.

Zhang,W. ,P. Khosropanah,J. Gao et al. 2010. Quantum noise in a terahertz hot electron bolometer mixer. *Applied Physics Letters* 96:111113.

Zhou,L. , C. -C. Wang, Z. Chen,and P. Heydari. 2011. A W-band CMOS receiver chipset for millimeter-wave radiometer systems. *IEEE Journal of Solid-State Circuits* 46:378-391.

第6章
太赫兹内窥镜波导

6.1 引言

近年来,太赫兹应用已经成为生物医学成像等许多领域的研究课题。太赫兹辐射在人体内的衰减和太赫兹辐射的信噪比是用来确定太赫兹辐射可探测穿透深度的重要参数。如果太赫兹信号在 1 THz 频率处的信噪比为 1000,则对于脂肪组织和皮肤组织的穿透深度分别为 3 mm 和 500 μm(Pickwell-MacPherson,2010)。由于人体内的穿透深度非常小,所以透射成像只能在体外进行。任何体内研究都局限于皮肤组织的反射成像(Ji,et al,2009;Parrott,et al,2011;Woodward,et al,2002),因此,需要使用太赫兹内窥镜对胃或结肠等器官进行物理检查。

与光学内窥镜类似,太赫兹内窥镜也需要一个柔性管、一个太赫兹传输系统(波导)、一个透镜系统(硅片或光学透镜)、一个目镜(监视器),以及允许医疗器械进入的附加通道。在对太赫兹内窥镜的要求中,由于大多数太赫兹波导不是柔性的,且传播损耗大,所以柔性管和太赫兹传输系统很难实现。因此,研究人员一直在开发具有小型化太赫兹发生器(Tx)和接收器(Rx)模块的太赫兹内窥镜,这些模块可安装在光纤的末端。

第6.2节将介绍几种太赫兹波导的优缺点。第6.3节将介绍一种光纤耦合太赫兹内窥镜系统,其中,第6.3.1小节描述激光脉冲色散的原理和激光脉冲压缩的方法,第6.3.2小节描述使用了光纤的商业太赫兹光谱系统,第6.3.3小节介绍一种使用了光纤的自制太赫兹系统。

6.2 太赫兹波导研究进展

6.2.1 圆形金属波导

第一个太赫兹波导利用了直径为亚毫米数量级的金属圆管(McGowan,et al,1999)。为了有效地将自由传播的太赫兹辐射耦合到金属管中,在管的输入端和输出端放置了两个超半球形硅透镜,如图6.1所示(McGowan,et al,1999)。

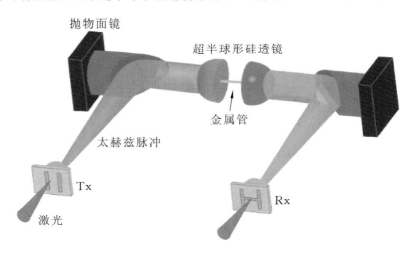

图6.1 光电子太赫兹时域光谱系统原理图

待测量的太赫兹脉冲,通过长为24 mm,直径为240 μm的不锈钢管传输,其幅度谱如图6.2所示(McGowan,et al,1999)。由于波导具有强群速度色散,输入的0.5 ps的太赫兹脉冲被展宽为大约70 ps,其中,较低频率的脉冲比较高频率的脉冲传播得更慢。可以很容易地观察到,TE$_{11}$模式在0.76 THz低频处截止。此外,该频谱在1.7 THz左右呈现多模分量(TM$_{11}$)。

用圆形波导理论计算的振幅吸收系数,以及相速度和群速度如图6.3所示(Gallot,et al,2000)。每种模式的吸收系数在截止频率以下实际上是无穷

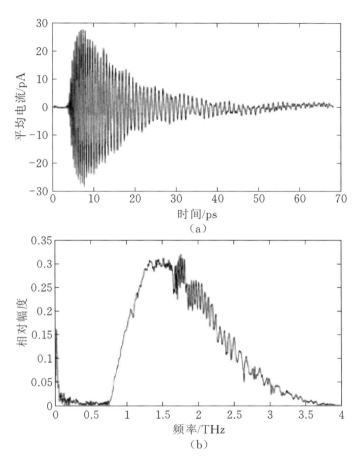

图 6.2　平均电流图与相对幅度谱

大的,并且随着频率的增加而逐渐接近常数。

例如,TE$_{11}$模式的吸收系数随着频率的增加而接近 0.4/cm。对于在 200 cm 长的圆形波导中传输的太赫兹脉冲,其可近似为从太赫兹源到内窥镜尖端所需的长度,振幅衰减随传播距离 L 的变化可简单地用 exp($-\alpha L$) 来描述。如果高度为 1 nA 的输入脉冲传输了该距离,可以得到 1 nA × exp(-80) = 1.8 × 10^{-35} nA ≈ 0 A。因此,输入的太赫兹脉冲不能通过波导传播。如果高频(c)和低频($0.5c$)之间的群速度差为 $0.5c$,其中,c 是光速,则太赫兹脉冲可展宽到 6.7 ns,是图 6.2(a)中所示值的 96 倍。因此,为了在太赫兹内窥镜中使用波导,需要实现非常小的吸收系数和群速度色散(横向电磁模式(TEM 模式))。

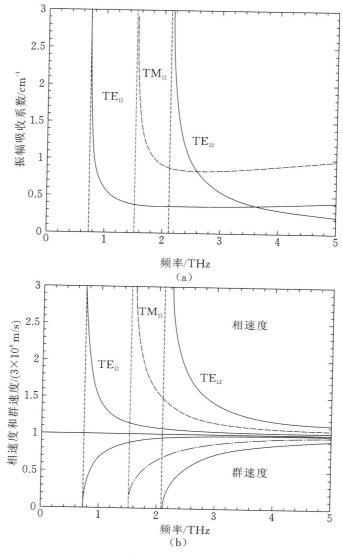

图 6.3　(a)振幅吸收系数;(b)在直径为 240 μm 的不锈钢金属丝中传输的三种主要模式的相速度和群速度

6.2.2　金属线波导

使用毫米波对单金属的吸收系数和色散进行了研究(Goubau,1950;Sommerfeld,1952;Wentworth,et al,1961)。由于金属具有很高的导电性,因此弱导电磁波会沿着导线的表面传播。除了 TEM 模式外,所有其他模式都具有非常高的吸收系数,并且当电磁波耦合到导线时几乎立即消失。因此,只有 TEM 模式波沿着导线传播。近年来,人们研究了单线传播太赫兹脉冲的吸收系数和色散(Jeon,et al,2005;Wang and Mittleman,2004)。

图 6.4 所示的是金属线波导系统原理图(Jeon,et al,2005)。太赫兹脉冲是通过硅蓝宝石(SOS)芯片进行光电产生和探测的。直径为 0.53 mm 的商业用铜线由两个 3 mm 厚的聚四氟乙烯盘支撑,铜线直接连接到 SOS 芯片上。铜线尖端的直径为 80 μm,为了确保太赫兹的最佳耦合,其被放置在专门设计的 Tx 芯片附近。

图 6.4　金属线波导系统原理图

图 6.5(a)和(b)显示了由不同长度的铜线引导而测量的太赫兹脉冲及其光谱。由于传播的太赫兹脉冲具有非常小的振幅吸收系数和较低的群速度色散,所以太赫兹脉冲几乎是相同的。图 6.5(c)显示了单根金属线的振幅吸收系数,虚线和实线分别表示振幅吸收系数的测量值和理论值,这些值与金属圆管的值相比非常小。

对于 104 cm 长的铜线,其光谱最大振幅在 0.15 THz 附近,理论上相对振幅吸收系数为 0.001/cm。如果将金属线波导应用于 200 cm 长的太赫兹内窥镜中,则振幅将衰减为 exp(—0.001/cm×200 cm),振幅衰减为原来的 0.82。这个结果十分适用于太赫兹内窥镜。例如,当一个平均电流为 1 nA 的太赫兹脉冲被耦合到内窥镜的单个金属线时,在 200 cm 长的内窥镜末端输出的太赫兹脉冲电流为 820 pA。

然而,柔性的单金属线存在电磁损耗问题。由于金属的电导率非常高,因此它的趋肤深度非常小,所以当单线弯曲时,大部分太赫兹波在弯曲处会被辐射到空气中。图 6.6 显示了单线弯曲对金属线导向性能的影响(Wang and Mittleman,2004)。当弯曲深度为 2.9 cm 时,主峰下降到直线原始幅度的 1/5 以下。因为具有很高的弯曲损耗,因此单根金属线不适合作为太赫兹内窥镜的波导。

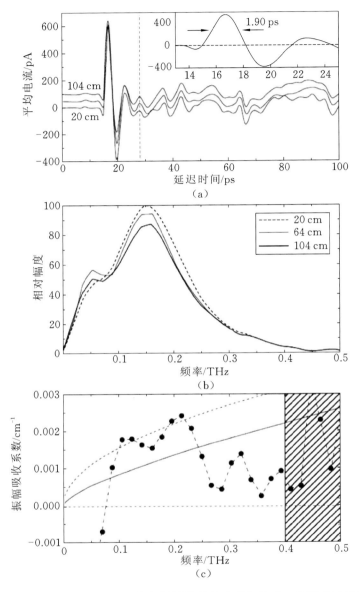

图 6.5 (a)20 cm、64 cm 和 104 cm 长的铜线传输的太赫兹脉冲。为了表示清楚,这些脉冲被移位了,插图显示了 20 cm 脉冲主峰的放大;(b)脉冲的光谱在图(a)所示的虚线处被截断;(c)振幅吸收系数。圆点:测量了 104 cm 和 20 cm 的铜线,阴影区域的测量值被认为是不准确的;实线:基于索末菲理论在直径为 0.52 mm 的铜线上传输太赫兹波得到的振幅吸收系数;虚线:利用充气同轴波导的 TEM 模式理论得到的太赫兹波振幅吸收系数

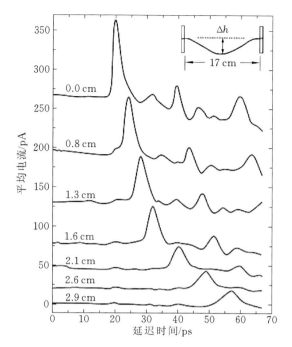

图 6.6　发射的太赫兹脉冲用于指示曲线的弯曲深度 Δh,插图显示了弯曲的金属丝的情况

6.2.3　平行板波导

波导可用于太赫兹内窥镜的条件是没有截止频率、损耗低、群速度色散低和灵活性高。金属管和金属线不能满足这些条件。实际上,只有一种波导满足上述条件,即由两个薄金属条构成的柔性平行板波导(PPWG)。当太赫兹脉冲沿着两个平行条带之间的空气间隙传播时,输出太赫兹脉冲处于 TEM 模式,具有较低的损耗和低的群速度色散。此外,当波导具有弯曲形状时,输出太赫兹脉冲仍处于 TEM 模式,损耗小、群速度色散低。

图 6.7 显示了具有弯曲形状的平行板波导实验装置(Mendis and Grischkowsky,2001);在这个平行板波导中,传播路径的长度为 125 mm($r=11.5$ mm) 和 250 mm($r'=27.5$ mm)。平行板波导的截面尺寸为 90 μm $\times$ 15 mm。因为使用 100 μm 厚的铜带,平行板波导可以制成圆形,使用两个圆柱形硅透镜使太赫兹波聚焦在平行板波导的气隙处。

在 TEM 模式下输出的太赫兹脉冲具有很好的信噪比。对于参考脉冲,半最大全宽(FWHM)为 0.22 ps。这个值是两个圆柱形硅透镜在它们的共焦位置接触而不通过波导传输获得的。半最大全宽在 $L=125$ mm 时的值为 0.25 ps,在

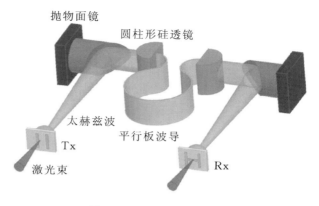

图 6.7　PPWG 系统原理图

$L=250$ mm 时是 0.39 ps。半最大全宽清楚地体现了 TEM 模式通过平行板波导传输时的情况。$L=250$ mm 脉冲的峰值幅度为参考脉冲的 19/20，但是 $L=250$ mm 脉冲具有很好的信噪比。

当平行板波导的气隙为 500 μm 或 90 μm 时，计算出的振幅吸收系数如图 6.8 所示（Marcuvitz，1986）。振幅吸收系数很小。例如，在 0.5 THz 的频率下，500 μm 气隙的系数为 0.0097/cm。当使用 1 nA THz 输入信号将平行板波导应用于 200 cm 长的太赫兹内窥镜时，输出太赫兹信号为 144 pA，这是应用于内窥镜的强信号。虽然平行板波导具有良好的导向性、低损耗和低群速度色散，但平行板波导的尺寸太大而不适合用于太赫兹内窥镜，因为内窥镜的直径应小于 10 mm，然而平行板波导内窥镜不能满足这个条件。

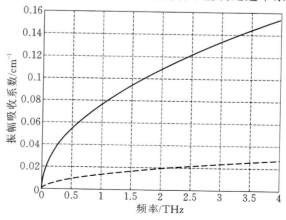

图 6.8　柔性平行板波导的气隙分别为 90 μm（实线）和 500 μm（虚线）时的振幅吸收系数

6.3 太赫兹内窥镜

太赫兹波导系统不能满足内窥镜的要求,而用激光脉冲引导内窥镜系统是可接受的替代方法。为了制作由激光脉冲引导的太赫兹内窥镜,需要压缩激光脉冲,另需小型化的太赫兹 Tx 和 Rx 模块。

6.3.1 激光脉冲色散与压缩

6.3.1.1 激光脉冲色散

太赫兹脉冲宽度与激光脉冲宽度成正比。当激光脉冲入射到半导体表面时,光电流 $J(t)$ 的下降时间会大于上升时间,如图 6.9 所示。光电流的持续时间取决于激光脉冲宽度和光生载流子的寿命。另外,太赫兹脉冲能量与瞬态光电流对时间的导数成正比,即 $E_{\mathrm{THz}}(t) \propto \partial J(t) / \partial t$。图 6.10 显示了激光脉冲、光电流和太赫兹脉冲的时间与强度的关系(Duvillaret,et al,2001)。太赫兹脉冲宽度与激光脉冲宽度成正比。为了产生非常短的太赫兹脉冲宽度,需要几十飞秒的激光脉冲宽度。

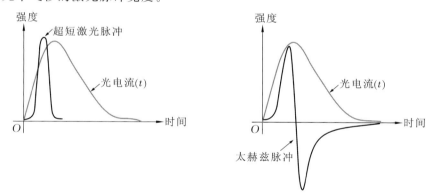

图 6.9   激光脉冲、光电流和太赫兹辐射脉冲的时间与强度的关系

在制作由激光脉冲引导的太赫兹内窥镜时,光纤是一种很好的引导材料。而且,光纤具有柔性,其直径只有几百微米。然而,当亚皮秒激光脉冲在这种光纤中传播时,激光脉冲由于存在正群速度色散而变宽。激光脉冲的长波分量在光介质中比短波分量传播得更快,如图 6.10 所示。

图 6.11 所示的为光纤耦合激光脉冲测量装置的示意图,图 6.12 所示的分别为在钛蓝宝石激光器之后、光束隔离器之后,以及经过 2 m 长的单模光纤传输后用自相关器测量的激光脉冲宽度。来自钛蓝宝石激光器的 68 fs 的激

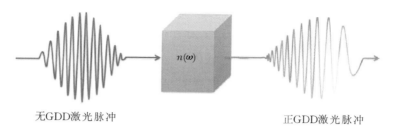

无GDD激光脉冲   正GDD激光脉冲

图 6.10 正群延迟色散

光脉冲宽度在经过 2 m 长的单模光纤后被展宽到 4.2 ps,这表示激光脉冲宽度展宽为原来的 62 倍。同时,为了产生和探测太赫兹脉冲,加宽后的激光脉冲应该在光纤后被压缩,或者在到达光纤之前被补偿。

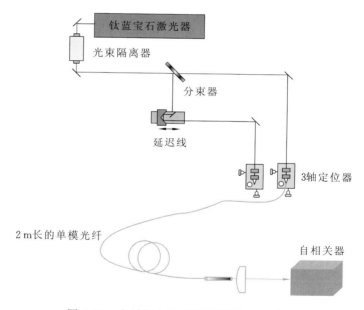

图 6.11 光纤耦合激光脉冲测量装置示意图

6.3.1.2 激光脉冲压缩

用啁啾镜、棱镜对和光栅对补偿正的群速度色散,短波长分量的波束路径比长波长分量的波束路径短,这会导致负群速度色散。因此,当负群速度色散和正群速度色散适当组合时,激光脉冲会恢复其原来的脉冲宽度。

6.3.1.2.1 啁啾镜

通常,啁啾镜由 SiO_2 和 TiO_2 交替层叠而成。每一层都有不同的深度,当这

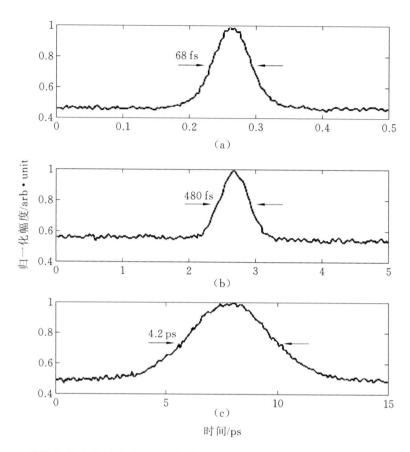

图 6.12　测量的激光脉冲宽度。(a)在钛蓝宝石激光器之后；(b)在光束隔离器之后；
　　　　(c)在2 m 长的单模光纤之后

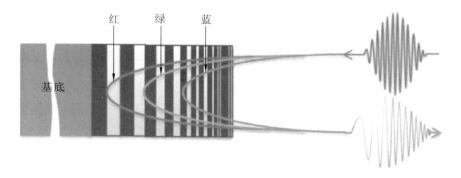

图 6.13　啁啾镜原理图

些层靠近基底时,它们逐渐变厚,如图 6.13 所示(Keller and Gallmann,1997)。蓝线表示的脉冲的波长较短,在前表面层发生反射;红线表示的脉冲的波长较长,在反射镜的较深层处反射。啁啾镜被设计成具有负的群速度色散:从反射镜的较深层反射的激光脉冲比从表面层反射的激光脉冲传播的距离更长。因此,波长较短的波先到达,波长较长的波后到达。通常,啁啾镜使用脉冲宽度小于 10 fs 的超短激光脉冲。

当激光脉冲从啁啾镜的表面反射时,脉冲的群速度色散为负。激光脉冲可以在两个或三个镜子之间来回反射多次,以补偿脉冲色散效应,如图 6.14 所示。

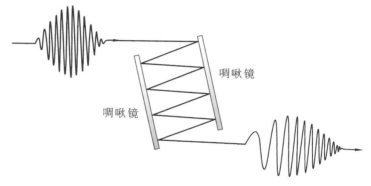

图 6.14　激光脉冲在两个啁啾镜之间的反射示意图

6.3.1.2.2　棱镜对

棱镜对压缩器由两个棱镜和一个平面镜组成。当激光脉冲通过棱镜时,激光脉冲的波长较长的波比激光脉冲的波长较短的波具有较小的折射角,如图 6.15 所示。与波长较短的波相反,波长较长的波传播到第二个棱镜的内部,由于棱镜内部的光速比空气中的小得多,所以波长较长的波比波长较短的波延迟得多。而且,来自平面镜的反射激光脉冲使用相同的光束路径返回到分束器,这种情况会导致负的群速度色散。棱镜对通常用于补偿钛蓝宝石锁模激光器内部的色散。

6.3.1.2.3　光栅对

因为由光纤引导的太赫兹内窥镜系统具有大的正群速度色散,所以需要大的负群速度色散来进行补偿。与啁啾镜和棱镜对相比,光栅对具有大的负群速度色散。入射到光栅对的激光脉冲根据激光脉冲的频率进行衍射,如图 6.16 所示。高频分量(短波)短程传播,而低频分量(长波)长程传播。负群速度色散的大小取决于两个光栅对之间的距离,并可以通过调整两个光栅对之间的距离获得完美的补偿。虽然光栅对的衍射损耗很大,但是可实现一个

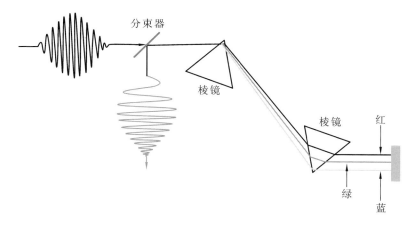

图 6.15　用棱镜对产生负的群速度色散的示意图

强的负群速度色散。这种强的负群速度色散对于具有强的正群速度色散的几
米长的光纤来说是一种很好的选择。

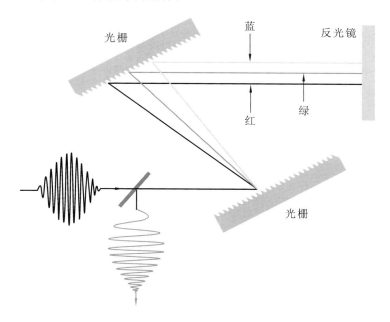

图 6.16　用光栅对产生负群速度色散示意图

6.3.2　商业太赫兹光谱系统

很多使用光纤引导激光脉冲的太赫兹系统已经被应用于太赫兹时域光谱
学（Crooker，2002；Ellrich，et al，2011；Lee，et al，2007；Vieweg，et al，2007）。

尽管 Tx 和 Rx 模块由于太大而不能在太赫兹内窥镜中使用,但是由于光纤的存在,模块可以自由地向任何方向移动。最近,有几家公司已经生产出了商业光纤耦合太赫兹光谱系统,如图 6.17 所示。TPS Spectra 3000 可以使用如图 6.18 所示的探头连接到系统上来实施太赫兹成像。医学成像探头可以使用 Risley 棱镜对进行扫描二维反射成像(见图 6.18)。

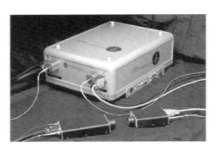

产品规格	
光谱范围	0.1~3 THz
频率分辨率	11 GHz
时间分辨率	20 fs
波形率	200~500 Hz
信噪比（峰值	>40 dB ——500 Hz
测量,准直传输）	>60 dB ——1 Hz（平均）
几何	传输
	正常反射
	一发一收（非正常反射）
配置	分离发生器和接收器
软件	通过插件体系结构实现用户可扩展软件

(a)

T-Ray™ 4000 系统

参数	规格	单位	注释
带宽	0.02~2	THz	3 THz 可用选项
偏振消光比	> 20:1		
信噪比	> 70	dB	频率
快速扫描范围	320	ps	
快速扫描速度	100	Hz	
长扫描范围	2.8	ns	
电源要求	110/220	V(AC)	50~60 Hz, 4 A
尺寸	$1.75 \times 19.5 \times 7$	in	W×D×H
重量	55	lbs	

(b)

太赫兹脉冲光谱仪
太赫兹源　　　　　激光磨砂光导半导体发射器
太赫兹探测器　　　激光磨砂光导半导体接收器
激光器　　　　　　钛-蓝宝石超短脉冲激光器
光谱范围　　　　　0.06~3 THz (2~100 cm^{-1})
动态范围　　　　　>4 OD @ 0.9 THz (30 cm^{-1})
光谱分辨率　　　　0.0075 THz (0.25 cm^{-1})
快速扫描　　　　　每秒扫描30次,光谱分辨率为1.2 cm^{-1}
　A/D 转换器　　　16 bit

信号-噪声	THz	信号/dB	信噪比
	一分钟快速扫描采样分辨率为1.2 cm^{-1}		
传输	0.15	65	5000
	0.3	70	6500
	0.91	70	11000
	1.52	60	5000
	2.58	43	700
空气	0.15	50	1500
	0.3	58	2700
	0.91	57	1800
	1.52	49	1000
	2.58	30	150

(c)

图 6.17　商业太赫兹光谱系统。(a)来自 Zomega 的 Fico;(b)来自 Picometrix 的 T-Ray 4000;(c)来自 Teraview 的 TPS Spectra 3000

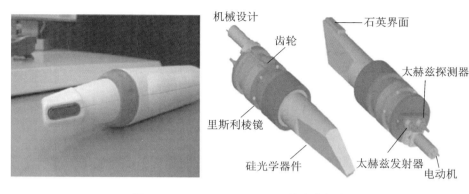

图 6.18　TPS Spectra 3000 医学成像探头

近期,相关人员使用医学成像探头 TSP Spectra 3000 在体内实现了太赫兹脉冲成像(Pickwell and Wallace,2006;Sy,et al,2010),测量了多个不同位置皮肤的太赫兹脉冲响应,数据如图 6.19 所示。通过光纤引导激光脉冲,探头可以自由移动到皮肤上的任何位置。相关人员在 5 天内测量了身体的五个部位,包括前额、脸颊、下巴、前臂背侧和手掌,五个部位的折射太赫兹脉冲非常相似。用误差条表示 35 天内 10 名受试者 50 次测量的统计偏差。结果表明,光纤引导激光脉冲的太赫兹内窥镜系统是一个非常稳定可靠的系统。

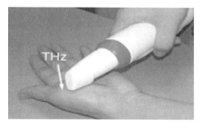

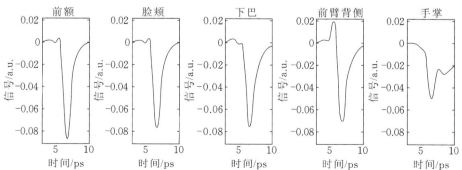

图 6.19　使用手持太赫兹探头记录的五个不同部位皮肤的太赫兹脉冲响应

6.3.3　光纤耦合太赫兹内窥镜系统的应用

6.3.3.1　光纤耦合太赫兹内窥镜系统

Crooker(2002)介绍了超快相干太赫兹光谱的光纤耦合天线的应用实验，其使用 20 m 长的光纤，由于光纤较长，激光脉冲被光栅对预补偿。光纤套圈直接与 Tx 或 Rx 芯片接触。光纤耦合太赫兹天线及太赫兹探头实物图如图 6.20 所示。在低温和高磁场条件下对微型光纤耦合太赫兹 Tx 和 Rx 模块进行了测试，发现测得的太赫兹脉冲的幅度随温度的变化而略有变化，但太赫兹脉冲的宽度不变。太赫兹脉冲的幅度随着磁场的增加而减小，如图 6.21 所示。半导体芯片的温度及温度变化与半导体材料的温度及温度变化有关。

(a)　　　　　　　　　　　　　(b)

图 6.20　(a)光纤耦合太赫兹天线；(b)太赫兹探头

近期，相关人员提出了一种用于太赫兹光谱分析的先进光纤耦合天线，如图 6.22 所示(Vieweg，et al，2007)，把光纤直接粘贴到光导开关上，Tx 和 Rx 模块变得紧凑和稳定。此外，这种方法可以防止污染。如果光纤末端和芯片之间存在气隙，则气隙前后存在两个反射损耗。由于胶水的折射率和光纤的折射率相同，所以在光纤末端和芯片之间只发生一次反射损耗。此外，光纤和芯片之间的折射率差异很小，只会导致很小的反射损失。

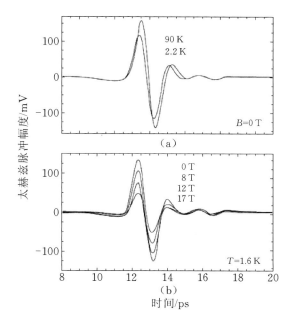

图 6.21　从原位光纤耦合的 Tx 和 Rx 对中获得的太赫兹脉冲。(a)温度变化;(b)磁场变化

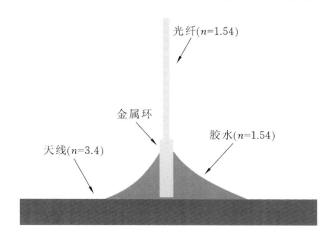

图 6.22　光纤耦合天线原理图

6.3.3.2　太赫兹内窥镜系统的体内应用

为了制造小型化的太赫兹内窥镜,太赫兹 Tx 或 Rx 模块的直径应小于 5 mm。图 6.23(a)和(b)所示的为小型化的太赫兹 Tx 和 Rx 模块的示意图,模型长 26 mm(包括光纤套圈)(Ji,et al,2009)。每个模块由光纤套圈、硅透镜(直径为 4 mm)、光学透镜(直径为 3 mm)和 Tx 芯片(1.8 mm×1.9 mm)或

Rx芯片(2 mm×2.8 mm)组成。硅片夹持器的外径为 6 mm,在两个侧面上切割模块以将模块宽度减小到 4 mm,如图 6.23(c)所示。当 Tx 和 Rx 模块平行连接时,其横截面尺寸为 8 mm(2×4 mm)×6 mm。

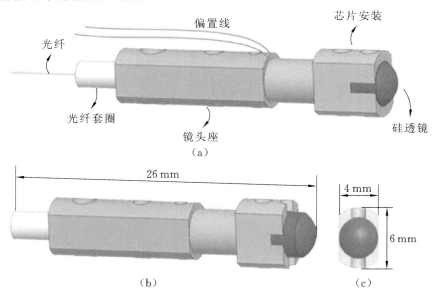

图 6.23　太赫兹 Tx 和 Rx 模块小型化设计原理图。(a)Tx 模块;(b)Rx 模块;(c)Rx 模块的横截面

　　具有光纤耦合 Tx 和 Rx 模块的太赫兹内窥镜系统的实验装置如图 6.24 所示(Ji,et al,2009)。为了补偿光束隔离器和光纤中出现的正群速度色散,激光脉冲在被注入 2 m 长的单模光纤之前,使用光栅对进行色散补偿。

　　当 Tx 和 Rx 距离 2 cm 时,测得的太赫兹脉冲和频谱如图 6.25 所示。太赫兹脉冲是通过一次测量获得的,没有任何滤波过程。由于 Tx 和 Rx 彼此靠近,因此,来自 Tx 芯片直流偏置的电场会使太赫兹脉冲偏移 520 pA,插图显示了 0～3 ps 的噪声,信噪比接近 12000∶1。测得的太赫兹脉冲的半高宽为 0.5 ps,使用数值傅里叶变换得到的相应振幅谱扩展超过 2 THz。虽然所有的光学和电气部件都固定在这个微小的模块中,但是太赫兹信号的特性使得该模块适用于太赫兹内窥镜。

　　因为水对太赫兹的吸收很强烈,而人体内有 70% 都是水,所以太赫兹传输方法不能应用于人体内。太赫兹内窥镜系统应采用反射法。为了获得反射太赫兹脉冲,相关人员设计并制造了一个新的测量系统,其原理图如图 6.26(a)

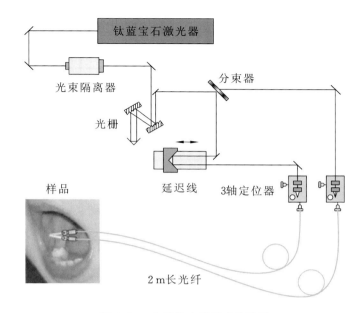

图 6.24　太赫兹内窥镜实验装置

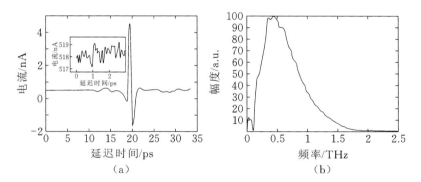

图 6.25　（a）用小型化光纤耦合太赫兹内窥镜系统测得的太赫兹脉冲,该系统上的 Tx 和
　　　　Rx 呈直线排列,距离为 2 cm;（b）频谱

所示。Tx 和 Rx 模块呈 20°角固定在定制的底座上;硅透镜和样品之间的反射
距离应始终保持相同。然而,对于活体样品,如胃或者结肠来说,保持这样准
确的距离是很难的,因此,为该装置加装了聚四氟乙烯帽,如图 6.26（b）所示。
由于聚四氟乙烯帽的存在,活体样品总是保持同样的距离和平坦的目标表面;
这个平坦表面与聚四氟乙烯帽相接触。

　　在测试了用于参考的铝表面的太赫兹波的反射情况后,铝表面被口腔侧
壁、舌头、皮肤和水等样品替代（Ji,et al,2009）。用反射方法测量太赫兹脉冲

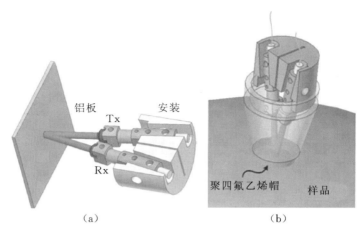

图 6.26　（a)Tx 和 Rx 模块呈 20°角固定在定制的底座上；(b)聚四氟乙烯帽连接至 Tx 和
　　　　Rx 模块

的结果如图 6.27(a)所示。

　　因为反射率比较小，所以从样品表面反射的太赫兹脉冲的幅度比从铝表
面反射的太赫兹脉冲的幅度小。图 6.27(b)所示的是太赫兹脉冲光谱。参考
谱扩展到 2.5 THz，因为在高频下反射效果较差，所以其他样品的相对振幅延伸
至 2.0 THz。太赫兹波在口腔侧壁、舌头、水中反射的振幅非常相似；然而，在皮
肤上反射的振幅要低得多，这是由于皮肤的折射率稍低于其他样品的折射率。

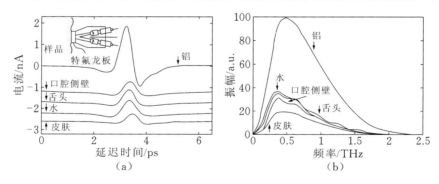

图 6.27　（a)用反射方法测量太赫兹脉冲；(b)各自的光谱

　　图 6.28 显示了使用太赫兹内窥镜系统测量的样品的折射率和功率吸收
系数。太赫兹波在口腔侧壁、舌头、水中有相似的折射率和功率吸收系数，而
在皮肤上的要低得多。使用太赫兹内窥镜测量的结果与使用没有光纤耦合系
统的太赫兹反射光谱装置测量的结果非常一致（Pickwell and Wallace，2006）。

利用太赫兹反射光谱装置，Pickwell 和 Wallace 测量了水、健康皮肤和脂肪的折射率和吸收系数。如图 6.29 所示，太赫兹波在健康皮肤上的折射率和功率吸收系数比在水上的值低。太赫兹反射光谱装置测量结果与太赫兹内窥镜的相似。

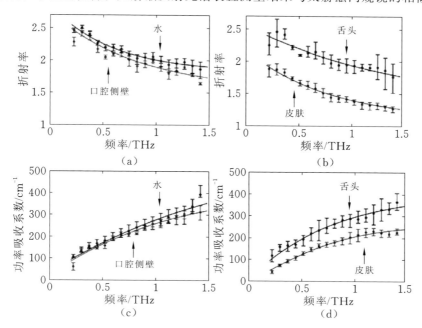

图 6.28　使用小型化光纤耦合太赫兹内窥镜系统测量样品的折射率和功率吸收系数。(a)水和口腔侧壁的折射率；(b)舌头和皮肤的折射率；(c)水和口腔侧壁的功率吸收系数；(d)舌头和皮肤的功率吸收系数

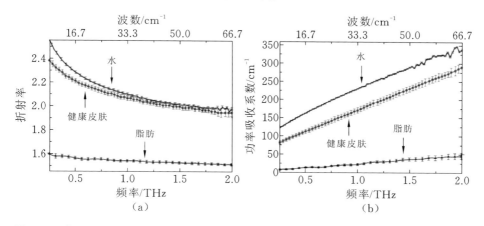

图 6.29　使用没有光纤耦合系统的太赫兹反射光谱装置测量样品的折射率和功率吸收系数。(a)水、健康皮肤和脂肪的折射率；(b)水、健康皮肤和脂肪的功率吸收系数

6.4　展望

对于太赫兹内窥镜的应用,Tx和Rx模块将需要更紧凑的尺寸,因为太赫兹内窥镜和光学内窥镜需要一起工作。但是,由于Tx或Rx模块中存在硅透镜,因此太赫兹内窥镜的厚度不能减小到透镜直径的1/2以下。因此,有必要将Tx和Rx模块组合在一起,这种组合称为收发器模块,并且只需一个硅透镜。带有收发器模块的太赫兹内窥镜系统将可用于人体内胃或结肠的探测,如图6.30所示。

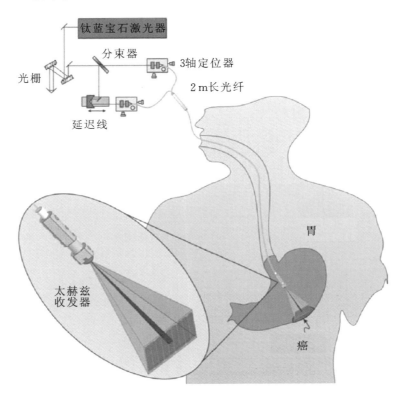

图6.30　太赫兹内窥镜和太赫兹收发器模块的应用

参 考 文 献

Crooker,S. A. 2002. Fiber-coupled antennas for ultrafast coherent terahertz
　　spectroscopy in low temperatures and high magnetic fields. *Review of*

Scientific Instruments 73:3258-3264.

Duvillaret, L., F. Garet, J.-F. Roux, and J.-L. Coutaz. 2001. Analytical modeling and optimization of terahertz time-domain spectroscopy experiments, using photoswitches as antennas. *IEEE Journal of Selected Topics in Quantum Electronics* 7:615-623.

Ellrich, F., T. Weinland, D. Molter, J. Jonuscheit, and R. Beigang. 2011. Compact fiber-coupled terahertz spectroscopy system pumped at 800 nm wavelength. *Review of Scientific Instruments* 82:053102.

Gallot, G., S. P. Jamison, R. W. McGowan, and D. Grischkowsky. 2000. Terahertz waveguides. *Journal of the Optical Society of America B* 17: 851-863.

Goubau, G. 1950. Surface waves and their application to transmission lines. *Journal of Applied Physics* 21:1119-1128.

Jeon, T.-I., J. Zhang, and D. Grischkowsky. 2005. THz Sommerfeld wave propagation on a single metal wire. *Applied Physics Letters* 86:161904.

Ji, Y. B., E. S. Lee, S.-H. Kim, J.-H. Son, and T.-I. Jeon. 2009. A miniaturized fiber-coupled terahertz endoscope system. *Optics Express* 17:17082-17087.

Keller, U. and L. Gallmann. 1997. *Ultrafast Laser Physics*. Zurich, Switzerland: ETH Zurich. http://www.ulp.ethz.ch/education/ultrafastlaserphysics/3_Dispersion_compensation.pdf, accessed January 15, 2013.

Lee, Y., S. Tanaka, N. Uetake et al. 2007. Terahertz time-domain spectrometer with module heads coupled to photonic crystal fiber. *Applied Physics B* 87: 405-409.

Marcuvitz, N. 1986. *Waveguide Handbook* (IEEE Electromagnetic Waves Series). London, U.K.: Peter Peregrinus.

McGowan, R. W., G. Gallot, and D. Grischkowsky. 1999. Propagation of ultrawideband short pulses of terahertz radiation through submillimeter-diameter circular waveguides. *Optics Letters* 24:1431-1433.

Mendis, R. and D. Grischkowsky. 2001. THz interconnect with low-loss and low-group velocity dispersion. *IEEE Microwave and Wireless Components Letters*

11:444-446.

Parrott, E. P., S. M. Sy, T. Blu, V. P. Wallace, and E. Pickwell-MacPherson. 2011. Terahertz pulsed imaging in vivo: Measurements and processing methods. *Journal of Biomedical Optics* 16:106010.

Pickwell, E. and V. Wallace. 2006. Biomedical applications of terahertz technology. *Journal of Physics D: Applied Physics* 39:R301.

Pickwell-MacPherson, E. 2010. Practical considerations for in vivo THz imaging. *IEEE Transactions on Terahertz Science and Technology* 3: 163-171.

PICOMETRIC. 2013. *T-Ray 4000 TD-THz System*. Ann Arbor, MI: Picometrix's Corporation. http://www. picometrix. com/documents/pdf/T-Ray4000%20DS1. pdf, accessed January 15, 2013.

Sommerfeld, A. 1952. Part Ⅱ—Derivation of the phenomena from the Maxwell equations. In *Electrodynamics*, ed. Sommerfeld, A., pp. 177-190. New York: Academic Press.

Sy, S., S. Huang, Y. -X. J. Wang et al. 2010. Terahertz spectroscopy of liver cirrhosis: Investigating the origin of contrast. *Physics in Medicine and Biology* 55:7587.

TeraView. 2013. *Terahertz Equipment*. Cambridge, U. K.: TeraView's Corporation (http://www. teraview. com/products/terahertz-pulsed-spectra-3000/index. html).

Vieweg, N., N. Krumbholz, T. Hasek et al. 2007. Fiber-coupled THz spectroscopy for monitoring polymeric compounding processes. Presented at *Proceedings of SPIE* 6616, 66163M, Munich, Germany.

Wang, K. and D. M. Mittleman. 2004. Metal wires for terahertz wave guiding. *Nature* 432:376-379.

Wentworth, F. L., J. C. Wiltse, and F. Sobel. 1961. Quasi-optical surface waveguide and other components for the 100- to 300-GHz region. *IRE Transactions on Microwave Theory and Techniques* 9:512-518.

Woodward, R. M., B. E. Cole, V. P. Wallace et al. 2002a. Terahertz pulse imaging in reflection geometry of human skin cancer and skin tissue.

Physics in Medicine and Biology 47:3853.

Woodward，R. M.，V. P. Wallace，B. E. Cole et al. 2002b. Terahertz pulse imaging in reflection geometry of skin tissue using time domain analysis techniques. presented at *Proceedings of SPIE* 4625:160-169.

Zomega. 2013. *Products*. New York：Zomega Terahertz Corporation. http://www. z-thz. com/index. php? option = com _ content&view = article&id=51&Itemid=59，accessed January 15，2013.

第7章
水和液体的太赫兹特性

7.1　引言

　　太赫兹技术已经成为诊断癌症和研究生物材料动力学的一种新的生物医学方法（Fitzgerald，et al，2006；Kawase，et al，2003；Oh，et al，2007，2009，2011；Pickwell and Wallace，2006；Woodward，et al，2003）。为了进一步研究生物医学科学和技术，需要对生物分子的动力学进行研究，如DNA、蛋白质和脂类（Son，2009）。大多数的生物分子只能在生物环境中发挥作用。因此，了解生物环境，对于开发基于生物科学的生物医学技术至关重要。液体，包括水，是决定生物环境的主要成分。液体与生物分子之间的相互作用可以根据生物环境信息反映生物分子动力学信息。生物分子的分子内和分子间动力是由水和生物分子间或水分子自身间的氢键引起的。在室温下，水的氢键网络的典型时间尺度在皮秒范围内，对应的频率为几太赫兹。大多数液体的介电弛豫和振荡运动发生在位于微波和远红外之间的太赫兹频率范围内，这个频段是连接微波与红外波之间的桥梁。几十年来，太赫兹光谱一直被用来解释液体（包括水和分子、极性和非极性液体领域）的介电弛豫、氢键网络和超快动力学。

本章将介绍基于太赫兹光谱法进行的水和液体的动力学研究成果,并简要讨论利用液体性质开发的有价值的应用。水分子是生物介质(包括细胞、蛋白质和 DNA)的主要成分和激活剂。本章第 7.2 节从对水的介绍开始。第 7.2.1 小节将回顾水的太赫兹特性的相关历史,第 7.2.2 小节将揭示水分子的太赫兹光学特性,包括水蒸气、冰。第 7.2.3 小节将对液态水的太赫兹光学特性进行讨论,重点讨论氢键网络。第 7.3 节利用液体分子的极性讨论液体的太赫兹光学性质,太赫兹波与瞬态偶极矩有很强的相互作用,极性液体和非极性液体之间的吸收差异很大。第 7.4 节将讨论由两种液体组成的液体混合物。

7.2 水的太赫兹特性

7.2.1 研究历史回顾

水是生物介质中最重要的液体,液态水与生物分子之间的生化作用决定了生物环境及其活性。液态水很重要,但液态水分子的氢键引起的异常物理、化学反应机理还未得到完全解决。自从 1892 年伦琴首先确定了液态水的结构后,人们就利用多种实验和理论方法进行了大量研究。1971 年后,Rahman 等人(Rahman and Stillinger,1971)首先使用 MD 模拟方法研究水。从那时起,已经进行了大量的 MD 模拟。另外,相关人员利用微波和傅里叶变换红外光谱、傅里叶变换激光、拉曼散射和光学外差探测拉曼诱导散射等多种方法对分子间共振或介电弛豫过程进行了实验研究(Afsar and Hasted,1977;Czumaj,1990;Mizoguchi,et al,1992;Simpson,et al,1979;Vij and Hufnagel,1989)。这些实验方法表明,水的分子动力学特性一般只发生在 100 cm^{-1} 以上的红外波段。微波光谱用于研究光谱范围在 10 cm^{-1} 以下的分子间动力学特性。Guillot 等人在远红外光谱中的实验结果与 Car 等人提出的从头算分子动力学模拟结果一致(Car and Parrinello,1985;Guillot,et al,1991),Barthel 等人的研究表明,介电弛豫模型,诸如多重德拜模型,可以用来研究包括水在内的溶剂的快速和缓慢弛豫过程(Barthel and Parrinello,1991)。飞秒脉冲激光器及其他光电技术的发展使得在宽太赫兹频率区进行探测成为可能。太赫兹光谱学出现后,微波与红外光谱之间的谱带隙得以研究,这些谱带隙与体介电弛豫和分子间振荡运动有关。1989 年,Grischkowsky 等人确定了自由空间中太赫兹信号的发射和检测,从而发展了太赫兹时域光谱技术(Fattinger and Grischkowsky,

1989）。1990 年，Hu 等人开发了一种利用了电光采样法的太赫兹探测技术（Hu，et al，1990）。太赫兹时域光谱能够研究太赫兹频率范围内的半导体、介电材料、水蒸气和液体的物理特性。1995 年，Thrane 等人利用反射光谱技术研究了水的分子动力学特性随温度变化而变化的太赫兹光谱（Thrane，et al，1995）。1996 年，Kindt 等人使用透射式系统发表了极性液体（包括水）的太赫兹光谱结果（Kindt and Schmuttenmaer，1996），他们用多重德拜模型拟合展示了氢键动力学的快速和缓慢再取向时间。1997 年，Woutersen 等人利用中红外泵浦-探针实验验证了快速和缓慢的再取向时间及其相互作用。1997 年，Rønne 等人报道了太赫兹频域随温度变化的德拜弛豫时间。他们还报道了重水和水从过冷状态到接近沸点时的温度依赖于介电弛豫动力学的特性，以便了解水的温度依赖性、同位素移位和弛豫时间。使用基于德拜模型的模拟系统，Pickwell 等人能够区分正常组织与异常组织之间的显著差异（Pickwell，et al，2004）。后来，在 2008 年，Yada 使用太赫兹时域衰减全反射光谱（而不是传统的反射或透射型光谱）测量出水和重水的介电弛豫时间（Yada，et al，2008）。研究表明，水和重水的快速弛豫分量由无氢键碰撞过程控制。最近开发出的太赫兹源利用空气或非线性晶体（如 $LiNbO_3$）的光离子化产生信号，这使得研究水分子非线性现象成为可能（Nagai，et al，2010）。

7.2.2 水蒸气与冰

7.2.2.1 水蒸气

水蒸气是气相的，通常由液态水蒸发或沸腾产生。水蒸气简单的结构有助于让人理解水分子的结构和动力学特性。相关人员利用微波和傅里叶变换光谱等多种光谱技术研究了水蒸气的光学性质。为了精确分析实验结果，需要有关线中心、强度和展宽的信息。太赫兹时域光谱技术为微波和红外区域之间的光谱间隙提供了最精确的线值。Martin van Exter 等人首先应用太赫兹时域光谱技术测量了水蒸气的相关参数（Exter，et al，1989），结果如图 7.1 所示。他们在 0.2～1.45 THz 的频率范围内测量了具有 5 GHz 分辨率的水蒸气的太赫兹光谱，并确定了 9 条最强的谱线。虽然水蒸气光谱的线中心被精确测量，但谱线强度和谱线展宽的测量受温度和局部分子环境的影响。Cheville 等人报道了高温水蒸气的远红外特性与自加宽转动线宽（Cheville and Grischkowsky，1999）。他们报道了在 1～2.5 THz 的透射率下，从高温水

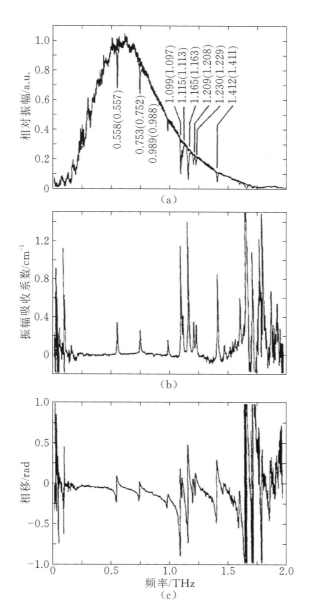

图 7.1 （a）水蒸气的相对振幅；（b）水蒸气的振幅吸收系数；（c）水蒸气的相移

蒸气中得到的旋转线展宽的变化。为了获得水蒸气在高温下的旋转转变，在1490 K 下，相关人员利用太赫兹时域光谱技术测量了丙烷-空气火焰的太赫兹光谱，实验结果与洛伦兹线的数值卷积相吻合，得到了 29 个纯旋转透射线宽度。这些结果与预测的谱线强度和中心频率一致。

7.2.2.2　冰

冰是固相水,当温度降低到临界点以下时,水分子形成一个由氢键组合成的六角形结构。研究冰的结构可以得到有关冰中水分子氢键网络的信息。此外,与含有液态水的生物样品相比,冷冻生物样品会产生更多的静态氢键信息。因此,对冰的研究为研究水与生物分子之间的分子内和分子间相互作用奠定了基础。目前,相关人员对冰已经进行了大量的研究,并且在从微波到紫外的较宽频率范围内报道了与氢键有关的介电弛豫,然而,由于缺乏有效的太赫兹源,在太赫兹频域进行的与分子再取向动力学有关的研究仅限于少数几个组。Mishima 等人使用光栅单色仪和测辐射热计太赫兹光谱学方法等得到了 0.25～0.75 THz 和 0.75～1.3 THz 下的辐射吸收系数(Mishima,et al,1983)。然而,折射率的虚部比由 Matsuoka 等人从 10～100 GHz 的测量数据中提取出来的虚部低 30%(1996)。为了验证在 Matsuoka 等人的实验拟合结果并填补太赫兹区域的空白,Zhang 等人使用了与温度相关的太赫兹时域光谱技术(Zhang,et al,2001),他们获得了复杂的太赫兹光学常数,该结果与其他组的结果一致。在 1 THz 下测得的复折射率常数为 1.793+0.0205i。冰的虚折射率远低于液态水的 2.1 + 0.56i。他们提出了一个理论模型,成功描述了虚折射率随温度的变化。此外,冰的折射率很小,说明冷冻组织可以提高太赫兹波在组织中的穿透深度。Hoshina 等人把猪的组织冻结到-33 ℃以下以减少液态水对太赫兹波的吸收,他们能清楚地区分肌肉和脂肪之间的太赫兹信号的差异,这表明当水被冻结时,组织的太赫兹波透射率大大增加(Hoshina,et al,2009)。0.1～10 THz 范围内冰的复折射率常数的实部和虚部如图 7.2 所示。

7.2.3　液态水

7.2.3.1　氢键

氢键是电负性原子与以共价键结合电负性原子的氢原子之间的具有吸引力的相互作用。水的氢键的键能是 2.6 kJ/mol,小于共价键或离子键的键能,但大于范德华力(Rønne,et al,2002)。水与生物分子(如 DNA 与蛋白质)中均含氢键。生物介质的分子内和分子间动力学特性可用氢键来表示。液态水的独特性在于水分子间存在氢键。一个水分子含有两个由于氧元素存在而产生的电负性孤对,每个孤子对都可以与其他水分子形成氢键。分子之间的氢键使水呈现出不同的相,如液相和固相。水的很多独特性质,如高沸点、高熔

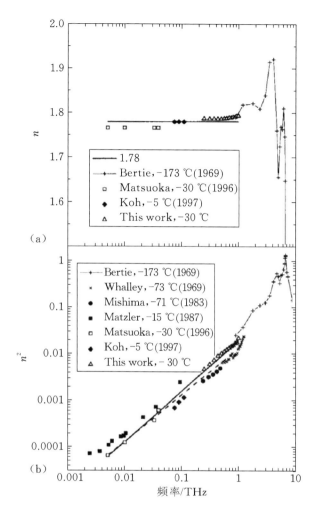

图 7.2　0.1～10 THz 范围内冰的复折射率常数。(a)实部;(b)虚部。实验数据点由不同
　　　实验组获得,并在图中用第一作者的名字标记

点,以及比大多数其他液体更高的黏度,都是由于水中的分子间氢键数目和强
度都很大而形成的。当溶质溶解在水中时,水阻碍了溶质分子间和分子内的
氢键的形成,溶质分子上的供体和受体与其他水分子形成氢键网络。

　　水分子的氢键动力学特性可以用分子内和分子间相互作用产生的永久偶
极矩和诱导偶极矩来表示。氢键的寿命为亚皮秒数量级的,在低太赫兹频率
下,用偶极弛豫模型来表示永久偶极矩和诱导偶极矩的再取向动力学。德拜
模型通常用于解释氢键的动力学特性,即水分子群的偶极弛豫(Barthel and

Buchner，1991；Møller，et al，2009）。该模型基于这样一个假设：液体的偶极矩是由局部电场与热运动和感应极化（P_a）相互作用产生的永久偶极矩（P_μ）组成的。其偶极矩为

$$P = \varepsilon_0 (\varepsilon - 1) E \tag{7.1}$$

$$P_\mu(\omega, t) = \varepsilon_0 (\varepsilon - \varepsilon_\infty) E(t) L_{i\omega} \lfloor f_P^{or}(t) \rfloor \tag{7.2}$$

$$P_a = \varepsilon_0 (\varepsilon_\infty - 1) E \tag{7.3}$$

其中，$L_{i\omega} \lfloor f_P^{or}(t) \rfloor$ 为拉普拉斯变换；$f_P^{or}(t)$ 为脉冲响应函数，定义为 $(1 + i\omega\tau)^{-1}$。

因此，介电弛豫常数与直流电导率的结合可以写成

$$\hat{\varepsilon}(\omega) = \varepsilon_\infty + \sum_{j=1}^{n} \frac{\varepsilon_j - \varepsilon_{j+1}}{1 + i\omega\tau_j} \tag{7.4}$$

其中，ε_∞ 为无穷远处的介电常数；ε_2 是中间介电常数；τ_1、τ_2 分别是慢、快弛豫时间常数。

这两个弛豫时间都与集体再取向运动、氢键形成和分解动力学相关。相关人员利用该模型，对水的氢键运动进行了大量研究，这些将在后面章节进行详细讨论。

7.2.3.2　水分子动力学

利用氢键作用下的分子内和分子间动力学可以表征液态水的分子动力学。具有高极性的水分子之间的相互作用可以用永久偶极矩和诱导偶极矩来表示。相关人员利用德拜弛豫模型研究了水分子在偶极矩作用下的介电弛豫运动。少数科研团队报道水的氢键介电弛豫运动可以分为两个时间等级：皮秒和飞秒时间尺度。Barthel 等人用多重德拜模型报道了溶剂的快速和缓慢弛豫过程（Barthel and Buchner，1991），他们利用 500 GHz 以下的太赫兹波得到了介电弛豫时间。Thrane 等人首先测量了 500 GHz 以上的水的光谱。他们采用温度相关的太赫兹光谱法来测量水的分子动力学特性，使用的仪器为反射式 TDS（Thrane，et al，1995）。他们的实验表明，由于提取的活化熵小于键能，因此液态水中的部分取向弛豫没有发生氢键断裂。Kindt 等人实现了包括水在内的极性液体的太赫兹透射式光谱分析。相关人员利用多重德拜模型拟合确定了水分子的快速与慢速再取向时间（Kindt and Schmuttenmaer，1996）。Rønne 等人随后获得了太赫兹频率区域的温度依赖的德拜弛豫时间（Rønne，et al，1997），实验结果与几种分子模拟模型的结果吻合得很好（见图 7.3）。

快速衰减时间与单个水分子的快速再取向有关。Rønne 等人利用反射式

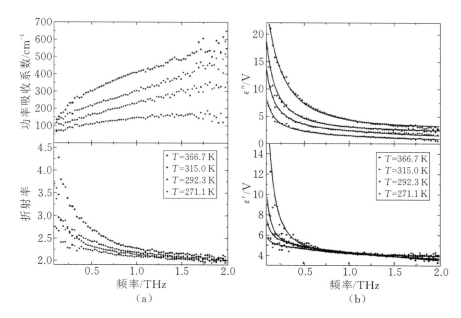

图 7.3 （a）液态水在 4 种不同温度下的折射率和功率吸收系数随频率变化而变化的关系；（b）液态水在 4 种不同温度下随频率变化而变化的复介电常数。线条显示了双德拜模型的拟合

TDS 系统研究了这些现象（Rønne，et al，1999）。他们专注于一个双组分模型来解释液态水分子动力学特性。该模型假设两种液相，即低密度液体（LDL）和高密度液体（HDL），可以共存。双组分模型通常可以用来解释液态水的许多热力学特征。相关人员发现慢弛豫时间随温度的变化而变化，尽管快弛豫时间与温度之间的任何关系都在实验的不确定性范围内。这表明，单德拜模型中的慢衰减时间与水分子的结构弛豫有关。快速弛豫时间与液态水的结构无关。他们还测定了重水和水从过冷状态到接近沸点的温度依赖的介电弛豫动力学。这表明，温度依赖性和同位素位移符合水分子结构弛豫。Yada 等人尝试添加第三个弛豫时间来表征水分子的微观运动（Yada，et al，2008），他们使用的是太赫兹时域 ATR 光谱而不是传统的反射式或透射式光谱来测定水和重水的介电弛豫时间。他们的研究表明，水和重水的快速弛豫成分是由没有氢键的碰撞过程控制的。此外，他们还报道了液态水同位素 H_2O、D_2O、$H_2^{18}O$ 在 $0.2 \sim 7$ THz 宽带区的复介电常数，并显示了由于分子间拉伸振动在 5 THz 附近引起的复磁化率的色散现象。他们确定最快的弛豫时间与单个水分子的旋转运动有关。

7.3　液体的太赫兹特性

7.3.1　非极性液体

从广义上说,液体可以分为两类:极性液体和非极性液体,这取决于它们的分子结构是否具有极性。极性液体的动力学特性包括偶极分子间的相互作用和氢键。这些分子间的相互作用影响着单个分子的运动,以及由极性引起的扩散和重新定向运动。液体极性的近似值可以用液体的介电常数来表示。具有强极性的水的介电常数在 20 ℃时为 80。定义介电常数小于 15 的液体为非极性液体。非极性液体,如油、脂肪、苯和环己烷,几乎没有极性,是不溶于水的,也就是说,它们是疏水的。液体中因碰撞会产生瞬态偶极矩是非极性液体吸收系数低的原因。1992 年,Pedersen 和 Keiding 利用 THz-TDS 系统测量苯、四氯化碳、环己烷等非极性液体的光学特性(Pedersen and Keiding, 1992)。四氯化碳是这三种分子中最重的一种,其吸收峰在 1.2 THz 左右,这表明激发偶极矩的动力学特性较慢。苯的吸收系数比环己烷的大一个数量级,因为苯的 π 轨道比环己烷的 σ 电子有更大的贡献。为了解释太赫兹范围内非极性分子的介电响应,相关人员提出了两个重要的模型。第一个模型是基于这样一个假设的:响应是由碰撞引起的瞬态偶极矩。以苯和四氯化碳为例的第二个模型直接从分子的多极矩来确定吸收光谱。非极性分子在太赫兹频域的低吸收系数证实了胶体纳米粒子或溶剂电子的光学和电学特性,这里没有考虑溶剂的影响。Knoesel 等人用光学泵浦太赫兹探针法报道了正己烷中溶剂电子的电子动力学特性。他们使用德拜模型得到了电子参数,并表明溶剂中的准自由电子由于光泵浦的作用而控制了太赫兹的调制。据报道,非极性液体在太赫兹技术中的应用之一是在太赫兹频率范围内使用的可变焦距透镜(Scherger,et al,2011),可通过改变透镜体内医用白油的体积来改变焦距。

7.3.2　极性液体

7.3.2.1　极性质子液体

极性液体在太赫兹范围内的吸收系数较大,为非极性液体吸收系数的 10～100 倍。这是由偶极分子间的相互作用和极性分子间的氢键造成的。根据极性液体是否表现出氢键的特性,极性液体可分为质子液体和非质子液体两种。质子液体由于有 O—H 键或 N—H 键存在,其既有分子间氢键,也有粒子-偶极分子的相互作用。因此,阳离子和阴离子(分别是带正负电荷的物质)都可溶解在极性质子液体中。水、乙醇和甲醇是质子液体的例子。本节将介绍几个太赫兹光谱相关结论。1991 年,Barthel 与 Buchner 报道了介电弛豫研究是确定溶液中分子动力学特性的有效方法(Barthel and Buchner,1991)。研究表明,利用多重德拜弛豫模型,质子液体可以用三种弛豫过程来表示:①溶剂分子作为单体在氢键网络中的内旋转;②微扰溶剂结构的重新形成;③由于氢键的作用,约为 1 ps 的快速弛豫时间。1996 年,Kindt 与 Schmuttenmaer 使用THz-TDS 系统研究了水、甲醇、乙醇、正丙醇、液氨等的介电性能(Kindt and Schmuttenmaer,1996),部分结果如图 7.4 所示。

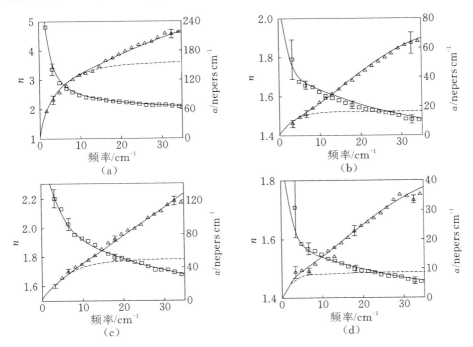

图 7.4 实验和双德拜弛豫模型拟合数据的比较。实线是双德拜弛豫模型拟合的数据;三角形表示与频率相关的功率吸收系数,正方形表示折射率,虚线是借助 Barthel 等人(1990 年)的理论得到的计算值。(a)水;(b)甲醇;(c)乙醇;(d)正丙醇

相关人员将介电弛豫研究扩展到高频区,并将相应的太赫兹光谱数据与Barthel 等人的微波研究数据进行了比较。相关人员还用多重德拜模型与Cole-Cole 模型来描述液体(Barthel,et al,1990)。相关人员确定,对于酒精而言,将数据集扩展到 1 THz 会导致三重德拜模型,与水相比,第二和第三重德

拜过程的弛豫时间要快得多。然后,相关人员测量了-33 ℃ 以下的液氨的功率吸收谱,发现其与水的相似。液氨的偶极矩低于水的,而在太赫兹频段,水的吸收系数比氨的要低,这可能是由于氨中的氢键较弱。2009 年,Møller 等人比较了水和水-酒精混合物在太赫兹频率范围的实验和理论结果(Møller,et al,2009),建立了低频介电弛豫函数与高频分子内和分子间过程振动模式之间的关系。这表明,太赫兹波可以用于区分良性混合物和危险液体,如燃料和有机溶剂。水性混合物将在第 7.4 节中讨论。

7.3.2.2 极性非质子液体

极性非质子液体由于没有 O—H 键或 N—H 键,所以具有很强的偶极-偶极相互作用,但没有氢键间的相互作用。因此,与质子液体相比,非质子液体只溶解带正负离子的溶质。丙酮、乙腈、二甲基亚砜(DMSO)和二甲基甲酰胺(DMF)都是非质子液体的例子。DMSO 和 DMF 可与水互溶,是化学反应中常用的溶剂。液相 DMF 具有很高的偶极矩,其强偶极-偶极相互作用控制着分子间动力学特性。1990 年,Buchner 和 Yarwood 报道了 DMF 在氯化碳中稀释的太赫兹实验结果,他们测量了稀释的 DMF 在四氯化碳中的吸收系数。实验结果表明:稀释的 DMF 影响太赫兹区域的总平移和旋转带的分布,短时间和长时间光谱密度依赖周围分子的相互作用,类似于有机溶剂。他们还确定,在最低频率下,随着 DMF 的体积分数的降低,介电弛豫时间由于偶极-偶极相互作用的减小而不断减小。结果表明,在稀释状态下,集体再取向的动力学速度更快。

DMSO 很容易渗透皮肤,它通常用于通过皮肤输送药物等。2012 年,Kim 等人通过皮肤给药,研究了药物在二甲基亚砜中的溶解特性 (Kim,et al,2012),他们利用太赫兹二维扫描和 B 扫描成像预测了包括药物在内的二甲基亚砜的分布和渗透随时间的变化。二甲基亚砜通常用作低温保护剂。在冷冻过程中,它通过减少结冰来减少细胞的死亡。二甲基亚砜作为一种低温保护剂,可能有助于对细胞冷冻组织的太赫兹光谱成像的研究,最近有报道称其能抑制强水效应(Sim,et al,2013)。

7.4 液体混合物的太赫兹特性

7.4.1 水性混合物

生物介质中的大多数液体通常以混合物的形式存在。尽管生物科学和技术需要对液体混合物的性质进行研究,但目前对其进行的研究还很少。本节将介绍使用太赫兹光谱对液体混合物,如水性、非水性混合物,以及电解质溶液的分子动力学特性的研究。通常对液体混合物进行常规研究,以建立混合物行为的理想混合物模型,并将该模型与实际混合物的实验结果进行比较。光谱技术,包括拉曼光谱、红外光谱、远红外光谱、微波光谱和核磁共振光谱技术,以及分子动力学模拟,已被用来解释混合物的结构和动力学特性。1998年,Venables 和 Schmuttenmaer 借助 THz-TDS 技术报道了乙腈和水的混合物的动力学特性(Venables and Schmuttenmaer,1998),如图 7.5 所示。他们得到了不同体积分数的水溶液的吸收系数和折射率。将实验测得的复光学常数与理想情况下的提取值进行比较,可发现复光学常数是体积分数的函数。测量的光学常数与理想混合物的预期值不一致。通过用双德拜模型进行拟合,

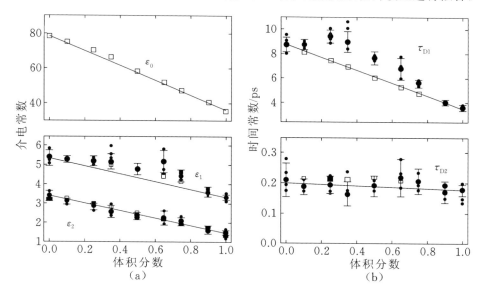

图 7.5 双德拜模型的实验数据拟合结果。(a)静态和高频介电常数与乙腈体积分数的函数关系;(b)两个过程的德拜弛豫时间常数(也是体积分数的函数)。带有误差条的大填充圆表示拟合参数和 1σ 的不确定度。实线表示是理想混合物。开平方表示将双德拜模型拟合到理想数据集的结果,该数据集由两种基于它们的体积分数的纯液体的吸收系数和折射率组合而成。以 τ_{D2} 和 ε_2 为特征的更快的德拜过程基本上表现为理想状态,但是以 τ_{D1} 和 ε_1 为特征的较慢过程显示出与理想状态的显著偏差。当乙腈的体积分数为 25% ~ 65% 时,实际混合物的弛豫时间常数比理想混合物的大约高 25%

相关人员得到了实际混合物和理想混合物的介电行为和弛豫时间,比较了实际混合物和理想混合物中不同体积分数的介电常数和弛豫时间。实验结果表明,当混合物被视为均匀溶液时,即使混合物含有两种成分,也可以将这些混合物视为混合物模型。此外,他们将工作扩展到了包括水与丙酮、乙腈和甲醇的二元混合物的情况(Venables and Schmuttenmaer,2000),如图7.6所示。

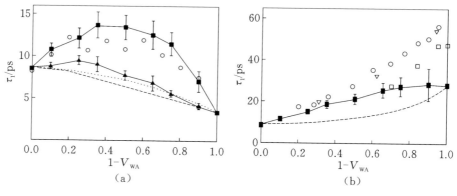

图7.6 (a)丙酮-水(填充正方形)和乙腈-水(填充三角形)混合物数据;(b)甲醇-水混合物(填充长方形)数据。基于理想光学常数的时间常数,对于丙酮-水和甲醇-水混合物用虚线表示,而对于乙腈-水混合物用短划线表示。对于甲醇-水混合物,将测出的数据与 D. Bertolini 用微波测出的数据(30 ℃,正方形表示)、S. Mashimo 测出的数据(23 ℃,圆形表示)、Kaatze 测出的数据(25 ℃,三角形表示)进行比较

据他们的报告,与理想混合物相比,实际混合物的吸收系数要小得多。此外,实际混合物的德拜弛豫时间常数比理想情况的要大一些,与以前的结果相似。2009 年,Møller 等人利用衰减全反射(ART)太赫兹光谱仪对乙醇-水混合物进行了研究(Møller,et al,2009)。他们的研究结果表明,介电函数与使用的介电弛豫和振动模型的宏观热力学性质有关。特别地,他们发现乙醇-水混合物的混合体积分数与中间的快速弛豫时间以及熵有关。他们还发现,利用水混合物的介电性能来检验瓶内液体是可行的(Jepsen,et al,2008)。

7.4.2 非水性混合物

与水性混合物相比,非水性混合物由于几乎不存在于自然界中而受到较少的关注。因此,对非水性混合物的太赫兹特性的研究很少。1996 年,Flanders 用脉冲太赫兹时域透射光谱法研究了 $CHCl_3$、CCl_4 及其混合物的频率相关吸收系数,并用单 Mori 函数将曲线拟合到液体混合物的吸收光谱

(Flanders,et al,1996)。分析表明,体积偶极子的减少机理为 $CHCl_3$ 分子在 CCl_4 周围的聚集。因此,这项研究表明,由 $CHCl_3$—CCl_4 碰撞诱导的吸收系数比由 $CHCl_3$—$CHCl_3$ 碰撞诱导的吸收系数要少 2.6 ± 0.4 THz/cm。2000 年,Venables 与 Schmuttenmaer 利用红外光谱与太赫兹光谱研究了丙酮-甲醇、乙腈-甲醇和丙酮-乙腈等混合物以及偶极液体的结构与动力学特性(Venables and Schmuttenmaer,2000)。他们比较了组成非缔合和缔合甲醇液体的混合物,以及两种非缔合偶极液体的混合物。因为水也是一种缔合液体,所以相关人员对含甲醇的混合物与含水混合物也进行了比较。在非水性混合物中,由一种纯液体到另一种混合液体,混合物的吸收系数和折射率单调变化。混合物的吸收系数和折射率的组成依赖性表明,除了丙酮-甲醇混合物中的高频部分外,它们的混合物表现出理想的行为。水性和非水性混合物的唯一区别在于丙酮-甲醇混合物的折射率在 2.4 THz 以上具有等吸收点。他们测量了丙酮-甲醇、乙腈-甲醇和丙酮-乙腈混合物分别在 0.45 THz、1.35 THz 和 2.7 THz 频率点上的吸收系数。

7.4.3　电解质溶液

组织和细胞中的液体以电解质溶液的形式存在,细胞内外环境中电解质浓度的适当平衡是维持生命的关键因素。因此,了解这种溶液的动力学特性对于研究某些生物学现象,以及诊断和治疗许多疾病都是必要的。太赫兹波已被证明是研究电解质溶液动力学特性的一种有效方法,因为太赫兹波的频率响应是基于以下性质实现的:电解质溶液的导电性与相关波在溶液中自由聚集、扩散和重新定向运动的动力学特性有关。当水分子与离子分子相遇时,水分子以相反的电荷包围电解质分子,起到水化作用。简单地说,水分子通过电引力在离子分子周围形成保护层。太赫兹光谱学已被应用于研究这种带电分子系统。Dodo 等人使用同步轨道辐射和 Martin-Puplett-type 傅里叶变换光谱仪研究了电解质溶液的太赫兹光谱(Dodo,et al,1993)。他们观察不同的物质的量浓度的氯化锂溶液的太赫兹吸收系数得出结论:随着电解质的物质的量浓度的增加,吸收系数降低。这些研究表明,电解质溶液的吸收系数降低的动力学特性可以解释为水分子电偶极子运动的德拜弛豫。Zoidis 等人使用太赫兹光谱研究了氯化钠、氯化锂和氯化氢溶液的离子效应(Zoidis,et al,1999),如图 7.7 所示。

他们在实验中考虑了电解质溶液中的离子相互作用的几个参数,如低频

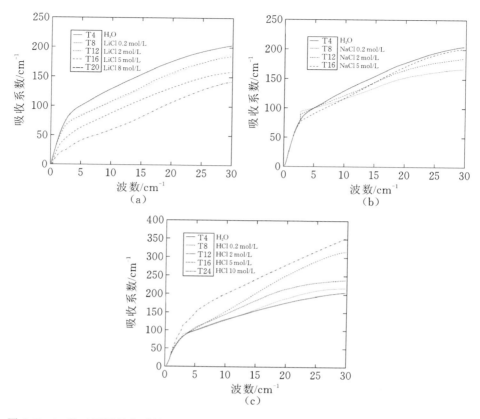

图 7.7　20 ℃时不同的物质的量浓度的(a)LiCl 溶液、(b)NaCl 溶液和(c)HCl 溶液的太赫
　　　　兹光谱

电导率、水的分子动力学模型、M+H₂O 振荡模式,以及相应水分子结构的相应变化和离子的聚集模式。他们测量了溶质的物质的量浓度为 0~10 mol/L,温度为 -100~80 ℃时的太赫兹光学常数。应用单个德拜弛豫模型处理和分析所得数据,实验结果表明,随着电解质的物质的量浓度的增加,氯化钠溶液的太赫兹光谱强度差异最小,即使在物质的量浓度高达 5 mol/L 的情况下,氯化锂溶液的太赫兹吸收系数的增加量也是最大的。他们解释说这是由于受到限制的水分子的网络断裂和运动造成的。此外,他们还注意到,电解质质量下降可能会导致 Li⁺H₂O 的振动频率更高。他们发现 HCl 溶液显示出相反的效果,这是质子极化率增加的结果。Dodo 等人研究了离子在高浓度电解质溶液中的输运性质(Dodo,et al,2002)。利用透射和反射实验提取了不同物质的量浓度的 LiCl 液体在 0.4~1.2 THz 频率范围内的折射率和吸收系数。他们发现,离

子在浓电解质溶液中的行为可以描述为高密度耦合等离子体,而不考虑使用的离子的种类。然而,在测量的频率范围内,即使当 LiCl 的物质的量浓度在 2~13 mol/L 之间变化时,也没有观察到离子的聚集等离子体振荡。他们得出的结论是,离子的等离子体振荡是由离子与水分子间的短程相互作用引起的离子间的长程聚集作用决定的。Oh 等人认为生物介质是一种二元混合物,其由纯水和电解质等分子材料组成(Oh,et al,2007),他们用不同的物质的量浓度的组分测量了作为生物混合物的 Luria-Bertani(LB)介质的太赫兹光学常数,采用理想的混合液,利用组分的物质的量浓度来提取电解质的光学常数。结果表明,采用改进的多重德拜模型,通过添加直流电导方程可发现,电导与电解质浓度有关。他们发现,在电解质的物质的量浓度很高的情况下,慢弛豫时间缩短,而快弛豫时间只略微减少。电解质溶液的太赫兹特性的研究可能涉及某些生物医学领域的基础研究,如神经学。Masson 等人证明,太赫兹近场显微镜可以对神经元等兴奋的活细胞进行功能成像,并揭示轴突的 Na^+ 积累与轴突内和细胞外隔室之间的水交换有关(Masson,et al,2006)。此外,他们还检测到在 20 fL 的水中,离子的物质的量浓度的变化小于 $10\ \mu mol/L$。最后,他们通过对蚯蚓中枢神经管进行研究,表明利用太赫兹波可以探测细胞和组织中电解质溶液的动力学特性。

参 考 文 献

Afsar,M. N. and J. B. Hasted. 1977. Measurements of the optical constants of liquid H_2O and D_2O between 6 and 450 cm^{-1}. *Journal of the Optical Society of America A* 67:902-904.

Barthel,J. ,K. Bachhuber,R. Buchner,and H. Hetzenauer. 1990. Dielectric spectra of some common solvents in the microwave region. Water and lower alcohols. *Chemical Physics Letters* 165:369-373.

Barthel,J. and R. Buchner. 1991. High frequency permittivity and its use in the investigation of solution properties. *Pure and Applied Chemistry* 63:1473-1482.

Bertie,J. ,H. Labbe,and E. Whalley. 1969. Absorptivity of Ice I in the range 4000-30 cm^{-1}. *The Journal of Chemical Physics* 50:4501.

Bertolini,D. ,M. Cassettari,and G. Salvetti. 1983. The dielectric properties of alcohols-water solutions. I. The alcohol rich region. *The Journal of Chemical Physics* 78:365-372.

Buchner, R. and J. Yarwood. 1990. Far-infrared studies of molecular dynamics and interactions in N, N-dimethylformamide. *Molecular Physics* 71: 65-77.

Car, R. and M. Parrinello. 1985. Unified approach for molecular dynamics and density-functional theory. *Physical Review Letters* 55:2471-2474.

Cheville, R. and D. Grischkowsky. 1999. Far-infrared foreign and self-broadened rotational linewidths of high-temperature water vapor. *JOSA B* 16:317-322.

Czumaj, Z. 1990. Absorption coefficient and refractive index measurements of water in the millimetre spectral range. *Molecular Physics* 69:787-790.

Dodo, T., M. Sugawa, and E. Nonaka. 1993. Far infrared absorption by electrolyte solutions. *The Journal of Chemical Physics* 98:5310-5313.

Dodo, T., M. Sugawa, E. Nonaka, and S.-i. Ikawa. 2002. Submillimeter spectroscopic study of concentrated electrolyte solutions as high density plasma. *The Journal of Chemical Physics* 116:5701.

Fattinger, C. and D. Grischkowsky. 1989. Terahertz beams. *Applied Physics Letters* 54:490-492.

Fitzgerald, A. J., V. P. Wallace, M. Jimenez-Linan et al. 2006. Terahertz pulsed imaging of human breast tumors. *Radiology* 239:533-540.

Flanders, B., R. Cheville, D. Grischkowsky, and N. Scherer. 1996. Pulsed terahertz transmission spectroscopy of liquid $CHCl_3$, CCl_4, and their mixtures. *The Journal of Physical Chemistry* 100:11824-11835.

Guillot, B., Y. Guissani, and S. Bratos. 1991. A computer-simulation study of hydrophobic hydration of rare gases and of methane. I. Thermodynamic and structural properties. *The Journal of Chemical Physics* 95: 3643-3648.

Hoshina, H., A. Hayashi, N. Miyoshi, F. Miyamaru, and C. Otani. 2009. Terahertz pulsed imaging of frozen biological tissues. *Applied Physics Letters* 94:123901.

Hu,B. ,X. C. Zhang,D. Auston,and P. Smith. 1990. Free-space radiation from electro-optic crystals. *Applied Physics Letters* 56:506-508.

Jepsen, P. U. and J. K. Jensen. 2008. Characterization of aqueous alcohol solutions in bottles with THz reflection spectroscopy. *Optics Express* 16:9318-9331.

Kaatze,U. ,R. Pottel,and M. Schäfer. 1989. Dielectric spectrum of dimethyl sulfoxide/water mixtures as a function of composition. *The Journal of Physical Chemistry* 93:5623-5627.

Kawase,K. ,Y. Ogawa, Y. Watanabe,and H. Inoue. 2003. Non-destructive terahertz imaging of illicit drugs using spectral fingerprints. *Optics Express* 11:2549-2554.

Kim,K. W. ,K. -S. Kim,H. Kim et al. 2012. Terahertz dynamic imaging of skin drug absorption. *Optics Express* 20:9476-9484.

Kindt,J. and C. Schmuttenmaer. 1996. Far-infrared dielectric properties of polar liquids probed by femtosecond terahertz pulse spectroscopy. *The Journal of Physical Chemistry* 100:10373-10379.

Koh, G. 1997. Dielectric properties of ice at millimeter wavelengths. *Geophysical Research Letters* 24:2311-2313.

Kumbharkhane, A. , S. Helambe, M. Lokhande, S. Doraiswamy, and S. Mehrotra. 1996. Structural study of aqueous solutions of tetrahydrofuran and acetone mixtures using dielectric relaxation technique. *Pramana* 46:91-98.

Mashimo,S. ,S. Kuwabara,S. Yagihara,and K. Higasi. 1989. The dielectric relaxation of mixtures of water and primary alcohol. *The Journal of Chemical Physics* 90:3292.

Masson,J. B. ,M. P. Sauviat,J. L. Martin,and G. Gallot. 2006. Ionic contrast terahertz near-field imaging of axonal water fluxes. *Proceedings of the National Academy of Sciences of the United States of America* 103:4808-4812.

Matsuoka,T. ,S. Fujita,and S. Mae. 1996. Effect of temperature on dielectric properties of ice in the range 5-39 GHz. *Journal of Applied Physics* 80:

5884-5890.

Matzler,C. and U. Wegmuller. 2000. Dielectric properties of freshwater ice at microwave frequencies. *Journal of Physics D: Applied Physics* 20:1623.

Mishima,O. ,D. Klug,and E. Whalley. 1983. The far-infrared spectrum of ice Ih in the range 8-25 cm. Sound waves and difference bands, with application to Saturn's rings. *The Journal of Chemical Physics* 78:6399.

Mizoguchi,K. ,Y. Hori,and Y. Tominaga. 1992. Study on dynamical structure in water and heavy water by low-frequency Raman spectroscopy. *The Journal of Chemical Physics* 97:1961-1968.

Møller, U. , D. G. Cooke, K. Tanaka, and P. U. Jepsen. 2009. Terahertz reflection spectroscopy of Debye relaxation in polar liquids [Invited]. *Journal of the Optical Society of America B* 26:A113-A125.

Nagai,M. and K. Tanaka 2010. THz nonlinearity of water observed with intense THz pulses. Presented at *2010 Conference on Lasers and Electro-Optics (CLEO) and Quantum Electronics and Laser Science Conference (QELS)*,San Jose,CA,pp. 1-2.

Oh,S. J. ,J. Choi, I. Maeng et al. 2011. Molecular imaging with terahertz waves. *Optics Express* 19:4009-4016.

Oh,S. J. , J. Kang, I. Maeng et al. 2009. Nanoparticle-enabled terahertz imaging for cancer diagnosis. *Optics Express* 17:3469-3475.

Oh,S. J. ,J. H. Son,O. Yoo, and D. H. Lee. 2007. Terahertz characteristics of electrolytes in aqueous Luria-Bertani media. *Journal of Applied Physics* 102:074702-1-074702-5.

Pedersen,J. and S. Keiding. 1992. THz time-domain spectroscopy of nonpolar liquids. *IEEE Journal of Quantum Electronics* 28:2518-2522.

Pickwell, E. , B. Cole, A. Fitzgerald, V. Wallace, and M. Pepper. 2004. Simulation of terahertz pulse propagation in biological systems. *Applied Physics Letters* 84:2190-2192.

Pickwell, E. and V. Wallace. 2006. Biomedical applications of terahertz technology. *Journal of Physics D: Applied Physics* 39:R301.

Rønne, C., P. -O. Åstrand, and S. R. Keiding. 1999. THz spectroscopy of liquid H$_2$O and D$_2$O. *Physical Review Letters* 82:2888.

Rønne, C. and S. R. Keiding. 2002. Low frequency spectroscopy of liquid water using THz-time domain spectroscopy. *Journal of Molecular Liquids* 101:199-218.

Rønne, C., L. Thrane, P. -O. Åstrand et al. 1997. Investigation of the temperature dependence of dielectric relaxation in liquid water by THz reflection spectroscopy and molecular dynamics simulation. *The Journal of Chemical Physics* 107:5319.

Rahman, A. and F. H. Stillinger. 1971. Molecular dynamics study of liquid water. *The Journal of Chemical Physics* 55:3336.

Rontgen, W. 1892. The structure of liquid water. *Annals of Physics* 45: 91-97.

Scherger, B., M. Scheller, C. Jansen, M. Koch, and K. Wiesauer. 2011. Terahertz lenses made by compression molding of micropowders. *Applied Optics* 50:2256-2262.

Simpson, O. A., B. L. Bean, and S. Perkowitz. 1979. Far infrared optical constants of liquid water measured with an optically pumped laser. *Journal of the Optical Society of America A* 69:1723-1726.

Son, J. -H. 2009. Terahertz electromagnetic interactions with biological matter and their applications. *Journal of Applied Physics* 105:102033.

Thrane, L., R. H. Jacobsen, P. Uhd Jepsen, and S. R. Keiding. 1995. THz reflection spectroscopy of liquid water. *Chemical Physics Letters* 240: 330-333.

Van Exter, M., C. Fattinger, and D. Grischkowsky. 1989. Terahertz time-domain spectroscopy of water vapor. *Optics Letters* 14:1128-1130.

Venables, D. and C. Schmuttenmaer. 1998. Far-infrared spectra and associated dynamics in acetonitrile-water mixtures measured with femtosecond THz pulse spectroscopy. *The Journal of Chemical Physics* 108:4935-4944.

Venables, D. S. and C. A. Schmuttenmaer. 2000a. Spectroscopy and dynamics of mixtures of water with acetone, acetonitrile, and methanol. *The Journal of Chemical Physics* 113:11222.

Venables, D. S. and C. A. Schmuttenmaer. 2000b. Structure and dynamics of nonaqueous mixtures of dipolar liquids. Ⅱ. Molecular dynamics simulations. *The Journal of Chemical Physics* 113:3249.

Vij, J. K. and F. Hufnagel. 1989. Millimeter and submillimeter laser spectroscopy of water. *Chemical Physics Letters* 155:153-156.

Whalley, E. and H. Labbé. 1969. Optical spectra of orientationally disordered crystals. Ⅲ. Infrared spectra of the sound waves. *The Journal of Chemical Physics* 51:3120.

Woodward, R. M., V. P. Wallace, R. J. Pye et al. 2003. Terahertz pulse imaging of ex vivo basal cell carcinoma. *Journal of Investigative Dermatology* 120:72-78.

Woutersen, S., U. Emmerichs, and H. Bakker. 1997. Femtosecond mid-IR pump-probe spectroscopy of liquid water: Evidence for a two-component structure. *Science* 278:658-660.

Yada, H., M. Nagai, and K. Tanaka. 2008. Origin of the fast relaxation component of water and heavy water revealed by terahertz time-domain attenuated total reflection spectroscopy. *Chemical Physics Letters* 464:166-170.

Zhang, C., K.-S. Lee, X.-C. Zhang, X. Wei, and Y. Shen. 2001. Optical constants of ice Ih crystal at terahertz frequencies. *Applied Physics Letters* 79:491-493.

Zoidis, E., J. Yarwood, and M. Besnard. 1999. Far-infrared studies on the intermolecular dynamics of systems containing water. The influence of ionic interactions in NaCl, LiCl, and HCl solutions. *The Journal of Physical Chemistry A* 103:220-225.

第8章
太赫兹吸收光谱法探测溶剂水化动力学特性

8.1 引言

地球表面的 70% 是被水覆盖着的。几乎所有的生物进程都发生在水中。目前人们普遍认为,蛋白质附近的结合水对蛋白质的结构、稳定性和动力学特性起着至关重要的作用。氢键网络已被认为在蛋白质折叠或蛋白质聚集过程中可以稳定中间体,并且也有报道称氢键网络在光系统中能形成扩展水道。然而,氢键网络是否能有效影响甚至决定生物分子的动力学行为本身就是一个有争议的科学问题,另外更具推测性的观点:有溶剂的波动是否真的有助于生物分子的功能实现,例如生物装配、蛋白质-底物结合或酶的转换过程的实现。目前,除个别蛋白质外,水在蛋白质相互作用、蛋白质聚集和构象疾病中的积极作用是一个激烈甚至有争议的话题。在自由水中,平均每皮秒内都会有氢键发生断裂和改变,在蛋白质和酶等大生物溶质附近,水分子显示出氢键网络的动态变化。太赫兹吸收光谱是一种实验工具,其可以用来检测由于分子间振动引起的非局部偶极波动的细微变化,从而直接获得集体水的网络动力学特性。太赫兹吸收光谱能够测量出溶剂动力学的长期的、由溶质诱导的变化(通过太赫兹光谱,发现溶质诱导的太赫兹吸收系数变化,对于双糖,高达5~6 Å,对于蛋白质,高达 15 Å),且比以前预期的结果要好得多。将太赫兹光谱法和停流法结合可以实时绘制皮秒时间尺度内的水化动力学的变化。通过动态太赫兹吸收系数实验,可以观察到生物化学过程中水化动力学的变化,即蛋白质折叠和酶促肽水解的变化情况。实验结果表明,生物环境中的水可以作为相互作用的生物分子之间的中介化学基质来支持生物功能。

水化性质可能影响溶质相互作用和生物功能的模式一直是生物学、化学和物理学界讨论的话题。在平衡条件下,从实验和模拟分析中提取水化动力学信息是一种普遍的趋势。作为一个附加因素,溶质浓度作为控制变量是可以调节的。通过温度变化和光反应干扰生物分子-水网络或利用定点诱变可以获得更多信息。

我们的总体目标是全面了解水化动力学在生物分子动力学等方面的作用。下面,我们将简要介绍用于研究这些问题的实验技术,并阐明这些技术可以解决的具体问题。

几十年来,核磁共振光谱和 X 射线晶体学已经应用于研究第一水化壳(Gallagher,et al,1994)和蛋白质腔(Halle,2004)中结合水分子的水化动力学特性,主要是为了强调水分子的跨膜运输(Ernst,et al,1995;Fujiyoshi,et al,2002)。核磁共振技术光谱与 X 射线晶体学能提供距离生物分子 3 Å 处的第一水化壳中结合水的静态和动态信息。例如,碳水化合物水化作用的核磁共振研究表明碳水化合物只影响碳水化合物溶质第一水化壳的水化动力学特性(Winther,et al,2012)。从理论上说,X 射线晶体学解决了生物分子及其结合水分子的高分辨率结构。除了结构信息,核磁共振光谱还能用于研究从纳秒到秒范围内的水化动力学特性。

利用氘化蛋白质的中子散射可以解决结合水中氢键网络的快速皮秒动力学问题,揭示水化壳与蛋白质的相关运动特性。对分散颗粒的径向分布函数进行分析,可观察到不同的水化性质。第一个水化壳看起来更坚硬,而第二个水化壳含有水分子,具有明显的水化动力学特性(Frölich,et al,2009;Wood,et al,2008)。

相关人员利用介电弛豫谱在兆赫兹到吉赫兹频率下监测数十至数百皮秒时间尺度上的动态水化过程,证实了具有疏水性和亲水性侧链的模型肽可将其结合水化动力学特性降低至离肽表面 9 Å 的距离处,该距离相当于 3 个水化壳的距离(Head-Gordon,1995;Murarka and Head-Gordon,2008;Nandi,et al,2000)。

利用荧光局部探针进行荧光光谱分析,可以获得亚皮秒水化动力学特性(Zhong,2009)。由于水具有显著的介电常数,因此色氨酸荧光依赖于水化动力学特性。光谱的红移是由偶极矩的稳定激发引起的,这可以由飞秒泵浦探测激光技术检测到(Zhong,et al,2002)。相关人员已经观测到 1~8 ps 的局部弛豫过程和 20~200 ps 的全局过程(Zhang,et al,2007)。脱辅基红蛋白的水化动力学特性不均匀,超过了 10 Å,比三个水化壳的距离还大(Zhang,et al,2009)。水网络在蛋白质周围以不均匀的方式弛豫。异质性是由电荷、极性或亲水性引起的特定位置的局部效应产生的。局部变化转化为整体水化作用,如蛋白质空腔突变所示(Born,et al,2009;Ebbinghaus,et al,2007;Evans and Brayer,1990)。

这些发现表明蛋白质和水化动力学必定是相关的。为了描述这种相关性,Fenimore 等人提出了一种溶剂溶解蛋白质的机制,在非相关动力学的情况下,他们提出了非从属运动的概念(Fenimore,et al,2002)。

一种直接获取耦合蛋白质-水网络动力学特性的方法是太赫兹吸收光谱法。太赫兹波是介于红外波与微波之间的电磁波。太赫兹波能够激发水和溶解在水中的生物溶质的聚集模式(Dexheimer,2007;Leitner et al,2006)。对太赫兹区域水溶液光谱有贡献的是电介质的皮秒和亚皮秒运动,这些运动包括旋转、平移扩散、振动,以及生物溶质的大幅运动。扩散、旋转运动的集体共振发生在 1 THz 以外的频段,如图 8.1 所示。

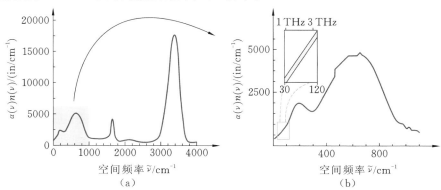

图 8.1　从太赫兹到红外区域的自由水的计算光谱。(a)水的红外光谱,两种具有集体特征的分子间振动模式分别出现在 200 cm⁻¹(平动氢键拉伸振动)和 600 cm⁻¹(平动运动)处,在 1600 cm⁻¹(OH 变形振动)和 3300 cm⁻¹(OH 拉伸振动)下观察两种分子内振动模式;(b)水的太赫兹光谱,水的吸收系数在 1~3 THz 频率范围内线性增加

过去十年的技术进步允许光谱手段进入太赫兹区域并填充太赫兹频率间隙(Jepsen，et al，2011；Siegel 2002，2004)。现今可以通过太赫兹光谱分析延伸几十微米的水膜(Bergner，et al，2005；Schmuttenmaer，2004)，以及碳水化合物、氨基酸等完全水化的生物溶质(Siegrist，et al，2006；Zhang，et al，2008)，以及模型肽、核酸、脂质、渗透液和蛋白质（Arikawa，et al，2008；Born，et al，2009；Chen，et al，2005；Dexheimer，2007；Ebbinghaus，et al，2008；Falconer and Markelz，2012；Leitner，et al，2008；Xu，et al，2006)。太赫兹光谱学可用于探测集体网络的长距离动力学特性，并能显示出快速的动力学特性，在许多静态或散射实验中都是如此(Born，et al，2009；Ebbinghaus，et al，2008；Heugen，et al，2006；Heyden，et al，2008；Leitner，et al，2008)。

近年来，太赫兹光谱成为一个热门话题，其成为热门话题不仅是因为它在生物、物理研究方面有潜力，同时，越来越多的研究小组加入到研究完全水化生物溶质的水化动力学领域中来(Born and Havenith，2009；Chen，et al，2005；Ebbinghaus，et al，2007；Heugen，et al，2006；Knab，et al，2007；Markelz，2008；Plusquellic，et al，2007；Xu，et al，2006；Zhang and Durbin，2006)。在过去的十年中，系统的太赫兹研究和模拟旨在破译导致水溶液太赫兹光谱复杂的模式组合(Ebbinghaus，et al，2008；Zhang and Durbin，2006)。尽管光谱很简单，但是生物溶质对集体水化动力学特性有着显著的影响，本章即将讨论的几种蛋白质的太赫兹水化研究揭示了这一点(Born and Havenith，2009；Ebbinghaus，et al，2008；Markelz，2008；Whitmire，et al，2003)。

接下来描述溶质浓度如何影响太赫兹光谱。对于蛋清溶菌酶(HEWL)的湿蛋白膜，当水化水平达到每克蛋清溶菌酶至少要 23 克水时，太赫兹吸收系数才会增加(Knab，et al，2006)。蛋白质的柔韧性增强是太赫兹吸收系数增加的主要原因。将蛋清溶菌酶-水系统的温度调整到 200 K 的动态转变温度附近，太赫兹吸收系数和水化水平都会增加，同时也可观察到生物的活性(Markelz，et al，2007)。中子散射研究证实了这一结果(Wood，et al，2008)。

对肌红蛋白(Mb)的不同研究表明，样品的太赫兹吸光度与水化程度相关，水化程度从干蛋白粉到含水量达 98% 的蛋白粉溶液不等。在 1%～42% 之间，太赫兹吸光度随着水化肌红蛋白粉末的含水量的增加而明显增加，而含水量超过 50% 时，太赫兹吸光度的增加变缓(Zhang and Durbin，2006)。值得注意的是，硬球相互作用的双组分模型作为水和蛋白质相互作用的两个物种的模型不足以描述实验结果。

将高溶质浓度下的研究与高稀释样品中的太赫兹水化研究进行对比,以进一步了解耦合溶质-水网络动力学特性。

研究水化作用增加使样品完全溶解在实验上是具有挑战性的:由于水具有高吸收系数,因此需要足够强的太赫兹源来测量稀释的水溶液。

相关人员在波鸿鲁尔大学建立了一个太赫兹光谱仪,可以使用一个能在 $1\sim4$ THz 频率之间工作的高功率脉冲激光器精确测量太赫兹吸收系数(Bergner,et al,2005;Brundermann,et al,2000)。以前对溶解糖和蛋白质在 2.4 THz 频率下的太赫兹吸收研究表明,随着溶质浓度的增加,太赫兹吸收系数呈非线性变化(Born and Havenith,2009;Ebbinghaus,et al,2007;Heugen,et al,2006;Heyden,et al,2008),在只考虑水和生物溶质的情况下,双组分模型无法解释这一点。只有引入水化水作为第三组分,才能模拟和解释太赫兹吸收系数的非线性。稀释蛋白质溶液的太赫兹吸收系数的最大值也可以使用这个模型来定性解释,此部分内容将在第 8.2 节中详细描述。当溶液中溶质分子的密度足够高时,相邻的溶质分子的动态水化壳开始明显重叠(Leitner,et al,2008),达到低浓度状态下(含水量为 99%)的最大值(Born and Havenith,2009;Ebbinghaus,et al,2007)。在低溶质浓度下出现这种最大值表明存在大的水化壳,可从蛋白质表面延伸 10 Å 甚至更多。

对于具有相同表面的糖,如乳糖、海藻糖和葡萄糖,实验获得的浓度依赖性太赫兹吸收系数可与三组分模型的定量精度相匹配,从而得出每个碳水化合物动态水化壳的大小和吸收截面。单糖葡萄糖的动态水化壳从碳水化合物表面延伸约 4 Å,双糖乳糖和海藻糖分别延伸约 6 Å 和 7 Å(Heyden,et al,2008)。在评估从碳水化合物到水网络的氢键接触数时,相关人员发现太赫兹吸收系数的变化与碳水化合物和水之间的可用氢键的直接关系。单糖葡萄糖周围的动态水化壳包含约 50 个水分子,而乳糖和海藻糖分别约为 150 个和 190 个。

此外,在波鸿鲁尔大学建立的 KITA 光谱仪,可以直接用于测量自组装反应(如蛋白质折叠)和金属酶催化过程中太赫兹吸收率的演变(Grossman,et al,2011;Kim,et al,2008)。在这两种情况下,在折叠和酶催化过程中,构象变化之前,水网络动力学特性的快速变化表明了蛋白质和水网络动力学的耦合。

在改进太赫兹技术和实验的同时,相关人员对生物分子的太赫兹、远红外光谱进行了理论研究(Ebbinghaus,et al,2007;Leitner,et al,2006,2008;

Whitmire，et al，2003）。为了了解溶质与水化水之间的距离依赖关系，相关人员对耦合的生物溶质-水网络动力学特性进行了模拟（Heyden，et al，2008；Leitner，et al，2006，2008；Schröder，et al，2006）。

8.2 太赫兹水化作用的概念

实验表明，水网络与生物溶质分子的相互作用是复杂的，需要用一个简单的双组分模型之外的概念来描述。描述太赫兹水化研究实验结果的简化方法考虑了三个因素，并与有效介质理论有关（Born，et al，2009；Elber and Karplus，1986；Leitner，et al，2008）。

这个方法的第一个假设基于生物分子单独吸收的太赫兹辐射远小于水的：$\alpha_{solute} \ll \alpha_{bulkwater}$，其中，$\alpha$ 是相应的太赫兹吸收系数。在第一近似中，粒子被描述为不直接与水网络相互作用的硬球体。当生物分子浓度增加时，水分子被吸收系数较小的溶质分子取代，导致太赫兹吸收系数降低。这种所谓的太赫兹吸收缺陷（Leitner，et al，2008）可以用太赫兹吸光度随溶质浓度增加而线性下降来描述。与自由水相比，太赫兹吸收系数的实际减小取决于生物分子的内部介电性质。

为了推进简单的双组分模型，引入了第三组分：即水化壳中的水（Heyden，et al，2008）。水化壳内的水分子间的集体振动受其与溶质的相互作用的影响。对于糖类和蛋白质，可得出如下结论：$\alpha_{solute} \ll \alpha_{bulkwater} < \alpha_{hydrationwater}$（Heyden，et al，2008）。

对于某些蛋白质，相关人员发现，存在一个更强烈的吸收水化壳，可以补偿稀释条件下由更透明的太赫兹溶质分子取代水分子导致的太赫兹吸收系数的损失。这导致随着蛋白质浓度的增加，太赫兹吸收系数的初步增加（Leitner，et al，2008）。当溶质浓度足够高，不同溶质的水化壳开始明显重叠时，太赫兹吸收系数达到最大。此时，水化壳水的体积分数不再随溶质浓度线性增加，因为附加溶质分子取代了具有强吸水性的水分子，甚至取代了其他溶质的具有强吸水性的水化壳水分子。当溶质浓度进一步升高时，溶液的太赫兹吸收系数最终随溶质浓度增加呈线性下降，这与之前在较高蛋白质浓度下的实验观察结果一致（Xu，et al，2006）。这种线性下降源于溶液的太赫兹波主要由溶质和重叠的水化壳吸收了。因此，溶质浓度的进一步增加导致水化水被更透明的溶质取代了（见图8.2）。

模拟研究表明，蛋白质动态水化壳中水分子的典型氢键的寿命可以大大缩短，例如 Heyden 和 Havenith 的实验（2010）证明了这一点。相关人员发现，

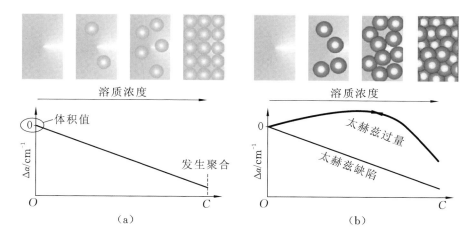

图 8.2 太赫兹(a)缺陷与(b)过量的相关概念。太赫兹缺陷描述了在水中被视为硬球的
生物分子(球体)的太赫兹吸收率随溶质浓度变化发生的线性变化。太赫兹过量
行为对于浓度依赖的太赫兹吸收率是非线性的,因此考虑了生物分子(亮球)在水
中的动态水化作用(暗球)

水化壳氢键网络的集体振动与发生在皮秒时间尺度上的氢键重排动力学有
关。这种相关性是建立在蛋白质-水氢键网络偶极矩的波动基础上形成的,这
种波动是通过太赫兹吸收来探测的。

此外,相关人员发现蛋白质的动态水化壳可以从蛋白质表面延伸 20 Å
(Born and Havenith,2009;Ebbinghaus,et al,2007),涉及上千个水分子。这
远远超过了静态水化半径(3 Å)(Heyden,et al,2010),这是从对氢键网络结构
或局部单分子动力学(与太赫兹频率下氢键网络的集体非定域振动相比)差异
敏感的实验观测中获得的。考虑到蛋白质分子与许多其他生物分子一样,在
尺寸上是分形的,并且是亲水-疏水混合体,因此必须假设蛋白质的动态水化壳
呈现出高度的动力学特性。因此,即使是对水化碳水化合物非常适用的三组分
模型,也只能对蛋白质进行定性描述,而对观察到的太赫兹吸收系数的变化的描
述是不够的(Heyden,et al,2008;Born and Havenith,2009;Matyushov,2010),这
与分子动力学的模拟结果是一致的(Bagchi,2005;Heyden and Havenith,2010)。

通过从头分析分子动力学模拟情况,可以分析局部振动和集体振动对体
相水的太赫兹光谱的贡献(Heyden,et al,2010)。水在 2.4 THz 附近的吸收
是由氢键的集体弯曲振动引起的,这一振动可以详细地分析为由多达 8 个水
分子组成的间歇稳定的水分子簇,其中包含两个氢键水分子的四面体环境

（Heyden et al,2010）。这涉及 5 Å 及以上的水分子的相关振动。

水及水溶液对于太赫兹的吸收光谱可以由总偶极矩 M 的时间自相关的傅里叶变换计算,即

$$\alpha(\omega) = F(\omega)\int_0^\infty dt \exp(i\omega t)\langle M(0)M(t)\rangle$$

考虑到谐波量子修正的频率相关的预制因子 F（Ramírez,et al,2004）,方括号描述了总体均值。这个方程证明,振动吸收光谱确实探测到了系统的总偶极矩波动。

在分子动力学模拟中,简单的非极化场仍然主导着显式溶剂中生物分子溶质的模拟,阻碍着对太赫兹吸收系数的精确计算。这是由于水分子中氢键网络振动的红外活性主要由所涉及的水分子的相互动态极化决定,而所涉及的静态分子偶极矩的变化基本上是相互抵消的。这可以通过以下方法来克服:在分析模拟时,将水分子的极化率考虑到后验概率中（Torii,2011）。

在研究中,相关人员发现描述振动光谱而不考虑光谱横截面的振动状态密度是分析溶质诱导对水氢键网络振动影响的有用工具。虽然这种方法没有明确考虑这些振动的集体特征,但可以发现,溶质诱导对水分子在前几层水化层中振动状态密度的影响与实验观察到的溶质水化壳中的太赫兹吸收变化密切相关。振动状态密度是原子速度 v 的时间相关函数的傅里叶变换,即

$$VDOS(\omega) \propto \int_0^\infty dt \exp(i\omega t)\langle v(0)v(t)\rangle$$

与 $80\ cm^{-1}$ 或者 $2.4\ THz$ 下的体相水相比,蛋白质溶液的太赫兹强度变化可归因于蛋白质-水化水的振动状态密度相对于体相水的蓝移,增加了该频率下的模式密度。这种吸收太赫兹模式的相对频移导致 $50\ cm^{-1}$（$1.5\ THz$）以下的水化水的吸收减少,$50\ cm^{-1}$（$1.5\ THz$）以上的水化水的吸收增加,这得到了相关实验的支持（Heyden,et al,2010;Kim,et al,2008）。

分子动力学模拟还表明,许多溶质水化水氢键网络中振动频率的蓝移伴随着皮秒时间尺度上动力学过程的减缓或延迟。这些皮秒时间尺度上的动力学过程是由氢键断裂和重整、旋转弛豫和跨膜扩散导致的氢键网络的重排而引起的（Heyden,et al,2012）。因此,人们经常提出在相应的皮秒时间尺度上,溶质水化水中太赫兹吸收系数的变化与动力学过程密切相关。

8.3 蛋白质水溶液的太赫兹吸收系数

相关人员在波鸿鲁尔大学建立了一台 p-Ge 差分激光光谱仪（Bergner，et al，2005），其可用于测定几种生物分子的太赫兹吸收光谱和动态水化半径，包括蛋白质 λ-阻遏物（Ebbinghaus，et al，2007，2008）、抗冻蛋白（AFP）（Ebbinghaus，et al，2010，2012；Meister，et al，2013）、泛素蛋白（Born and Havenith，2009）和人血清白蛋白（HSA）（Luong，et al，2011），如图 8.3 所示。

通过在差分太赫兹光谱仪上测量样品和参比溶液的吸收系数，甚至可以检测出水蛋白溶液的太赫兹吸收系数的微小变化。至关重要的是，样品和参比溶液都要保持在相同的实验条件（如温度或湿度）下。与体相水相比，蛋白质溶液的吸收系数预期变化为 $1\% \sim 5\%$。

在双组分模型中，溶液的吸收系数 α 与蛋白质浓度的线性关系为

$$\alpha = \alpha_{\text{protein}} \frac{V_{\text{protein}}}{V} + \alpha_{\text{buffer}} \frac{V - V_{\text{protein}}}{V} \approx \alpha_{\text{buffer}} (1 - c_{\text{protein}} \cdot \rho_{\text{protein}})$$

其中，V 是总体积；V_{protein} 是蛋白质体积；c_{protein} 是蛋白质溶液的浓度；ρ_{protein} 是蛋白质溶液的密度。

对于小球状蛋白质，$\rho_{\text{protein}} = 14 \text{ g/mL}$（Fischer，et al，2004）。

在大多数情况下，观察到的与浓度相关的太赫兹吸收系数对天然折叠蛋白质是非线性的。在低蛋白质浓度下，为线性增加。太赫兹吸收系数的线性增加归因于蛋白质及其周围动态水化壳的净吸收系数的增加，如前一节所述。当蛋白质浓度增加时，检测到太赫兹吸收系数降低，最大值描述了不同蛋白质溶质的强吸收水化壳开始发生明显重叠的浓度范围。超过这个浓度，水化壳将会发生重叠，这意味着向溶液中添加更多的蛋白质不会进一步增强水化壳的强吸收。在非常高的蛋白质浓度下，太赫兹吸收系数降低，因为蛋白质在 3 THz 下的吸收系数比体相水的低。如前所述，在较高浓度下，额外的蛋白质主要取代溶液中的水化壳水，导致吸收系数随蛋白质浓度增加呈线性下降。这就引出了一个三组分模型，可以用来定量描述碳水化合物溶液的这种行为（Heugen，et al，2006；Heyden，et al，2008）：

$$\alpha = \alpha_{\text{protein}} \frac{V_{\text{protein}}}{V} + \alpha_{\text{shell}} \frac{V_{\text{shell}}}{V} + \alpha_{\text{buffer}} \frac{V - V_{\text{protein}} - V_{\text{shell}}}{V}$$

除了溶液中溶质的体积分数 V_{protein}/V 外，该模型还包括水化壳的体积分数

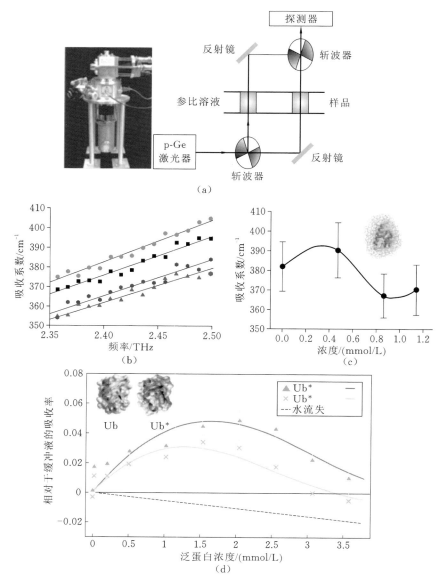

图 8.3　(a)双光束结构的 p-Ge 差分激光光谱仪,用于同时检测参比溶液和样品的吸光
度;(b)λ-阻遏物溶液的太赫兹光谱。图中所示的为缓冲液的太赫兹吸收系数(正
方形)和浓度分别为 0.47 mmol/L(圆形)、0.86 mmol/L(三角形)和 1.14 mmol/L
(六边形)的缓冲液中 λ-阻遏物溶液的太赫兹吸收系数;(c)从相同的 λ-阻遏物溶
液中提取与浓度相关的太赫兹强度。插图显示了嵌入在动态水化壳中的 λ-阻遏
物的结构。(d)泛素蛋白野生型 Ub(三角形)和伪野生型 Ub*(叉形)的浓度依赖
性太赫兹吸收系数与泛素蛋白(点)的估计太赫兹缺陷行为的比较

V_{shell}/V,该函数是溶质浓度 c 的非线性函数,并且其在很大程度上取决于水化壳厚度 d。在数值模拟中,假设硬质溶质粒子不能彼此重叠并且具有特定的溶质形状,则可以准确地计算出 $(V_{shell}/V)(c,d)$。

对于蛋白质溶液,不能基于该模型对浓度依赖性吸收进行定量描述。这归因于蛋白质-水界面的异质性、蛋白质内部振动模式与周围水化壳-水氢键网络的浓度依赖性耦合,以及溶液中蛋白质聚集或齐聚的潜在影响。然而,该模型允许对蛋白质溶液的浓度依赖性太赫兹吸收进行定性描述。对于这种定性分析,使用高强度的太赫兹源,并使蛋白质浓度达到最大值,考虑到在这个浓度下,不同分子的水化壳重叠,因此可以利用该浓度下溶液中最近邻蛋白质表面之间的距离分布来确定水化壳的近似厚度。

到目前为止,用太赫兹光谱法研究的水化蛋白列表包括细菌视紫红质(Whitmire,et al,2003)、牛血清白蛋白(Xu,et al,2006)、细胞色素 C(Chen,et al,2005)、溶菌酶(Knab,et al,2006;Xu,et al,2006)、Mb(Zhang and Durbin,2006)、泛素蛋白(Born,et al,2009)和 λ-阻遏物(Ebbinghaus,et al,2007,2008),以及突变体,即 AFP(Ebbinghaus,et al,2010,2012;Meister,et al,2013)和 HSA(Luong,et al,2011)。测定的蛋白质周围的动态水化壳从蛋白质表面延伸超过 15 Å,对应于至少 5 个水化壳,体积约为 7500 Å³(Born,et al,2009;Ebbinghaus,et al,2007)。

泛素蛋白和 λ-阻遏物的酸性变性导致了太赫兹吸收系数的降低(Born,et al,2009;Ebbinghaus,et al,2008)。从直觉上看,展开的蛋白质在暴露于水网络中时表现出更疏水的侧链。对球形亲水和疏水模型粒子的分子动力学模拟表明,亲水溶质-水界面的水化水中振动模式发生了频率偏移,相对于疏水侧链附近的水化水和 3 THz 处的体相水来说,模式密度和太赫兹吸收系数增加了(Heyden and Havenith,2010)。因此,在溶液中部分或完全展开的蛋白质暴露了先前隐藏的氨基酸侧链,这对水化壳中的振动产生了明显影响,并影响了蛋白质溶液的太赫兹吸收。

最近的一项研究利用麦克斯韦电介质理论的扩展,开发了一种替代模型,该模型描述了氨基酸、碳水化合物和蛋白质溶液的浓度依赖性太赫兹吸收,这些实验数据是有效的(Heugen,et al,2006;Niehues,et al,2011)。所得模型利用麦克斯韦理论中的溶质-溶剂界面偶极子的一个单参数(标量前导因子)精确描述了这些溶液的太赫兹吸收系数(Heyden,et al,2012),这可能与溶质存在引起的溶液频率相关极性的变化有关。此外,在不符合实验数据的情况下,相关人员用分子动力学模拟来测试模型的稳健性,证明了蛋白质溶质偶极(λ-阻遏物的 DNA 结合域)与其水化壳之间的瞬时相关性随着厚度的增加而逐渐增加,其是水化壳厚度的函数,最终在水化壳厚度为 20 Å 及以上时达到平稳状态(Heyden,et al,2012)。因此,可以利用一个非常独特的理论模型来描述生物分子溶液的太赫兹吸收,也可以用这种替代方法来分析实验的太赫兹吸收数据。

为了进一步了解水网络动力学和蛋白质折叠的耦合关系,相关人员研究了温度诱导的 HSA 的展开和重折叠,HSA 是人体血浆中的一种主要的转运蛋白,用于调节 pH 值和渗透压(Luong,et al,2011)。圆二色性表明,HSA 发生可逆热变性的温度约为 55 ℃,这仅影响蛋白质的四级结构,且发生在 70 ℃ 以上,蛋白质骨架的不可逆展开之前。同样,在 55 ℃ 时太赫兹吸光度的热诱导变化是可逆的;将 HSA 缓冲液加热到 70 ℃ 以上,太赫兹吸光度的变化是不可逆的(Luong,et al,2011)。HSA 溶液的太赫兹吸收系数的热诱导变化可以通过在蛋白质展开时将蛋白质核心的疏水氨基酸残基暴露于水网络来解释(Born,et al,2009)。

AFP 可使得水的冰点降低,因此昆虫和鱼可以在低于冰点的环境下生存。不同种类的 AFP 有不同的结构,如内部紊乱的碳水化合物链或高度重复的 β-桶。太赫兹光谱研究表明,它们通常通过短程局部水相互作用和与水网络的长程耦合来发挥作用。对无序抗冻糖蛋白(AFGP)的太赫兹光谱研究显示,在 20 ℃ 下,动态水化半径约为 20 Å,对水化水动力学有长期影响。在 5 ℃ 时,动态水化壳增加 5 层水,动态水化半径达到大约 35 Å,表明整个水网络受到干扰(Ebbinghaus,et al,2010)。硼酸盐与暴露的顺羟基络合会导致抗冻活性显著降低,并导致长程水相互作用降低。冬季比目鱼 α 螺旋 AFP 的定点诱变研究表明,二级结构动机可能是长期水相互作用的先决条件(Ebbinghaus,et al,2012)。

火色甲虫高活性 AFP 的太赫兹光谱分析表明,扩展的 AFP-水网络动力学是该昆虫 AFP 超高抗冻活性的基本评判标准(Meister,et al,2013)。柠檬酸钠的加入增加了抗冻活性和动态水化壳的大小,强调了长期水化动力学对抗冻活性的重要性。

8.4 蛋白质折叠和酶催化的动态太赫兹吸收

动态太赫兹吸收光谱法在生化反应过程中实时改变氢键网络动力学和水的振动特性,如图 8.4 所示。相关人员通过动态太赫兹吸收法研究了泛素蛋白质的折叠(Kim,et al,2008)。此研究将时间分辨法与水化动力学时间分辨图相结合,探测二级、三级蛋白质结构的形成。蛋白质在 GuHCl 浓度(7 mol/L)很高时发生变性。将 GuHCl 变性蛋白与不含 GuHCl 的缓冲液混合,使溶解的蛋白质折叠成其天然形式,并以时间分辨的方式进行跟踪。在动态太赫兹吸收实验中,将变性泛素蛋白缓冲溶液与 6 倍剩余缓冲溶液相结合,以保证泛素蛋白在亚摩尔 GuHCl 浓度下发生再折叠。通过研究−20 ℃和−28 ℃下的重折叠过程,泛素蛋白的折叠反应减慢到毫秒数量级,此时需要添加一种冷冻保护剂。泛素蛋白折叠动态太赫兹吸收实验是在乙二醇与水的混合溶液(45∶55)下进行监测的。

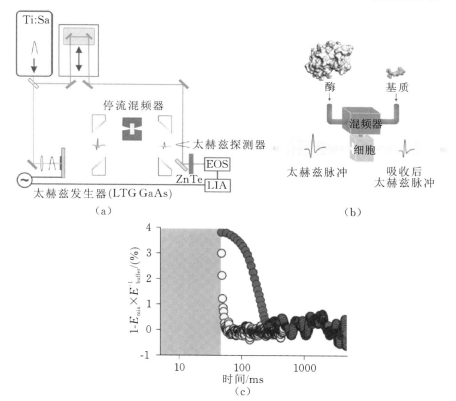

图 8.4 动态太赫兹吸收装置。(a)在传输配置中,在太赫兹时域分光计聚焦的太赫兹光束中放置一个停流混频器;(b)将一种酶和一种基质溶液置于搅拌器的两个储存器中,快速混合物质,启动太赫兹吸收装置检测到的酶反应;(c)利用金属蛋白酶 MT1-MMP 水解短肽底物(亮环)和另一个催化速率较慢(暗环)的肽基质的典型动态太赫兹吸收过程。动态太赫兹吸收信号(单位为%)显示太赫兹强度相对于缓冲强度的变化,等于 0%。混合器空置时间由一个灰色框表示

混合是在一个商业停流装置中进行的,在该装置中,将两个单独储液罐中的变性蛋白和缓冲液组合在一个带有 Z 形切割石英窗的观察池中,体积约为 40 μL。

使用太赫兹时域光谱仪,在数十毫秒的时间范围内,利用皮秒持续时间的太赫兹脉冲监测泛素蛋白再折叠后的集体蛋白质水化动力学特性。太赫兹脉冲通过反应池时,由于池内水样溶液的吸收和折射作用,太赫兹脉冲电场减弱并发生相移。低温生长砷化镓光电导天线中产生了太赫兹脉冲。太赫兹发生器由 Ti:Sa 激光器的飞秒脉冲进行光泵浦。为了方便检测,太赫兹脉冲通过 90°离轴抛面镜后聚焦在碲化锌晶体上。电光检测是通过泡克耳斯效应来完成的,在泡克耳斯效应下,第二个近红外选通脉冲(800 nm)在平移阶段延迟,并聚焦于碲化锌检测晶体上,门控脉冲延迟约 0.6 mm ps。太赫兹脉冲的持续时间约为 4 ps,最大半全宽为 600 fs,光谱范围为 0.1~1 THz。在机械延迟阶段的固定位置监测蛋白质折叠的动力学轨迹。

动态太赫兹吸收实验表明,在不到 10 ms 的时间内,水网络会围绕泛素蛋白进行动态重新排列。通过时间分辨圆二色性和实时小角度 X 射线散射,检测到的由二级结构形成的时间常数要长得多;该测量表明,泛素蛋白骨架的最终结构崩塌对最终得到的蛋白质紧实度至关重要,该测量需要 2 s 的时间。时间分辨圆二色性和时间分辨荧光研究显示时间常数在 1 s 范围内。这一观察表明,水化动力学变化优先于蛋白质折叠过程,甚至与蛋白质折叠的初始步骤有关。

对于泛素蛋白的所有突变体,可观察到动态太赫兹吸收反应的快速弛豫,这发生在数毫秒的时间尺度上,与各自的核心突变或温度无关。所有突变体的动态太赫兹吸收弛豫过程都在(18±10) ms 数量级,这都在搅拌器的停滞时间(50 ms)之内。

联合生物物理实时方法,显示一个毫秒数量级的快相折叠和秒数量级的慢相折叠,与水化动力学和 SH3 蛋白质折叠耦合的模拟研究相一致,SH3 蛋白的大小与泛素蛋白相似(Grantcharova,et al,1998)。天然的蛋白质与蛋白质接触形成早期的折叠状态,并以合作的方式形成部分水化疏水核心。在最后的折叠转变中,疏水蛋白核心被屏蔽在水网络之外,对于 SH3 来说,从部分折叠的蛋白质中排出的水分子少于 20 个(Cheung,et al,2002)。由于泛素蛋白折叠后期只有少数与蛋白质骨架有氢键接触的水分子被蛋白质-蛋白质氢键所取代,所以动态太赫兹吸收对疏水核的精细排列过程不敏感。

动态太赫兹吸收装置还用于监测酶催化反应过程的水化动力学的变化,尤其是金属酶膜 1 型基质金属蛋白酶(MT1-MMP)对肽基质的水解(Grossman,et al,2011)。MT1-MMP 是一种跨膜结构的细胞外基质(ECM)锌依赖性金属蛋白酶,与 ECM 重塑有关。PLGLAR(脯氨酸-亮氨酸-甘氨酸-亮氨酸-丙氨酸-精氨酸)作为模型底物,与 MT1-MMP 活性位点具有很高的亲和力。将动态太赫兹吸收与其他时间分辨技术、时间分辨 X 射线吸收光谱和荧光光谱相结合,对活性部分反应动力学和周围水化水的太赫兹响应变化进行了准同时跟踪。采用停流式搅拌器,将酶和底物溶液混合在分析缓冲液中,引发酶促反应。所有实验都是在超过扩散极限的基板剩余条件下操作的,E/S 为 1:20。

结合动态太赫兹吸收、时间分辨率 X 射线吸收、时间分辨荧光光谱,以及分子动力学模拟结果,提出了以下机理:在与底物结合前,建立了 MT1-MMP 活性位点的水化动力学梯度。分子动力学模拟表明,活性位点锌离子附近的水分子的典型氢键寿命约为 7 ps,而自由水的氢键寿命约为 1 ps。在 X 射线吸收中显示,在没有底物分子的情况下,金属酶的催化锌离子与三个组氨酸氮和一个水分子配位。

在经过停流混频器后的 1 ns 内,基质在 MT1-MMP 表面产生一种非特异性结合,接着结合到活性位点的特定底物。混合约 65 ms 后的 PLGLAR,会形成 Michaelis 酶-底物复合物,可通过锌离子电荷状态的变化来监测,这伴随着蛋白质-水化动力学的耦合变化。通过将 PLGLAR 衬底与催化锌离子结合,锌的配位数由 4 增加到 5。电荷状态的变化,可以通过将扩展的 X 射线吸收精细结构作为锌原子边缘的频移来监测。在 Michaelis 复合物的形成过程中,金属锌离子氧化状态的变化似乎会引起远程水化动力学的变化。

为了验证集体水网络动力学与酶解反应耦合的假设,对序列 Mca-RPLPA-Nva-WML-Dnp-NH$_2$ 的底肽物重复进行相同的实验。在这种情况下,酶反应需要更长的时间,观测到水化动力学变化的时间更长。与 PLGLAR 相比,典型的时间常数从 65 ms 增加到 140 ms。

与时间分辨率实验相结合,跟踪活性位点的动力学结构变化和水化动力学过程,可以证明,二者与反应时间的函数有着严格的相关性,这暗示了水化性质在催化过程中的积极作用。可以推测氢键的延迟是否有助于形成 Michaelis 复合物。未来的研究应该解决更具体的问题,即生物功能和水化动力学之间的关系。

8.5 讨论与展望

水是普遍存在于每个活细胞中的生物溶剂,它在生物分子和组织附近表现出独特的动力学特性。在细胞中,液-液分层和液相转变是生物装配、调节功能开始的标志(Hyman and Simons,2012)。然而,生物分子相互之间以及与水网络的集体动力学相互作用的复杂性使得描述水对细胞过程的贡献成为一项科学挑战(Ball,2012)。

分析孤立生物分子周围的水化动力学是了解水化动力学对生物系统影响的初步工作。在这方面,太赫兹光谱学被认为是研究水化动力学的有力工具。此外,利用动态太赫兹吸收研究停流混合或温度跳跃,可平衡水溶液的系统扰动,如图 8.5 所示。

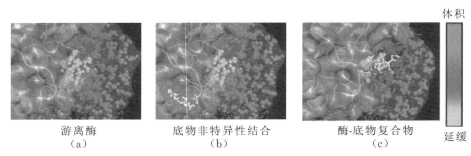

体积

游离酶　　　　　底物非特异性结合　　　　酶-底物复合物
（a）　　　　　　　　　（b）　　　　　　　　（c）

延缓

图 8.5　金属蛋白酶 MT1-MMP 活性位点的水化动力学梯度和 Michaelis 复合物形成过程中的水网络动力学特性,表现在活性中心水化水、分离酶和底物的水化水、Michaelis 复合体中底物的水化水和本体水。(a)在基质结合前,在 MT1-MMP 活性位点观察到水化动力学特性的梯度很陡峭,水化动力学特性随体积的增加而增加;(b)混合后,基质(白色)与 MT1-MMP 表面结合,但不与活性位点结合,氢键交换动力学的活性位点梯度通过在活性位点的电荷诱导的水延迟作用来支持底物与催化锌离子的结合;(c)随着 Michaelis 复合物的形成,基质的水化动力学特性进一步滞后,在活性位点形成一个温和的水化动力学特性梯度

水被认为是生命的基质(Szent-Gyorgyi,1979),也就是生化反应发生的介质。然而,水是否是一个活跃分子仍然有待回答(Ball,2011;Chaplin,2006)。相关人员进行的分子动力学研究支持了水在非共价结合和 Michaelis 复合物形成过程中是一个活跃分子的假设(Baron,et al,2012)。本研究中的酶-底物系统由一个疏水底物和一个具有非极性活性位点的酶组成。实时振动光谱研

究表明,在酶催化过程中,活性位点的水分子比本体中的水分子表现出滞后的
水化动力学特性(Jha,et al,2012)。由于 KSI 酶的活性位点滞后,活性位点水
分子具有独特的介电性能,因此,其为催化奠定了基础。中子散射结果表明,
水化作用对蛋白质动力学特性具有全局性的积极作用,即蛋白质的内部和外
部动力学都受到水化动力学特性的影响(Wood,et al,2013)。

水网络动力学对生物结构和功能的不同贡献的综合概念可能会对药物设
计策略产生影响。天然酶的催化率高于大多数人工合成酶的(Alexandrova,
2008;Ruscio,et al,2009)。实现水分子特殊的偶极性质和动力学特性,可能是
缩小目前存在于人工酶和天然酶之间的功能差距所缺失的环节。在抗体设计
中,当水分子被明确地包括在设计过程中时,已可观察到催化率的提高
(Acevedo,2009)。考虑到酶和抗体嵌入的整个水网络,药物设计策略可能会
进一步受益。

水在生命活动过程中发挥的作用仍然是个谜,但随着多模装置的进一步
发展,以及以太赫兹光谱作为直接观测快速耦合生物分子水网络动力学的有
力工具的综合实验及研究的开展,揭示水的更为活跃的部分所发挥的作用将
成为可能。

致谢

感谢 Martin Gruebele(伊利诺伊大学)和 David Leitner(内华达大学),
感谢他们为溶解的蛋白质的初始太赫兹吸收研究的设计和分析所做的贡献,
这些研究是由 Martina Havenith、Martin Gruebele 和 David Leitner 的 HFSP
联合资助的。Moran Grossman、Irit Sagi(both Weizmann Institute of Science)、
Gregg B. Fields(University of Texas)因在 MMP 项目上的密切合作而获得认可。
Konrad Meister(RUB)、Art de Vries(University of Illinois)、Martin Gruebele 和
Martina Havenith 一直是大众汽车协会资助的 AFP 项目的合作伙伴。Rajib
K. Mitra(Bose National Center)和 Trung Quan Luong(RUB)已经对人血清
蛋白进行了测量。感谢 Erik Bründermann(RUB)(开发的 p-Ge 激光光谱仪)
和 Matthias Krüger(RUB)(对 KITA 实验初始设置的贡献)。感谢 Gerhard
Schwaab 和 Diedrich Schmidt(both RUB)(开发的用于分析太赫兹数据的工
具)。Simon Ebbinghaus 感谢 NRW Rückkehrerprogramm 提供的资金支持。
Benjamin Born 是人类前沿科学计划的跨学科研究员。

参 考 文 献

Acevedo,O. 2009. Role of water in the multifaceted catalytic antibody 4B2 for allylic isomerization and Kemp elimination reactions. *The Journal of Physical Chemistry B* 113:15372-15381.

Alexandrova, A. Y. 2008. Evolution of cell interactions with extracellular matrix during carcinogenesis. *Biochemistry* 73:733-741.

Arikawa,T. ,M. Nagai,and K. Tanaka. 2008. Characterizing hydration state in solution using terahertz time-domain attenuated total reflection spectroscopy. *Chemical Physics Letters* 457:12-17.

Bagchi,B. 2005. Water dynamics in the hydration layer around proteins and micelles. *Chemical Reviews* 105:3197-3219.

Ball,P. 2011. More than a bystander. *Nature* 478:467-468.

Ball,P. 2012. Te importance of water. In *Astrochemistry and Astrobiology*, eds. Ian W. M. Smith,Charles S. Cockell,Sydney Leach,pp. 169-210. New York:Springer.

Baron,R. ,P. Setny,and F. Paesani. 2012. Water structure,dynamics,and spectral signatures:Changes upon model cavity-ligand recognition. *The Journal of Physical Chemistry B* 116:13774-13780.

Bergner,A. ,U. Heugen, E. Brundermann et al. 2005. New p-Ge THz laser spectrometer for the study of solutions:THz absorption spectroscopy of water. *Review of Scientific Instruments* 76:063110.

Born,B. and M. Havenith. 2009. Terahertz dance of proteins and sugars with water. *Journal of Infrared,Millimeter,and Terahertz Waves* 30:1245-1254.

Born,B. ,M. Heyden,M. Grossman,I. Sagi,and M. Havenith 2013. Protein-water network dynamics during metalloenzyme hydrolysis observed by kinetic THz absorption (KITA). Presented at *Proceedings of SPIE*, p. 85850E.

Born,B. ,S. J. Kim,S. Ebbinghaus,M. Gruebele,and M. Havenith. 2009a. The terahertz dance of water with the proteins:The effect of protein flexibility on the dynamical hydration shell of ubiquitin. *Faraday*

Discussions 141:161-173.

Born, B., H. Weingärtner, E. Bründermann, and M. Havenith. 2009b. Solvation dynamics of model peptides probed by terahertz spectroscopy. Observation of the onset of collective network motions. *Journal of the American Chemical Society* 131:3752-3755.

Brundermann, E., D. R. Chamberlin, and E. E. Haller. 2000. High duty cycle and continuous terahertz emission from germanium. *Applied Physics Letters* 76:2991-2993.

Chaplin, M. 2006. Do we underestimate the importance of water in cell biology? *Nature Reviews Molecular Cell Biology* 7:861-866.

Chen, J.-Y., J. R. Knab, J. Cerne, and A. G. Markelz. 2005. Large oxidation dependence observed in terahertz dielectric response for cytochrome c. *Physical Review E* 72:040901.

Cheung, M. S., A. E. García, and J. N. Onuchic. 2002. Protein folding mediated by solvation: Water expulsion and formation of the hydrophobic core occur afer the structural collapse. *Proceedings of the National Academy of Sciences* 99:685.

Dexheimer, S. L. 2007. *Terahertz Spectroscopy: Principles and Applications*. London, U. K.: Taylor & Francis. Ebbinghaus, S., S. J. Kim, M. Heyden et al. 2007. An extended dynamical hydration shell around proteins. *Proceedings of the National Academy of Sciences* 104:20749-20752.

Ebbinghaus, S., S. J. Kim, M. Heyden et al. 2008. Protein sequence-and pH-dependent hydration probed by terahertz spectroscopy. *Journal of the American Chemical Society* 130:2374-2375.

Ebbinghaus, S., K. Meister, B. Born et al. 2010. Antifreeze glycoprotein activity correlates with long-range protein-water dynamics. *Journal of the American Chemical Society* 132:12210-12211.

Ebbinghaus, S., K. Meister, M. B. Prigozhin et al. 2012. Functional importance of short-range binding and long-range solvent interactions in helical antifreeze peptides. *Biophysical Journal* 103:L20-L22.

Elber, R. and M. Karplus. 1986. Low-frequency modes in proteins: Use of the effective-medium approximation to interpret the fractal dimension observed in electron-spin relaxation measurements. *Physical Review Letters* 56:394.

Ernst,J. A.,R. T. Clubb,H. -X. Zhou,A. M. Gronenborn,and G. Clore. 1995. Demonstration of positionally disordered water within a protein hydrophobic cavity by NMR. *Science* 267:1813-1817.

Evans,S. V. and G. D. Brayer. 1990. High-resolution study of the three-dimensional structure of horse heart metmyoglobin. *Journal of Molecular Biology* 213:885-897.

Falconer,R. J. and A. G. Markelz. 2012. Terahertz spectroscopic analysis of peptides and proteins. *Journal of Infrared,Millimeter,and Terahertz Waves* 33:973-988.

Fenimore,P. W.,H. Frauenfelder,B. H. McMahon,and F. G. Parak. 2002. Slaving:Solvent fluctuations dominate protein dynamics and functions. *Proceedings of the National Academy of Sciences* 99:16047-16051.

Fischer,H.,I. Polikarpov,and A. F. Craievich. 2004. Average protein density is a molecular-weight-dependent function. *Protein Science* 13:2825-2828.

Frölich,A.,F. Gabel,M. Jasnin et al. 2009. From shell to cell:Neutron scattering studies of biological water dynamics and coupling to activity. *Faraday Discussions* 141:117-130.

Fujiyoshi,Y.,K. Mitsuoka,B. L. de Groot et al. 2002. Structure and function of water channels. *Current Opinion in Structural Biology* 12:509-515.

Gallagher,T.,P. Alexander,P. Bryan,and G. L. Gilliland. 1994. Two crystal structures of the B1 immunoglobulin-binding domain of streptococcal protein G and comparison with NMR. *Biochemistry* 33:4721-4729.

Grantcharova,V. P.,D. S. Riddle,J. V. Santiago,and D. Baker. 1998. Important role of hydrogen bonds in the structurally polarized transition state for folding of the src SH3 domain. *Nature Structural & Molecular Biology* 5:714-720.

Grossman,M.,B. Born,M. Heyden et al. 2011. Correlated structural kinetics and retarded solvent dynamics at the metalloprotease active site. *Nature*

Structural & Molecular Biology 18:1102-1108.

Halle,B. 2004. Protein hydration dynamics in solution:A critical survey. *Philosophical Transactions of the Royal Society of London. Series B: Biological Sciences* 359:1207-1224.

Head-Gordon,T. 1995. Is water structure around hydrophobic groups clathrate-like? *Proceedings of the National Academy of Sciences* 92: 8308-8312.

Heugen,U.,G. Schwaab,E. Bründermann et al. 2006. Solute-induced retardation of water dynamics probed directly by terahertz spectroscopy. *Proceedings of the National Academy of Sciences* 103:12301-12306.

Heyden,M.,E. Bründermann,U. Heugen et al. 2008. Long-range influence of carbohydrates on the solvation dynamics of water-answers from terahertz absorption measurements and molecular modeling simulations. *Journal of the American Chemical Society* 130:5773-5779.

Heyden,M. and M. Havenith. 2010. Combining THz spectroscopy and MD simulations to study proteinhydration coupling. *Methods* 52:74-83.

Heyden,M.,J. Sun,S. Funkner et al. 2010. Dissecting the THz spectrum of liquid water from first principles via correlations in time and space. *Proceedings of the National Academy of Sciences* 107:12068-12073.

Heyden,M.,D. J. Tobias,and D. V. Matyushov. 2012. Terahertz absorption of dilute aqueous solutions. *The Journal of Chemical Physics* 137:235103.

Hyman,A. A. and K. Simons. 2012. Beyond oil and water-phase transitions in cells. *Science* 337:1047-1049. Jepsen,P. U.,D. G. Cooke,and M. Koch. 2011. Terahertz spectroscopy and imaging—Modern techniques and applications. *Laser & Photonics Reviews* 5:124-166.

Jha,S. K.,M. Ji,K. J. Gaffney,and S. G. Boxer. 2012. Site-specifc measurement of water dynamics in the substrate pocket of ketosteroid Isomerase using time-resolved vibrational spectroscopy. *The Journal of Physical Chemistry B* 116:11414-11421.

Kim,S. J.,B. Born,M. Havenith,and M. Gruebele. 2008. Real-time detection of protein-water dynamics upon protein folding by terahertz absorption spectroscopy. *Angewandte Chemie International Edition* 47:6486-6489.

Knab, J. , J.-Y. Chen, and A. Markelz. 2006. Hydration dependence of conformational dielectric relaxation of lysozyme. *Biophysical Journal* 90:2576-2581.

Knab, J. R. , J.-Y. Chen, Y. He, and A. G. Markelz. 2007. Terahertz measurements of protein relaxational dynamics. *Proceedings of the IEEE* 95:1605-1610.

Leitner, D. M. , M. Gruebele, and M. Havenith. 2008. Solvation dynamics of biomolecules: Modeling and terahertz experiments. *HFSP Journal* 2: 314-323.

Leitner, D. M. , M. Havenith, and M. Gruebele. 2006. Biomolecule large-amplitude motion and solvation dynamics: Modelling and probes from THz to X-rays. *International Reviews in Physical Chemistry* 25: 553-582.

Luong, T. Q. , P. K. Verma, R. K. Mitra, and M. Havenith. 2011. Do hydration dynamics follow the structural perturbation during thermal denaturation of a protein: A terahertz absorption study. *Biophysical Journal* 101: 925-933.

Markelz, A. G. 2008. Terahertz dielectric sensitivity to biomolecular structure and function. *IEEE Journal of Selected Topics in Quantum Electronics* 14:180-190.

Markelz, A. G. , J. R. Knab, J. Y. Chen, and Y. He. 2007. Protein dynamical transition in terahertz dielectric response. *Chemical Physics Letters* 442: 413-417.

Matyushov, D. V. 2010. Terahertz response of dipolar impurities in polar liquids: On anomalous dielectric absorption of protein solutions. *Physical Review E* 81:021914.

Meister, K. , S. Ebbinghaus, Y. Xu et al. 2013. Long-range protein-water dynamics in hyperactive insect antifreeze proteins. *Proceedings of the National Academy of Sciences* 110:1617-1622.

Murarka，R. K. and T. Head-Gordon. 2008. Dielectric relaxation of aqueous solutions of hydrophilic versus amphiphilic peptides. *The Journal of Physical Chemistry B* 112:179-186.

Nandi，N. ，K. Bhattacharyya，and B. Bagchi. 2000. Dielectric relaxation and solvation dynamics of water in complex chemical and biological systems. *Chemical Reviews* 100:2013-2046.

Niehues，G. ，M. Heyden，D. A. Schmidt，and M. Havenith. 2011. Exploring hydrophobicity by THz absorption spectroscopy of solvated amino acids. *Faraday Discussions* 150:193-207.

Plusquellic，D. F. ，K. Siegrist，E. J. Heilweil，and O. Esenturk. 2007. Applications of terahertz spectroscopy in biosystems. *ChemPhysChem* 8:2412-2431.

Ramírez，R. ，P. Kumar，and D. Marx. 2004. Quantum corrections to classical time-correlation functions：Hydrogen bonding and anharmonic floppy modes. *The Journal of Chemical Physics* 121:3973.

Ruscio，J. Z. ，J. E. Kohn，K. A. Ball，and T. Head-Gordon. 2009. Te influence of protein dynamics on the success of computational enzyme design. *Journal of the American Chemical Society* 131:14111-14115.

Schmuttenmaer，C. A. 2004. Exploring dynamics in the far-infrared with terahertz spectroscopy. *Chemical Reviews* 104:1759-1780.

Schröder，C. ，T. Rudas，S. Boresch，and O. Steinhauser. 2006. Simulation studies of the protein-water interface. I. Properties at the molecular resolution. *The Journal of Chemical Physics* 124:234907.

Siegel，P. H. 2002. Terahertz technology. *IEEE Transactions on Microwave Theory and Techniques* 50:910-928.

Siegel，P. H. 2004. Terahertz technology in biology and medicine. *IEEE Transactions on Microwave Theory and Techniques* 52:2438-2447.

Siegrist，K. ，C. R. Bucher，I. Mandelbaum et al. 2006. High-resolution terahertz spectroscopy of crystalline trialanine：Extreme sensitivity to β-sheet structure and cocrystallized water. *Journal of the American Chemical Society* 128:5764-5775.

Silvestrelli, P. L., M. Bernasconi, and M. Parrinello. 1997. Ab initio infrared spectrum of liquid water. *Chemical Physics Letters* 277:478-482.

Szent-Gyorgyi, A. 1979. In *Cell-Associated Water*, eds. Clegg, J. S. and W. Drost-Hansen, Cambridge, MA: Academic Press.

Torii, H. 2011. Intermolecular electron density modulations in water and their effects on the far-infrared spectral profiles at 6 THz. *The Journal of Physical Chemistry B* 115:6636-6643.

Whitmire, S. E., D. Wolpert, A. G. Markelz et al. 2003. Protein flexibility and conformational state: A comparison of collective vibrational modes of wild-type and D96N bacteriorhodopsin. *Biophysical Journal* 85:1269-1277.

Winther, L. R., J. Qvist, and B. Halle. 2012. Hydration and mobility of trehalose in aqueous solution. *The Journal of Physical Chemistry B* 116:9196-9207.

Wood, K., A. Frölich, A. Paciaroni et al. 2008. Coincidence of dynamical transitions in a soluble protein and its hydration water: Direct measurements by neutron scattering and MD simulations. *Journal of the American Chemical Society* 130:4586-4587.

Wood, K., F. X. Gallat, R. Otten et al. 2013. Protein surface and core dynamics show concerted hydrationdependent activation. *Angewandte Chemie International Edition* 52:665-668.

Xu, J., K. W. Plaxco, and S. J. Allen. 2006a. Collective dynamics of lysozyme in water: Terahertz absorption spectroscopy and comparison with theory. *The Journal of Physical Chemistry B* 110:24255-24259.

Xu, J., K. W. Plaxco, and S. J. Allen. 2006b. Probing the collective vibrational dynamics of a protein in liquid water by terahertz absorption spectroscopy. *Protein Science* 15:1175-1181.

Zhang, C. and S. M. Durbin. 2006. Hydration-induced far-infrared absorption increase in myoglobin. *The Journal of Physical Chemistry B* 110:23607-23613.

Zhang, H., K. Siegrist, D. F. Plusquellic, and S. K. Gregurick. 2008. Terahertz spectra and normal mode analysis of the crystalline VA class dipeptide nanotubes. *Journal of the American Chemical Society* 130：17846-17857.

Zhang，L.，L. Wang，Y.-T. Kao et al. 2007. Mapping hydration dynamics around a protein surface. *Proceedings of the National Academy of Sciences* 104：18461-18466.

Zhang，L.，Y. Yang，Y.-T. Kao，L. Wang，and D. Zhong. 2009. Protein hydration dynamics and molecular mechanism of coupled water-protein fluctuations. *Journal of the American Chemical Society* 131：10677-10691.

Zhong，D. 2009. Hydration dynamics and coupled water-protein fluctuations probed by intrinsic tryptophan. *Journal of Chemical Physics* 143：83-149.

Zhong，D.，S. K. Pal，D. Zhang，S. I. Chan，and A. H. Zewail. 2002. Femtosecond dynamics of rubredoxin：Tryptophan solvation and resonance energy transfer in the protein. *Proceedings of the National Academy of Sciences* 99：13-18.

第 9 章
生物分子太赫兹光谱学

9.1 引言

近十年来,相关人员对太赫兹光谱技术探测和表征各种生物分子方面做了广泛的研究。生物分子与生物体密切相关。众所周知,生物分子是相当大的大分子,例如,蛋白质、多糖、脂质、脱氧核糖核酸(DNA)、核糖核酸(RNA)和核酸等的分子均为大分子。小的生物分子,通常为相对分子质量小于 900 Da(道尔顿)的分子,可与生物聚合物结合,并作为效应器改变生物聚合物的功能。小的生物分子可以根据不同的细胞类型发挥作用,主要可用作治疗剂。

低频集体共振模式揭示了有关生物分子构象状态的各种信息。研究蛋白质和 DNA 分子中的低频集体运动或共振,可以揭示许多生物学功能及其深奥的动力学机制,例如协同作用、变构转换和在药物中插入 DNA。许多不同生物分子的振动模式都得到了研究(Dexheimer,2007;Laman,et al,2008),如在肌红蛋白、溶菌酶、细菌视紫红质和视网膜生色团中进行的研究(Markelz,et al,2002;Walther,et al,2000;Whitmire,et al,2003)。相关人员已经报道了与蛋白质中的化学反应和血红蛋白中的生物反应相关的激发振动模式(Austin, et al,1989;Klug,et al,2002)。水化氧化和配体结合也会影响这些模式(Balog,et al,2004;Chen,et al,2005;Kistner,et al,2007;Knab,et al,2006;Liu and Zhang,2006),这种低频振动模式位于 $10\sim200$ cm^{-1}(或 $0.3\sim6.0$ THz)频率范围内,因此太赫兹光谱学成为探测此类动力学的关键工具。表 9.1 总结了生物分子的类别,并根据生物分子的大小和功能将其分为三个不同的组。

表 9.1　按大小和功能分列的三种不同类别的生物分子清单

生 物 单 体	生 物 低 聚 物	生 物 高 聚 物
氨基酸 单糖 D-葡萄糖　　L-葡萄糖 异戊二烯 核苷酸 	低聚肽 低聚糖 萜烯 寡核苷酸	多肽(血红蛋白) 多糖(纤维素) 多萜烯:顺式-1,4-聚异戊二烯天然橡胶和反式-1,4-聚异戊二烯杜仲胶 脱氧核糖核酸,核糖核酸(DNA,RNA)

生 物 单 体	生物低聚物	生物高聚物

9.2　太赫兹频域中的生物分子

由于具有非定域性,低频振动模式受到分子大小和长程有序性的强烈影响。小生物分子(如核苷、氨基酸和糖)往往具有独特的相对孤立的特征(Bailey,et al,1997;Bandekar,et al,1983;Fischer,et al,2002;Lee,et al,2000,2001,2004;Li,et al,2003;Nishizawa,et al,2003,2005;Shen,et al,1981,2004,2007;Shi and Wang,2005;Upadhya,et al,2003;Walther,et al,2003;Yamaguchi,et al,2005;Yamamoto,et al,2005;Yu,et al,2004)。这些分子的小聚合物(如寡肽)具有更多的模式,这些模式往往随着聚合物长度的增加而增加和重叠(Kutteruf,et al,2003;Shotts and Sievers,1974)。肽或核苷的大串联重复序列具有一些可观察的特征,而非周期性生物分子(如 DNA 和蛋白质)的光谱特征相对较少(Austin,et al,1989;Dexheimer,2007;Klug,et al,

2002;Markelz,et al,2002;Powell,et al,1987;Shotts and Sievers,1974;Xie,et al,1999;Yamamoto,et al,2002)。此外,大分子的振动模式在性质上倾向于内部(即分子内)模式,其中,大原子团在分子内移动。相比之下,小分子往往也有外部(即分子间)模式,整个分子在一个晶体晶格内协同运动,这些模式强烈依赖于材料的结晶度。

特别是在低频下,已经观察到许多生物的振动模式。例如,细菌视紫红质的构象变化,生物感兴趣的模式的频率为 3.45 THz(115 cm^{-1}),肌红蛋白化学反应频率为 1.515 THz(50.5 cm^{-1})(Whitmire,et al,2003),血红蛋白对氧的接受频率为 1.17 THz(39 cm^{-1})(Walther,et al,2000),引起主要视觉的频率为 1.8 THz(60 cm^{-1})(Austin,et al,1989)。历史上,频率小于 6 THz(200 cm^{-1})的吸收线很难用传统的傅里叶变换红外光谱法测量,因为在该频率范围内,热源和探测器的性能相对较差。然而,自 20 世纪 90 年代初以来,太赫兹时域光谱学(THz-TDS)已经发展起来,它可以在 100 GHz~5 THz 的频率范围内呈现较高的信噪比。在传统的傅里叶变换红外光谱法和生物分子的 THz-TDS,以及一般的有机分子中,制备样品的标准技术是将材料与透明主体(如聚乙烯)制成粉末状的混合物,并将混合物压制成直径为 1 cm、厚度为 1 mm 的颗粒。将颗粒的透射光谱与纯寄主颗粒的透射光谱进行比较,可得到样品的吸收光谱。这种技术非常有效,且可用于大部分的材料。先前的工作已经研究了许多生物分子的颗粒样品,包括核碱基、核苷、氨基酸、蛋白质、视黄醛异构体、多肽、糖、苯甲酸和乙酰水杨酸。这些工作在很大程度上借鉴了振动模式。然而,对于许多分子来说,吸收光谱的分辨率并不受仪器分辨率的限制,而是受到无序多晶样品在低温下引起的明显不均匀展宽的限制。

9.3 DNA 和 RNA 的太赫兹光谱

DNA、RNA 和蛋白质是所有已知生命形式所必需的三种重要的大分子。其中,DNA 由四种不同类型的核苷酸,即鸟嘌呤(G)、腺嘌呤(A)、胸腺嘧啶(T)和胞嘧啶(C)组成,这些核苷酸的序列决定了生物体的遗传信息。大多数 DNA 分子拥有由两个长的核苷酸聚合物组成的双链螺旋结构,每个螺旋结构都有一个由交替的糖和磷酸基组成的骨架,其中,核碱基(G、A、T、C)与糖相连。通过对 DNA 进行深入研究,有可能实现遗传学方面的重大应用,如通过检测患者血液中 DNA 链的变化来进行疾病的早期诊断,通过早期检测特殊规格的病毒和细菌来控制流行病和瘟疫,或通过分析和操作信使 RNA(mRNA)来控制代谢过程。

近期,人们对实验研究生物分子的低频响应(0.1～10 THz 或 3～300 cm^{-1})产生了越来越多的兴趣,其动机是,预测由于分子间振动和转动模式引起的太赫兹频率下生物分子吸收光谱共振的理论结果。这些分子间键合模式包括 DNA 碱基对的弱氢键或非键合相互作用(Duong and Zakrzewska,1997;Feng and Prohofsky,1990;Lin,et al,1997;Mei,et al,1981;Sarkar,et al,1996;Saxena,et al,1991;van Zandt and Saxena,1994;Young,et al,1989)。氢键是决定 DNA 三维结构及其构象的关键。氢键还负责生物分子的变形和失稳,从而控制生物分子的性质及其与酶、药物等的相互作用。

用于生物分子研究的成熟的且广泛使用的方法之一是,利用所施加的电磁场与材料的声子(晶格振动)场相互作用的光谱技术。在远红外和太赫兹波光谱分析的各种方法中,传统的拉曼方法和傅里叶变换红外光谱法已被广泛应用(Tominaga,et al,1985;Weidlich,et al,1990)。尽管拉曼光谱能够确定 DNA 的声子模式,但拉曼散射实际上是一个复杂的过程。另一方面,理论和测量之间的匹配对于测定 DNA 聚合物来说是极具挑战性的。FIR 传输研究也受到限制,因为其很难进入亚毫米范围,特别是低于50 cm^{-1}的情况。最近使用的另一种光谱方法是 THz-TDS,该技术能够在所谓的太赫兹频率间隙下工作,这是传统傅里叶变换红外光谱法无法实现的。另外,它直接在时域中提供了丰富的信息,可用于 Drude 和 Debye 模型中物质的时域分析和时间相关参数的提取。

A. Wittlin 等人最早对 DNA FIR 吸收光谱进行了研究(1986)。他们使用四种不同的光谱方法或仪器,包括超大腔体技术、偏振双光束微波干涉仪,以及两种不同的傅里叶变换光谱仪,DNA FIR 吸收光谱的覆盖范围为 3～450 cm^{-1}。他们在 5～300 K 的温度范围内测量了两个高度定向的 Li-DNA 和 Na-DNA 薄膜,观察到了五种低频红外主动振动模式,其中,Li-DNA 的最低红外主动模式在 45 cm^{-1}处,Na-DNA 的最低红外主动模式在 41 cm^{-1}处,据报道,这两种样品水化时会软化。他们将 10 cm^{-1}处的水化诱导吸收归因于较高水化水平下出现的水的弛豫过程。他们基于简单的晶格动力学模型进行的理论研究表明,束缚水分子对 DNA 分子亚单位的质量负载以及构象转变相关的晶格常数的变化可能是水化后模式软化的主要原因。Woolard 等人(2002)还对鲱鱼干和鲑鱼干的 DNA 样品在 10～2000 cm^{-1}频率范围内的大亚毫米波长进行了全面的研究。他们对具有不同厚度干膜的样品应用傅里叶变换红外光谱法进行了分析,以消除标准具效应并区分 DNA 的共振模式。通过这项研究,他们发现 DNA 分子表现出固有的和特定的声子模式,这对于使用亚毫米光谱学进行 DNA 分子的无标记检测是有用的。

Markle 等人首次报道了对小牛胸腺 DNA 冻干粉末样品的脉冲太赫兹光谱测量(2000),其测量范围为 $0.06\sim2$ THz,对应的频率范围为 $2\sim67$ cm^{-1}。为了消除多次反射标准具效应,他们将冻干的生物分子粉末样品与 200 mg PET 粉末混合,使得最终获得的颗粒厚度约为 7.5 mm。由于存在多次反射,产生了 0.4 cm^{-1} 的标准具间距,测量得到的光谱分辨率略小于 0.5 cm^{-1}。图 9.1(a)显示了三种 DNA 样品的测量吸光度,样品♯1 和样品♯2 混合的 DNA 的物质的量浓度不同,而样品♯3 是没有任何混合物的纯 DNA 样品。通过这些测量,可以观察到吸光度几乎随频率增大呈线性增加,这证实了 Beer 定律。为了对纯颗粒数据与 PET 混合颗粒数据进行比较,他们使用 $A_{norm}=A_p\times c_m l_m/c_n l_n$ 来归一化纯颗粒的吸光度,其中,A_p 是纯颗粒的吸光度;$c_m(c_n)$,$l_m(l_n)$ 分别是混合(纯)颗粒的浓度和长度。这种归一化仅取决于测量的颗粒参数 c 和 l,而与实际光谱无关。样品♯1 和样品♯3 的数据表明,这些假设至少部分有效。人们很容易观察到样品♯3 的光谱形状与压入透明 PET 的光谱形状的相似性。人们还测量了水化条件下的样品♯3。图 9.1(b)显示了样品♯3 的水化 DNA 光谱。

图 9.2 显示了根据透射光谱计算的样品♯3 在 25 cm^{-1} 处的折射指数与相对湿度的关系,插图显示了相同样品在<5% r.h.时与频率相对应的折射指数和吸收系数。由图 9.2 可知,折射指数随着水化作用的增强而增加,最终达到一个恒定值。这种行为可以通过假设净测量的介电响应来自 DNA 和水化水的平均值来解释。因为干燥的 DNA 和水的折射指数在 25 cm^{-1} 处分别为 1.3 和 2.3,因此,可以通过提高湿度来提高折射指数。

Fischer 等人(2002)研究并报道了在 $0.5\sim4.0$ THz 频率范围内四种含氮核碱基的远红外介电函数,以及在 10 K 和 300 K 温度下 $0.5\sim3.5$ THz 频率范围内相应的四种脱氧核苷的首次测量。核碱基 A、G、C 和 T 在 10 K(实线)和 300 K(虚线)温度下的物质的量浓度吸收系数和折射指数如图 9.3 所示。每个样品的曲线都被垂直偏移或乘以一个因子,以便更好地表示。据观察,在 10 K 温度下,宽室温共振分裂成几个窄带。此外,由于在低温下键长减小,带通常会移到较高频率处。

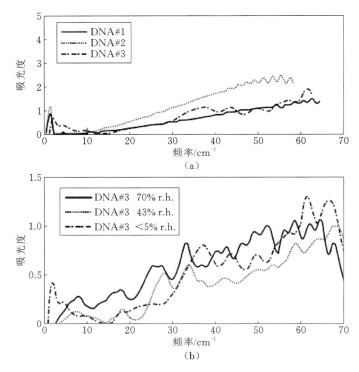

图 9.1 （a）三种 DNA 样品的测量吸光度；（b）Markelz 等人报告的不同水化水平下测量的样品♯3 的吸光度谱

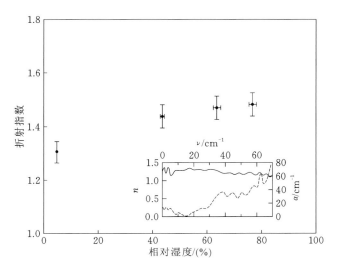

图 9.2 在 25 cm⁻¹ 处，折射指数与相对湿度的关系。DNA 样品的密度为 0.48 g · cm⁻¹，插图显示了样品♯3 的折射指数和吸收系数的关系

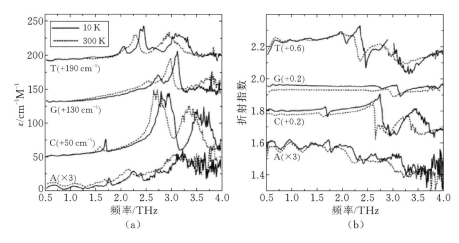

图 9.3　Fischer 等人报道的在 10 K(实线)和 300 K(虚线)温度下,核碱基 A、G、C 和 T 的
　　　　(a)物质的量浓度吸收系数和(b)折射指数

对于核苷 dA、dC、dG 和 dT,在 0.5～3.5 THz 范围内,温度为 10 K(实线)和 300 K(虚线)时,物质的量浓度吸收系数和折射指数的测量结果如图 9.4 所示。像核碱基一样,有一系列共振在冷却后分裂成几个狭窄的共振。但是与核碱基相比,核苷存在两组共振,其中一组共振类似于在核碱基谱中观察到的,其特征是 1.5 THz 以上的谱线相对较宽和强烈。另一组共振在核碱基中看不到,位于 1～2 THz 之间,具有窄的、不对称的线形状。研究人员将这些附加的谱线解释为与核碱基上的糖基团有关的振动信号。

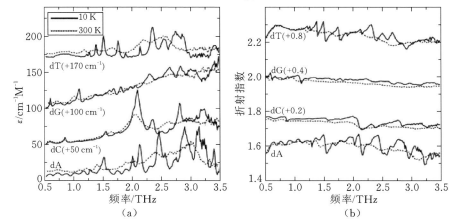

图 9.4　Fischer 等人报道的在 10K(实线)和 300K(虚线)温度下,核苷 dA、dG、dC 和 dT 的
　　　　(a)物质的量浓度吸收系数和(b)折射指数

此外,他们还利用密度泛函理论(DFT)分析了样品的振动模式,并计算了胸腺嘧啶在 0.2~3.5 THz 频率范围内的折射指数。对于折射指数的计算,他们假设每个共振都可以被描述为一个阻尼振荡器,从而产生特征吸收系数和折射指数分布:

$$(n+ik)^2 = \varepsilon_{+\infty} + \sum_j \frac{S_j \vartheta_j^2}{\vartheta_j^2 - \vartheta^2 - \mathrm{i}\vartheta \Gamma_j} \tag{9.1}$$

其中,求和结果取决于振荡器上的谐振频率 ϑ_j、振荡器强度 S_j 和线宽度 Γ_j。如图 9.5 所示,计算结果与实验观测的基于共振数及其振动频率的位置相符。基于胸腺嘧啶的密度泛函理论的振动分析表明,四种最低频率的红外主动模式是由分子运动引起的,如图 9.5 中的 η_a 和 η_b 所示的氢键系统的平面外振动和平面内振动。

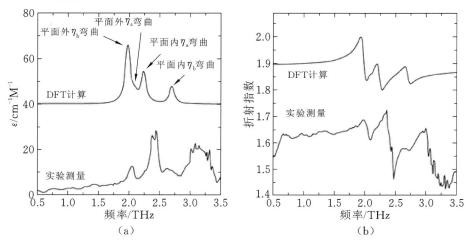

图 9.5　Fischer 等人报道的利用密度泛函理论计算和测量的胸腺嘧啶的(a)物质的量浓度吸收系数和(b)折射指数

　　THz-TDS 也使得无标记基因杂交检测成为可能。Nagel 等人(2002)为此设计了一个集成式太赫兹传感器。此前,大多数基因序列测定方案是基于识别未知靶 DNA 分子与已知单链寡核苷酸或多核苷酸探针 DNA 分子的杂交的方案。此后,大多数杂交检测都基于 DNA 分子的荧光标记来实现。虽然荧光标记和光致发光检测为建立高效的诊断系统铺平了道路,但仍需要其他无标记检测方法。荧光色球标记不仅是一个可能使遗传分析复杂化的额外步骤,而且其最终会引入 DNA 链构象的修饰,从而降低基因检测的准确性(Ozaki and McLaughlin,1992)。标记也会破坏比较研究中的定量性,因为荧

光效率与位置密切相关,因此,所需的处理步骤会引起标记依赖性波动
(Larramendy,et al,1998;Zhu,et al,1994)。如图 9.6 所示,该设备基于飞秒激
光技术,该技术采用集成的超快光导(PC)开关,以低温砷化镓作为太赫兹源,带
宽为 20 GHz～2 THz,采用电光检测方案。PC 开关产生的太赫兹脉冲与集成的
太赫兹微带波导耦合。微带线由金制成,用苯并环丁烯(BCB)作介电材料。

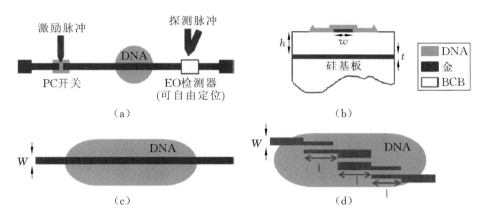

图 9.6 (a)用于检测杂交和变性 DNA 的集成太赫兹传感器的示意图,包括作为太赫兹源
的 PC 开关,带有 DNA 点的微带波导和电光太赫兹探测器;(b)微带波导的横截
面图;(c)微带波导传感器的基本结构;(d)用太赫兹谐振器改进和增强传感器的
结构(带阻滤波器)

这里的传感器的工作原理是改变微带波导的有效介电常数。因此,通过
该传感器的太赫兹波将根据沉积在传感器顶部的 DNA 采取不同的有效介电
常数,这种差异将反映在检测到的太赫兹信号的相位上。图 9.7 显示了直接
从 THz-TDS 测量中获得的检测信号与时间的关系,图 9.7(a)所示的是杂交
DNA 的测量图,图 9.7(b)所示的是变性 DNA 的测量图。杂交后的 DNA 显
示出明显的太赫兹信号随时间变化而变化的关系,变性样品的位移明显要低
得多。时间偏移的差异表明,通过对复杂折射指数变化的敏感监测可知,太赫
兹波导测量对 DNA 分子结合状态的无标记分析具有潜在的吸引力。

在他们的测量中,由于移液管 DNA 溶液的杂交依赖黏度,因此变性 DNA
比杂交 DNA 厚约 2 倍。这意味着对于相同的样品厚度,杂交探测的相移可能
比在这些实验中观察到的更大,这表明该传感器具备高灵敏度。

如图 9.6(d)和 9.8(a)所示,在微带波导中引入带通滤波器作为太赫兹谐
振器可便于对设计进行改进,增强太赫兹辐射与 DNA 样品的相互作用,可以达

太赫兹生物医学科学与技术

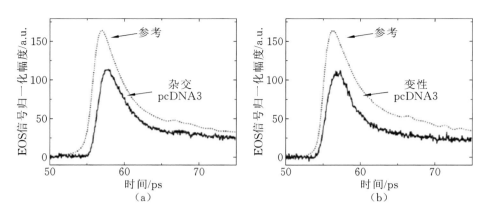

图 9.7　传感器的太赫兹信号。(a)杂交 DNA 样品；(b)变性 DNA 样品

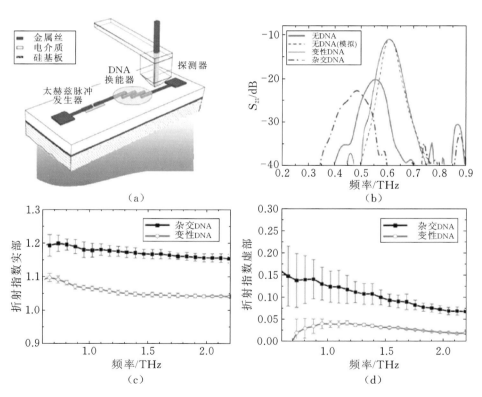

图 9.8　(a)修改后的无 DNA 标记的传感器示意图；(b)检测到的传输信号，包括模拟无
　　　　DNA 测量、无 DNA 测量、变性 DNA 测量和杂化 DNA 测量；(c)根据投射光谱计
　　　　算出折射指数的实部；(d)根据投射光谱计算出折射指数的虚部

到 10^{-12} 摩尔的程度。谐振器包括三个耦合的微带线谐振器,其中,长度 l 是在传播介质中的第一通带中心频率的 1/4 波长。谐振器的设计目的是,提供一个中心频率为 610 GHz 的通带。图 9.8(b)给出了修改设计的相应结果。虚线显示的模拟结果与没有任何样品沉积在传感器上的实验测量结果一致。如图 9.8(b)所示,频率已经向较低范围移动。杂交 DNA 的变化大于变性 DNA 的变化。实际上,谐振频率的偏移来自谐振器的有效介电常数的变化,其降低了太赫兹辐射的群速度,从而降低了谐振频率。这表明杂交 DNA 的折射指数可能大于变性 DNA 的折射指数。在另一个报告中,在同一组实验中通过使用检测到的信号光谱计算了两个 DNA 样品的相应折射指数,如图 9.8(c)和(d)所示(Bolivar,et al,2002)。Bolivar 等人将这两个折射指数之间的巨大差异归因于杂交和变性 DNA 的结合状态。

在另一个尝试中,相关人员设计了另一种无标记的、更灵敏的片上传感器,其能够同时感测多个 DNA 样品(Nagel,et al,2003)。据报道,新设计的传感器可测量灵敏度低于 40 fmol 的 20 聚体单链 DNA(ssDNA)分子,设计如图 9.9 所示。他们使用聚丙烯代替 BCB 作为两条金线之间的电介质,从而在传感器的工作频率范围内降低波导损耗和色散。设计两个微带线之间的谐振器,使其具有 25~600 GHz 之间的多个共振频率。利用互补的 ssDNA20-碱基寡核苷酸进行结合和杂交实验,序列为 5'-HS-(CH$_2$)$_6$-ACA CTG TGC CCA TCT ACG AG-3'(探针)的硫化分子作为捕获探针。靶分子由互补的 ssDNA 寡核苷酸组成,序列为 5'-TGT GAC ACG GGT AGA TGC TC-(6-FAM)-3'(靶),与这些捕获探针杂交。

传感器在 20 个聚体寡分子检测中的应用如下:第一步是在传感器(Imm. dsDNA)上固定双链 DNA(dsDNA)分子,然后对其进行变性步骤(以 ssDNA 为参考)。该变性步骤只是在传感器表面留下固定的 ssDNA 探针分子,此步骤实际上是传感器的初始化。变性使共振频率显著增加,如图 9.10 所示。此图显示在两种共振频率(99 GHz 和 149 GHz)上的输出传输信号。以 ssDNA(参考)的共振频率作为测量样品不同阶段共振位移的参考。相应地,为了比较共振位移,相对频移定义为

$$r_{shift} = 1 - f_m / f_{m,ref}$$

其中,f_m 是上升信号边沿输出信号最大幅值的一半处的频率;$f_{m,ref}$ 是 ssDNA(参考)处理后最初功能化传感器的相应参考值。dsDNA 的共振频率低于参

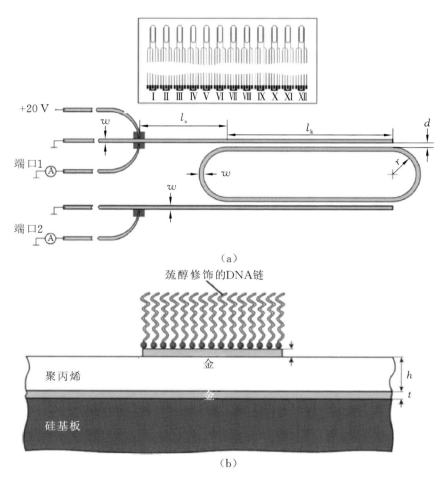

图 9.9 (a)由 12 个 DNA 传感器组成的制造芯片的示意图和每个单独传感器的示意图，包括用于产生和检测微带波导 PC 开关和它们之间的环形谐振器；(b)带有巯醇改性探针 DNA 链的薄膜微带的横截面图

考的 ssDNA 的，这证明了该装置可靠、目标和探针样品的功能完善。在初始化步骤之后，传感器准备好实际测量的 OCH dsDNA 和再次变性的样品。将该装置与互补 ssDNA 分子浸入溶液中，使固定探针分子发生 OCH 再次杂交（OCH dsDNA）。

在该处理步骤后，输出信号表现出的 f_r 如期降低。然而，如图 9.10 所示，共振频移略大于第一次固定的 dsDNA 分子的。研究人员将这种差异归因于在第一次变性过程之前，固定化 DNA 样品中存在 ssDNA 分子。然后，谐振

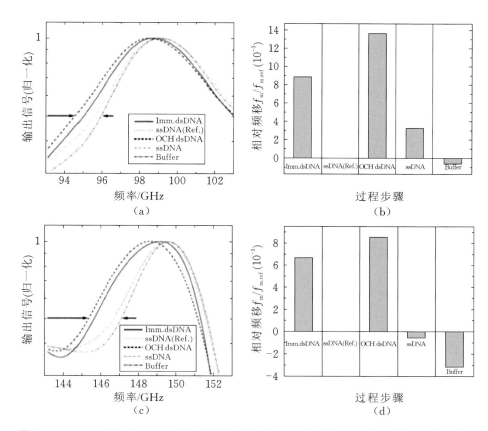

图 9.10　(a)99 GHz 和(c)149 GHz 共振频率上的 DNA 传感器,(b)和(d)所表示的各自的
传感步骤的输出信号与频率关系的归一化。(1)固定化 DNA(dsDNA);(2)用于
传感器初始化的变性步骤(以 ssDNA 为参考);(3)OCH 杂交(OCH-dsDNA);
(4)再纯化(ssDNA);(5)使用纯缓冲溶液(不含任何 DNA)的控制过程

器上的 DNA 分子再次变性以产生 ssDNA。最后,将谐振器暴露于没有 DNA
的纯 TE-NaCl 缓冲溶液中,以排除用于杂交的不同盐的影响。此测量结果与
参考值略有偏差。

随着太赫兹技术的发展,人们对 DNA 的太赫兹光谱鉴定进行了更多的研
究,从而发现了这些分子的特定指纹。最近,使用 THz-TDS(包括用差频产生
的太赫兹源测量碱基的透射率)对具有不同结构和构象的 DNA 分子进行了类
似的研究(Nishizawa,et al,2005),如 DNA 膜极化水化动力学研究(Kistner,
et al,2007),成对 DNA 碱基的非共价相互作用研究(King,et al,2011),以及
实际水溶液中的 DNA 光谱检测(Arora,et al,2012;Globus,et al,2006)。同

时,已经报道了用于 DNA 检测和分析的不同的新型太赫兹传感器,例如用于确定 DNA 样品的折射指数的光子晶体传感器(Kurt and Citrin,2005),用于保持生物分子样品的膜装置(Yoneyama,et al,2008)和用于 ssDNA 和 dsDNA 检测的金属网状太赫兹生物传感器(Hasebe,et al,2012),这些成就使太赫兹辐射可用于无创和无标记的 DNA 成像和检测。然而,到目前为止,关于太赫兹辐射对人体组织的有害影响的报道还很少。目前,Titova 等人已经已使用脉冲太赫兹辐射对人造人体皮肤组织的有害生物效应进行了研究。他们观察到,皮肤组织暴露于强太赫兹脉冲下 10 min,会导致显著的 H2AX 磷酸化,这可能导致暴露的皮肤组织中的 DNA 损伤。他们也发现了太赫兹脉冲引起的几种蛋白质水平的增加,这些蛋白质负责细胞周期调控和肿瘤抑制,这表明 DNA 损伤修复机制可以被迅速激活(Titova,et al,2013)。

9.4 D-葡萄糖太赫兹光谱学

THz-TDS 具有开创性应用于生物系统的潜力,因为许多有机大分子(例如蛋白质和葡萄糖)的振动模式在该光谱范围内。使用太赫兹的主要障碍之一是,水在该范围内的高吸收,所以,鉴于人体内的含水量较高,将其用于医疗领域可能是不可行的。皮肤、血液和表面软组织可能成为首先应用的领域。

根据美国国家糖尿病、消化和肾脏疾病研究所(NIDDK)的数据,某类型的糖尿病影响着 2580 万人,占全美国人口的 8.3%(2009)。因此,对大多数人来说,检查血糖水平是一项日常检测活动。虽然最新的监测仪可以用极少量的血液给出准确的读数,但是使用该设备需要刺痛人体。出于这个原因,对于糖尿病患者来说,无创监护仪将是非常有用的设备。

在血糖方面,研究人员对 D-葡萄糖特别感兴趣,因为当与 L 异构体相比时,它的一个羟基是可立体翻转的。在一定程度上,糖代表结晶态和非晶态氢键网络的原型系统。在固态时,糖通过氢键的刚性网络连接,氢键在晶体中长程有序排列,整个晶体结构出现高度规则的晶格振动或声子模式(Fischer,et al,2007)。几个研究人员报道了各种状态的 D-葡萄糖的太赫兹频率吸收特性。

早期的工作重点是将 THz-TDS 应用于葡萄糖的粉末(固体)。图 9.11 显示了葡萄糖的两种立体异构体(L-葡萄糖和 D-葡萄糖)之间的太赫兹吸收光谱(Upadhya,et al,2003)。如图 9.11 所示,D-葡萄糖在 1.45 THz 和 2.1 THz 处有明显的吸收峰,在 1.26 THz 处有一个较小的吸收峰,而 L-葡萄糖在 1.45 THz

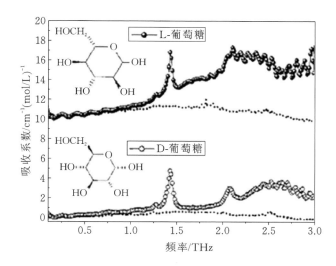

图 9.11　在室温下,纯 D-葡萄糖和 L-葡萄糖在 0.5 mm 厚的颗粒中的远红外吸收系数。
　　　　虚线表示这些样品在 1.7 mol/L 的溶液中的吸收系数。为清楚起见,对 L-葡萄
　　　　糖曲线进行了垂直偏移

处有一个尖峰,在 2.12 THz 处有一个宽的特征吸收峰。

　　在大多数情况下,制备样品的常规方法是将每种葡萄糖粉末与 PET 粉末以一定的质量比混合。在制备颗粒之前将晶体粉碎,使颗粒具有亚微米数量级的尺寸,以确保观察到的光谱特征不是米氏散射的结果。由于 PET 在太赫兹频率范围内几乎是透明的,因此它是理想的基质材料。颗粒厚度通常取 1.2～1.4 mm。然而,对于室温测量,观察到的光谱特征不太明显,因此样品选取厚度为 0.3～0.7 mm 的纯颗粒。

　　Liu 和 Zhang 报道了使用 THz-TDS 研究 D-葡萄糖一水合物的脱水动力学。如图 9.12(a)所示,在 25℃ 下,无水 D-葡萄糖和 D-葡萄糖一水合物的太赫兹吸收光谱具有明显的吸收特征峰。固体无水 D-葡萄糖,在 1.44 THz、2.10 THz 和 2.6 THz 处的峰被清楚地分辨出来,这与之前的理论结果相同。这两种吸收光谱具有明显的差异,这被认为是由无水和水化 D-葡萄糖的不同分子间振动模式或声子模式引起的(Liu and Zhang,2006)。Fisher 等人还展示了不同相位中的 α-D-葡萄糖和 β-D-葡萄糖的太赫兹光谱的独特性,如图 9.12(b)和(c)所示。光谱对分子结构中的小变化具有很高的灵敏度,甚至能够区分葡萄糖异构体的光谱。观察光谱可知,在 β-异构体中,第一强模式仅轻微地向较高频率移动,在 50～75 cm⁻¹ 的范围内就出现明显的差异。

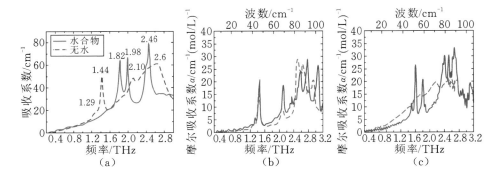

图 9.12　不同状态下 D-葡萄糖的太赫兹吸收光谱(a)25 ℃下的无水 D-葡萄糖和 D-葡萄糖一水合物的太赫兹吸收光谱;(b)α-D-葡萄糖和(c)β-D-葡萄糖的摩尔吸收系数,虚线代表在室温下测量、实线代表冷却到 13 K 时测量

　　虽然固体(通常是多晶体)D-葡萄糖分布相对较好,但还没有人报道能够通过太赫兹光谱法来识别水性 D-葡萄糖的清晰、离散的光谱,但有报道称 D-葡萄糖具有非常广泛的特征光谱。例如,使用汞灯和太赫兹衰减全反射光谱技术,Suhandy 等人(2011)以 95% 的置信度预测水性葡萄糖的浓度,但其结果仅显示了非常广泛的特征。Kim 等人提出所需的详细光谱可以使用 THz-TDS 进行探测,并假定存在能够区分葡萄糖和水溶剂的频率。通过将无水 D-葡萄糖粉抹稀释到去离子水中,使其浓度为 11%~32%,制备了 D-葡萄糖水溶液。然后通过无菌注射器将溶液注射到两个聚甲基戊烯板之间由硅酮水封剂形成的空腔中。该空腔的路径长度为 0.3~0.55 mm。图 9.13 显示了 THz-TDS 在透射模式下研究的三种不同浓度的吸收系数。利用透射率计算吸收系数,并通过计算得到溶液的复折射率(Bolus,et al,2013)。初步检查后发现,它们似乎遵循水的光谱特性;然而,葡萄糖溶液在特定频率范围内明显偏离水。图 9.13 显示了与接地信号相比具有不同吸收系数的多个峰。具体来说,1.42 THz 和 1.67 THz 处的峰似乎与 D-葡萄糖密切相关。考虑到这些特征并非来自纯 D-葡萄糖,吸收峰很可能与水基质中结合的 D-葡萄糖分子相关,但是当引用强水时,会显示出偏离。水分子与其他离子的氢键在吸收行为上发生显著变化,峰的平移具有重要意义。此外,即使溶液的过度吸收减少,D-葡萄糖的吸收系数也会随着浓度的增加而增加,这是因为水分子被葡萄糖分子取代,或者葡萄糖浓度可能会影响分子内共振。

　　虽然水溶液的光谱特征与固体 D-葡萄糖颗粒的光谱特征相比不那么尖

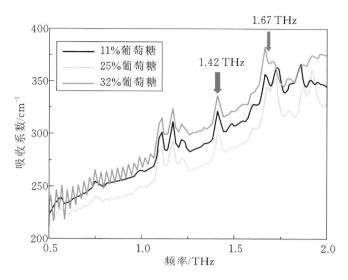

图 9.13　不同浓度的 D-葡萄糖水溶液的吸收光谱

锐,但其光谱比 Fischer 等人报道的要尖锐得多。此外,这些吸收峰也不应被归入噪声。当然,由于水对太赫兹波的强烈吸收,噪声会在某些不一致性上起到作用。已经证明,如果给定适当的路径长度(约为 0.5 mm),透射式 THz-TDS 实际上可用于从水溶液中获得有意义的光谱数据。此外,通过进一步的努力,太赫兹光谱不仅可以应用于 Beer-Lambert 定律(Suhandy 等人的研究),还可以应用于在更复杂的液体混合物中识别葡萄糖信号。

参 考 文 献

Arora,A.,T. Q. Luong,M. Krüger et al. 2012. Terahertz-time domain spectroscopy for the detection of PCR amplified DNA in aqueous solution. *Analyst* 137:575-579.

Austin,R. H.,M. W. Roberson, and P. Mansky. 1989. Far-infrared perturbation of reaction rates in myoglobin at low temperatures. *Physical Review Letters* 62:1912-1915.

Bailey,L. E.,R. Navarro,and A. Hernanz. 1997. Normal coordinate analysis and vibrational spectra of adenosine. *Biospectroscopy* 3:47-59.

Balog,E.,T. Becker,M. Oettl et al. 2004. Direct determination of vibrational density of states change on ligand binding to a protein. *Physical Review*

Letters 93:028103.

Bandekar, J., L. Genzel, F. Kremer, and L. Santo. 1983. The temperature-dependence of the far-infrared spectra of L-alanine. *Spectrochimica Acta Part A :Molecular Spectroscopy* 39:357-366.

Bolivar, P. H., M. Brucherseifer, M. Nagel et al. 2002. Label-free probing of genes by time-domain terahertz sensing. *Physics in Medicine and Biology* 47:3815.

Bolus, M., S. Balci, D. S. Wilbert, P. Kung, and S. M. Kim. 2013. Effects of saline on terahertz absorption of aqueous glucose at physiological concentrations probed by THz spectroscopy. Presented at *Proceeding of 38th International Conference on Infrared ,Millimeter and Terahertz Wave Conference* ,Mainz,Germany.

Chen, J.-Y., J. R. Knab, J. Cerne, and A. G. Markelz. 2005. Large oxidation dependence observed in terahertz dielectric response for cytochrome c. *Physical Review E* 72:040901.

Dexheimer, S. L. 2007. *Terahertz Spectroscopy：Principles and Applications*. London,U. K. :Taylor & Francis Group.

Duong, T. H. and K. Zakrzewska. 1997. Calculation and analysis of low frequency normal modes for DNA. *Journal of Computational Chemistry* 18:796-811.

Feng, Y. and E. W. Prohofsky. 1990. Vibrational fluctuations of hydrogen bonds in a DNA double helix with nonuniform base pairs. *Biophysical Journal* 57:547-553.

Fischer, B. M., H. Helm, and P. U. Jepsen. 2007. Chemical recognition with broadband THz spectroscopy. *Proceedings of the IEEE* 95:1592-1604.

Fischer, B. M., M. Walther, and P. U. Jepsen. 2002. Far-infrared vibrational modes of DNA components studied by terahertz time-domain spectroscopy. *Physics in Medicine and Biology* 47:3807.

Globus, T., D. Woolard, T. W. Crowe et al. 2006. Terahertz Fourier transform characterization of biological materials in a liquid phase. *Journal of Physics D :Applied Physics* 39:3405.

Hasebe,T. ,S. Kawabe,H. Matsui,and H. Tabata. 2012. Metallic mesh-based terahertz biosensing of single-and double-stranded DNA. *Journal of Applied Physics* 112:094702.

King,M. D. ,W. Ouellette,and T. M. Korter. 2011. Noncovalent interactions in paired DNA nucleobases investigated by terahertz spectroscopy and solid-state density functional theory. *The Journal of Physical Chemistry A* 115:9467-9478.

Kistner,C. ,A. André,T. Fischer et al. 2007. Hydration dynamics of oriented DNA films investigated by time-domain terahertz spectroscopy. *Applied Physics Letters* 90:233902.

Klug,D. D. , M. Z. Zgierski, S. T. John et al. 2002. Doming modes and dynamics of model heme compounds. *Proceedings of the National Academy of Sciences* 99:12526-12530.

Knab,J. , J.-Y. Chen, and A. Markelz. 2006. Hydration dependence of conformational dielectric relaxation of lysozyme. *Biophysical Journal* 90:2576-2581.

Kurt,H. and D. S. Citrin. 2005. Photonic crystals for biochemical sensing in the terahertz region. *Applied Physics Letters* 87:041108.

Kutteruf,M. R. ,C. M. Brown,L. K. Iwaki et al. 2003. Terahertz spectroscopy of short-chain polypeptides. *Chemical Physics Letters* 375:337-343.

Laman,N. , S. S. Harsha, D. Grischkowsky,and J. S. Melinger. 2008. High-resolution waveguide THz spectroscopy of biological molecules. *Biophysical Journal* 94:1010-1020.

Larramendy,M. L. ,W. e. El-Rifai,and S. Knuutila. 1998. Comparison of fluorescein isothiocyanate and Texas red-conjugated nucleotides for direct labeling in comparative genomic hybridization. *Cytometry* 31:174-179.

Lee,S. A. , A. Anderson, W. Smith, R. H. Griffey, and V. Mohan. 2000. Temperature-dependent Raman and infrared spectra of nucleosides. Part I—Adenosine. *Journal of Raman Spectroscopy* 31:891-896.

Lee,S. A. , J. Li, A. Anderson et al. 2001. Temperature-dependent Raman and infrared spectra of nucleosides. Ⅱ—Cytidine. *Journal of Raman Spectroscopy*

32:795-802.

Lee, S. A., M. Schwenker, A. Anderson, and L. Lettress. 2004. Temperature-dependent Raman and infrared spectra of nucleosides. Ⅳ—Deoxyadenosine. *Journal of Raman Spectroscopy* 35:324-331.

Li, J., S. Lee, A. Anderson et al. 2003. Temperature-dependent Raman and infrared spectra of nucleosides. Ⅲ—Deoxycytidine. *Journal of Raman Spectroscopy* 34:183-191.

Lin, D., A. Matsumoto, and N. Go. 1997. Normal mode analysis of a double-stranded DNA dodecamer d（CGCGAATTCGCG）. *The Journal of Chemical Physics* 107:3684-3690.

Liu, H.-B. and X.-C. Zhang. 2006. Dehydration kinetics of D-glucose monohydrate studied using THz time-domain spectroscopy. *Chemical Physics Letters* 429:229-233.

Markelz, A., S. Whitmire, J. Hillebrecht, and R. Birge. 2002. THz time domain spectroscopy of biomolecular conformational modes. *Physics in Medicine and Biology* 47:3797-3805.

Markelz, A. G., A. Roitberg, and E. J. Heilweil. 2000. Pulsed terahertz spectroscopy of DNA, bovine serum albumin and collagen between 0.1 and 2.0 THz. *Chemical Physics Letters* 320:42-48.

Mei, W. N., M. Kohli, E. W. Prohofsky, and L. L. Van Zandt. 1981. Acoustic modes and nonbonded interactions of the double helix. *Biopolymers* 20:833-852.

Nagel, M., P. Haring Bolivar, M. Brucherseifer et al. 2002a. Integrated planar terahertz resonators for femtomolar sensitivity label-free detection of DNA hybridization. *Applied Optics* 41:2074-2078.

Nagel, M., P. Haring Bolivar, M. Brucherseifer et al. 2002b. Integrated THz technology for label-free genetic diagnostics. *Applied Physics Letters* 80:154-156.

Nagel, M., F. Richter, P. Haring-Bolivar, and H. Kurz. 2003. A functionalized THz sensor for marker-free DNA analysis. *Physics in Medicine and Biology* 48:3625.

Nishizawa, J.-i., T. Sasaki, K. Suto et al. 2005. THz transmittance measurements of nucleobases and related molecules in the 0. 4-to 5. 8-THz region using a GaP THz wave generator. *Optics Communications* 246:229-239.

Nishizawa, J.-i., K. Suto, T. Sasaki, T. Tanabe, and T. Kimura. 2003. Spectral measurement of terahertz vibrations of biomolecules using a GaP terahertz-wave generator with automatic scanning control. *Journal of Physics D:Applied Physics* 36:2958.

Ozaki, H. and L. W. McLaughlin. 1992. The estimation of distances between specific backbone-labeled sites in DNA using fluorescence resonance energy transfer. *Nucleic Acids Research* 20:5205-5214.

Powell, J. W., G. S. Edwards, L. Genzel et al. 1987. Investigation of far-infrared vibrational modes in polynucleotides. *Physical Review A* 35:3929.

Sarkar, M., S. Sigurdsson, S. Tomac et al. 1996. A synthetic model for triple-helical domains in selfsplicing group I introns studied by ultraviolet and circular dichroism spectroscopy. *Biochemistry* 35:4678-4688.

Saxena, V. K., B. H. Dorfman, and L. L. Van Zandt. 1991. Identifying and interpreting spectral features of dissolved poly (dA)-poly (dT) DNA polymer in the high-microwave range. *Physical Review A* 43:4510.

Shen, S. C., L. Santo, and L. Genzel. 1981. Far infrared spectroscopy of amino acids, polypeptides and proteins. *Canadian Journal of Spectroscopy* 26: 126-133.

Shen, S. C., L. Santo, and L. Genzel. 2007. THz spectra for some bio-molecules. *International Journal of Infrared and Millimeter Waves* 28:595-610.

Shen, Y. C., P. C. Upadhya, E. H. Linfield, and A. G. Davies. 2004. Vibrational spectra of nucleosides studied using terahertz time-domain spectroscopy. *Vibrational Spectroscopy* 35:111-114.

Shi, Y. and L. Wang. 2005. Collective vibrational spectra of α-and γ-glycine studied by terahertz and Raman spectroscopy. *Journal of Physics D:*

Applied Physics 38:3741.

Shotts, W. J. and A. J. Sievers. 1974. The far-infrared properties of polyamino acids. *Biopolymers* 13:2593-2614.

Suhandy, D., T. Suzuki, Y. Ogawa et al. 2011. A quantitative study for determination of sugar concentration using attenuated total reflectance terahertz (ATR-THz) spectroscopy. Presented at *Proceedings of SPIE*, p. 802705.

Titova, L. V., A. K. Ayesheshim, A. Golubov et al. 2013. IntenseTHz pulses cause H2AX phosphorylation and activate DNA damage response in human skin tissue. *Biomedical Optics Express* 4:559.

Tominaga, Y., M. Shida, K. Kubota et al. 1985. Coupled dynamics between DNA double helix and hydrated water by low frequency Raman spectroscopy. *The Journal of Chemical Physics* 83:5972.

Upadhya, P. C., Y. C. Shen, A. G. Davies, and E. H. Linfield. 2003. Terahertz time-domain spectroscopy of glucose and uric acid. *Journal of Biological Physics* 29:117-121.

Van Zandt, L. L. and V. K. Saxena. 1994. Vibrational local modes in DNA polymer. *Journal of Biomolecular Structure and Dynamics* 11:1149-1159.

Walther, M., B. Fischer, M. Schall, H. Helm, and P. U. Jepsen. 2000. Far-infrared vibrational spectra of all-*trans*, 9-*cis* and 13-*cis* retinal measured by THz time-domain spectroscopy. *Chemical Physics Letters* 332:389-395.

Walther, M., B. M. Fischer, and P. Uhd Jepsen. 2003. Noncovalent intermolecular forces in polycrystalline and amorphous saccharides in the far infrared. *Chemical Physics* 288:261-268.

Weidlich, T., S. M. Lindsay, Q. Rui et al. 1990. A Raman study of low frequency intrahelical modes in A-, B-, and C-DNA. *Journal of Biomolecular Structure and Dynamics* 8:139-171.

Whitmire, S. E., D. Wolpert, A. G. Markelz et al. 2003. Protein flexibility and conformational state: A comparison of collective vibrational modes of wild-type and D96N bacteriorhodopsin. *Biophysical Journal* 85: 1269-1277.

Wittlin, A., L. Genzel, F. Kremer et al. 1986. Far-infrared spectroscopy on oriented films of dry and hydrated DNA. *Physical Review A* 34:493.

Woolard, D. L., T. R. Globus, B. L. Gelmont et al. 2002. Submillimeter-wave phonon modes in DNA macromolecules. *Physical Review E* 65:051903.

Xie, A., Q. He, L. Miller, B. Sclavi, and M. R. Chance. 1999. Low frequency vibrations of amino acid homopolymers observed by synchrotron far-ir absorption spectroscopy: Excited state effects dominate the temperature dependence of the spectra. *Biopolymers* 49:591-603.

Yamaguchi, M., F. Miyamaru, K. Yamamoto, M. Tani, and M. Hangyo. 2005. Terahertz absorption spectra of L-, D-, and DI-alanine and their application to determination of enantiometric composition. *Applied Physics Letters* 86:053903.

Yamamoto, K., K. Tominaga, H. Sasakawa et al. 2002. Far-infrared absorption measurements of polypeptides and cytochrome c by THz radiation. *Bulletin of the Chemical Society of Japan* 75:1083-1092.

Yamamoto, K., K. Tominaga, H. Sasakawa et al. 2005. Terahertz time-domain spectroscopy of amino acids and polypeptides. *Biophysical Journal* 89: L22-L4.

Yoneyama, H., M. Yamashita, S. Kasai et al. 2008. Membrane device for holding biomolecule samples for terahertz spectroscopy. *Optics Communications* 281: 1909-1913.

Young, L., V. V. Prabhu, and E. W. Prohofsky. 1989. Calculation of far-infrared absorption in polymer DNA. *Physical Review A* 39:3173.

Yu, B., F. Zeng, Y. Yang et al. 2004. Torsional vibrational modes of tryptophan studied by terahertz time-domain spectroscopy. *Biophysical Journal* 86:1649-1654.

Zhu, Z., J. Chao, H. Yu, and A. S. Waggoner. 1994. Directly labeled DNA probes using fluorescent nucleotides with different length linkers. *Nucleic Acids Research* 22:3418-3422.

第 10 章
蛋白质分子结构功能关系的太赫兹光谱研究

10.1　引言

　　最近,由于对酶结构和功能关系进行研究,从而实现酶结构修饰,实现酶功能控制具有很好的前景,因此相关人员产生了研究兴趣。在这方面,采用新的方法分析蛋白质结构是很有必要的,太赫兹吸收光谱法就是其中一种方法。由于分子环境的变化而导致酶的功能发生显著改变的一个众所周知的例子是α-糜蛋白酶的逆功能。已知这种酶能在水介质中催化肽键的水解,而水介质是许多生物分子的自然生存环境(Northrop,et al,1948)。然而,非水介质中的酶参与不同的反应,可以形成不同的产物(Ahern and Klibanov,1985;Klibanov,1989)。在改性的热力学条件下,可将水中蛋白酶催化的水解反应转化为有机介质中的酯交换反应或肽合成反应(Ahern and Klibanov,1985;Debulis and Klibanov,1993;Klibanov,1989;Northrop,et al,1948)。酶在有机介质中有以下优势(Ahern and Klibanov,1985;Debulis and Klibanov,1993;

Dordick,1992;Klibanov,1989;Northrop,et al,1948)。

（1）疏水性底物和效应物的溶解度增加。

（2）实际上重要反应的热力学平衡的移动,涉及酰胺或醚键的形成,以获得期望的产物。

（3）可抑制在水中可能发生的副反应。

（4）与水溶液的热稳定性相比,酶的热稳定性更高。

（5）酶底物的特异性和对映选择性不同,这使得合成复杂生物分子和在相对较高的对映选择性下进行修饰成为可能。

与水溶液相比,非水体系的严重缺点是酶活性急剧下降,这促使人们寻找控制有机介质的催化活性的方法。添加糖、氨基酸、聚乙二醇、聚电解质盐和冠醚可以增强非水(非常规)介质中酶的活性(Khmelnitsky,et al,1994;Reinhoudt,et al,1989;Triantafyllou,et al,1995;Volkin,et al,1991)。已知冠醚能增加悬浮在有机溶剂中的丝氨酸蛋白酶、酪氨酸酶(Broos,et al,1995;Unen,et al,1998)和脂肪酶的活性(Itoh,et al,1997),相关实验结果表明,由于与冠醚的相互作用,糜蛋白酶在有机溶剂(环己烷、乙腈等)中的活性增加了几个数量级(Broos,et al,1995;Unen,et al,1998)。

分析生物分子结构有许多常用方法,例如,X 射线衍射分析（Blevins and Tulinsky,1985;Tsukada and Blow,1985)、FTIR 吸收光谱(Byler and Susi,1986;Susi,et al,1985)、拉曼光谱技术(Brandt,et al,2001;Lord and Yu,1970)、CD 光谱学(Jibson,et al,1981;Volini and Tobias,1969)、极化敏感 CARS(Brandt,et al,2000;Chikishev,et al,1992)、ROA、VCD 等。X 射线衍射分析是研究分子结构最有价值的方法,但它只能用于晶体。振动光谱法使分子结构在不同相态下的表征成为可能。蛋白质在拉曼光谱中的几个振动带是对构象敏感的(Carey,1982)。酰胺 I($1640\sim1660$ cm^{-1})和酰胺 III($1200\sim1240$ cm^{-1})带对二级构象敏感。酪氨酸双碱基(830 cm^{-1} 和 850 cm^{-1})和色氨酸标记物(1361 cm^{-1})对残基和相邻组基团的构象状态敏感。510 cm^{-1}、525 cm^{-1} 和 540 cm^{-1} 处的谱带的相对强度表明了二硫化物键的构象状态。振动光谱技术的替代方法和改进方法应用了傅里叶变换光谱学的时域和频域方法。然而,它们都表征了所研究分子的振动结构。注意与方法的物理原理相关的红外吸收和拉曼光谱技术的互补性。在这方面,太赫兹吸收光谱提供了补充低频(0～

400 cm^{-1})拉曼测量结果的数据。

生物分子低频振荡的研究是现代生物物理学的一个热点。在大多数对红外和拉曼光谱的研究工作中,测量都是在指纹间隔(500～2000 cm^{-1})中进行的。由于存在很多技术问题,对低频间隔的研究似乎较少。生物大分子的低频光谱存在合理性是由于它们的功能可能会导致频率振荡(Ebeling,et al,2002)。Brown 等人首次对固态的 CT 和胃蛋白酶采用拉曼光谱检测,检测到25～30 cm^{-1}处的低频带(1972)。然后 Genzel 等人在溶菌酶的拉曼光谱中检测到相同范围的频带(1976)。然而,对蛋白质在天然(水)介质中的低频拉曼光谱的观察结果却缺失了。Caliskan 等人测定了不同水分含量样品中溶菌酶的拉曼光谱(2002)。在室温下,样品中的水含量的增加导致了准弹性散射强度的增加,约在 20 cm^{-1}处的频带消失了。在蛋白质水溶液的拉曼光谱中没有出现低频峰,这可能与水中相应振荡的过阻尼有关(McCammon and Wolynes,1977)。这种过阻尼可能是由蛋白质和水分子的表面氨基酸的氢键导致的。Brandt 等人研究了氢键对简单有机分子的低频振荡的影响(2007)。显然,太赫兹吸收光谱的应用有助于低频振荡的研究。

研究物理问题可能需要借助系统模型。在蛋白质的振动光谱中,系统模型有助于氨基的研究,其振动带在约 1600 cm^{-1}的频率处达到峰值,因此,与相对较强的宽酰胺Ⅰ带重叠。此外,水分子的变形振荡表现在相同的频率间隔内。因此,对蛋白质氨基与周围分子相互作用的分析可以使用振动光谱法,借助在 1550～1700 cm^{-1}区间内不显示额外带的氨基的模型分子来解决。关于太赫兹波的测量,系统模型很具吸引力,分析相应光谱可以揭示新的规律性。举例来说,已知冠醚与氨基有很强的相互作用,冠醚对 CT 的影响尤其可能与蛋白质表面氨基的络合有关(Brandt,et al,2000,2001,2003;Izatt,et al,1978;Mankova,et al,2013)。三羟甲基氨基甲烷或 2-氨基-2-羟甲基-丙烷-1,3-二醇($(HOCH_2)_3CNH_2$)及其与冠醚的络合物可用作化学模型(Brandt,et al,2012;Costantino,et al,1997)。除了蛋白质氨基外,相关人员还研究了二硫键,其是稳定蛋白质结构的重要元素。还可以使用化学模型研究由于各种相互作用而产生的键的结构和特征的变化(Brandt,et al,2008)。然而,值得注意的是,蛋白质的光谱研究也是可能的,因为蛋白质分子中的二硫键带没有与不同带重叠(Brandt,et al,2005)。

10.2　蛋白质分子的太赫兹研究技术

10.2.1　傅里叶变换红外光谱仪

对于在传输配置中的 FTIR 测量,可使用 Nicolet 6700 光谱仪,测量光谱间隔为 $50\sim600$ cm^{-1},光谱分辨率为 2 cm^{-1}。

10.2.2　太赫兹时域光谱仪

时域光谱仪(Sakai,2005;Nazarov,et al,2007)利用了锁模钛蓝宝石激光器,可调范围为 $720\sim995$ nm,典型输出功率为 1.5 W,最小脉冲宽度为 60 fs,可从 GaAs 晶体或 ZnTe 晶体产生太赫兹辐射。太赫兹波经过样品后,会聚到 ZnTe 晶体上,用电光采样法进行测量。通过对所测量的太赫兹电场的时间波形进行傅里叶分析,可获得样品的介电性能。

10.2.3　宽带太赫兹时域光谱仪

光电导天线、光整流和光电采样实验技术被广泛应用于太赫兹脉冲的产生和探测(Zhang and Xu,2009)。这些技术的缺点在于太赫兹脉冲的频谱很窄。在这项工作中,相关人员采用了基于光诱导气体击穿的替代方法,使用了高强度飞秒脉冲(Balakin,et al,2010;Dai,et al,2009)和空气偏置相干探测法(ABCD)(Dai,et al,2006;Frolov,et al,2012)。

在实验中,相关人员使用了一台配备有 Newport Spectra-Physics Mai Tai 飞秒激光器的 Zomega ZAP-ABCD THz-TDS 光谱仪,激光器脉冲持续时间为 40 fs,重复频率为 1 kHz,中心波长为 800 nm,可以产生频率间隔为 $0.1\sim$ 10 THz 的太赫兹辐射。该光谱仪基于双色(ω 和 2ω)激光场中气体光电离产生的太赫兹辐射。

空气偏置相干探测技术可用于宽带 THz-TDS 检测(Karpowicz,et al,2008)。将装置放置在净化气体(氮气)室中,可消除水蒸气对太赫兹的吸收。为了验证实验数据的有效性,相关人员使用 Jepsen 和 Fischer(2005)的方法估计了光谱仪的动态范围。特别地,估计了在给定样品厚度的情况下,在光谱仪上可测量的最大吸收系数(α_{max}),其与给定的样品及光谱仪的动态范围有关,即

$$\alpha_{max}=\frac{2}{d}\lg(DR) \tag{10.1}$$

其中，d 是样品的厚度；DR 是用噪声信号的频谱对参考信号的频谱进行归一化后得到的光谱仪的动态范围(Jepsen and Fischer，2005)。可使用平均光谱对 DR 进行估计。纯三羟甲基氨基甲烷(pH＝10)的 α_{max} 显示了最大吸光度(见图 10.1)。在这项工作中，本章所有图表中相对狭窄的光谱窗口都是由在 3.5~8.0 THz(取决于样品)的频率下通过研究样品的信号的严重减小和信噪比的降低造成的。

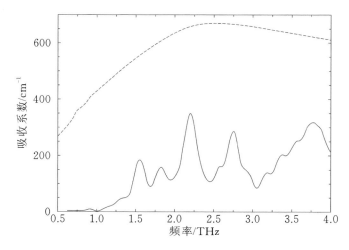

图 10.1　最大吸收系数曲线(虚线)和未质子化的纯三羟甲基氨基甲烷的吸收光谱(实线)

10.2.4　THz-TDS 数据处理和拟合程序

在测量有或无样品时的波形分布后，样品的吸收系数可大致计算为

$$\alpha(\omega)=-\frac{2}{d}\lg\left|\frac{E\mathrm{sample}(\omega)}{E\mathrm{ref}(\omega)}\right| \tag{10.2}$$

其中，$E\mathrm{sample}(\omega)$ 是有样品时的振幅谱；$E\mathrm{ref}(\omega)$ 是没有样品时的振幅谱。

利用 Nazarov 等人(2008)的计算机代码对太赫兹光谱进行处理。请注意，信噪比相对较低，并且使用了带有 30 点平滑窗口的 Savitzky-Golay 平滑程序(每个太赫兹频谱中的总点数约为 200)。

10.2.5　计算方法

使用量子理论可以分析分子或晶体的红外振动光谱。在这里简单描述一个没有进行深入研究的量子化学的一般计算过程，该计算的依据是原子核和电子系统的薛定谔方程，在该方程中，运动可以由于其巨大的质量差而解耦(玻恩-奥本海默近似)，与核运动有关的电子弛豫几乎是瞬时的。因此，可以方便地计算基态中固定核位置的电子能,然后找到对应于最小能量系统的几何结构。最后一步是获得振动状态和它们之间由于外场(例如在谐波近似中)引起的跃迁概率。通过计算总能量相对于笛卡儿(或内部)坐标的二阶导数,可以有效地进行谐波振动频率的理论计算。

电子系统薛定谔方程的求解方法很多。

密度泛函理论是目前最流行和最成功的量子力学理论之一。密度泛函理论的前提是非相对论库仑系统的能量可以由电子密度决定。这个理论起源于 Hohenberg 和 Kohn(1964)提出的一个定理,该定理指出基态可能存在这种情况。Kohn 和 Sham(1965)之后把密度泛函理论应用到实际中。这种方法构成了物理和化学中大多数电子结构计算的基础。材料的电学、磁学和结构特性可以用密度泛函理论计算,而密度泛函理论对分子科学的贡献程度可以通过 1998 年的诺贝尔化学奖反映出来,该奖授予 Walter Kohn 和 John A. Pople。更多细节,可参考相关专著(Cramer,2005;Jensen,2007;Koch,et al,2001)。

使用具有精细网格尺寸(对应于 0.04 Å^{-1} 的 k 点分离)的 DMol^3(版本 5.5)软件包(Delley,1990,2000)可对质子化和未质子化的三羟甲基氨基甲烷和 18-冠醚-6 进行固态密度泛函理论计算和几何优化收敛(对应于能量收敛为 10^{-6} Ha,最大能量梯度为 10^{-3} Ha^{-1}Å^{-1}、最大位移为 5×10^{-3} Å 的程序选项),密度收敛阈值在 SCF 最小化期间为 10^{-6},DNP(具有 d 和 p 极化的双数值)基集类似于 6-31G(d,p)高斯基集和广义梯度近似(GGA)密度函数 Perdew-Burke-Ernzerhof(PBE)(Perdew et al,1996),使用 Tkatchenko-Scheffler 色散校正方案(Tkatchenko and Scheffler 2009)。在室温下,利用 X 射线衍射研究指定的细胞内三羟甲基氨基甲烷(Golovina et al,2002)、质子化的三羟甲基氨基甲烷(Rudman et al,1983)和 CE(Maverick et al,1980)的参数,发现在单位细胞内的原子坐标被优化。

在谐波近似中进行正态模式分析,使用 Hirshfeld(1977)电荷分析方法,根据晶胞偶极矩变化的平方来计算固态红外强度,晶胞偶极矩变化是由各法向模坐标$(\partial\mu/\partial Q_k)^2$下原子的位移引起的。晶胞偶极矩为

$$\boldsymbol{\mu} = \sum_i q_i^{\mathrm{H}} r_i + \boldsymbol{\mu}_i^{\mathrm{H}} \tag{10.3}$$

其中,i 是位于坐标 r_i 处的原子数;q_i^{H} 和 $\boldsymbol{\mu}_i^{\mathrm{H}}$ 分别是 Hirshfeld 的有效原子电荷和偶极矩。

对于偶极矩计算,在最小化过程中,密度收敛的一个更严格的阈值为 10^{-8}。

计算的光谱与实际测量的光谱应定性一致。然而,并非所有计算出的振幅都与实验的一致。我们只提供计算时用到的频率,计算时用到的振幅可以在补充表中找到。

相关人员使用 Firefly 量子化学软件包计算了多肽、质子化的三羟甲基氨基甲烷和 18-冠醚-6 的分离络合物的谐波振动频率(Granovsky,2009)。利用迭代子空间中的直接反演进行几何优化计算,参数如下:能量梯度的最大分量和均方根值分别为 10^{-6} Ha/Bohr 和 3×10^{-7} Ha/Bohr。数值积分是借助一个网格完成的,每个原子有 99 个径向壳(每个壳上有 974 个角点)(Lebedev and Skorokhodov,1992)。Hessian 是半解析计算的,解析计算的能量的一阶导数是数值微分的。

该计算使用莫斯科国立大学超级计算中心的超级计算机等来实现。

10.3 稳定蛋白质结构二硫键的光谱分析

相关人员选择含硫氨基酸进行研究,因为硫原子参与了二硫键连接的形成,两个半胱氨酸残基在稳定蛋白质分子的空间结构中起重要作用。二硫键是代表连接单个多肽链或不同链的片段的蛋白质一级结构的元素。硫原子比氧、碳或氮原子重得多,其主要包含在蛋白质分子中,因此,二硫键的振动模式可能在低频谱范围内同时产生拉曼和太赫兹吸收线(Matei,et al,2005)。二硫键的低频标记带可以用于蛋白质结构的研究,并且可以解释用分子动力学方法获得的结果。标记带广泛用于蛋白质构象状态的研究(Aoki,et al,1982;Chen and Lord,1976;Kudryavtsev,et al,1998;Podstawka,et al,2004),相关理论和实验工作都集中于蛋白质和模型化合物中的二硫键(Nakamura,et al,1997;Tamann,1999;Weiss-Lopez,et al,1986;Yoshida and Matsuura,1998)。相关人员根据键中的键角计算势能分布(Görbitz,1994;Yoshida,et al,1992),提出了蛋白质分子在相应角度上的分布状态(Thornton,1981)。

为了观察和分配二硫键的低频振动线,相关人员研究了三对含硫二肽和四肽的太赫兹光谱。每对物质可以被认为是单体-二聚体对,每个二聚体是由二硫键形成的。显然,二聚体的太赫兹吸收光谱应该包含二硫键的标记带。

表 10.1 显示了正在研究的物质的化学结构。第一对物质是半胱氨酸和相应的二聚体(胱氨酸)。第二对单体是由亮氨酸和半胱氨酸组成的 LC 二肽。第三对单体是由异亮氨酸和半胱氨酸组成的 IC 二肽。用高效液相色谱法

（HPLC）、ESI 质谱和核磁共振波谱法对所有的肽进行表征，基于反相高效液相色谱法进行分析，发现所研究的多肽的纯度均高于 96%。

表 10.1　研究中的物质

物　质　名　称		化　学　结　构	物质的量/Da
第一对	Cysteine(H—Cys—OH)	HN—CH—COOH 　　　| H₂C—SH	121
	Cystine	H—Cys—OH 　　| H—Cys—OH	240
第二对	LC	H—Leu—Cys—OH	234
	(LC)₂	H—Leu—Cys—OH 　　　　| H—Leu—Cys—OH	466
第三对	IC	H—Ile—Cys—OH	234
	(IC)₂	H—Ile—Cys—OH 　　　| H—Ile—Cys—OH	466

　　二硫键的拉伸振动表现在 $480\sim550$ cm^{-1} 的蛋白质指纹范围的拉曼光谱中（Thamann，1999）。人们普遍认为，二硫键存在三个基本构象：gauche-gauche-gauche（g-g-g）、gauche-gauche-trans（g-g-t）和 trans-gauche-trans（t-g-t）。在蛋白质谱中，分配给这些构象的拉曼线通常在 510 cm^{-1}、525 cm^{-1} 和 540 cm^{-1} 处达到峰值，并成为二硫键的标记（Kitagawa，et al，1979；Sugeta，et al，1973；Tu，1986）。VanWart 等人（1973）证明了：S—S 伸缩振动的频率与二面角 C—S—S—C（ξ）成线性关系。依据这些数据，当 $\xi<40°$ 时，振动频率范围为 $480\sim505$ cm^{-1}，当 $50°\leqslant\xi\leqslant80°$ 时，拉伸模式的频率约为 510 cm^{-1}。请注意，上述数据是由 CS—SC 键的歪扭构象得到的。Devlin 等人（1990）分别观察到烯丙基甲基三硫化物和二烯丙基二硫化物中二硫键的振动带在 487 cm^{-1} 处和 490 cm^{-1} 处。在这些物质中，$\xi\approx25°$，相关人员将相应的构象看成近似顺式。L-胱氨酸光谱中的拉曼带在 499 cm^{-1} 处达到峰值，并与 $\xi\approx74°$ 的二硫键相连（Pearson，et al，1959）。这种分配与上述线性相关性相矛盾，而 Van Wart 等人提出了对实验结果的另一种解释（1973），S—S 伸缩振动的频率可能在很大程度上受到 CS—SC 二面角的微小变化的影响。因此，仅基于振动频率对 C—

S—S—C 二面角进行线性相关的直接分配可能会导致产生不明确的结果。两个二面角对 S—S 伸缩振动频率的综合影响可能是 L-胱氨酸存在的原因。

太赫兹吸收光谱均显示多个吸收峰,随着频率的增加持续吸收现象也随之增加。除了热背景之外,还有几个来源有助于这种持续吸收。首先,信号可以源于散射,因为在最高频率(约 4 THz)下,样品中的粒子尺寸与波长相当。此外,对背景吸收产生影响的另一因素可能为样品的非晶相。为此,相关人员提出无背景差法的太赫兹吸收光谱。

图 10.2 显示了 L-半胱氨酸和 L-胱氨酸的拉曼和太赫兹吸收光谱。表 10.2 将测量的吸收频率与文献数据进行了比较。对于不同的背景,相同样品的拉曼光谱和太赫兹吸收光谱通常是相似的。L-半胱氨酸和 IC 的低频拉曼光谱与太赫兹吸收光谱相似(见图 10.3)。

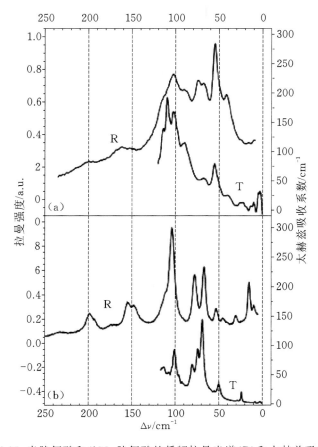

图 10.2　(a)L-半胱氨酸和(b)L-胱氨酸的低频拉曼光谱(R)和太赫兹吸收光谱(T)

表 10.2　L-半胱氨酸、L-胱氨酸、IC 和 LC 的太赫兹吸收线数据

L-半胱氨酸		L-胱氨酸		IC	LC
实验	参考数据	实验	参考数据	实验	实验
		8			
		23	23.74[b]		
		28			
43	46[a],45.05[b]	50	49.74[b]		
55	56[a],54.67[b]	55		56	
66		69	68.87[b]		
	71[a]	74			
	80[a]	81		80	80
90		90			
102	97[a]	101		95	95

注:所有频率的单位均为 cm^{-1};上标 a 表示由 Korter 等人获得的数据(2006);上标 b 表示由 Yamamoto 等人获得的数据(2005)。

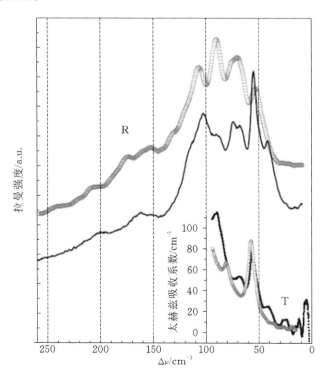

图 10.3　L-半胱氨酸(实线)和 IC(圆)的低谱拉曼光谱(R)和太赫兹吸收光谱(T)

考虑可以分配给二硫键的光谱成分。胱氨酸、(LC)$_2$ 和 (IC)$_2$ 的拉曼光谱在 480～550 cm^{-1} 的范围内达到峰值。在胱氨酸谱中,强拉曼线在 497 cm^{-1} 处达到峰值(DFT 值为 491 cm^{-1}),弱拉曼线在 542 cm^{-1} 处达到峰值。在上述范围内,(LC)$_2$ 的光谱可以合理地拟合三条高斯曲线,峰值分别为 499 cm^{-1}、514 cm^{-1} 和 528 cm^{-1}。请注意,最后一个光谱分量的位置是确定的,误差约为 10 cm^{-1}。(IC)$_2$ 的拉曼线在 506 cm^{-1} 和 531 cm^{-1} 处达到峰值。基于拉曼光谱数据,相关人员得出的结论是,所有样品都表现出二硫键的构象(包含 g-g-g、g-g-t 和 t-g-t 构象)异质性。

在研究的多晶样品中,由于氢键网络的存在(Korter,et al,2006;Plazanet,et al,2002),可预期分子间和分子内的低频振动(Walther,et al,2000)。固态效应可以使晶体中孤立分子的正常模式分裂成几种具有不同对称性的模式。其中的一些模式具有红外吸收特性,其中的一些模式在拉曼光谱范围内具有活性(Hochstrasser,1966)。在太赫兹频率范围内,相关人员研究了全反式视网膜分子晶体(Gervasio,et al,1998)和二溴二苯甲酮晶体(Volovšek,et al,2002)的劈裂效应。

图 10.2(a) 和图 10.3 为 L-半胱氨酸的太赫兹吸收光谱,在 43 cm^{-1}、55 cm^{-1}、66 cm^{-1}、90 cm^{-1} 和 102 cm^{-1} 处左右可观察到五个主要吸收峰。在室温下,L-半胱氨酸分子在空间群 P2$_1$2$_1$2$_1$ 中结晶,单位晶胞中有四个分子(Kerr and Ashmore,1973),并且该分子以具有氢键三维网络的两性离子形式存在。分离的 L-半胱氨酸分子的每个正常模式在晶体中分裂成四个组分,其中,两个在拉曼光谱范围内具有活性,两个在红外光谱范围内具有活性。因此,可在 43 cm^{-1}、55 cm^{-1}、66 cm^{-1} 和 90 cm^{-1} 处观察到最佳谱线,而不是在借助计算预测的两个振动模式处(43 cm^{-1} 和 88.5 cm^{-1})达到峰值。图 10.4 为二肽 IC 和 LC 的太赫兹吸收光谱。振动模式的位置如表 10.2 所示。对于 IC,其在 56 cm^{-1}、80 cm^{-1} 和 95 cm^{-1} 处存在吸收峰。

L-胱氨酸是 L-半胱氨酸的二聚体,它以两种多晶的形式结晶:四方相(P4$_1$)(Chaney and Steinrauf,1974)和六角相(P6$_1$22)(Dahaoui,et al,1999)。L-胱氨酸的四方相和六角相都以分子的两性离子形式结晶。两种多晶型之间的 S—S 键间距没有显著差异。同样的结论也适用于 C—S—S—C 扭转角,这两种形式均为正值(分别为 69° 和 75°)。主要的分子间相互作用是在铵基和羧酸基之间形成的 S⋯S 键和 NH⋯O 之间的氢键作用。NH⋯O 氢键导致层的

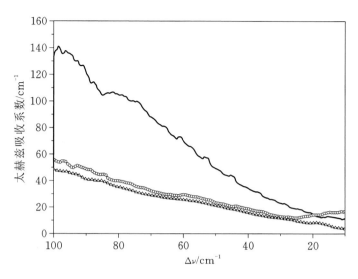

图 10.4　LC(实线)、(IC)₂(圆圈)和(LC)₂(三角形)的太赫兹吸收光谱的比较

形成。氢键层在一侧通过 S⋯S 共价键相互连接,在另一侧通过 NH⋯O 氢键相互连接(Moggach,et al,2005)。

分离的 L-胱氨酸的正常计算模式为 20.37 cm⁻¹、27.62 cm⁻¹、29.19 cm⁻¹(对应于单体的相对分子间扭转)、41.34 cm⁻¹、50.47 cm⁻¹(相对 COO+Cᵃ⁰—C⁸⁰ 和 C⁰OO+Cᵃ—C⁸ 的扭转)、55.64 cm⁻¹、75.86 cm⁻¹(变形模式是单体的相对运动)。晶体的正常模式由不同的分子模式组成。由于晶体的对称性,有些孤立分子的振动模式可能在晶体中分裂,这应该是 L-半胱氨酸单体的变形和相对运动的性质。由于存在基团分裂(Hochstrasser,1966),红外和拉曼频率也可能有几个波数的差别。

图 10.2(b)显示了 L-胱氨酸的拉曼光谱和太赫兹吸收光谱。L-胱氨酸的太赫兹吸收光谱表现出 10 个谱带,在 8 cm⁻¹、23 cm⁻¹、28 cm⁻¹、50 cm⁻¹、55 cm⁻¹、69 cm⁻¹、74 cm⁻¹、81 cm⁻¹、90 cm⁻¹ 和 101 cm⁻¹ 处达到峰值。样品的复杂晶体结构不允许人们将观察到的谱线指定给计算出的正常模式。太赫兹吸收光谱和拉曼光谱具有明显的相似性,但频率范围低于120 cm⁻¹ 的太赫兹吸收带的数目不同于拉曼谱线的数目。注意,在 L-半胱氨酸的光谱中,67 cm⁻¹ 和 78 cm⁻¹ 处的拉曼双峰在太赫兹吸收光谱的约69 cm⁻¹、74 cm⁻¹ 和 80 cm⁻¹ 处变为三峰。对于 L-半胱氨酸,没有观察到太赫兹(23 cm⁻¹ 和 28 cm⁻¹)和拉曼(15 cm⁻¹ 和 29 cm⁻¹)光谱特征的存在。基于 DFT 计算,可将

光谱特征分配给涉及 S—S 半胱氨酸键连接的晶体的氢键层的相对运动。

借助晶体的六边形对称特征可以将运动方程分解成振动和平动。请注意，零频率被指定为平动。结晶体系的这种性质允许相关人员将低于 $10\ cm^{-1}$ 处的低频带解释为氢键层的平动。这些运动也涉及 S—S 键，因此应反映在低频拉曼光谱和太赫兹吸收光谱中。

这种振动也表现在 $(IC)_2$ 和 $(LC)_2$ 的拉曼光谱和太赫兹吸收光谱中。然而，如果没有对样品的晶体结构进行适当的鉴定，它们的精确识别是不合理的。低频拉曼光谱在 $10\ cm^{-1}$ 和 $15\ cm^{-1}$（胱氨酸）、$9\ cm^{-1}$ 和 $18\ cm^{-1}$（$(LC)_2$）处达到峰值。然而，在 $(LC)_2$ 的光谱中没有观察到相似频率的谱线，可观察到 $(IC)_2$ 和 $(LC)_2$ 的无特征的太赫兹光谱（见图 10.4）。这种行为可能是由于在 LC 样品中缺乏长程有序的结构而导致的，对应的是典型的无定性样品（Walther，et al，2003）。然而，不能得出 $(IC)_2$ 和 $(LC)_2$ 样品是无定性的，因为它们的折射率与所研究的其他样品的折射率没有差异。

10.4　酶在无机溶剂中的逆功能

生物分子分析是物理学、化学和生物学的核心问题。酶是控制活生物体功能的重要生物分子。酶的活性通常与其构象动力学有关，因此，酶的结构特征在其功能发挥中起着重要作用。

水是自然界酶的重要组成部分。当环境变化时，由于空间结构变化，蛋白质球的自由能会发生变化，从而达到新的平衡。在考虑酶活性的控制时，分析酶在各种介质中的功能相关结构的改变是必要的。

在水中，丝氨酸蛋白酶可促进肽键水解，例如，对于 CT，在 pH 为 7.8 时达到最大活性（Fresht，1999）。当冻干蛋白酶置于有机溶剂中时，其功能转变为酯交换，活性降低了几个数量级（Debulis and Klibanov，1993；Khmelnitsky，et al，1994）。然而，如果丝氨酸蛋白酶从含有冠醚的水溶液中冻干，则有机溶剂的活性将显著增强。酶和冠醚的相对物质的量浓度不同，在不同溶剂中的最大活性也不同（例如，在环己烷和乙腈中，CT 分别为 1∶250 和 1∶50）（Broos，et al，1995；Unen，et al，1998）。酶活性增强的可能原因之一是冠醚分子与蛋白质表面氨基基团发生了相互作用（Brandt，et al，2000，2001，2003；Engbersen，et al，1996；Tsukube，et al，2001）。为了模拟这种相互作用，相关人员采用了一种基于三羟甲基氨基甲烷的化学模型。氨基基团带和羧基基团带的光谱重叠阻碍了基于氨基酸及其衍生物的更紧密模型的应用。三羟甲基氨基甲烷是一种具有典型性质的胺（例如与醛类缩合）。因此，在没有强酰胺带的情况下，其可以作为蛋白质氨基基团的化学模型。结果表明（Brandt，et al，2012；Mankova，et al，2012），未质子化的三羟甲基氨基甲烷与冠醚发生弱相互作用，而相对稳定的络合物可能是质子化了氨基的三羟甲基氨基甲烷（质子化的三羟甲基氨基甲烷）。在 Harsha 和 Grischkowsky 的研究结果中可以找到与三羟甲基氨基甲烷的太赫兹光谱相关的第一个结论（2010）。

冠醚分子是含氧原子的乙烯键—CH_2—O—CH_2—中相对较大的大环化合物。冠醚由于氧的非共享电子对在环内取向而表现出络合作用。在实验中，相关人员使用 18-冠醚-6（1，4，7，10，13，16-六氧杂环十八烷 $C_{12}H_{24}O_6$）。Izatt（1978）和 Trueblood（1982）等人证明了 CE 与胺的相互作用导致氨基基团在环内形成络合物（与碱金属形成类似的络合物）。人们普遍认为，络合物的形成是由于氨基基团中的氢键和 CE 中的 O 存在相互作用。

相关人员应用 THz-TDS 和红外光谱技术研究了 CT（丝氨酸蛋白酶）和质子化了的带有 CE 的三羟甲基氨基甲烷的相互作用。两种光谱方法都使研究低频振动模式成为可能。

10.4.1 三冠醚体系的光谱分析（蛋白质表面氨基相互作用的模型）

相关人员将三羟甲基氨基甲烷-CE 混合物在几种相对物质的量浓度下从水溶液中冻干。首先，三羟甲基氨基甲烷溶解在双蒸馏水中并借助盐酸使 pH 值达到 3。由于 $pK_{tris}=8.06$，因此该溶液中主要包含质子化的三羟甲基氨基甲烷。然后将 CE 加入相对物质的量浓度为 1∶1、1∶2、1∶5 和 1∶10 的三羟甲基氨基甲烷-CE 混合物溶液中。样品中 CE 的相对物质的量浓度增加，因为当每个蛋白质分子的 CE 分子的数目明显大于蛋白质分子的所谓结合位点的数目时，在非水性溶剂中酶的活性达到最大。用冷冻干燥法制备的粉末由 40～100 μm 大小的微晶组成。用 THz-TDS 进行测量时，应将粉末压制成片。在 FTIR 测量中，为了使样品的吸收系数相对较高，需要将片剂的厚度减少至几十微米。这种薄片在机械上是不稳定的，所以应把粉末压在厚度为 120 μm 的帕拉胶膜上。

图 10.5 显示了质子化的三羟甲基氨基甲烷和 tris-CE 混合物的太赫兹时域光谱和 FTIR 光谱。CE 光谱（见图 10.5（f）和（f′），光谱显示在 2.0 THz、3.2 THz、4.3 THz、4.7 THz、5.6 THz、6.8 THz 和 8.0 THz（75 cm^{-1}、

$108~cm^{-1}$、$143~cm^{-1}$、$169~cm^{-1}$、$190~cm^{-1}$、$228~cm^{-1}$ 和 $266~cm^{-1}$)处达到峰值。
图 10.5(f′)中所示的竖条显示的计算频率与实验数据一致。三羟甲基氨基甲烷
(见图 10.5(a)和(a′),光谱显示在 3.0 THz、4.1 THz、5.6 THz、7.2 THz 和
8.1 THz($100~cm^{-1}$、$138~cm^{-1}$、$186~cm^{-1}$、$240~cm^{-1}$ 和 $275~cm^{-1}$)处达到峰值。

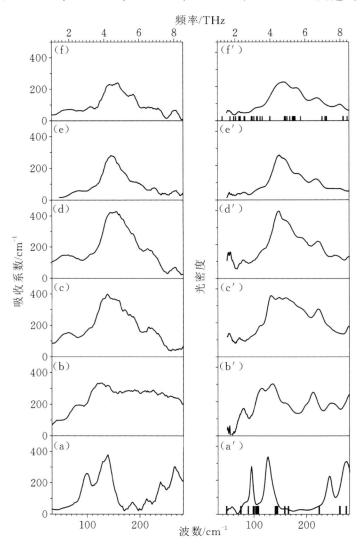

图 10.5 三羟甲基氨基甲烷和 tris-CE 混合物的太赫兹时域光谱和 FTIR 光谱。(a)和
(a′)三羟甲基氨基甲烷;tris-CE 样品比例分别为 1∶1((b)和(b′))、1∶2((c)和
(c′))、1∶5((d)和(d′))、1∶10((e)和(e′));(f)和(f′)CE 样品;在(a′)和(f′)中的
竖条显示的计算频率与实验数据一致

1∶1 的样品在相对强的相互作用下可以形成稳定的络合物。这被 Brandt 等人（2000，2001，2003），Engbersen 等人（1996）和 Tsukube 等人（2001）证实，也可由图 10.5（b）和（b′）得出。1∶1 络合物的光谱与纯物质的光谱有很大的区别，其不能表示为组分光谱的线性组合。还要注意，1∶1 样品的吸收系数的绝对值相对于组分的吸收系数不是递增的（见图 10.5（b）和（b′））。假设在 3.0 THz 和 4.1 THz 处的三羟甲基氨基甲烷的峰带变宽并产生红移，另外，背景吸收在光谱的高频部分增加。在 CE 和三羟甲基氨基甲烷光谱中没有观察到 1∶1 样品（3.4 THz、4.1 THz、6.4 THz 和 7.5 THz（115 cm^{-1}、135 cm^{-1}、214 cm^{-1} 和 249 cm^{-1}）的光谱中的几个谱带。

非等物质的量样品（1∶2、1∶5 和 1∶10）的光谱不能表示为等物质的量样品和 CE 的光谱之和，其相应的系数取决于相对浓度。非等物质的量样品的光谱实际上不含纯 tris 带，但随着 CE 相对浓度的增加，CE 带开始出现（3.2 THz、4.5 THz、5.6 THz、6.8 THz（108 cm^{-1}、150 cm^{-1}、190 cm^{-1}、228 cm^{-1}））。1∶2 样品（约 400 cm^{-1}）的最大吸光度明显大于 CE（约 240 cm^{-1}）和等物质的量样品（约 330 cm^{-1}）的最大吸光度。1∶5 样品的最大吸光度甚至更高（约 430 cm^{-1}）。1∶2 样品的光谱不受等物质的量样品显影带的影响，峰值在 250 cm^{-1} 处。

因此，随着 CE 的相对浓度的增加，样品的光谱在逐渐发生改变。在等物质的量样品的光谱中，位于 3.4 THz 和 4.1 THz（115 cm^{-1} 和 135 cm^{-1}）处的峰带随着 CE 含量的增加而逐渐减小。1∶5 样品的光谱中，峰值为 193 cm^{-1} 的谱带在 1∶10 样品的光谱中移动到 186 cm^{-1} 处，在 CE 光谱中移动到 182 cm^{-1}。由此可得出结论，tris-CE 样品的光谱不能表示为组分的光谱的叠加。

基于上述结果，假设 tris-CE 样品至少代表了具有协同振动模式的半部分有序结构。假设 1∶2(1∶5) 样品中晶胞可能含有 1/3(1/6) 三羟甲基氨基甲烷分子和 2/3(5/6)CE 分子。当 CE 的相对物质的量浓度明显大于三羟甲基氨基甲烷的相对物质的量浓度时，混合物的光谱可能与纯 CE 的光谱不同。

10.4.2　冠醚与酶相互作用的光谱表征

将 CT-CE 混合物在相对物质的量浓度为 1∶100 和 1∶250 的水溶液中冻干，实验中用于 THz-TDS 和 FTIR 测量的片剂如前一节所述进行制备。图 10.6 显示了 CT-CE 样品的 THz-TDS 光谱（图 10.6（a）～（d））和 FTIR 光谱（见图 10.6（a′）～（d′））。在上述实验中，利用太赫兹光谱得到的光谱数据与利用 FTIR 光谱测得的结果一致。随着 CE 相对浓度的增加，光谱的总体改变与 tris-CE 样品的光谱改变相似。显然,蛋白质表面可能的结合位点的最小数目等于蛋白质质子化表面氨基的数目。还应注意与表面羟基结合的可能性(Brandt,et al,2000,2001)。Northrop 等人利用 X 射线估计结合位点的数目(1948)。当 pH < 8 时,CT 的质子化表面氨基的数目不大于 20。对蛋白质分子表面区域的形式估计允许大约 50 个 CE 分子放置在表面上。因此,研究中的样品含有过量的与蛋白质表面可能结合位点数量有关的 CE 分子。

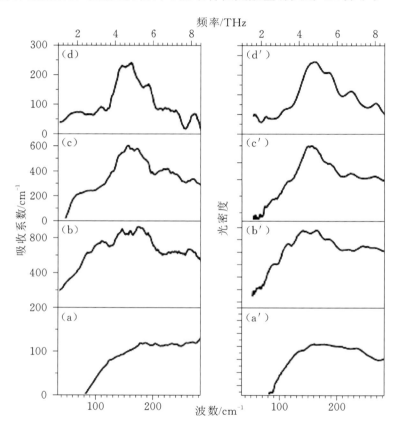

图 10.6　THz-TDS 光谱和 FTIR 光谱。(a)和(a′)CT 样品;(b)和(b′)1∶100 CT-CE 样品;(c)和(c′)1∶250 CT-CE 样品;(d)和(d′)CE 样品

　　CT 光谱是一条相对平滑的曲线,光谱特征较弱,峰值为 131 cm^{-1}、154 cm^{-1}和 234 cm^{-1}。1∶100 样品的光谱与蛋白质光谱大不相同,1∶250 样品的光谱与蛋白质光谱不同,但似乎与 CE 光谱大体相似。这里的不同在于随着组分的相对浓度的降低(增加),最大吸收系数和吸光度的非单调变化。

在 1∶100 和 1∶250 样品的光谱中,光谱形状的一般相似性和 CE 光谱特征的存在使得相关人员可以假设 CT-CE 样品的光谱可以表示为纯物质光谱的叠加。在这种假设下,可以利用纯物质(CT 和 CE)的测量光谱和组分的相对浓度来计算 CT-CE 样品的光谱。假设没有相互作用(光密度具有可加性),在考虑组分的质量比(在 1∶250 样品中质量分数为 28% 的蛋白质和质量分数为 72% 的 CE,以及在 1∶100 样品中质量分数为 49% 的蛋白质和质量分数为 51% 的 CE)时,可计算 1∶100 和 1∶250 样品的光密度。

如图 10.7 所示,1∶100 和 1∶250 样品的光谱(实线)不能表示为组分光谱的线性组合,加权系数由相对浓度(点划线)确定。通过比较,可以假设蛋白质与 CE 相互作用,从而可能导致蛋白质与 CE 结合。另一种解释可能涉及异质物质的形成,其中,CT 分子嵌入 CE 分子的基质中,反之亦然。1∶100 固体样品可以被认为是紧密堆积的 CT 分子晶格,蛋白质分子之间的自由空间被 CE 填充。在 1∶250 样品中,蛋白质分子之间的距离可以比蛋白质球的平均直径长约 20%。

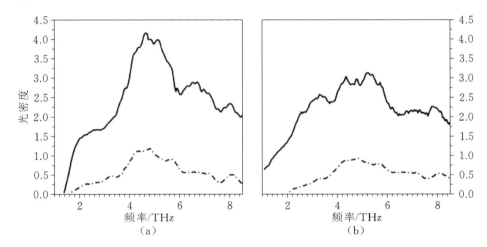

图 10.7   (a)1∶250 和(b)1∶100 CT-CE 样品的 THz-TDS 光谱(实线)和计算的光谱(点划线)

假设 1∶100 和 1∶250 样品的光谱差异仅仅是由于最后一个样品中额外添加了 CE 造成的。换句话说,假设 1∶250 样品是 1∶100 样品和 CE 的添加剂的混合物。那么,1∶250 样品的光谱必须与 1∶100 样品的光谱和具有相应加权系数的 CE 光谱的线性组合相同(假设不存在游离蛋白质分子使得1∶250样品中的1∶100物质的浓度与蛋白质的浓度相同)。图 10.8 比较了测量的和计算的光谱。可以看出,计算的光密度通常低于测量的光密度。因此,1∶250 样品中添加的 CE 分子必须至少部分参与与蛋白质分子的相互作用和/或导致异质性 CT-CE 系统的转化。

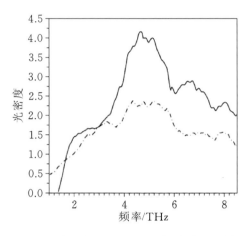

图 10.8　1∶250 CT-CE 样品的 THz-TDS 光谱(实线)和计算的光谱(点划线)

10.5　结论

　　利用现有的光谱数据和附加的拉曼测量结果,假设太赫兹吸收光谱线对应于二硫键的各种振动(例如 S—S—C 弯曲模式和 S—S 扭转模式),则这些线可以用作二硫键的低频标记。拉曼和太赫兹吸收频率之间的差异可能是由不同的分子间的相互作用造成的。因此,最低振动频率可以对应晶格的振动。结论为,低频拉曼和太赫兹吸收线反映了分子内和分子间的运动。针对冠醚可能与 CT 表面氨基相互作用导致的非水介质中的 CT 活性问题,相关人员研究了三羟甲基氨基甲烷-CE 间的相互作用。结果表明,质子化的三羟甲基氨基甲烷与 CE 的相互作用在不同组分相对物质的量浓度下形成的结构呈现出纯物质光谱中不存在的光谱特征。注意,三羟甲基氨基甲烷的质子化氨基团与 CE 的相互作用比未质子化的氨基基团更活跃。实验结果与三羟甲基氨基甲烷和 CE 晶胞的计算振动模式基本一致。CT 光谱显示了宽带红外吸收,仅有三条微弱的谱线,峰值中心位于 $131\ \text{cm}^{-1}$、$154\ \text{cm}^{-1}$ 和 $234\ \text{cm}^{-1}$ 处。CT-CE 混合物的光谱显示了几个显著的光谱特征。混合物的光谱与各组分的光谱明显不同。预测结果表明,CT 与 CE 样品在 1∶100 和 1∶250 时不能表示为各组分样品光谱的叠加,1∶250 样品的光谱不能表示为 1∶100 样品的光谱和 CE 光谱的叠加。

随着 CE 相对物质的量浓度的增加,CT-CE 混合物光谱的变化与 tris-CE 样品光谱的相应变化相似。因此可认为非水溶剂中 CT 的功能活性的增加与蛋白质的质子化氨基基团和 CE 分子的相互作用有关。

参 考 文 献

Ahern,T. J. and A. M. Klibanov. 1985. The mechanisms of irreversible enzyme inactivation at 100C. *Science* 228:1280-1284.

Aoki,K. ,H. Okabayashi,S. Maezawa et al. 1982. Raman studies of bovine serum albumin-ionic detergent complexes and conformational change of albumin molecule induced by detergent binding. *Biochimica et Biophysica Acta (BBA)-Protein Structure and Molecular Enzymology* 703:11-16.

Balakin,A. V. ,A. V. Borodin, I. A. Kotelnikov, and A. P. Shkurinov. 2010. Terahertz emission from a femtosecond laser focus in a two-color scheme. *Journal of the Optical Society of America B* 27:16-26.

Becke,A. D. 1993. Density-functional thermochemistry. Ⅲ. The role of exact exchange. *The Journal of Chemical Physics* 98:5648-5652.

Blevins,R. A. and A. Tulinsky. 1985. The refinement and the structure of the dimer of alpha-chymotrypsin at 1. 67-A resolution. *Journal of Biological Chemistry* 260:4264-4275.

Brandt,N. N. ,A. Y. Chikishev,V. I. Dolgovskii,and S. I. Lebedenko. 2007. Laser Raman spectroscopy of the effect of solvent on the low-frequency oscillations of organic molecules. *Laser Physics* 17:1133-1137.

Brandt, N. N. ,A. Y. Chikishev, J. Greve et al. 2000a. CARS and Raman spectroscopy of function-related conformational changes of chymotrypsin. *Journal of Raman Spectroscopy* 31:731-737.

Brandt,N. N. ,A. Y. Chikishev,A. V. Kargovsky et al. 2008. Terahertz time-domain and Raman spectroscopy of the sulfur-containing peptide dimers: Low-frequency markers of disulfide bridges. *Vibrational Spectroscopy* 47:53-58.

太赫兹生物医学科学与技术

Brandt, N. N., A. Y. Chikishev, A. A. Mankova et al. 2012. THz and IR spectroscopy of molecular systems that simulate function-related structural changes of proteins. *Spectroscopy: An International Journal* 27:429-432.

Brandt, N. N., A. Y. Chikishev, and I. K. Sakodinskaya. 2003. Raman spectroscopy of tris-(hydroxymethyl) aminomethane as a model system for the studies of α-chymotrypsin activation by crown ether in organic solvents. *Journal of Molecular Structure* 648:177-182.

Brandt, N. N., A. Y. Chikishev, A. I. Sotnikov et al. 2005. Ricin, ricin agglutinin, and the ricin binding subunit structural comparison by Raman spectroscopy. *Journal of Molecular Structure* 735:293-298.

Brandt, N. N., V. V. Molodozhenya, I. K. Sakodynskaya, and A. Y. Chikishev. 2000b. The Raman spectra of a crown complex of tris (hydroxymethyl) aminomethane. *Russian Journal of Physical Chemistry A* 74:1883-1887.

Brandt, N. N., I. K. Sakodinskaya, and A. Y. Chikishev. 2000c. Raman spectroscopy of conformational changes of alpha-chymotrypsin in a reaction with 18-crown-6: The effect of enzyme activation in organic solvents. *Doklady Physical Chemistry* 375:235-239.

Brandt, N. N., I. K. Sakodynskaya, and A. Y. Chikishev. 2001. A study of interaction between alphachymotrypsin and 18-crown-6 in organic solvents by Raman spectroscopy. *Russian Journal of Physical Chemistry* 75:928-932.

Broos, J., J. F. J. Engbersen, I. K. Sakodinskaya, W. Verboom, and D. N. Reinhoudt. 1995a. Activity and enantioselectivity of serine proteases in transesterification reactions in organic media. *Journal of the Chemical Society, Perkin Transactions* 12899-12905.

Broos, J., I. K. Sakodinskaya, J. F. J. Engbersen, W. Verboom, and D. N. Reinhoudt. 1995b. Large activation of serine proteases by pretreatment with crown ethers. *Journal of the Chemical Society, Chemical Communications* 255-256.

Brown, K. G., S. C. Erfurth, E. W. Small, and W. L. Peticolas. 1972.

Conformationally dependent low-frequency motions of proteins by laser Raman spectroscopy. *Proceedings of the National Academy of Sciences* 69:1467-1469.

Byler, D. M. and H. Susi. 1986. Examination of the secondary structure of proteins by deconvolved FTIR spectra. *Biopolymers* 25:469-487.

Caliskan, G., A. Kisliuk, A. M. Tsai, C. L. Soles, and A. P. Sokolov. 2002. Influence of solvent on dynamics and stability of a protein. *Journal of Non-Crystalline Solids* 307:887-893.

Carey, P. 1982. *Biochemical Applications of Raman and Resonance Raman Spectroscopes*. New York: Access Online via Elsevier.

Chaney, M. O. and L. K. Steinrauf. 1974. The crystal and molecular structure of tetragonal L-cystine. *Acta Crystallographica Section B: Structural Crystallography and Crystal Chemistry* 30:711-716.

Chen, M. C. and R. C. Lord. 1976. Laser-excited Raman spectroscopy of biomolecules. VIII. Conformational study of bovine serum albumin. *Journal of the American Chemical Society* 98:990-992.

Chikishev, A. Y., G. W. Lucassen, N. I. Koroteev, C. Otto, and J. Greve. 1992. Polarization sensitive coherent anti-Stokes Raman scattering spectroscopy of the amide I band of proteins in solutions. *Biophysical Journal* 63:976-985.

Costantino, H. R., K. Griebenow, R. Langer, and A. M. Klibanov. 1997. On the pH memory of lyophilized compounds containing protein functional groups. *Biotechnology and Bioengineering* 53:345-348.

Cramer, C. J. 2005. *Essentials of Computational Chemistry: Theories and Models*. Chichester, U. K.: John Wiley & Sons, Inc.

Dahaoui, S., V. Pichon-Pesme, J. A. K. Howard, and C. Lecomte. 1999. CCD charge density study on crystals with large unit cell parameters: The case of hexagonal L-cystine. *The Journal of Physical Chemistry A* 103: 6240-6250.

Dai, J., N. Karpowicz, and X. -C. Zhang. 2009. Coherent polarization control of terahertz waves generated from two-color laser-induced gas plasma. *Physical Review Letters* 103:023001.

Dai, J., X. Xie, and X. -C. Zhang. 2006. Detection of broadband terahertz waves with a laser-induced plasma in gases. *Physical Review Letters* 97: 103903.

Debulis, K. and A. M. Klibanov. 1993. Dramatic enhancement of enzymatic activity in organic solvents by lyoprotectants. *Biotechnology and Bioengineering* 41:566-571.

Delley, B. 1990. An all-electron numerical method for solving the local density functional for polyatomic molecules. *The Journal of Chemical Physics* 92:508-517.

Delley, B. 2000. From molecules to solids with the DMol approach. *The Journal of Chemical Physics* 113:7756-7764.

Devlin, M. T., G. Barany, and I. W. Levin. 1990. Conformational properties of asymmetrically substituted mono-, di-and trisulfides: Solid and liquid phase Raman spectra. *Journal of Molecular Structure* 238:119-137.

Dordick, J. S. 1992. Designing enzymes for use in organic solvents. *Biotechnology Progress* 8:259-267.

Dunning Jr., T. H. 1989. Gaussian basis sets for use in correlated molecular calculations. I. The atoms boron through neon and hydrogen. *The Journal of Chemical Physics* 90:1007-1123.

Ebeling, W., L. Schimansky-Geier, and Y. M. Romanovsky. 2002. *Stochastic Dynamics of Reacting Biomolecules*. Singapore, Singapore: World Scientific.

Engbersen, J. F. J., J. Broos, W. Verboom, and D. N. Reinhoudt. 1996. Effects of crown ethers and small amounts of cosolvent on the activity and enantioselectivity of α-chymotrypsin in organic solvents. *Pure and Applied Chemistry* 68:2171-2178.

Fersht, A. 1999. *Structure and Mechanism in Protein Science: A Guide to Enzyme Catalysis and Protein Folding*. New York: W. H. Freeman.

Frolov, A. A., A. V. Borodin, M. N. Esaulkov, I. I. Kuritsyn, and A. P. Shkurinov. 2012. Theory of a laser-plasma method for detecting terahertz radiation. *Journal of Experimental and Theoretical Physics*

114:893-905.

Genzel, L. , F. Keilmann, T. P. Martinet al. 1976. Low-frequency Raman spectra of lysozyme. *Biopolymers* 15:219-225.

Gervasio, F. L. ,G. Cardini,P. R. Salvi,and V. Schettino. 1998. Low-frequency vibrations of all-trans-retinal: Far-infrared and Raman spectra and density functional calculations. *The Journal of Physical Chemistry A* 102:2131-2136.

Golovina, N. I. , A. V. Raevskii, B. S. Fedorov et al. 2002. Temperature-dependent structure-energy changes in crystals of compounds with poly (hydroxymethyl) grouping. *Journal of Solid State Chemistry* 164: 301-312.

Görbitz, C. H. 1994. Conformational properties of disulphide bridges. 2. Rotational potentials of diethyl disulphide. *Journal of Physical Organic Chemistry* 7:259-267.

Granovsky,A. A. 2009. *Firefly version* 7. 1. G. http://classic. chem. msu. su/gran/firefly/index. html.

Harsha, S. S. and D. Grischkowsky. 2010. Terahertz (far-infrared) characterization of tris (hydroxymethyl) aminomethane using high-resolution waveguide THz-TDS. *The Journal of Physical Chemistry A* 114:3489-3494.

Hirshfeld,F. L. 1977. Bonded-atom fragments for describing molecular charge densities. *Theoretica Chimica Acta* 44:129-138.

Hochstrasser,R. M. 1966. *Molecular Aspects of Symmetry*. New York: W. A. Benjamin. Hohenberg,P. and W. Kohn. 1964. Inhomogeneous electron gas. *Physical Review* 136:B864-B871.

Itoh,T. ,K. Mitsukura,K. Kaihatsu et al. 1997a. Remarkable acceleration of a lipase-catalyzed reaction by a thiacrownether additive:Buffer-free highly regioselective partial hydrolysis of4-acetoxy-2-methylbut-2-enyl acetate. *Journal of the Chemical Society,Perkin Transactions* 12275-12278.

Itoh,T. ,K. Mitsukura,W. Kanphai et al. 1997b. Thiacrown ether technology in lipase-catalyzed reaction:Scope and limitation for preparing optically active 3-hydroxyalkanenitriles and application to insect pheromone synthesis. *The Journal of Organic Chemistry* 62:9165-9172.

Izatt,R. M. ,N. E. Izatt,B. E. Rossiter,J. J. Christensen,and B. L. Haymore. 1978. Cyclic polyether-protonated organic amine binding:Significance in enzymatic and ion transport processes. *Science* 199:994-996.

Jensen,F. 2007. *Introduction to Computational Chemistry*. Chichester,U. K. :John Wiley & Sons,Inc. Jepsen,P. U. and B. M. Fischer. 2005. Dynamic range in terahertz time-domain transmission and reflection spectroscopy. *Optics Letters* 30:29-31.

Jibson,M. D. ,Y. Birk,and T. A. Bewley. 1981. Circular dichroism spectra of trypsin and chymotrypsin complexes with bowman-birk or chickpea trypsin inhibitor. *International Journal of Peptide and Protein Research* 18:26-32.

Karpowicz,N. ,J. Dai,X. Lu et al. 2008. Coherent heterodyne time-domain spectrometry covering the entire "terahertz gap". *Applied Physics Letters* 92:011131.

Kerr,K. A. and J. P. Ashmore. 1973. Structure and conformation of orthorhombic L-cysteine. *Acta Crystallographica Section B：Structural Crystallography and Crystal Chemistry* 29:2124-2127.

Khmelnitsky,Y. L. ,S. H. Welch,D. S. Clark,and J. S. Dordick. 1994. Salts dramatically enhance activity of enzymes suspended in organic solvents. *Journal of the American Chemical Society* 116:2647-2648.

Kitagawa,T. ,T. Azuma,and K. Hamaguchi. 1979. The Raman spectra of Bence-Jones proteins. Disulfide stretching frequencies and dependence of Raman intensity of tryptophan residues on their environments. *Biopolymers* 18:451-465.

Klibanov,A. M. 1989. Enzymatic catalysis in anhydrous organic solvents. *Trends in Biochemical Sciences* 14:141-144.

Koch,W. ,M. C. Holthausen,and E. J. Baerends. 2001. *A Chemist's Guide to Density Functional Theory*. Weinheim, Germany：FVA-Frankfurter Verlagsanstalt GmbH.

Kohn, W. and L. J. Sham. 1965. Self-consistent equations including exchange and correlation effects. *Physical Review* 140:A1133-A1138.

Korter, T. M., R. Balu, M. B. Campbell et al. 2006. Terahertz spectroscopy of solid serine and cysteine. *Chemical Physics Letters* 418:65-70.

Kudryavtsev, A. B., S. B. Mirov, L. J. DeLucas et al. 1998. Polarized Raman spectroscopic studies of tetragonal lysozyme single crystals. *Acta Crystallographica Section D: Biological Crystallography* 54:1216-1229.

Lebedev, V. I. and A. L. Skorokhodov. 1992. Quadrature formulas of orders 41, 47, and 53 for the sphere. *Russian Academy of Sciences Doklady Mathematics* 45:587-592.

Lord, R. C. and N.-T. Yu. 1970. Laser-excited Raman spectroscopy of biomolecules: II. Native ribonuclease and α-chymotrypsin. *Journal of Molecular Biology* 51:203-213.

Mankova, A. A., A. V. Borodin, A. V. Kargovsky et al. 2012. Terahertz time-domain and FTIR spectros-copy of tris-crown interaction. *Chemical Physics Letters* 554:201-207.

Mankova, A. A., A. V. Borodin, A. V. Kargovsky et al. 2013. Terahertz time-domain and FTIR spectroscopic study of interaction of α-chymotrypsin and protonated tris with 18-crown-6. *Chemical Physics Letters* 560: 55-59.

Matei, A., N. Drichko, B. Gompf, and M. Dressel. 2005. Far-infrared spectra of amino acids. *Chemical Physics* 316:61-71.

Maverick, E., P. Seiler, W. B. Schweizer, and J. Dunitz. 1980. 1, 4, 7, 10, 13, 16-Hexaoxacyclooctadecane: Crystal structure at 100 K. *Acta Crystallographica Section B: Structural Crystallography and Crystal Chemistry* 36:615-620.

McCammon, J. A. and P. G. Wolynes. 1977. Nonsteady hydrodynamics of biopolymer motions. *The Journal of Chemical Physics* 66:1452-1456.

Moggach, S. A., D. R. Allan, S. Parsons, L. Sawyer, and J. E. Warren. 2005. The effect of pressure on the crystal structure of hexagonal L-cystine. *Journal of Synchrotron Radiation* 12:598-607.

Nakamura, K., S. Era, Y. Ozaki et al. 1997. Conformational changes in seventeen cystine disulfide bridges of bovine serum albumin proved by Raman spectroscopy. *FEBS Letters* 417:375-378.

Nazarov,M. M. ,A. P. Shkurinov, E. A. Kuleshov,and V. V. Tuchin. 2008. Terahertz time-domain spectros-copy of biological tissues. *Quantum Electronics* 38:647.

Nazarov,M. M. ,A. P. Shkurinov, V. V. Tuchin,and O. S. Zhernovaya. 2007. Modification of terahertz pulsed spectrometer to study biological samples. Presented at *Optical Technologies in Biophysics and Medicine* Ⅷ ,vol. 6535,pp. 65351-65357.

Northrop,J. H. ,M. Kunitz,and R. M. Herriott. 1948. *Crystalline Enzymes*. New York:Columbia University Press.

Pearson,W. B. ,L. D. Caivert,J. M. Bijvoet,and J. D. Dunitz. 1959. *Structure Reports : Metals and Inorganic Compounds*. For 1959: International Union of Crystallography.

Perdew,J. P. ,K. Burke,and M. Ernzerh of. 1996. Generalized gradient approximation made simple. *Physical Review Letters* 77:3865-3868.

Plazanet,M. ,N. Fukushima,and M. R. Johnson. 2002. Modelling molecular vibrations in extended hydrogen-bonded networks-crystalline bases of RNA and DNA and the nucleosides. *Chemical Physics* 280:53-70.

Podstawka,E. ,Y. Ozaki,and L. M. Proniewicz. 2004. Adsorption of S-S containing proteins on a colloidal silver surface studied by surface-enhanced Raman spectroscopy. *Applied Spectroscopy* 58:1147-1156.

Reinhoudt,D. N. ,A. M. Eendebak,W. F. Nijenhuis et al. 1989. The effect of crown ethers on enzyme-catalysed reactions in organic solvents. *Journal of the Chemical Society ,Chemical Communications* 399-400.

Rudman,R. ,R. Lippman, D. S. Sake Gowda, and D. Eilerman. 1983. Polymorphism of crystalline poly（hydroxymethyl）compounds. Ⅷ. Structures of the tris（hydroxymethyl）aminomethane hydrogenhalides,（HOH2C）3CNH3＋. X-(X＝F,Cl,Br,I). *Acta Crystallographica Section C :Crystal Structure Communications* 39:1267-1271.

Sakai,K. 2005. *Terahertz Optoelectronics*. Berlin,Germany:Springer.

Sugeta, H., A. Go, and T. Miyazawa. 1973. Vibrational spectra and molecular conformations of dialkyl disulfides. *Bulletin of the Chemical Society of Japan* 46:3407-3411.

Susi, H., D. M. Byler, and J. M. Purcell. 1985. Estimation of β-structure content of proteins by means of deconvolved FTIR spectra. *Journal of Biochemical and Biophysical Methods* 11:235-240.

Thamann, T. J. 1999. A vibrational spectroscopic assignment of the disulfide bridges in recombinant bovine growth hormone and growth hormone analogs. *Spectrochimica Acta Part A: Molecular and Biomolecular Spectroscopy* 55:1661-1666.

Thornton, J. M. 1981. Disulphide bridges in globular proteins. *Journal of Molecular Biology* 151:261-287.

Tkatchenko, A. and M. Scheffler. 2009. Accurate molecular van der Waals interactions from ground-state electron density and free-atom reference data. *Physical Review Letters* 102:073005.

Triantafyllou, A. Ö, E. Wehtje, P. Adlercreutz, and B. Mattiasson. 1995. Effects of sorbitol addition on the action of free and immobilized hydrolytic enzymes in organic media. *Biotechnology and Bioengineering* 45:406-414.

Trueblood, K. N., C. B. Knobler, D. S. Lawrence, and R. V. Stevens. 1982. Structures of the 1:1 complexes of 18-crown-6 with hydrazinium perchlorate, hydroxylammonium perchlorate, and methylammo-nium perchlorate. *Journal of the American Chemical Society* 104:1355-1362.

Tsukada, H. and D. Blow. 1985. Structure of α-chymotrypsin refined at 1.68 Å resolution. *Journal of Molecular Biology* 184:703-711.

Tsukube, H., T. Yamada, and S. Shinoda. 2001. Crown ether strategy toward chemical activation of biological protein functions. *Journal of Heterocyclic Chemistry* 38:1401-1408.

Tu, A. T. 1986. Peptide backbone conformation and microenvironment of protein side chains. In *Spectroscopy of Biological Systems*, ed. Clark, R. J. H. and R. E. Hester, pp. 47-112. Chichester, U. K.: John Wiley &

Sons, Inc.

Unen, D. -J., J. F. J. Engbersen, and D. N. Reinhoudt. 1998a. Large acceleration of α-chymotrypsin-catalyzed dipeptide formation by 18-crown-6 in organic solvents. *Biotechnology and Bioengineering* 59: 553-556.

Unen, D. -J., I. Sakodinskaya, J. J. Engbersen, and D. Reinhoudt. 1998b. Crown ether activation of crosslinked subtilisin Carlsberg crystals in organic solvents. *Journal of the Chemical Society, Perkin Transactions 1* 3341-3344.

Van Wart, H. E., A. Lewis, H. A. Scheraga, and F. D. Saeva. 1973. Disulfide bond dihedral angles from Raman spectroscopy. *Proceedings of the National Academy of Sciences* 70: 2619-2623.

Volini, M. and P. Tobias. 1969. Circular dichroism studies of chymotrypsin and Its derivatives: Correlation of changes in dichroic bands with deacylation. *Journal of Biological Chemistry* 244: 5105-5109.

Volkin, D. B., A. Staubli, R. Langer, and A. M. Klibanov. 1991. Enzyme thermoinactivation in anhydrous organic solvents. *Biotechnology and Bioengineering* 37: 843-853.

Volovšek, V., D. Kirin, L. Bistričič and G. Baranović. 2002. Low-wavenumber lattice vibrations and dynamics of 4,4′-dibromobenzophenone. *Journal of Raman Spectroscopy* 33: 761-768.

Walther, M., B. Fischer, M. Schall, H. Helm, and P. U. Jepsen. 2000. Far-infrared vibrational spectra of all-*trans*, 9-*cis* and 13-*cis* retinal measured by THz time-domain spectroscopy. *Chemical Physics Letters* 332: 389-395.

Walther, M., B. M. Fischer, and P. Uhd Jepsen. 2003. Noncovalent intermolecular forces in polycrystalline and amorphous saccharides in the far infrared. *Chemical Physics* 288: 261-268.

Weiss-Lopez, B. E., M. H. Goodrow, W. K. Musker, and C. P. Nash. 1986. Conformational dependence of the disulfide stretching frequency in cyclic model compounds. *Journal of the American Chemical Society* 108: 1271-1274.

Yamamoto,K. ,M. H. Kabir,and K. Tominaga. 2005. Terahertz time-domain spectroscopy of sulfur-containing biomolecules. *Journal of the Optical Society of America B* 22:2417-2426.

Yoshida,H. , I. Kaneko, H. Matsuura, Y. Ogawa, and M. Tasumi. 1992. Importance of an intramolecular 1,5-CH···O interaction and intermolecular interactions as factors determining conformational equi-libria in 1, 2-dimethoxyethane:a matrix-isolation infrared spectroscopic study. *Chemical Physics Letters* 196:601-606.

Yoshida,H. and H. Matsuura. 1998. Density functional study of the conformations and vibrations of 1,2-dimethoxyethane. *The Journal of Physical Chemistry A* 102:2691-2699.

Zhang,X. C. and J. Xu. 2009. *Introduction to THz Wave Photonics*. New York:Springer.

第 11 章
太赫兹频率下的
蛋白质介电响应

11.1　引言：水化蛋白质系统与一般介电响应

皮秒时间尺度似乎是研究蛋白质动力学的理想工具，这是因为许多建模方法已经发现了多种蛋白质和多核苷酸在太赫兹频率下的长程结构振动。众所周知，由于生物大分子的结构在其生物学功能中发挥着重要的作用，因此通过振动光谱学来理解结构的长程运动对于了解生物网络和生物工程的生物医学和技术成果都有重要的意义。固态物理学家最初使用简化的晶格模型，特别是用 DNA 的晶格模型来确定振动谱，相应计算不包括水化作用。然而，生物过程并不发生在脱水环境中，与蛋白质和多核苷酸相关的生物化学需要极少的水化作用。虽然水在生物系统中是必需的，但这对远红外光学的研究却极为不便。由于吸收系数大，采用 THz-TDS 法进行测量时，最初使用的是蛋白质和多核苷酸的冷冻干粉末。测量结果表明，平滑的吸收光谱随着频率的增加而迅速增加，这就是所谓的玻璃响应，也就是说，该响应类似于玻璃，其具有标准的德拜介电弛豫响应。人们天真地希望这种玻璃响应是由于蛋白质或 DNA 的冷冻干燥必然发生的紊乱引起的。众所周知，蛋白质结构随冷冻干燥的程度而改变(Griebenow and Klibanov,1995)。因此,一个典型的冻干样品由构象的不均匀采样组成,其中一些构象可能部分变性。因此,即使特定的蛋白质结构也可产生不同的光谱,典型的冻干样品中所有不同构象的吸收光谱的平均值也会完全清除所谓的指纹特征。除了冻干效应会导致样品不均匀外,通常冻干粉末是粒径约为 1 μm 的结晶粉末。人们希望随着频率的增加,表观吸收系数的迅速增加部分是由这些粒子的瑞利色散引起的。

可以通过使用溶液相样品来实现更均匀的本态结构,并消除散射问题。要避免大体积溶剂产生强烈的背景,一般可以通过可控的方式形成约 100 μm 的薄膜,并以受控的方式干燥这些薄膜,例如,使用具有湿度控制的封闭单元。水化作用可以设定得足够高,以实现膜中蛋白质结构的均匀性,但是如果太低,则它会使得本体水不存在,并且不能促进吸收。然而,这些样品的太赫兹测量仍然具有玻璃状吸收的性质。虽然仔细检查水化膜的复介电常数显示,响应不能完全解释为弛豫响应,但也需要至少一个阻尼谐波振荡器(Knab,et al,2006)。很明显,对于完全水化的蛋白质,必须考虑介电响应的多重贡献。对数据进行适当分解,使其系统地改变温度、溶剂含量或蛋白质功能状态,就可以分离由蛋白质结构振动产生的成分。溶液相蛋白质的近似分解可表示为

$$\varepsilon = \varepsilon_W + \varepsilon_{bW} + \varepsilon_{p,relax} + \varepsilon_{p,vib} \tag{11.1}$$

其中,下标 W、bW、p,relax 和 p,vib 分别指介电常数贡献来自本体水、水化水、蛋白质弛豫反应和蛋白质长程结构振动响应。这种分解是一个很大的简化,忽略了不同组分之间的任何相互作用,但它表达了复杂样品的各种介电响应源。前三个分量用介电弛豫法进行了很好的模拟,最后一个分量是阻尼谐波振荡器的总和。本章将讨论水化蛋白对太赫兹响应的不同弛豫的贡献,以及消除这些贡献的方法,以便从蛋白质结构运动中提取这些贡献。本章将讨论生物样品中存在的各种形式的弛豫反应、水的介电常数,以及氨基酸侧链的弛豫反应的一般性质。最后将根据所有不同的弛豫效应模型来讨论目前对蛋白质样品的测量如何表明蛋白质的长程振动确实有助于太赫兹响应。

11.2 介质弛豫

材料在外电场 E 的作用下的极化为

$$P = \varepsilon_0(\hat{\varepsilon} - 1)E \tag{11.2}$$

其中,ε_0 是真空中的介电常数;ε 是介质中的介电常数。

总极化 $P(t)$ 具有瞬时贡献 P_1 和时间依赖贡献 $P_2(t)$（Harrop，1972）。瞬时极化是指特征响应时间 $\tau \ll 2\pi/\omega$ 的所有过程。对于 $\tau > \approx 2\pi/\omega$ 的过程，有一个随时间变化而变化的极化 $P_2(t)$，并给出一个净极化为

$$P(t) = P_1 + P_2(t) \tag{11.3}$$

时间依赖极化 $P_2(t)$ 从零增加到饱和值 $P_2(+\infty)$。考虑介电常数的边界条件，有：

$$\hat{\varepsilon} \to \varepsilon_{+\infty}, \quad \omega \to +\infty(t=0)$$

$$\hat{\varepsilon} \to \varepsilon_s, \quad \omega \to 0(t=+\infty)$$

其中，ε_s 是静态介电常数；$\varepsilon_{+\infty}$ 是高频极限下的介电常数。由此可得出在这些极限下的极化为

$$P(0) = P_1 = \varepsilon_0(\varepsilon_{+\infty} - 1)E \tag{11.4}$$

$$P(+\infty) = P_1 + P_2(+\infty) = \varepsilon_0(\varepsilon_s - 1)E \tag{11.5}$$

由式（11.4）和式（11.5）可以得到：

$$P_2(+\infty) = \varepsilon_0(\varepsilon_s - \varepsilon_{+\infty})E \tag{11.6}$$

当外加电压作用于材料时，偶极子与电场对齐的时间是有限的。同样，当电场关闭时，偶极子随机定向的时间是有限的。这种现象称为偶极弛豫。

德拜（1960）开发了一个模型来描述非相互作用分子的偶极弛豫。假设直流电压施加到极性电介质上，此时关断电源，则随着时间变化，极化 $P_2(t)$ 呈指数衰减，即

$$P_2(t) = P_2(+\infty)(1 - e^{\frac{t}{\tau}}) \tag{11.7}$$

其中，τ 是弛豫时间。

极化的时间导数为

$$\frac{dP_2(t)}{dt} = -P_2(+\infty)\left(-\frac{1}{\tau}\right)e^{-\frac{t}{\tau}} = \frac{P_2(+\infty)e^{-\frac{t}{\tau}}}{\tau} \tag{11.8}$$

将式（11.7）代入式（11.8），得

$$\frac{dP_2(t)}{dt} = \frac{dP_2(+\infty) - P_2(t)}{\tau} \tag{11.9}$$

如果将一个随时间变化而变化的电场 $E = E_0 \exp(i\omega t)$ 应用于介电场，则可以借助式（11.6）将式（11.9）写成

$$\frac{dP_2(t)}{dt} = \frac{\int_0 (\varepsilon_s - \varepsilon_{+\infty})E_0 e^{i\omega t} - P_2(t)}{\tau} \tag{11.10}$$

前一阶微分方程的解可以写成

$$\boldsymbol{P}_2(t) = C\mathrm{e}^{-\frac{t}{\tau}} + \frac{\varepsilon_0(\varepsilon_s - \varepsilon_{+\infty})\boldsymbol{E}(t)}{1 + \mathrm{i}\omega\tau} \tag{11.11}$$

当时间 $t \gg \tau$ 时,第一项可以忽略。根据式(11.3)、式(11.4)和式(11.11),总极化为

$$\boldsymbol{P}(t) = \varepsilon_0(\varepsilon_s - 1)\boldsymbol{E}(t) + \frac{\varepsilon_0(\varepsilon_s - \varepsilon_\infty)\boldsymbol{E}(t)}{1 + \mathrm{i}\omega\tau} \tag{11.12}$$

$$\hat{\varepsilon}(\omega) = \varepsilon_\infty = \frac{\varepsilon_s + \varepsilon_{+\infty}}{1 + \mathrm{i}\omega\tau} \tag{11.13}$$

式(11.13)称为介电常数的德拜方程。德拜方程可以分为实部和虚部,即

$$\varepsilon'(\omega) = \varepsilon_{+\infty} + \frac{\varepsilon_s - \varepsilon_{+\infty}}{1 + (\omega\tau)^2}$$

$$\varepsilon''(\omega) = \frac{(\varepsilon_s - \varepsilon_{+\infty})\omega\tau}{1 + (\omega\tau)^2} \tag{11.14}$$

其中,$\hat{\varepsilon} = \varepsilon' - \mathrm{i}\varepsilon''$。大多数材料偏离了这一理想行为。因此,德拜模型被后来的经验模型以多种方式修正。τ 的物理意义是偶极子随外加磁场旋转的有效时间。当这种偶极子重新排列需要大的运动时,即超过几 Å 时,则这种结构重新排列的时间要短,从微秒到秒,这种现象通常称为 α 弛豫。α 弛豫和 β 弛豫之间有明显的差异,了解这一差异很重要。弛豫类型通过时间尺度(微秒与皮秒)、空间尺度(> 2 Å 协同运动与局部运动)和弛豫时间的温度依赖性进行区分。借助弛豫时间的温度依赖性,这种分类尤其清晰,弛豫时间由与同偶极子重排运动相关的能量学决定。与 α 弛豫相关的键断裂和重排会导致产生 $\tau = \tau_0 \exp(DT_0/(T - T_0))$ 的 Vogel-Tammann-Fulcher-Hesse 温度依赖性,其中,D、τ_0 和 T_0 是拟合系数(Angell et al,2000)。与 β 弛豫相关的稍微复杂的键变化引起了与 $\tau = \tau_0 \mathrm{e}^{E_A/(k_b T)}$ 相关的 Arrhenius 温度依赖性,其中,E_A 依赖于与偶极子运动相关的键断裂的能量学。当我们关注皮秒时间尺度上的运动时,考虑的所有弛豫都是 β 弛豫。

1. Cole-Cole 弛豫

Cole-Cole 模型(Cole and Cole,1941)显示,ε'' 与 ε' 的关系图中具有一个半圆形,以表现德拜弛豫,这种图称为 $\hat{\varepsilon}$ 的复平面图。具有一个以上弛豫时间的极性分子不满足德拜方程。Cole-Cole 模型表明,在这种情况下,半圆的中心将被移到 ε' 轴以下,复介电常数的经验公式为

$$\hat{\varepsilon}^* = \varepsilon_{+\infty} + \frac{\varepsilon_s - \varepsilon_{+\infty}}{1 + (i\omega\tau_{c\text{-}c})^{1-a}}, \quad 0 \leqslant \alpha \leqslant 1 \tag{11.15}$$

其中，$\tau_{c\text{-}c}$ 是平均弛豫时间；α 在 0 和 1 之间变化；$\alpha=0$ 会导致德拜弛豫。

2. Cole-Davidson 弛豫

科尔和戴维森提出（Cole and Davidson, 1951）复合介电常数的经验方程为

$$\varepsilon^* = \varepsilon_{+\infty} + \frac{\varepsilon_s + \varepsilon_{+\infty}}{(1 + i\omega\tau_{d\text{-}c})^\beta}, \quad 0 \leqslant \beta \leqslant 1 \tag{11.16}$$

其中，β 是材料的特征常数。方程的实部和虚部可以写成

$$\varepsilon' - \varepsilon_{+\infty} = (\varepsilon_s - \varepsilon_{+\infty})(\cos(\phi))^\beta \cos(\phi\beta) \tag{11.17}$$

$$\varepsilon'' = (\varepsilon_s - \varepsilon_{+\infty})(\cos(\phi))^\beta \cos(\phi\beta) \tag{11.18}$$

其中，$\tan(\phi) = \omega\tau_0$。

在科尔-戴维森方程中，$\beta=1$ 对应德拜关系。对于持有 Cole-Davidson 方程的材料，可以直接由式（11.16）及 RHS 和 ω 的关系图确定 ε_s、$\varepsilon_{+\infty}$ 和 β 的值，ε'' 与 ε' 的复曲线图为 Cole-Davidson 方程生成了一个偏斜的半圆。

3. Havriliak-Negami 弛豫

对于聚合物等复杂分子，用 Cole-Cole 模型和 Cole-Davidson 方程证明都是不充分的。Havriliak 和 Negami 测量了作为温度函数的几个分子的介电性能。他们发现复平面图在高频（Cole-Davidson）处是线性的，在低频（Cole-Cole）处是圆形的。结合 Cole-Cole 模型和 Cole-Davidson 方程，Havriliak 和 Negami 提出聚合物的复介电响应函数为

$$\frac{\varepsilon^* - \varepsilon_{+\infty}}{\varepsilon_s - \varepsilon_{+\infty}} = [1 + i\omega\tau_{H\text{-}N}^{1-a}]^{-\beta} \tag{11.19}$$

其中，$\beta=1$ 对应 Cole-Cole 模型的圆弧，$\alpha=0$ 通过 Cole-Davidson 方程得到偏斜圆。设置 $\alpha=0$ 和 $\beta=1$ 可导出德拜关系（Havriliak and Negami, 1967）。

在此之前，相关人员试图用弛豫响应来拟合专用蛋白质膜的介电响应。不同的经验模型在拟合复介电常数方面具有很大的灵活性。然而，即使是借助最适合的 Havriliak-Negami 模型，也无法再现溶菌酶数据，但可以使用简单的 I 型弛豫和单阻尼谐振子的组合来最佳地再现数据。这里我们想向读者强调的是，有大量文献讨论了聚合物的弛豫反应，而多核苷酸中的蛋白质构成了聚合物，尽管该聚合物是高度结构化的聚合物。在本章的其余部分，我们将专门使用德拜弛豫来描述水化水和蛋白质的各种组分的弛豫反应。

11.3 水

在太赫兹蛋白质光谱分析中,最重要的部分是来自水的弛豫作用。对于许多蛋白质而言,生化功能所需的典型最小水化作用的水/蛋白质比例大约为 0.2~1.0(Rupley and Careri,1991)。正如我们要讨论的,这种水不具有均匀的介电响应。对于足够高的水化作用,水的介电常数的贡献可能有三种:自由水和水化水、生物水。下面将讨论目前所了解的这三种类型的水。

11.3.1 自由水

千兆赫兹频率和太赫兹频率范围内的自由水通常被描述为德拜弛豫项和阻尼谐振子的总和(Nandi,et al,2000),即有

$$\varepsilon_{\mathrm{Bulk}} = \varepsilon_{+\infty} + \frac{\Delta\varepsilon_1}{1+\mathrm{i}\omega\tau\varepsilon_1} + \frac{\Delta\varepsilon_2}{1+\mathrm{i}\omega\tau_2} + \frac{A_1}{\omega_1^2-\omega^2-\mathrm{i}\omega\gamma_1} + \frac{A_2}{\omega_2^2-\omega^2-\mathrm{i}\omega\gamma_2}$$

$$(11.20)$$

在 0.2~3.0 THz 范围内,通常只需要两个弛豫分量和一个阻尼谐振子就足够了。通过对这些量的各种测量所确定的几个值如表 11.1 所示。我们注意到,相关人员还没有对这些弛豫时间的温度依赖性进行广泛测量;然而,Ronne 等人(1997)发现了具有 $\Delta E_1 \sim 170$ meV 和 $\Delta E_2 \sim 160$ meV 的 Arrhenius 行为,这表明这两个过程的活化能有些相似。当讨论低温下介电响应的不同贡献时,我们将回到这个问题上。

表 11.1   通过各种研究确定的自由水的介电弛豫时间和振子强度

研 究 工 作	$\varepsilon_{+\infty}$	$\Delta\varepsilon_1$	τ_1/ps	$\Delta\varepsilon_2$	τ_2/ps	$(\omega_1/2\pi)/\mathrm{THz}$	$(\gamma_1/2\pi)/\mathrm{THz}$
Kindt and Schmuttenmaer, 1996	3.48	73.43	8.24	4.93	0.18	—	—
Møller,et al,2009	2.68	72.3	8.34	2.12	0.36	5.01	7.06
Yada,et al,2008	2.50	74.9	9.43	1.63	0.25	5.30	5.35
Ronne,et al,1997	3.3	72.1	8.5	1.9	0.17	—	—
Sato,et al,2005	3.96	72.2	8.32	2.14	0.39	—	—

11.3.2　水化水

向溶剂中加入溶质会改变溶剂的组织和溶剂在接近溶质时的动力学特性。另外,一些溶剂可以与溶质形成氢键。对于氨基酸和蛋白质表面的强水化水的比例人们达成共识,通常为 $0.2\sim0.3$（Nandi and Bagchi,1997；Nandi, et al,2000；Pethig,1995；Rupley and Careri,1991）。然而,这些紧密水化水的反应却存在一些争议。一些研究人员认为,这根本不影响介电响应（Vinh,et al,2011）,而另一些研究人员认为水化水具有德拜弛豫响应,但延迟弛豫时间大约是自由水的 $7\sim8$ 倍（Comez,et al,2013；Rupley and Careri,1991）。当将蛋白质冷却到 273 K 以下时,强水化水和未冻结水的水化值之间存在很强的对应关系。氘化样品上的中子散射随温度变化的测量只允许选择性地检测水化水及其弛豫（Capaccioli,et al,2011）。这两种测量方法的结合有力地证明了强水化水的延迟弛豫模型很可能是正确的。

11.3.3　生物水

关于如何适当地处理强水化层以外的水,有相当大的争论。Rupley 和 Careri 将离开蛋白质表面的水的相关时间绘制为 h 的函数（Rupley and Careri,1991）。在 0.25 h 时,相关时间随 h 的增加而变小,并逐渐趋于平缓,然后在 $0.25\sim0.38$ h 内（其中,0.38 h 时水化壳的厚度<2 Å）,相关时间下降一个数量级,快速接近水化水相关时间。这个稍古老的结果可能是对蛋白质以外的水化动力学的一个相当准确的描述；然而,关于如何更好地处理强水化水以外的区域的有效介电常数的争论仍在继续,其中,介电常数正在急剧下降,接近自由水的介电常数。虽然一些研究者认为溶液相蛋白质由蛋白质、水化水和自由水组成,但其他很多研究人员认为,除此之外,在溶质表面之外有一个明确的区域,其介电常数不同于自由水（水化壳）。这种具有突变界面的结构可用于计算净介电响应；然而,如许多研究人员所示,溶质附近的相关时间变化平稳,没有任何尖锐的界面。我们现在将讨论这个争论,并注意在比较不同组分的结果时存在两个主要问题:确定不同组分介电常数贡献的浓度范围和分解方法。如果不解决这两个矛盾,这个问题就无法解决。强水化水可以被认为与这个连续体有一定区别,这大概就是为什么不同的测量技术之间存在这样的一致性。

为了研究生物溶质引起的水化动力学变化的系统测量,需要一种可以避免或克服水的大吸光度的方法。这已经借助高功率太赫兹源的吸收测量方法实现了,例如放大的耿氏二极管系统(Vinh,et al,2011)、自由电子激光器(Xu,et al,2006,2007)和 p 掺杂的锗激光器(Ebbinghaus,et al,2007,2008;Heugen,et al,2006;Heyden,et al,2008)。另一种避免太赫兹频率范围内吸收系数过大的方法是,使用入射光频率在吸水带之外的光散射方法(Comez,et al,2013;Paolantoni,et al,2009)。为了获得高精度的介电响应,研究人员采用了可变细胞路径长度(Kindt and Schmuttenmaer,1996;Koeberg,et al,2007;Tielrooij,et al,2010;Vinh,et al,2011)和调制技术(Heyden,et al,2008)。为了提取溶质对水响应的影响,研究人员进行了系统的溶质浓度测量,并对测量结果进行了趋势分析。这导致不同测量的浓度范围不一致。测量的重点是蛋白质的物质的量浓度大于 4 mmol/L 或小于 1 mmol/L。低浓度测量表明,生物水远远超出溶质表面,当物质的量浓度超过 3 mmol/L 时,水化壳已经重叠,因此只能感知到两种成分(Comez,et al,2013;Ebbinghaus,et al,2007,2008;Heugen, et al,2006),这将被误解为自由水和水化水,而不是缓凝水化壳和水化水。如果结果正确,那么其他组在较高浓度下进行的所有测量都不会出现这种延长的水化壳,因为它们在最低浓度时已经不存在自由水了。对于葡萄糖和海藻糖,报道不同生物含水量结果的研究组之间缺乏实验重叠的现象就能避免(Comez,et al,2013;Heyden,et al,2008)。在这种情况下,受溶质扰动的水仍然存在差异,但这种差异可能是由于吸光度测量方法与光散射分析方法不同造成的。

现在转而使用不同群体的数据分析来确定生物水的响应和程度。可使用分数体积法,即

$$\varepsilon = \sum_i f_i \varepsilon_i \tag{11.21}$$

其中,f_i 是介电常数为 ε_i 的组分 i 的体积分数。研究小组将测量的介电常数的浓度变化与双组分系统的预期变化进行了比较。双组分系统由溶质和自由水构成,假定溶质的虚介电常数为零。对于具有分数体积介电常数模型的双组分系统,人们期望通过排除溶质来去除具有高吸收性的溶剂,从而导致吸收系数直线降低。与纯溶剂相比,测得的吸收系数变化没有遵循这种线性下降,研究人员用三组分模型与生物水产生的第三组分模型来解释这一差异。生物水具有明显的介电常数,与自由水不同。这项工作并没有用弛豫时间的净位移来表示延伸壳的介电常数。然而,通过分子动力学模拟,研究人员发现他们

对介电常数变化的估计是一致的。总体而言,他们发现与自由水水化壳相比,延长的水化壳的动力学有一个净减速。水化壳从溶质表面延伸的估计值约为20 Å,比其他方法确定的最大估计值略大。使用类似的方法,同一研究组发现,糖(如海藻糖)的延伸壳大约为 6.5 Å(Heyden,et al,2008)。这与偏振光散射测量结果有很大的不同,偏振光散射测量发现,水化层从表面延伸仅 2.2 Å(Comez,et al,2013;Paolantoni,et al,2009),其小于一个完整的水化层(估计的直径为 2.75 Å)。在这种特殊情况下,两种技术的浓度范围重叠,因此消除了浓度范围不一致导致介电常数变化的可能。下面将借助海藻糖的例子来说明数据分析方法、部分体积法与有效介质理论(EMT)之间的差异。

用部分体积法可确定混合物的净介电响应,假设不同的区域不发生静电相互作用。这是一种特别合理的分层介质方法。对于组分尺寸远小于波长的均匀介质混合物,需要确定介质的平均净响应。学生们在推导 Clausius-Mossotti 的过程中遇到了这种情况。这种整体策略称为有效介质理论,最流行的模式是布鲁格曼公式。均匀矩阵中均匀球体夹杂的布鲁格曼公式为

$$\sum_i f_i \frac{\varepsilon_i - \varepsilon}{\varepsilon_i + 2\varepsilon} = 0 \qquad (11.22)$$

其中,f_i 是介电常数 ε_i 的分量 i 的体积分数,并且净介电常数由 ε 给出。对于只有两个分量的方程组,可以直接求解 ε;然而,对于越来越复杂的系统,确定方程的根变得更加困难。有效介质模型已成功地应用于固态系统的太赫兹测量(Baxter and Schmuttenmaer,2006;Hendry,et al,2006)及蛋白质溶液的相关研究中(Vinh,et al,2011)。在将 EMT 应用于蛋白质的相关研究时,研究人员假设蛋白质,即鸡蛋清溶菌酶(HEWL),是一种无净吸收的纯电介质和纯自由水基质,弛豫参数如表 11.1 所示。如果从自由水基质中去除约 165 个水/蛋白质分子,则能够重现测量的介电常数。研究人员把丢失的水标记为水化水。这种对 HEWL 水化水的估计值略低于其他 242 水的强水化水的估计值(Rupley and Careri,1991)。较低的估计值可能是由于蛋白质本身的零吸收假设导致的。从整体响应中去除的每种蛋白质中只有 165 个水分子的最终结果与 20 Å 的延伸水化壳有相当大的偏差(Ebbinghaus,et al,2007)。然而,相关研究人员认为,这可能是由测量的浓度范围不同引起的。研究人员提出,不同的分析技术也可能对溶剂组成的确定产生相当大的影响。

为了说明应用 EMT 的重要性,研究人员考虑了海藻糖和葡萄糖溶液的特

殊情况。用部分体积分析的太赫兹测量方法和偏振弛豫光散射测量方法研究了这些特殊的糖（Comez，et al，2013；Heyden，et al，2008）。对于溶质扰动水的程度，上述两种方法存在很大的分歧。研究人员简单地比较用光散射法得到的水化数和用两种模型（分数体积和 EMT）计算的响应。分数体积 f_i 可由物质的量浓度 c_i、相对分子质量 MW 和分子的密度 ρ 给出：$f_i = c_i\mathrm{MW}/\rho$。葡萄糖（海藻糖）的 MW 和 ρ 的值分别为 180.16(342.3) 和 1.54 g/mL(1.58 g/mL)。假设葡萄糖和海藻糖的吸光度为零，则二者的实际介电常数均为 4。假设基质是纯水，具有表 11.1 中第 1 行数据的弛豫时间，则结果如图 11.1 所示。虚线显示了假设部分体积分析的预期浓度变化（即随着排除体积的增大而线性减小）。实线显示了用布鲁格曼有效介质公式计算的预期浓度变化。特别地，实线几乎与测量结果相同，研究人员将其归因于水化壳的延伸。研究人员将延伸水化壳的偏差归因于均匀混合物的介电常数的平均值的变化，这似乎是可能的。很明显，要解决这一问题，需要在综合浓度范围内进行更多的有效介质理论分析测量。

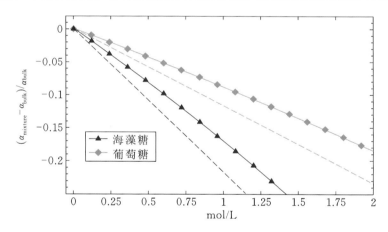

图 11.1　葡萄糖或海藻糖溶液的吸收系数的预期变化。葡萄糖（灰色）或海藻糖（黑色）溶液的吸收系数随物质的量浓度的变化。虚线表示假设介电常数为加性的预期变化，净变化来自溶质的排除体积。带有标记的实线显示了使用 Bruggeman 有效公式得到的预期变化。我们注意到，有效介质结果与这些测量结果具有相似性

11.4　蛋白质的弛豫反应：氨基酸侧链

如第 11.2 节所述，介电弛豫响应可以理解为宏观偶极子沿外加磁场方向旋转并对齐。对其进行重新调整需要对键进行重排，通常是调整范德华键和

太赫兹生物医学科学与技术

氢键。弛豫响应既取决于有效偶极矩,也取决于基因的局部成键。研究人员专注于水分子的弛豫,并发现与蛋白质表面结合会使水化水与自由水相比具有弛豫时间延迟。我们可以改变看法,注意到蛋白质表面的氨基酸侧链具有净偶极矩,或者可以在外加电场下产生诱导偶极子,并且这些偶极子可以在随时间变化的电场下随弛豫时间而变化,弛豫时间取决于与分子偶极旋转重排相关的键能。本征折叠态的内部残基所具有的很强的空间位阻和氢键阻止了偶极子的重排,因此我们着重研究表面残基。残基的描述因结合水部分中提到的可能与水松弛重叠而变得复杂。需要对氨基酸的高频浓度依赖性介电弛豫测量进行仔细考究。此时,测量结果发现,氨基酸的弛豫时间比水的弛豫时间略长。对各种氨基酸进行测量的结果非常一致。特别地,甘氨酸已被发现具有大约 35 ps 的弛豫时间和大约 20 Debye 的有效偶极矩(Rodríguez-Arteche,et al,2012;Sato,et al,2005)。其他氨基酸的弛豫时间测量值为50～200 ps(Rodríguez-Arteche,et al,2012)。考虑到水的偶极矩仅为 1.85 Debye (Rodríguez-Arteche,et al,2012;Sato et,al,2005),甘氨酸弛豫对介电常数的贡献是相当大的。因此,很明显,蛋白质溶液样品中净介电响应的任何分解必须包括氨基酸侧链的弛豫作用。

11.5 分解实例:冷冻蛋白质溶液

在最近的测定蛋白质水化壳的工作中,蛋白质被视为是透明的。然而,在本节中,我们将证明太赫兹频率范围内的蛋白质肯定是不透明的,它的贡献不能被描述为仅仅是由弛豫反应引起的。使用 THz-TDS 来获取有关蛋白质运动的相关信息,即长程振动模式。在室温条件下,直接分解蛋白质溶液的介电常数来提取相关的蛋白质运动贡献尤其复杂,因为所谓的水化壳的特征仍然是不明确的。通过测量低于 273 K 的溶液,可以避免水化壳延伸的问题,在这种情况下,各种测量都发现只有约 0.32 h 的水化水未冻结(Rupley and Careri,1991)。与在室温下的水相比,冰的吸光度要小得多。此外,各种测量发现,在 210～273 K 的范围内,许多蛋白质是功能性的。在80～273 K 范围内的未冻结的水和蛋白质反应已被广泛研究,这是理解所谓的蛋白质动态转变的一部分(Angell,et al,2000;Capaccioli,et al,2011;Doster,et al,2010;He,et al,2008;Schirò,et al,2011)。

蛋白质的动力学转变是指在 210 K 左右,各种蛋白质的平均原子均方位移的迅速增加。由于几种蛋白质在相同的最小水化作用(0.032 h)和温度范围($T>210$ K)下具有功能性,所以人们已经作出了相当大的努力来确定它是否是生物分子的基本动力学的产物。最近,人们已经清楚地认识到,210 K 的最低温度要求并不普遍,许多蛋白质在低温下仍具有功能。蛋白质原子位移的快速增加已被确定与未冷冻溶剂的热激活运动有关。因此,在没有大量自由水的情况下,可以很容易地实现对完全水化系统的测量。我们将结果总结如下:①紧邻蛋白质的薄层水保持未冻结状态;②该水具有介电弛豫响应,弛豫时间遵循 Arrhenius 温度依赖性;③溶剂弛豫时间小于 10 ns 的温度范围对应皮秒蛋白质运动的大幅度增加,该温度通常约为 210 K;④在超过 210 K 的温度下,各种各样的蛋白质开始起作用,这表明在这样的温度下,分子可以通过获得必要的结构运动来起作用。考虑到这些结果,我们发现,通过测量 210 K<T<273 K 温度下的太赫兹介电常数,可以避免自由水的吸收,并且仍然可以获得蛋白质结构运动对介电常数的贡献。

例如,考虑在 240 K 下测定溶菌酶溶液。标准的 THz-TDS 测量是在浓度为 200 mg/mL 的 HEWL 溶液中进行的,它的浓度和温度相关,正如 He 等人所讨论的(2008)。从数据中提取测量的复折射率 $N=n+ik$,介电常数的实部和虚部由 $\varepsilon'=n^2-\kappa^2$ 和 $\varepsilon''=2n\kappa$ 来确定。有三种不同的介质对介电常数有贡献:冰、未冻结的水化水和蛋白质。理想情况下,我们将使用 EMT 来分解 ε;然而,由于三种独特的材料仅对海藻糖和葡萄糖这两种物质有贡献,因此,提取 ε 的难度更大。下面给出更简单的分数体积近似:

$$\varepsilon''=f_p\varepsilon''_p+f_{bw}\varepsilon''_{bw}+f_{ice}\varepsilon''_{ice} \tag{11.23}$$

其中,ε''_p、ε''_{bw}、ε''_{ice} 分别是蛋白质、水化水和冰的虚介电常数。可注意到,使用部分体积大大简化了分析,因为它让我们很容易地将 ε' 和 ε'' 分离。对于 EMT 的情况则并非如此,对于式(11.23),没有提取 ε'' 的简单方法。

计算分数体积时,需要从典型溶液的制备开始:将冻干纯化蛋白粉(质量为 M_p)添加到缓冲溶剂(体积为 V_s)中,此时溶菌酶的密度 $\rho_p=1.38$ g/mL (Svergun,et al,1998),因此,冻干纯化蛋白粉的体积 $V_p=M_p/\rho_p$。当将蛋白质粉末加入到溶剂时,部分溶剂会与蛋白质表面结合,水化水的密度高于自由水的。对于 HEWL,假设水化水是所有未冻水的 0.32 倍(Rupley and Careri, 1991)。对于 HEWL,已知水化水的密度 $\rho_{bw}=1.1$ g/mL(Svergun, et al, 1998),则未冷冻水的体积 $V_{bw}=0.32\times M_p/\rho_{pw}$。自由水的剩余体积 $V_{ice}=V_s-$

$0.32M_p$(mL)。总体积由 $V_{tot}=V_p+V_{bw}+V_{ice}$ 给出，分数体积由 $f_p=V_p/V_{tot}$，$f_{bw}=V_{bw}/V_{tot}$，$f_{ice}=V_{ice}/V_{tot}$ 给出。对于 200 mg/mL 的样品浓度，蛋白质、未冷冻水和冰的体积分数分别为 0.13、0.05 和 0.82。现在需要使用式(11.23)从数据中确定 ε''_{bw} 和 ε''_{ice} 并提取 ε''_p。

对于未冷冻水，由德拜弛豫求 ε''_{bw}：

$$\varepsilon_{bw}=\frac{\Delta\varepsilon_{bw}\omega\tau_{bw}}{1+\omega^2\tau_{bw}^2} \qquad (11.24)$$

此时需要确定 τ_{bw} 和 $\Delta\varepsilon_{bw}$。如前所述，在试图理解动力学转变的背景下，研究人员对水化水进行了广泛的测量。从测量结果中发现，对于靠近溶质的未冷冻水，存在两个弛豫过程。一个是称为 α 过程的慢弛豫过程，它通常与 Vogel-Fulcher-Tammann-Hesse 的温度依赖性有关。在 200～270 K 范围内，这种慢弛豫的时间尺度为 0.1～100 ms。因此，这种 α 过程对太赫兹介电响应没有贡献。第二个快速弛豫过程在 200～270 K 范围内具有 Arrhenius 温度依赖性，活化能为 49 kJ/mol，在相同温度范围内具有 100 ns～10 ps 的时间尺度，并且这种未冷冻溶剂有助于太赫兹响应。假设快速弛豫过程被认为与自由水中 8.2 ps 的弛豫过程相似，但由于与溶质的相互作用而延迟大约 32 ps。使用 49 kJ/mol 的活化能作为 Arrhenius 温度依赖性，可发现在 240 K 时，快速弛豫时间为 2.3 ns。可使用 Capaccioli 等人先前测量的脱氧核糖的不同弛豫过程的介电强度权重 $\Delta\varepsilon_{bw}$(240 K)＝25 来解释这种未冷冻水的贡献(Capaccioli,et al,2011)。

下面列举 220 K＜T＜273 K 时水化生物分子对太赫兹响应的各种贡献。

对于冷冻水，可通过 $\varepsilon''_{ice}=2n\kappa_{ice}$ 将折射率的实部和虚部与介电常数的虚部联系起来。如果迅速将水冻结到 130 K 以下，则会形成无定形玻璃；然而，在 130 K 以上的温度下，玻璃会变成高黏性液体，并立即结晶。因此，当温度超过 130 K 时，应假设冷冻水是结晶冰。

Zhang 和他的同事用 THz-TDS 系统对结晶冰进行了表征，发现折射率的实部 n 和虚部 κ 分别可以通过下式来拟合：

$$n=1.79$$

$$\kappa\approx C_2\nu$$

其中，

$$C_2=\frac{1}{4\pi c}\frac{1.391\times10^5}{T}\left\{\frac{e^{hc\nu_0/(k_BT)}}{(e^{hc\nu_0/(k_BT)}-1)^2}\frac{1}{V_0^2}\right\} \qquad (11.25)$$

其中，$\nu_0 = 233 \ \text{cm}^{-1}$。当 $T = 240 \ \text{K}$ 时，可估计 $C_2 = 1.25 \times 10^{-2} \ \text{THz}$。

图 11.2 中给出了 240 K 时的纯冰和水化水的 ε'' 的测量值和计算值。

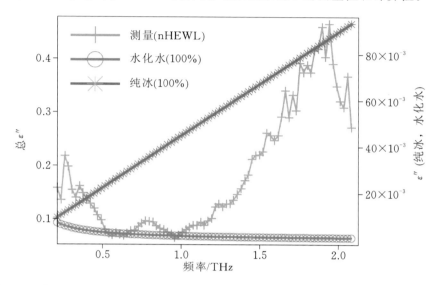

图 11.2 　在 240 K 时自然状态 HEWL 溶液的总 ε'' 曲线图。带 + 的曲线显示了使用 THz-TDS 测量的 ε''。带 ✳ 的曲线显示了在 240 K 下纯冰的 ε'' 计算值。带 ○ 的曲线显示了在 240 K 下水化水的 ε'' 计算值。

根据前面给出的计算值和估计的体积分数，蛋白质的实际贡献为

$$\varepsilon''_p = \frac{\varepsilon'' - f_{bw}\varepsilon''_{bw} - f_{ice}\varepsilon''_{ice}}{f_p} \tag{11.26}$$

其中，ε''_p 是总蛋白质介电常数的虚部，前面我们讨论了蛋白质的反应包括来自氨基酸侧链的松弛反应和来自蛋白质结构的振动反应，我们可以将总 ε''_p 近似为

$$\varepsilon''_p = \frac{\Delta\varepsilon_{1p}\omega\tau_p}{1+(\omega\tau_p)^2} + \frac{\Delta\varepsilon_{2p}\omega\gamma}{\left[1-\left(\dfrac{\omega}{\omega_0}\right)^2\right]^2 + \omega^2\gamma^2} \tag{11.27}$$

其中，τ_p 是弛豫时间；ω_0 是谐振频率；γ 是阻尼常数；$\Delta\varepsilon_1 = \varepsilon_0 - \varepsilon_{+\infty}$；$\Delta\varepsilon_2 = \varepsilon_1 - \varepsilon_{+\infty}$。

提取的 ε''_p 与式(11.27)拟合，结果如图 11.3 所示，可得 $\Delta\varepsilon_{1p} = 217$，$\tau_p = 400 \ \text{ps}$，$\omega_0/(2\pi) = 1.8 \ \text{THz}$，$\Delta\varepsilon_{2p} = 0.74$，$\gamma = 0.02$。仅仅考虑多重弛豫，而不考虑共振的贡献，是不可能达到任何合理的和物理上的可能拟合的。

在室温下，许多氨基酸的弛豫时间被确定为 $30 \sim 200 \ \text{ps}$（Rodriguez-

Arteche,et al,2012；Sato,et al,2005）。由于 Arrhenius 温度依赖性,弛豫时间随着温度的降低而增加,因此冷冻溶液中蛋白质贡献的弛豫部分的 400 ps 值与来自表面侧链的响应拟合较好。然而,在脱离这个特别的拟合结果之前,我们想讨论另一种可能性,那就是快速水的弛豫。正如前文所讨论的自由水,在室温下,自由水响应通常要用两个弛豫时间建模,一个是慢弛豫时间 $\tau_1 \sim 8.2$ ps,另一个是快弛豫时间 $\tau_2 \sim 0.2$ ps。我们着重研究了 8.2 ps 弛豫的延迟和温度依赖性,而忽略了快速弛豫。在 240 K 时,慢弛豫几乎没有什么贡献；然而,我们可以考虑对这里的快速弛豫进行类似分析。假设由于与溶质表面的相互作用而产生的延迟因子与用于慢弛豫的相同,为 0.2～0.8 ps。至于弛豫速度随温度的增加而变慢的这种现象由于中子设备不容易达到亚皮秒的时间尺度,所以研究人员没有像对慢弛豫那样对快弛豫做出具体的随温度变化的描述。研究人员对高于冰点的具有温度依赖性的自由水进行了 THz-TDS 测量,并且确定活化能在 τ_1 时为 $E_1 = 172$ meV,在 τ_2 时为 $E_2 = 163$ meV（Ronne,et al,1997）。也就是说,这两种活化能在某些程度上与自由水的结果相似。假设水化水的 τ_1 和 τ_2 也具有相似的活化能,与早先对水化水在 τ_1 时所使用的活化能（0.511 eV）一样,研究人员发现在 240 K、τ_2 大约为 57 ps 时,快水的活化能比图 11.3 中拟合的数据略小。此外,由于作用时间太长,无法解释在 1.8 THz 处的峰值。因此,在 240 K 下,自然状态 HEWL 溶液的分解表明,在 400 ps 时存在于侧链弛豫一致的弛豫反应,在 1.8 THz 或 60 cm^{-1} 处存在共振响应,这可能与蛋白质结构的长程相关运动有关。

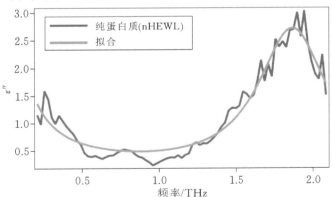

图 11.3　从图 11.2 中绘制的净介电常数中提取的蛋白质介电常数。未冷冻水和冰已经被移除。图中还显示了使用弛豫模式和单共振模式对介电常数的拟合

重复相同的步骤来测量溶液相变性的 HEWL。在这里,随着三维结构的减少,水化水增加到 0.75 h(Rupley and Careri,1991)。除去冰和水化水的贡献后,用式(11.27)拟合。图 11.4 显示了测量的 ε_p'' 和拟合结果,可以看到变性样品的低频成分大幅增加。拟合系数为 $\Delta\varepsilon_{1p}=1500$, $\tau_p=130$ ps, $\omega_0/2\pi=1.75$ THz, $\Delta\varepsilon_{2p}=0.97$, $\gamma=0.02$。弛豫组分的系数大大改变,令人惊讶的是,虽然弛豫分量的系数发生了巨大的变化,但仍然可以观察到共振,频率略有红移。由于共振与长程相关性有关,因此变性样品可能还存在一些其他结构。弛豫成分的大幅增加与残留物暴露量的增加和去除内部耦合来抑制旋转弛豫相关。

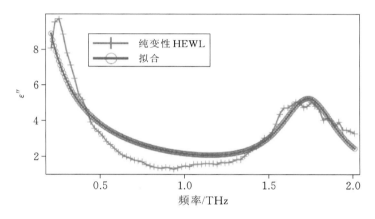

图 11.4　从变性 HEWL 溶液中提取的蛋白质对 ε'' 贡献的曲线。其中,使用单个弛豫项和单个共振项拟合数据

11.6　结论

本章试图向读者概述溶液相蛋白质太赫兹光谱的各种贡献。这显然是一个复杂的问题,仍然有许多悬而未决的问题,其中最突出的是对水化壳的适当描述和残留物侧链的弛豫贡献的确定。我们注意到,虽然我们也讨论了非德拜弛豫模型,但只有德拜模型被用来分析数据。只用德拜模型分析数据过于简化,需要更仔细和完整的 THz-TDS 测量,以确定对残留弛豫贡献等的正确描述。

人们发现,通过最大限度地减少自由水可以大大简化这个问题。虽然人们可能会提出这样的观点:在非生理温度下对蛋白质的测量与生物学无关,但我们建议,在不考虑周边环境的条件下,对材料有很多种物理理解,如中子散射和 X 射线晶体学。目前正在开发新的太赫兹方法来消除所有对太赫兹响应的弛豫贡献,如各向异性测量。随着这一重大挑战的完成,太赫兹波检测可能成为允许表征长程蛋白质运动的工具,在蛋白质工程中,其将越来越重要。

参 考 文 献

Angell,C. A. ,K. L. Ngai,G. B. McKenna,P. F. McMillan,and S. W. Martin. 2000. Relaxation in glassforming liquids and amorphous solids. *Journal of Applied Physics* 88:3113-3157.

Baxter,J. B. and C. A. Schmuttenmaer. 2006. Conductivity of ZnO nanowires, nanoparticles,and thin films using time-resolved terahertz spectroscopy. *Journal of Physical Chemistry B* 110:25229-25239.

Capaccioli,S. ,K. L. Ngai,S. Ancherbak,P. A. Rolla,and N. Shinyashiki. 2011. The role of primitive relaxation in the dynamics of aqueous mixtures,nano-confined water and hydrated proteins. *Journal of Non-Crystalline Solids* 357:641-654.

Cole,K. S. and R. H. Cole. 1941. Dispersion and absorption in dielectrics I. Alternating current characteristics. *The Journal of Chemical Physics* 9:341-351.

Comez,L. ,L. Lupi,A. Morresi et al. 2013. More is different:Experimental results on the effect of biomolecules on the dynamics of hydration water. *The Journal of Physical Chemistry Letters* 4:1188-1192.

Davidson,D. W. and R. H. Cole. 1951. Dielectric relaxation in glycerol, propylene glycol,and n-propanol. *The Journal of Chemical Physics* 19:1484.

Debye,P. J. W. 1960. *Polar Molecules*. New York:Dover Publications.

Doster,W. ,S. Busch,A. M. Gaspar et al. 2010. Dynamical transition of protein-hydration water. *Physical Review Letters* 104:098101.

Ebbinghaus,S. ,S. J. Kim,M. Heyden et al. 2007. An extended dynamical hydration shell around proteins. *Proceedings of the National Academy of Sciences* 104:20749-20752.

Ebbinghaus, S. , S. J. Kim, M. Heyden et al. 2008. Protein sequence- and pH-dependent hydration probed by terahertz spectroscopy. *Journal of the American Chemical Society* 130:2374-2375.

Griebenow, K. and A. M. Klibanov. 1995. Lyophilization-induced reversible changes in the secondary structure of proteins. *Proceedings of the National Academy of Sciences* 92:10969-10976.

Harrop, P. J. 1972. *Dielectrics.* New York: Wiley.

Havriliak, S. and S. Negami. 1967. A complex plane representation of dielectric and mechanical relaxation processes in some polymers. *Polymer* 8:161-210.

He, Y. , P. I. Ku, J. R. Knab, J. Y. Chen, and A. G. Markelz. 2008. Protein dynamical transition does not require protein structure. *Physical Review Letters* 101:178103.

Hendry, E. , M. Koeberg, B. O'Regan, and M. Bonn. 2006. Local field effects on electron transport in nanostructured TiO_2 revealed by terahertz spectroscopy. *Nano Letters* 6:755-759.

Heugen, U. , G. Schwaab, E. Bründermann et al. 2006. Solute-induced retardation of water dynam-ics probed directly by terahertz spectroscopy. *Proceedings of the National Academy of Sciences* 103:12301-12306.

Heyden, M. , E. Bründermann, U. Heugen et al. 2008. Long-range influence of carbohydrates on the solvation dynamics of water-answers from terahertz absorption measurements and molecular modeling simula-tions. *Journal of the American Chemical Society* 130:5773-5779.

Kindt, J. T. and C. A. Schmuttenmaer. 1996. Far-infrared dielectric properties of polar liquids probed by femtosecond terahertz pulse spectroscopy. *The Journal of Physical Chemistry* 100:10373-10379.

Knab, J. , J. -Y. Chen, and A. Markelz. 2006. Hydration dependence of conformational dielectric relaxation of lysozyme. *Biophysical Journal* 90:2576-2581.

Koeberg, M. , C. C. Wu, D. Kim, and M. Bonn. 2007. THz dielectric relaxation of ionic liquid: Water mixtures. *Chemical Physics Letters* 439:60-64.

Møller，U.，D. G. Cooke，K. Tanaka，and P. U. Jepsen. 2009. Terahertz reflection spectroscopy of Debye relaxation in polar liquids [Invited]. *Journal of the Optical Society of America B* 26：A113-A125.

Nandi，N. and B. Bagchi. 1997. Dielectric relaxation of biological water. *The Journal of Physical Chemistry B* 101：10954-10961.

Nandi，N.，K. Bhattacharyya，and B. Bagchi. 2000. Dielectric relaxation and solvation dynamics of water in complex chemical and biological systems. *Chemical Reviews* 100：2013-2046.

Paolantoni，M.，L. Comez，M. E. Gallina et al. 2009. Light scattering spectra of water in trehalose aqueous solutions：Evidence for two different solvent relaxation processes. *The Journal of Physical Chemistry B* 113：7874-7878.

Pethig，R. 1995. Dielectric studies of protein hydration，chapter 4. In *Protein-Solvent Interactions*，ed. Gregory，R.，p. 265. New York：Taylor & Francis.

Rodríguez-Arteche，I.，S. Cerveny，Á. Alegría，and J. Colmenero. 2012. Dielectric spectroscopy in the GHz region on fully hydrated zwitterionic amino acids. *Physical Chemistry Chemical Physics* 14：11352-11362.

Ronne，C.，L. Thrane，P. O. Astrand et al. 1997. Investigation of the temperature dependence of dielectric relaxation in liquid water by THz reflection spectroscopy and molecular dynamics simulation. *Journal of Chemical Physics* 107：5319-5331.

Rupley，J. A. and G. Careri. 1991. Protein hydration and function. *Advances in Protein Chemistry* 41：37-172.

Sato，T.，R. Buchner，S. Fernandez，A. Chiba，and W. Kunz. 2005. Dielectric relaxation spectroscopy of aqueous amino acid solutions：Dynamics and interactions in aqueous glycine. *Journal of Molecular Liquids* 117：93-98.

Schirò，G.，C. Caronna，F. Natali，M. M. Koza，and A. Cupane. 2011. The "protein dynamical transition" does not require the protein polypeptide chain. *The Journal of Physical Chemistry Letters* 2：2275-2279.

Svergun，D. I. ，S. Richard，M. H. J. Koch et al. 1998. Protein hydration in solution：Experimental observation by x-ray and neutron scattering. *Proceedings of the National Academy of Sciences* 95：2267-2272.

Tielrooij，K. J. ，N. Garcia-Araez，M. Bonn，and H. J. Bakker. 2010. Cooperativity in ion hydration. *Science* 328：1006-1009.

Vinh，N. Q. ，S. J. Allen，and K. W. Plaxco. 2011. Dielectric spectroscopy of proteins as a quantitative experimental test of computational models of their low-frequency harmonic motions. *Journal of the American Chemical Society* 133：8942-8947.

Xu，J. ，K. W. Plaxco，and S. J. Allen. 2006a. Collective dynamics of lysozyme in water：Terahertz absorption spectroscopy and comparison with theory. *Journal of Physical Chemistry B* 110：24255-24259.

Xu，J. ，K. W. Plaxco，and S. J. Allen. 2006b. Probing the collective vibrational dynamics of a protein in liquid water by terahertz absorption spectroscopy. *Protein Science* 15：1175-1181.

Xu，J. ，K. W. Plaxco，S. J. Allen，J. E. Bjarnason，and E. R. Brown. 2007. 0. 15-3. 72 THz absorption of aqueous salts and saline solutions. *Applied Physics Letters* 90：031908.

Yada，H. ，M. Nagai，and K. Tanaka. 2008. Origin of the fast relaxation component of water and heavy water revealed by terahertz time-domain attenuated total reflection spectroscopy. *Chemical Physics Letters* 464：166-170.

第 12 章
氨基酸和蛋白质与太赫兹波的非线性相互作用

12.1 引言

　　太赫兹辐射在生物医学应用方面通常被认为是安全的和无创的,因为它的光子能量比 γ 射线和 X 射线的低。自从 Fröhlich 的早期理论预测生物系统具有纵向电模式以来(Foster,et al,1987;Fröhlich,1975;Gabriel,et al,1987),电磁辐射与生物分子的共振耦合一直备受关注。这种共振耦合对微波辐射暴露的规律产生了影响(Kuster,et al,2004;Maier,et al,2000;Repacholi,2001)。过去的研究表明,当核苷和碳水化合物等生物分子受到自由电子激光器中的中红外、长红外光辐射 30～120 min 后,它们的结构会发生变化(Dlott and Fayer,1991;Yang,et al,2005,2007)。结构的变化情况取决于辐射时间和辐射频率,可以用傅里叶变换红外光谱来检测。蛋白质和氨基酸等生物分子也在电磁波谱的远红外或太赫兹区域表现出振动模式(Markelz,et al,2000;Plusquellic,et al,2007)。

过去的太赫兹辐射与生物分子相互作用的研究大多集中在线性太赫兹光谱上,即利用振动光谱研究分子结构。高功率太赫兹源的近期发展(Bartel,et al,2005;Cook and Hochstrasser,2000;Xie,et al,2006)使对太赫兹辐射诱导半导体非线性动力学的研究激增。然而,只有少数研究是在强太赫兹辐射下对生物分子的动力学进行详细或深入探讨的。随着高功率太赫兹源的发展,了解太赫兹辐射与分子的共振效应、研究太赫兹辐射是否可以诱导分子结构的变化是十分必要的。了解太赫兹辐射的非线性效应对于解决强太赫兹辐射对细胞和组织的影响的相关问题也至关重要。本章重点介绍高功率太赫兹辐射与氨基酸和蛋白质的相互作用。用于研究非线性效应的技术是蛋白质和氨基酸的太赫兹辐射诱导荧光(FL)调制。

荧光是生物科学领域中成熟且广泛应用的技术之一。因此,分子中的荧光是研究强太赫兹辐射引起的结构/分子变化的最佳探针。通过监测太赫兹辐射诱导的荧光调制,可研究导致生物分子结构改变的短期和长期的动力学变化。

12.2 太赫兹诱导的氨基酸荧光调制

12.2.1 荧光学概论

荧光是一种寿命只有几纳秒的发光亚类。电子吸收某种电磁能后从激发态弛豫到基态,并以光子的形式释放其能量,就会产生荧光。荧光的重要参数包括斯托克斯位移、量子产率和荧光寿命。斯托克斯位移指的是发射能量小于吸收能量,且发射光谱通常与吸收波长无关。量子产率是指发射过程的效率,定义为发射光子与吸收光子的比例。量子产率总是小于1,因为电子可以通过竞争的非辐射途径弛豫到基态。发射荧光的分子称为荧光团,其分为两大类:内在荧光团和外在荧光团。内在荧光团是自然发生的,如芳香族氨基酸、黄素和叶绿素,而外在荧光团被添加到样品中以改变发射/吸收特性或使非荧光材料发出荧光。表 12.1 列出了常用的内在荧光团。

表 12.1　常用的内在荧光团

荧　光　团		激发波长/nm	发射波长/nm
氨基酸	色氨酸	280	320
	酪氨酸	260	303
	苯丙氨酸	250	290

荧　光　团		激发波长/nm	发射波长/nm
蛋白质	Whey	270	330
	GFP	460	510
	BSA	270	308
开胃水		400	450
菠菜		267	365
洋葱块		267	440
指甲		400	450
25%棉纸		400	440,678

　　蛋白质具备内在的荧光团是由于其具备芳香族氨基酸：色氨酸、酪氨酸和苯丙氨酸(Demchenko,1988)。由于色氨酸具有很强的紫外吸收性、高的荧光量子产率和对局部环境的高灵敏度(Callis and Burgess,1997),因此其为探测分子变化提供了一种非常简便的方法。色氨酸在不同组织中的代谢与生理功能相关,并且在调节大脑生长、情绪、行为和免疫反应中发挥作用(Le Floc'h,et al,2011)。因此,它被认为有助于用于治疗抑郁症的药物的开发(Waider,et al,2011)。

　　荧光光谱是生命科学中最强大和最有吸引力的成像和检测方式之一(Lakowicz,1999)。它具有高灵敏度和特异性,可用于研究蛋白质和活细胞内的动态变化(Lakowicz,1999;Udenfriend,1971)。荧光团的光学特性对其局部环境的变化极为敏感(Loew and Harris,2000)。温度、酸碱度、水化作用和蛋白质构象的波动都会导致荧光量子产率的变化(Attallah and Lata,1968;Heyduk,2002;Martin and Lindqvist,1975;Ohmae,et al,1996;Wallach and Zahler,1966)。此外,还可以观察到发射光谱的位移和荧光寿命的变化(Levitt,et al,2009)。因此,荧光可以作为研究太赫兹辐射的瞬态和长期效应的一种工具。

　　氨基酸是含有胺基、羧酸基和不同氨基酸的侧链的分子,随氨基酸的不同而变化。氨基酸是蛋白质的组成部分,不同的氨基酸以不同的序列连接在一起,形成各种各样的蛋白质。只有20种氨基酸天然地被纳入到多肽中,被称为标准氨基酸或蛋白原氨基酸。色氨酸是标准氨基酸之一,是唯一含有吲哚官能团的氨基酸。吲哚是一种芳香族有机化合物,由一个六元苯环和一个含有吡咯环的五元氮融合而成。

　　吲哚官能团作为色氨酸的发色团,在电磁光谱的近紫外部分被强烈吸收(Demchenko,1988)。强紫外吸收是交叠 ππ* 跃迁到两个激发态的结果。这些状态用 Platt 表示法表示为 1_{L_a} 和 1_{L_b},如图 12.1 所示。

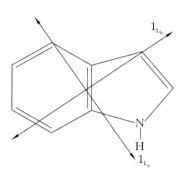

　　两种状态具有相似的能量,根据环境的不同,它们中的任何一种都能具有最低的能量。根据卡莎(Kasha)定律(Kasha,1950),荧光辐射发生在最低能量状态。1_{L_a} 和 1_{L_b} 状态的跃

图 12.1　色氨酸的电子吸收跃迁

迁偶极子的方向几乎彼此垂直(Albinsson and Norden,1992;Albinsson,et al,1989;Callis,1991;Song and Kurtin,1969;Yamamoto and Tanaka,1972)。每种状态对吸收跃迁的分数贡献决定了吸收/发射的各向异性。最大各向异性在 300 nm 处,具有 1_{L_a} 状态的吸收/发射特征(Petrich,et al,1983)。与 1_{L_b} 状态相比,1_{L_a} 状态的吸收结构更小,如图 12.2 所示。

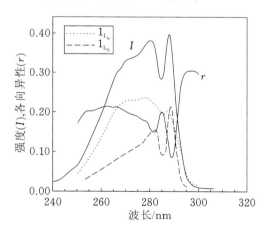

图 12.2　色氨酸的荧光激发谱(实线)和各向异性谱。吸收光谱分为 1_{L_a} 和 1_{L_b} 两种状态

　　色氨酸的荧光呈现出双指数衰减的特性,寿命分别为 0.5 ns 和 3.1 ns,这是由色氨酸的旋转异构体不同所致的(Creed,1984;Petrich,et al,1983)。根据镜像法则,发射光谱通常是 $S_0 \rightarrow S_1$ 吸收的镜像,这是由于吸收和发射所产生的跃迁具有对称性,以及当发色团的局部环境为非极性时,色氨酸从 1_{L_b} 态发

射 S_0 和 S_1 振动能级具有相似性。局部电场也可能影响吲哚的发射光谱（Callis，1991）。

12.2.2 实验装置

用于研究太赫兹辐射诱导的荧光调制的实验装置的示意图如图 12.3 所示。

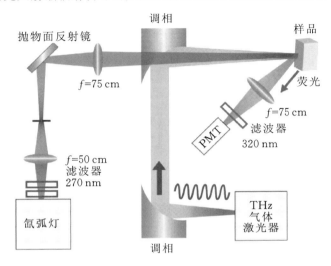

图 12.3 实验装置示意图。将 270 nm 处的紫外光束与氙气紫外增强弧光灯产生的宽带光隔离，以激发样品。产生连续太赫兹辐射可调谐远红外气体激光器。CW-UV和 CW-THz 辐射是用一个带孔的抛物面反射镜来组合的，抛物面反射镜允许紫外光束通过。用干涉滤光片（中心波长为 320 nm，带宽为 10 nm）分离样品发射的荧光，用透镜收集，用 PMT 检测

从由氙紫外增强电弧灯（150 W，型号 6254，Newport）产生的宽带光中分离出 270 nm 处的紫外光束以激发样品。一种可调谐远红外气体激光器（SIFIR-50，Coherent）产生连续太赫兹辐射。连续紫外和连续太赫兹辐射与中间有孔的离轴抛面镜结合，允许紫外线辐射通过。太赫兹波通过一个抛物面反射镜（PM）与激发的光波结合在一起，这个抛物面反射镜上有一个孔，允许紫外光束通过。两束光束以共线的方式传播到样品上。聚焦的太赫兹光束直径和准直光束直径保持在大约 1.2 mm 处的位置，以便在 1.27 THz 和 2.74 THz 之间的 8 个不同的太赫兹频率下保持照明面积的恒定。通过将纯色氨酸粉末压缩成直径为 13 mm、厚度为 1.2 mm 的颗粒，使用 5 吨的压力持续 3 min 来制备样品。由计算机控制的金属快门用于控制太赫兹辐射源的开启和关闭。用微型光纤光谱仪可获得颗粒样品的荧光光谱。

12.2.3 实验结果

测量了色氨酸的荧光光谱和荧光强度随样品温度、频率和太赫兹辐射源强度的改变而发生的变化。在有和没有太赫兹辐射（辐射强度为 $3.0\ \mathrm{W/cm^2}$ 和 $11.7\ \mathrm{W/cm^2}$）的情况下，色氨酸颗粒样品的归一化荧光光谱如图 12.4 所示。两种强度水平的太赫兹辐射频率均为 $2.55\ \mathrm{THz}$。光谱由对应于 $329\ \mathrm{nm}$ 的峰值发射波长的荧光信号归一化所得。

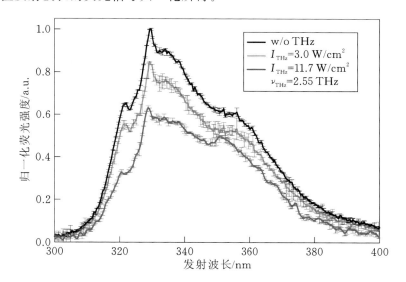

图 12.4 在有和没有太赫兹辐射的情况下，色氨酸颗粒样品的荧光光谱。在 $3.0\ \mathrm{W/cm^2}$ 和 $11.7\ \mathrm{W/cm^2}$ 两种不同的太赫兹强度下，太赫兹频率保持为 $2.55\ \mathrm{THz}$

图 12.5 所示的为在有和没有太赫兹辐射时，两种太赫兹强度水平下的光谱比率。该图表明，在低太赫兹强度（$3.0\ \mathrm{W/cm^2}$）下淬灭是均匀的，在高太赫兹强度（$11.7\ \mathrm{W/cm^2}$）下，淬灭在发射光谱范围内变得不均匀。样品的峰值发射波长为 $329\ \mathrm{nm}$ 时，最大淬灭发生在 $320\ \mathrm{nm}$ 处。

对于所有的实验，使用中心波长为 $320\ \mathrm{nm}$ 的干涉滤波片来分离荧光信号，该信号是通过一个前置的光电倍增管探测到的，并被馈送到锁相放大器。图 12.6 说明了在 $2.55\ \mathrm{THz}$ 下以 $11.5\ \mathrm{W/cm^2}$ 的平均强度照亮色氨酸的效果。最初，只有强度为 $1\ \mathrm{mW/cm^2}$ 的紫外线照射在样品上（从 $t=-20\ \mathrm{s}$ 到 $t=0\ \mathrm{s}$），荧光波动约为 1%。$t=0\ \mathrm{s}$ 时，太赫兹源被打开，在 $20\ \mathrm{s}$ 内，荧光衰减了 54%。一旦荧光达到一个新的平衡值（$t=90\ \mathrm{s}$），太赫兹源关闭，荧光在 $20\ \mathrm{s}$ 内恢复到初始值。

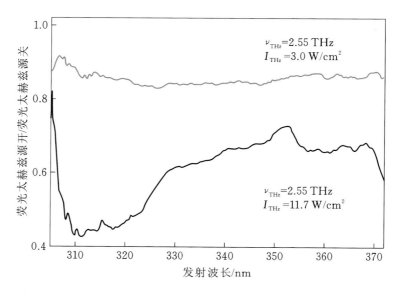

图 12.5 与图 12.5 所示的光谱相对应,在有和没有太赫兹辐射的情况下,色氨酸荧光光
谱的比率。当太赫兹辐射强度为 11.7 W/cm² 时,太赫兹诱导的荧光淬灭不均
匀;当太赫兹辐射强度为 3 W/cm² 时,淬灭几乎保持均匀

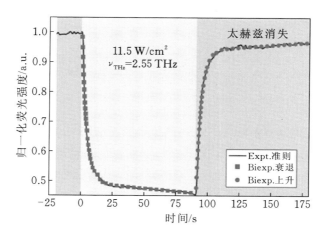

图 12.6 在有太赫兹辐射的情况下色氨酸的归一化荧光强度是照射时间的函数。太赫兹源在
$t=0$ s 时打开,在 $t=90$ s 时关闭;太赫兹辐射的频率和强度分别保持为 2.55 THz 和
11.5 W/cm²;黑线与实验数据相对应,其遵循双指数衰减函数和双指数上升函数

荧光强度的衰减(上升)曲线遵循双指数衰减(上升)函数的规律,即

$$FL(t) = FL_0 + a_1 \exp(-t/\tau_1) + a_2 \exp(-t/\tau_2) \tag{12.1}$$

对于衰减(上升)曲线,$FL_0=0.44(0.97)$,$a_1=0.56(-0.53)$,$\tau_1=3.96(3.61)$,$a_2=0.06(-0.04)$,$\tau_2=88.32(50.29)$。

通过调整太赫兹气体激光器的参数可研究荧光淬灭与太赫兹辐射频率的关系。所有不同频率的太赫兹辐射的强度保持为 320 mW/cm^2。如图 12.7 所示,由太赫兹辐射诱导的荧光淬灭与频率有关,并与色氨酸的太赫兹吸收系数相关。

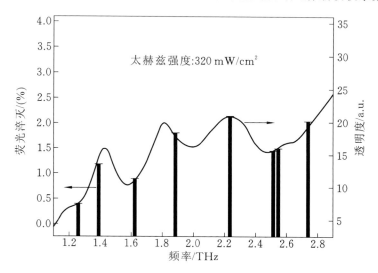

图 12.7　不同频率的太赫兹辐射引起的荧光淬灭。太赫兹强度固定为 320 mW/cm^2。同时给出了用宽带太赫兹时域光谱获得的同一样品的太赫兹吸收光谱;荧光调制随着太赫兹吸收系数的变化而变化,突出显示共振

垂直黑线对应于太赫兹诱导的荧光淬灭,曲线是太赫兹吸收系数。在一个单独的实验中,研究人员通过宽带太赫兹时域光谱得到了色氨酸的吸收系数。太赫兹诱导的淬灭与吸收系数的变化密切相关,这有力地表明了太赫兹辐射与样品的共振相互作用。

荧光淬灭与太赫兹强度呈线性关系,如图 12.8 所示,其中,太赫兹强度由一对线栅偏振器控制。线性曲线的斜率的差异证实了样品的频率依赖性。

12.2.4　相干与非相干响应

12.2.4.1　随温度变化的荧光调制

人们期望通过高功率连续波辐射对样品产生热效应从而产生荧光淬灭。可通过主动地将样品的温度控制在 $-180\sim100$ ℃,并研究将太赫兹诱导的荧光淬灭作为温度的函数来解决这一问题。利用由聚-4-甲基戊烯-1(TPX)材料制

太赫兹生物医学科学与技术

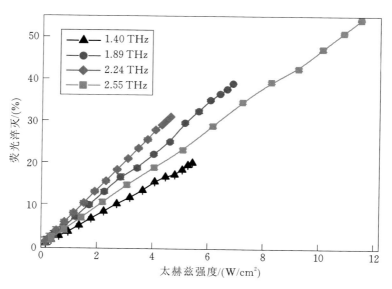

图 12.8　荧光淬灭是不同太赫兹频率下太赫兹强度的函数。对于不同的太赫兹频率,荧光淬灭与不同的太赫兹强度成线性关系

成的窗口构建的低温系统(MMR Co.)来促进紫外线、红外线和太赫兹辐射的传输,该低温系统可用于控制样品的温度。在通过低温系统的窗口传输后,焦点处的太赫兹辐射的最大强度为 5.5 W/cm^2。图 12.9 表明,随着样品温度的升高,太赫兹辐射引起的样品荧光淬灭增加。在没有太赫兹辐射的情况下,与温度相关的荧光也显示在图上,如带有方形符号的曲线所示。在室温($T=25$ ℃)下,对荧光强度(在没有太赫兹辐射的情况下)进行归一化。由圆符号曲线给出的相应的太赫兹诱导在 $T=25$ ℃时的淬灭为 25%。与温度相关的荧光强度的数据表明,需要将温度升至 65 ℃才能使荧光淬灭水平与 25 ℃下的太赫兹辐射诱导的相同(25%)。

如图 12.9 所示,太赫兹辐射源的频率为 2.55 THz,强度为 5.5 W/cm^2。采用相同的低温系统,可用测辐射热计相机记录样品的红外热图像,以测量在不同样品温度下由太赫兹辐射引起的温度变化。对于样品温度的每个值,在 $t=0$ s(即太赫兹源关闭)和 $t=90$ s(即太赫兹辐射 90 s 后)时获得热图像。将这两幅图像进行比较,以获得样品在太赫兹辐射下的温度分布差异和净温升。

图 12.10(a)和(b)分别显示了样品在 35 ℃ 和 85 ℃ 恒温下的图像。黑点区域对应于太赫兹和光束聚焦的区域,这意味着黑点区域对应对荧光有贡献的样品的活动区域。

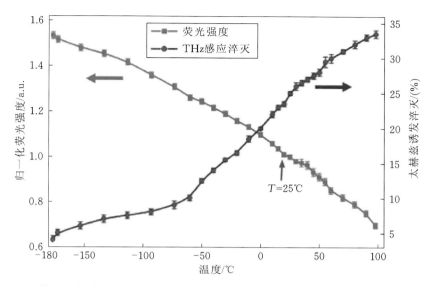

图 12.9　荧光强度(在没有太赫兹辐射的情况下)和太赫兹诱导的荧光淬灭是样品温度的
　　　　函数。荧光强度在 25 ℃下归一化。太赫兹辐射源的频率和强度分别为 2.55 THz
　　　　和 5.5 W/cm²

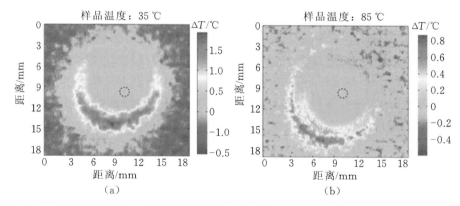

图 12.10　使用测辐射热计相机获得的样品在有和没有太赫兹辐射时的热图像的差异,利
　　　　　用低温系统对样品的温度进行了主动控制。热图像中的黑点区域对应于太赫
　　　　　兹光束聚焦的区域。这些图像强调,当样品温度被主动控制时,由太赫兹光束
　　　　　产生的热量迅速扩散到边缘,并不会导致在太赫兹光束聚焦处的热量沉积

　　这些红外图像表明,当样品被低温系统主动冷却/加热时,样品的温度在
太赫兹辐射的影响下没有显著变化。这些图像还表明,由太赫兹光束产生的
热量扩散到边缘,没有沉积在聚焦区域。因此,太赫兹辐射不会对样品产生显
著的加热作用,且所观察到的荧光淬灭也不是吸收加热的结果。

12.2.4.2　非热响应的证据

随温度变化而变化的荧光淬灭研究清楚地表明了样品对入射的太赫兹辐射的非热响应,因为热图像表明太赫兹辐射不会引起样品温度的变化,但是随着样品温度的升高,太赫兹诱导的淬灭量会增加。此外,研究人员还测定了样品未安装在低温阶段时太赫兹辐射引起的温度变化,即样品温度未受外部控制时的温度变化。通过比较有和没有太赫兹辐射时获得的图像,可从样品的红外图像中估算出太赫兹辐射引起的温度变化。

图 12.11(a)显示了温度增加量与太赫兹光照时间的函数关系,图 12.11(b)显示了归一化荧光强度与太赫兹光照时间的函数关系。在没有太赫兹辐射的情况下,研究人员通过使用低温系统来控制样品的温度,以获得荧光的温度依赖性。如图 12.11(b)所示,图 12.11(b)的横轴为温度增加量,即 $\Delta T = 0$ ℃ 对应 $T = 25$ ℃。比较这两个图,假设样品对太赫兹辐射具有纯热响应,则归一化荧光强度随时间的变化而变化,如图 12.12 所示。

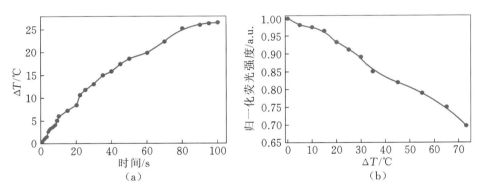

图 12.11　(a)由入射的太赫兹辐射的局部加热引起的样品温度的升高,由热图像估计样品温度的增加。(b)在没有太赫兹辐射的情况下,样品的归一化荧光强度随样品温度的变化而变化。横轴为样品相对于室温的温度增加量,$\Delta T = 0$ ℃ 对应样品温度 $T = 25$ ℃

这清楚地证明了样品对入射太赫兹辐射的非热或相干响应。如图 12.12 所示,太赫兹辐射对样品局部加热引起的荧光波动相比于实验观察到的双指数荧光衰减(见图 12.6)是一个较慢的过程。如图 12.11(a)所示,当样品暴露于强度为 11.5 W/cm² 的 2.55 THz 的辐射时,样品的温度在 90 s 的时间内增加了(25±0.2) ℃,但这仍不足以导致在早期测试中观察到的荧光淬灭(54%)。根据温度相关的荧光强度曲线(见图 12.11(b)),可得到产生 54% 淬

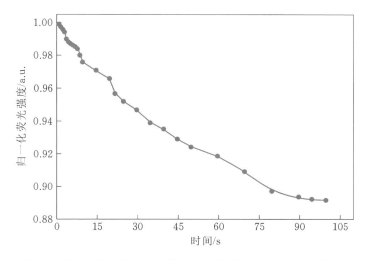

图 12.12 太赫兹辐射造成局部加热引起样品温度的升高,预期荧光强度随时间变化。与
　　　　　图 12.6 所示的观察到的实验淬灭相比,这种变化要小得多、慢得多

灭所需的估计温度(约为 140 ℃)。太赫兹诱导的热空间分布如图 12.13 所示,其中,最大温升在太赫兹光束的焦点区域(光束直径约为 1.2 mm)处,在样品边缘降至 5 ℃(光束直径约为 13 mm)。

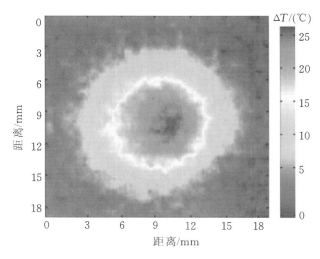

图 12.13 使用微测热辐射相机获得带有和没有太赫兹辐射的样品的热图像的差异。太赫
　　　　　兹辐射的强度和频率分别为 11.5 W/cm² 和 2.55 THz。总辐射时间为 90 s,比较
　　　　　$t=0$ s、$t=90$ s 时的图像,以得到温度变化。在焦点处可以看到 25 ℃ 的最大温
　　　　　升,并且从中心到边缘处(光束直径约为 13 mm)变化 8 ℃

此外，据观察，当样品被加热到温度大于 90 ℃时，在没有太赫兹辐射的情况下，样品会发生不可逆的荧光耗尽。如果太赫兹辐射确实将样品加热至 140 ℃，则观察到的荧光淬灭将不可逆。在单独的对照实验中，相关人员还研究了色氨酸的荧光发射光谱与样品温度的函数。在 25～95 ℃的不同温度下，归一化发射光谱显示出荧光光谱的均匀淬灭，与太赫兹辐射诱导的不均匀淬灭不同。任何分子的多模荧光发射光谱都是由与电子激发/基态相对应的不同振动状态所致的。太赫兹辐射引起的非均匀淬灭可以被认为是由太赫兹辐射与色氨酸的振动模式的谐振耦合引起的振动水平的群体密度的变化引起的。所有这些测量都清楚地表明样品对入射的太赫兹辐射的非热或相干响应。

12.2.4.3　导致随温度变化的淬灭的因素

导致随温度变化的淬灭的因素有不同温度下太赫兹吸收的变化和热导率的变化。材料的热导率通常随着温度的升高而增加，这意味着，在高温下，由太赫兹辐射沉积的任何热量都应扩散或扩散得更快，从而导致纯热效应预期的较低的荧光淬灭。相反，在低温下，由于热导率降低，太赫兹辐射的局部温度升高，导致荧光淬灭增加，但是可观察到荧光淬灭随温度的变化而变化的逆行为。

为了确定不同温度下太赫兹吸光度的变化，相关人员用热电探测器测量了在每个温度下通过样品传输的太赫兹信号。吸收系数由 Beer Lambert 定律确定：

$$I = I_0 \exp(-\alpha t)$$

其中，t 是样品厚度。

色氨酸的太赫兹吸收系数随温度变化而变化的关系如图 12.14(a)所示。

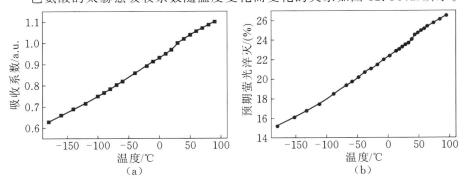

图 12.14　(a)2.55 THz 下色氨酸的吸收系数与温度的关系；(b)由于使用式(12.3)计算的太赫兹吸收系数具有温度依赖性，因此预期荧光淬灭为样品温度的函数

即使是在随温度变化而变化的荧光淬灭研究中,照射样品的太赫兹强度 I_0 也是恒定的,但在不同的温度下,吸收的太赫兹强度(或吸收的太赫兹光子数)会发生变化。在温度 T 下传播距离 d 后,太赫兹强度的变化为

$$\Delta I = k I_0 (1 - \exp(-\alpha(T)d)) \tag{12.2}$$

其中,I_0 是入射太赫兹强度;$\alpha(T)$ 是与温度相关的太赫兹吸收系数。

如图 12.8 所示,太赫兹诱导的淬灭与太赫兹强度呈线性关系,因此有

$$Q(T) = k I_0 (1 - \exp(-\alpha(T)d)) \tag{12.3}$$

其中,k 是常数;d 取决于对荧光有贡献的分子的体积,其受到紫外泵浦光束的穿透深度的限制。

紫外穿透深度取决于在 270 nm 处 5455 M/cm 的紫外线的物质的量浓度的吸光度(Pace,et al,1995)。样品的物质的量浓度为

$$C = \frac{W_{\text{pellet}}}{V_{\text{pellet}} M_{\text{Trp}}} \tag{12.4}$$

$$V_{\text{pellet}} = \pi r^2 t \tag{12.5}$$

其中,W_{pellet}、M_{Trp}、t 和 r 分别是颗粒的重量、色氨酸的相对分子质量、颗粒的厚度和颗粒的半径。

使用式(12.4)中的 C 和色氨酸的紫外线的物质的量浓度的吸光度,可得紫外线穿透深度约为 2.86 μm。因此,由于吸收系数的变化,与室温下的淬灭相比,荧光淬灭的预期变化可以使用式(12.5)计算,结果如图 12.14(b)所示。

这表明淬灭随温度的变化而变化并不完全由太赫兹吸收系数的变化引起。观察到的荧光淬灭可以根据吸收系数的温度变化进行修正,修正后的淬灭如图 12.15 所示。与温度相关的荧光淬灭在 $-50\ ^\circ\text{C}$ 时出现转折点。曲线的斜率和转变温度取决于入射太赫兹辐射的频率。

频率为 1.4 THz 和 1.89 THz 的辐射与色氨酸的扭转共振模式发生共振,并且太赫兹吸收系数随着样品温度的降低而增加。入射太赫兹频率为 1.89 THz 时,观察到的荧光淬灭和色氨酸的荧光淬灭预期变化如图 12.16 所示。

根据式(12.3)可知,由于低温下的太赫兹吸收系数较高,因此在低温下荧光淬灭应较高。与 2.55 THz 下的荧光淬灭变化不同,在 1.89 THz 下,荧光淬灭在 $-180\sim-120\ ^\circ\text{C}$ 的温度范围内几乎恒定。对于两种不同的太赫兹辐射频率,在校正吸光度变化后,归一化的荧光淬灭为温度的函数,如图 12.17 所示。

这些结果有力地说明了非热淬灭机理。当样品冷却至室温以下时,分子只

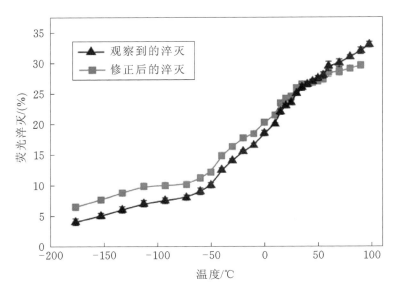

图 12.15　在加入色氨酸的太赫兹吸收系数对温度的依赖性后,太赫兹诱导的荧光淬灭与样品温度的函数关系。太赫兹辐射强度为 5.5 W/cm²,频率为 2.55 THz

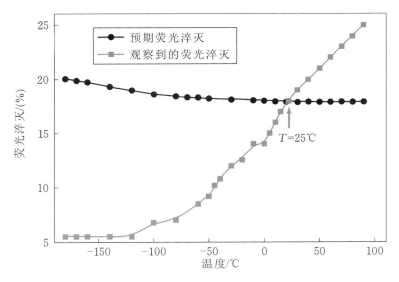

图 12.16　观察到的荧光淬灭和预期的荧光淬灭与样品温度有关,入射太赫兹辐射频率为 1.89 THz,强度为 4.0 W/cm²,黑色(圆)曲线对应预期荧光淬灭,并使用式(12.3) 计算

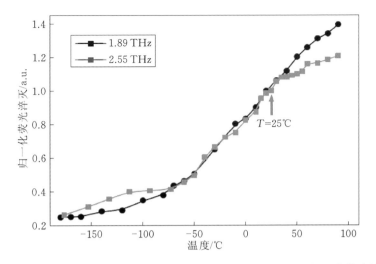

图 12.17　对两个不同的太赫兹辐射频率的吸光度变化进行校正后,归一化荧光淬灭为温
　　　　度的函数。对 $T=25$ ℃下的荧光淬灭进行归一化

有较少的热能用于晶格振动,并且分子键增强。此外,分子在能级上的总体分
布随温度的变化而变化,这可能改变太赫兹辐射与色氨酸分子的耦合。这些
改变可能是我们观察到荧光淬灭具有温度依赖性的原因。

12.2.5　调制途径

12.2.5.1　太赫兹辐射诱导的非辐射转移

如图 12.18 所示,可以观察到荧光调制的不同途径。深黑色线对应于电
子状态,浅黑线对应于每个电子状态的振动能级。S_0 是电子的基态,S_1 是电
子的第一激发态。

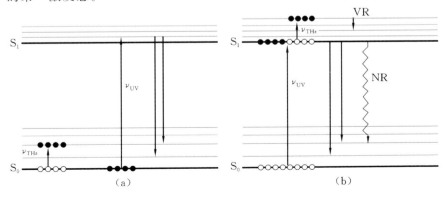

图 12.18　色氨酸分子不同能级间的太赫兹辐射和紫外线辐射的耦合模型

图 12.18(a)对应于太赫兹辐射对基态分子的影响。由于分子与入射的太赫兹辐射的振动耦合,因此,S_0 态的最低振动能级的分子被转移到基态振动流形的更高能级。这就减少了分子的数量,这些分子可以通过紫外线束转移到激发电子态 S_1。由于基态色氨酸分子的数量减小,发射的荧光减少。图 12.18(b)与太赫兹辐射影响激发态分子的情况相对应。色氨酸分子被紫外线束激发到一个更高的电子态 S_1。然后,太赫兹辐射与分子耦合,并将它们移动到电子态 S_1 的更高的振动能级。在这些高振动状态中,分子可以通过非辐射途径来弛豫。

12.2.5.2　太赫兹辐射诱导的构象转变

过去的研究已经证明,色氨酸分子可以以不同的旋转异构体形式存在,如图 12.19 所示。

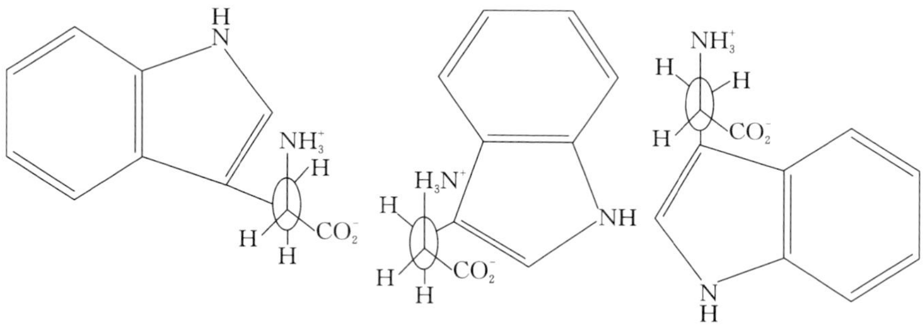

图 12.19　色氨酸分子的不同旋转异构体

在与太赫兹辐射的共振耦合下,色氨酸分子可能经历级联跃迁。它可以通过一系列中间能级从基态转变为更高的振动状态。这通常称为爬梯(Xie,et al,2001)。在获得足够的能量后,分子可能达到构象转变状态,并转变成不同的构象状态。过去涉及有关固态核磁共振技术的研究表明,由扭转振动引起的大振幅运动可能发生在固态氨基酸和蛋白质中(Torchia,1984),这可能需要毫秒到秒的时间尺度。我们认为,在色氨酸中由太赫兹辐射引起的这种慢速运动是导致观察到慢的荧光淬灭的原因。

12.3　太赫兹辐射诱导的蛋白质荧光调制

本节将太赫兹辐射诱导的荧光调制研究扩展到乳清蛋白和绿色荧光蛋白(GFP)。乳清蛋白在商业中是一种重要的乳制品蛋白质,其含有球状蛋白质,

以及 α-乳清蛋白和 β-球蛋白的混合物(它们分别由 162 和 123 个残基组成)
(Kinsella and Whitehead,1989)。食品行业一直在探索新的替代技术,包括使
用脉冲电场,这可以帮助保留乳清在热处理过程中可能丢失的品质属性
(Kinsella and Whitehead,1989)。绿色荧光蛋白是生物科学中广泛使用的蛋
白质,其可作为活细胞和生物体中的基因表达和蛋白质靶向的标记物(Kain,
et al,1995;White and Stelzer,1999)。它的使用为生物传感器和光化学记忆
领域开辟了新的途径(Misteli and Spector,1997;Shimomura,et al,1962;
Tsien,1998)。

12.3.1 乳清蛋白的荧光淬灭

乳清蛋白分离粉购自 Davisco Foods International Inc。与乳清蛋白浓缩物相
比,乳清蛋白分离粉具有更高的蛋白质浓度。如制造商所示,蛋白粉是以牛奶为
基础的 100% 的天然蛋白质,没有添加乳糖、糖或脂肪。使用 5 N 的压力将乳清
蛋白分离粉压制 3 min 可将其制成直径为 13 mm、厚度为 1 mm 的丸粒。

12.3.1.1 实验设置

使用耿氏二极管作为太赫兹源和飞秒紫外脉冲作为激励源的实验装置如
图 12.20 所示。使用一组非线性 β-硼酸钡(BBO)晶体,将来自 Ti:蓝宝石再生
放大器激光器(Hurricane,Spectra-Physics)的中心波长为 800 nm 的飞秒光脉
冲 3 倍频至 267 nm。然后将 267 nm 脉冲入射到乳清蛋白样品上,引起光激
发,利用小型光纤光谱仪(Ocean Optics)获得蛋白质样品的荧光光谱。干涉滤
光片用于从光谱仪数据中分离出峰值发射波长。使用前向几何结构的光电倍
增管(Eisinger and Flores,1979)可检测该滤波信号并将其反馈到锁相放大器。
因为固体样品会正向衰减荧光信号,因此采用前向几何结构可收集信号。使
用耿氏二极管可产生 0.2 THz 的连续太赫兹辐射。

通过特殊的抛物面镜可将太赫兹波与激发的光脉冲相结合,使两光束共
线传播到样品上。计算机控制的金属快门可控制太赫兹辐射源的开关状态。
准直光束和聚焦太赫兹光束的尺寸约为 3 mm。由热电相机(Spiricon-Ⅲ)确
定的太赫兹光束尺寸如图 12.21 所示,在焦点处,0.2 THz 源的最大强度为
140 mW/cm²。

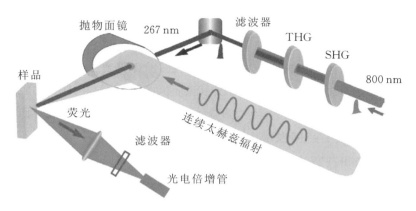

图 12.20　实验装置图。利用非线性晶体对 800 nm 的飞秒脉冲进行 3 倍频(267 nm),再
　　　　　对样品进行光激发;使用光电倍增管收集样品的荧光信号;紫外脉冲和连续太
　　　　　赫兹辐射通过抛物面镜结合在一起,该抛物面镜上有一个孔,允许紫外脉冲通
　　　　　过;SHG 是二次谐波产生晶体;THG 是三次谐波产生晶体

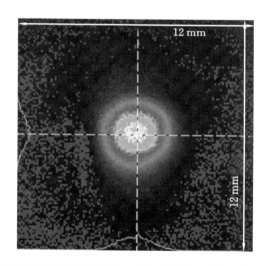

图 12.21　使用螺旋热释电相机获得的焦点处的太赫兹光束的图像。太赫兹光束的估计
　　　　　直径为 3 mm

12.3.1.2　结果

12.3.1.2.1　0.2 THz 辐射源的影响

　　使用小型光纤光谱仪获得的乳清蛋白的荧光光谱如图 12.22 所示。当乳清蛋白样品暴露于 0.2 THz 耿氏二极管的辐射下时,来自乳清蛋白的固有荧光被淬灭。在整个发射光谱范围内,太赫兹辐射诱导的荧光淬灭是均匀的。

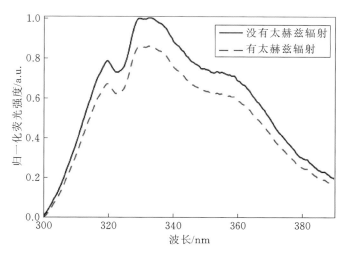

图 12.22　乳清蛋白在有和没有太赫兹辐射的情况下的荧光光谱。激发波长为 267 nm,激发
　　　　强度为 6 MW/cm²;太赫兹辐射的频率和强度分别为 0.2 THz 和 140 mW/cm²

在不同的紫外激发水平下,乳清蛋白的归一化荧光发射光谱保持不变。荧光强度与激发功率的关系如图 12.23 所示。发射的荧光强度与高达 12 MW/cm² 的紫外激发强度呈线性关系。当紫外激发强度大于 12 MW/cm² 时,荧光强度达到饱和。这表明,对于低于 12 MW/cm² 的激发强度,发射的荧光强度呈线性状态。因此,太赫兹辐射诱导的荧光淬灭的最大光强不能超过 9 MW/cm²。

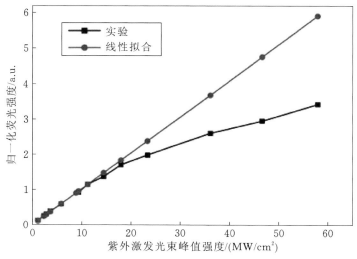

图 12.23　乳清蛋白发射荧光的功率与紫外激发光束峰值强度的函数关系,激发光束的波
　　　　长为 267 nm

当用 0.2 THz 的太赫兹辐射照射乳清蛋白时,固有的荧光强度显著下降,且在大约 60 s 后达到平衡。当太赫兹辐射源关闭时,荧光在 10 s 内恢复,如图 12.24 所示。当样品被 9 MW/cm² 的平均紫外线强度(平均强度为 720 μW/cm²)激发时,太赫兹辐射引起的荧光淬灭率为 18％,且是不可逆的。当紫外峰值强度降低到 2.5 MW/cm²(平均强度为 200 μW/cm²)时,淬灭几乎是可逆的,并降低至 10％。

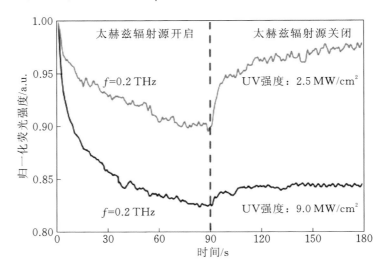

图 12.24　使用两种不同的紫外线强度激发乳清蛋白时,归一化荧光强度为时间的函数。
太赫兹辐射频率和强度分别保持为 0.2 THz 和 140 mW/cm²;太赫兹辐射源在
$t=0$ s 时开启,在 $t=90$ s 时关闭

为了确定不同光强下淬灭的可逆性,每隔 2 min 记录乳清蛋白样品的荧光强度,其中,太赫兹辐射源在开启和关闭状态之间交替。如图 12.25 所示,当样品以 9 MW/cm² 的峰值强度激发时,该过程在 20 个循环内导致 60％的荧光损失。此外,这种荧光淬灭是不可逆的,因为即使样品弛豫 24 h,荧光也没有恢复。这种荧光损失明显大于在没有太赫兹辐射的情况下观察到的同一时间段内约 6％的荧光淬灭,这是由高紫外线功率引起的光漂白造成的。如果峰值强度降低到 2.5 MW/cm²,淬灭温度降低(10±0.5)％,淬灭成为可逆的,则初始荧光在所有 20 个循环内都可恢复。在中等功率水平下,荧光仅部分恢复。

12.3.1.2.2　水性蛋白质样品

乳清蛋白的水样在质量/体积分数为 10％的蒸馏水中制备。用移液管将少量该溶液滴入 100 μm 的可拆卸试管中。与固体样品不同,水样对紫外辐射

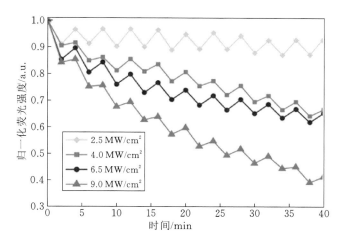

图 12.25　不同紫外峰值强度下乳清蛋白在多个循环内的不可逆和可逆荧光淬灭。太赫
　　　　　兹辐射频率和强度分别保持为 0.2 THz 和 140 mW/cm^2；每 2 min 等待一次开
　　　　　启/关闭循环，记录一次荧光强度

是透明的，荧光发射是各向同性的。相关人员采用前面描述的技术研究荧光
强度与太赫兹辐射时间的函数，如图 12.26 所示。在校正了试管前表面的菲
涅耳损失后，入射到样品溶液的太赫兹辐射强度为 120 mW/cm^2。荧光发射
和太赫兹诱导的荧光淬灭都是各向同性的，如图 12.26 中的插图所示。

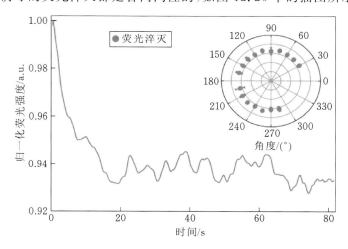

图 12.26　归一化荧光强度是水乳清蛋白（质量/体积分数为 10%）接受太赫兹辐射的时
　　　　　间的函数，使用 9 MW/cm^2 的紫外峰值强度激发水乳清蛋白；太赫兹辐射频率
　　　　　和强度分别为 0.2 THz 和 120 mW/cm^2。在 $t=0$ s 时，太赫兹辐射源开启，在
　　　　　$t=90$ s 时关闭；插图为太赫兹辐射诱导荧光淬灭的各向同性模式

12.3.1.2.3　不同太赫兹频率的比较

为了比较气体激光器产生的不同的太赫兹频率,在此使用了第 12.2.3 节所述的装置。利用连续波紫外线光束在 270 nm 处激发的乳清蛋白样品,太赫兹气体激光器产生的太赫兹频率为 1.08 ~ 2.55 THz。用耿氏二极管代替气体激光器后,可产生 0.2 THz 的太赫兹辐射。对于所有的太赫兹频率,紫外线光束的强度保持为 1 mW/cm^2。通过使用一对线栅偏振器来控制入射到样品的太赫兹强度,相关人员研究了在每条太赫兹频率线上荧光淬灭对太赫兹强度的影响。结果表明,各频率下的荧光淬灭与太赫兹强度成线性关系。因此,为了研究太赫兹诱导的荧光淬灭的太赫兹频率依赖性,所有太赫兹频率上的强度保持 140 mW/cm^2(0.2 THz 源的最大强度)。研究发现,在相同的太赫兹强度下,太赫兹诱导的荧光淬灭随着太赫兹频率的增加而降低,如表 12.2 所示。

表 12.2　在 140 mW/cm^2 的固定太赫兹强度下,太赫兹诱导的乳清蛋白荧光淬灭的频率依赖性

频率/THz	荧光淬灭/(%)
0.2	10±0.4
1.08	2.5±0.25
1.2	1.42±0.25
1.4	0.8±0.2
1.63	0.52±0.15
1.89	0.38±0.15
2.55	0.26±0.15

太赫兹诱导的色氨酸和乳清蛋白荧光淬灭的主要差异如下。

(1)尽管乳清蛋白的释放是由色氨酸残基引起的,但在 0.2 THz 辐射的照射下,色氨酸不表现出荧光淬灭。

(2)太赫兹诱导的乳清蛋白中的荧光淬灭随着太赫兹频率的增加而降低,而色氨酸的淬灭与色氨酸分子的太赫兹吸收系数有关。

(3)在相同的光激发强度下,太赫兹诱导的乳清蛋白荧光淬灭在 0.2 THz 辐射下是不可逆的,在高太赫兹频率下是可逆的。对于 0.2 THz 辐射,荧光淬灭是可逆的,直到达到 80 mW/cm^2 的太赫兹强度,此后变得不可逆。

因此,太赫兹辐射对乳清蛋白的非热效应在低频下占主导地位。

12.3.2 绿色荧光蛋白中的荧光调制

使用前文所述技术,相关人员还研究了在太赫兹辐射下,荧光对绿色荧光蛋白的调制。在磷酸盐缓冲液中制备了浓度为 5% 的绿色荧光蛋白工作储备样品。在进行实验测量之前,将样品在 4 ℃ 下储存。将少量水样(50 μL)用移液管输送到路径长度为 0.1 mm 的可拆卸石英试管(NSG 精密试管)中。

从氙气增强弧光灯光源产生的宽带光中分离出波长为 460 nm 的光束,从耿氏二极管获得 0.2 THz 的辐射源,并从气体激光器获得更高的频率。使用与乳清蛋白实现相同功能的实验装置。将试管前表面界面处的菲涅耳损失合并后,入射到样品上的所有太赫兹频率的强度固定为 120 mW/cm²,使用太赫兹时域光谱系统测定石英试管的透射率和太赫兹区域的绿色荧光蛋白的太赫兹吸收系数。

使用小型光纤光谱仪获得的绿色荧光蛋白光谱如图 12.27 所示。

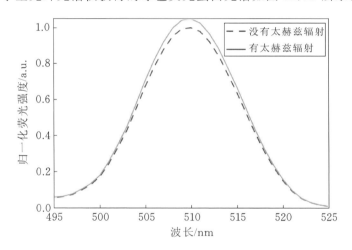

图 12.27 使用海洋光学分光计测量有和没有太赫兹辐射时的绿色荧光蛋白的荧光光谱。太赫兹辐射的频率为 2.55 THz,绿色荧光蛋白的荧光强度在有太赫兹辐射的情况下增强

当暴露于 0.2 THz 辐射时,绿色荧光蛋白样品的荧光损耗为(3±0.2)%。然而,当暴露于等强度的 2.55 THz 辐射时,绿色荧光蛋白显示出(5±0.3)% 的荧光增强,如图 12.28 所示。

对于绿色荧光蛋白,荧光的上升时间和下降时间(定义为施加太赫兹场扰动后系统平衡所需的时间)大约为 24 s。这对应于过去研究中报道的折叠和

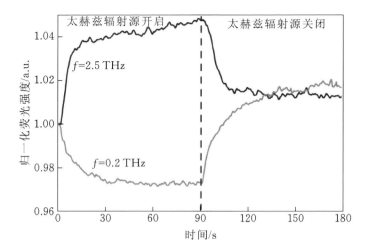

图 12.28 对于太赫兹强度为 120 MW/cm² 的 0.2 THz 和 2.55 THz 辐射,对于绿色荧光蛋白来说,归一化荧光强度是时间的函数。太赫兹源在 $t=0$ s 时打开,在 $t=90$ s 时关闭

展开时间(Makino,et al,1997)。

高频太赫兹辐射(1.4~2.55 THz)对绿色荧光蛋白的影响与低频太赫兹辐射(0.2~1.2 THz)的不同(见表 12.3)。有趣的是,在一个开启/关闭循环后,无论是荧光损尽还是荧光增强,绿色荧光蛋白的荧光净增加(1±0.2)%。由于紫外辐射会对绿色荧光蛋白进行光漂白的竞争过程,因此,经过 10 个开启/关闭循环后,饱和值增加到(3±0.7)%。

表 12.3 固定太赫兹强度为 120 mW/cm² 时,绿色荧光蛋白中
太赫兹诱导的荧光调制的频率依赖性

频率/THz	荧光调制/(%)
0.2	−(3±0.2)
1.08	−(2.5±0.3)
1.2	−(1.0±0.6)
1.4	0.5±0.3
1.63	1.5 ± 0.5
1.89	3.5 ± 0.25
2.55	5 ± 0.3

12.3.3　热效应研究

由于生物分子中的荧光具有高度的温度依赖性，因此我们研究了太赫兹辐射对乳清蛋白样品的热效应。首先，使用低温系统（MMR）在不同的样品温度下监测蛋白质的荧光。相关结果被用来确定产生淬灭水平所需的温度变化量，这与我们在先前测量结果中观察到的类似。图 12.29 所示的温度相关的荧光曲线表明，在实验中观察到 18％ 的淬灭需要 35 ℃ 的温度变化。

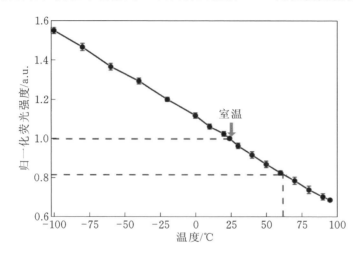

图 12.29　乳清蛋白的荧光强度随温度的变化而变化，无任何太赫兹源。荧光强度在室温（24 ℃）下进行荧光归一化

然后，我们在样品上施加一个太赫兹辐射来引起温度变化，温度是用测辐射热计相机和热电偶测量的。经热电偶和测辐射热计相机验证，太赫兹焦点处样品的平均温度的最大增加值仅为约 1.6 ℃，如图 12.30 所示。热量从中心扩散到样品边缘，温度变化仅为 0.4 ℃。

太赫兹辐射也使绿色荧光蛋白样品的温度升高约 1 ℃。绿色荧光蛋白的荧光强度随着温度的升高而降低，但温度每升 1 ℃，荧光强度仅降低约 0.5％。这种加热不足以导致在 0.2 THz 频率上的数据中观察到荧光淬灭，并且无法解释用 2.55 THz 源观察到的荧光增强。

前面提到的结果清楚地表明，淬灭是由太赫兹辐射与蛋白质的非热相互作用引起的。另一个关于相互作用的非热性质的验证是，纯色氨酸在 0.2 THz 频率上的数据中没有观察到淬灭，乳清蛋白在 320 nm 处的荧光是由其组成部分

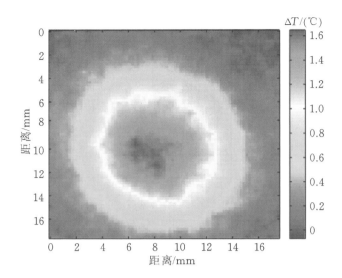

图 12.30　使用测辐射热计相机获得样品有无太赫兹辐射时的热图像的差异。在焦点处可以看到 1.6 ℃ 的最大温升，并且在样品边缘（直径为 13 mm）的温度变化为 0.4 ℃，从中心向边缘逐渐降低

（色氨酸的残基）引起的。这表明，蛋白质中存在的某种结构或与其他残基的相互作用可能有助于在 0.2 THz 频率下的强荧光淬灭。许多蛋白质在太赫兹频率范围内表现出集体振动（Markelz, et al, 2000；Plusquellic, et al, 2007），我们推测蛋白质的频率依赖性的反应可能是由太赫兹辐射与蛋白质固有振动模式的共振耦合引起的。不同的太赫兹频率可能影响蛋白质的不同模式。这种耦合可能导致蛋白质构象模式的改变，从而影响荧光的产生。太赫兹吸收系数对溶解的生物分子表现出非线性响应，其中，自由水、水化层和蛋白质表现为三种不同的组分。蛋白质分子的吸收系数是太赫兹频率的复函数，因此很难解释实际的淬灭机制。吸收太赫兹辐射的分子极有可能在其分子构象上发生局部变化，从而影响其固有的荧光光谱。

以前的研究表明，色氨酸环电子密度与相邻的蛋白质结构之间的静电相互作用会影响色氨酸的跃迁能，从而导致不同蛋白质在荧光量子产率上存在差异（Alcala, et al, 1987；Burstein, et al, 1973；Vivian and Callis, 2001）。我们认为，外加的太赫兹场可能导致在色氨酸环和邻近的分子间键附近电荷分布不均匀。这将导致电子转移的可能性增加和荧光强度的降低。在高光强度下，邻近的非色氨酸残基的激发可能是高紫外辐射激发下不可逆淬灭产生的原因。

12.4 检测强太赫兹辐射效应的替代技术

本节将讨论除荧光以外的泵浦探测技术,这些技术可用于探测外部太赫兹辐射的影响。

12.4.1 时域光谱学

相关人员利用小型太赫兹时域光谱仪(Mini-Z,Zomega Co.)研究了在没有光激发的情况下连续太赫兹辐射对乳清蛋白样品的影响。图 12.31 展示了采用这种泵浦探测技术的实验装置。

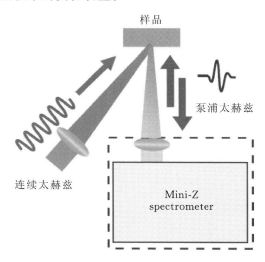

图 12.31 太赫兹泵浦-探测装置示意图,以气体激光器的连续太赫兹辐射作为泵浦光束。在有和没有连续太赫兹辐射的情况下,用工作在反射模式下的小型太赫兹时域光谱仪(Mini-Z,Zomega Co.)检测太赫兹波形

将 Mini-Z 系统产生的 0～2 THz 的宽带太赫兹脉冲聚焦在样品上,通过光谱仪的检测模块采集样品表面反射回来的太赫兹波。使用高密度聚乙烯透镜(焦距为 75 mm,角度为 30°)将频率为 2.55 THz,强度为 5.5 W/cm² 的连续太赫兹辐射聚焦到样品上。

将外部照射 $t=20$ s 和 $t=40$ s 后记录的太赫兹波形与在没有外部太赫兹辐射($t=0$ s)下获得的太赫兹波形进行比较。图 12.32 说明了用连续太赫兹辐射照射样品后,反射的太赫兹信号的幅度减小。当 $t=0$ s 时,外部连续太赫兹辐射源关闭,信号返回到其初始值。

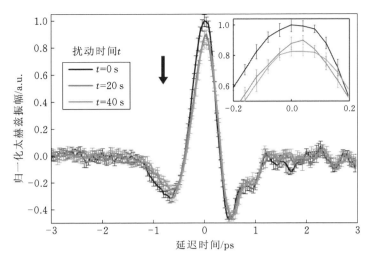

图 12.32　利用商用 Mini-Z 光谱仪在反射模式中获得太赫兹波形。在 $t=0$ s 时开启外部连续波太赫兹辐射源（$f=2.5$ THz 和强度为 5.5 W/cm^2），并且在 $t=0$ s、$t=20$ s 和 $t=40$ s 时记录波形；随着外部扰动连续波场的相互作用时间的增加，反射信号的幅度减小；当连续波太赫兹辐射源关闭时，信号恢复到 $t=0$ s 时的值；插图为在 $t=0$ s、$t=20$ s 和 $t=40$ s 时放大的波形，作为 $-0.2\sim0.2$ s 时的延迟时间函数

　　通过对获得的反射波形进行快速傅里叶变换（FFT），可得到不同时间下样品的频谱，如图 12.33 所示。这意味着样品在外部太赫兹辐射存在下会发生一些变换，从而改变太赫兹的吸收特性，这在反射的太赫兹信号中表现出来。

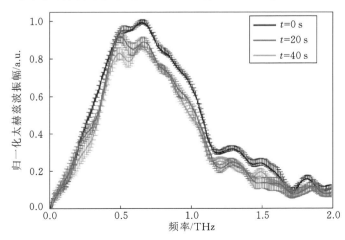

图 12.33　对反射波形进行快速傅立叶变换得到的太赫兹频谱。反射的太赫兹信号的频谱发生了变化表示蛋白质分子结构发生了变化

由此可知,THz-TDS 可以用作检测连续波辐射变化的一种替代方法。通过更快的采样速度和更高的信噪比,可以使用 THz-TDS 检测频谱在 1 s 内或更短时间内发生的变化。

12.4.2　吸收光谱

吸收光谱是指将研究样品的吸收特性作为波长或频率的函数的技术。正如第 12.2.5.1 节对太赫兹诱导的荧光淬灭建模的第一假设所讨论的那样,太赫兹辐射可能将色氨酸分子移动到电子基态的更高振动状态。这意味着吸收紫外线辐射的分子数量在外部太赫兹辐射的存在下会减少。此外,构象的变化也可以影响分子的吸收。

为了监测吸收的变化,可用蒸馏水制备色氨酸水溶液,并得到透射信号的光谱。所获得的光谱表明,在 270 nm 处的透射信号增加了 5%,这意味着 270 nm 光束的吸收减小。可观察到水溶液色氨酸样品在 320 nm 处发射的荧光信号的类似程度的淬灭。

应以水相形式研究样品,因为对于固体颗粒样品而言,紫外线光束的穿透深度约为 2 μm。分子的性质和它们的振动光谱在固相和液相中是不同的。因此,为了更公平地比较,应比较固体颗粒样品的荧光信号(320 nm)和反射的紫外线信号(270 nm)。

12.4.3　圆偏振二色性

圆偏振二色性(CD)光谱学是研究左旋圆偏振光和右旋圆偏振光吸收差异的一种技术。非零 CD 信号是由于结构的不对称性而产生的。CD 光谱对蛋白质的二级结构或三级结构的变化非常敏感。蛋白质的二级结构可以通过 CD 光谱法在电磁光谱的远紫外区(190~250 nm)中确定。在 Kim 等人最近的一项研究中,对于蛋白质折叠过程中的蛋白质-水化动力学(Kim,et al,2008)方面,他们监测到了蛋白质折叠时透射的太赫兹信号的变化。将该时间尺度与用色氨酸荧光小角度 X 射线散射和 CD 获得的时间尺度进行了比较。结果表明,当蛋白质折叠时,色氨酸荧光的变化发生在秒时间尺度,CD 信号和太赫兹信号提供了毫秒尺度上蛋白质动力学变化的信息。因此,CD 可以作为荧光的替代或补充技术来研究外部太赫兹辐射的影响。

其他可能用于监测外部太赫兹辐射影响的光学技术有核磁共振、拉曼光谱和粉末 X 射线衍射。

12.5　讨论

本章主要研究了连续太赫兹辐射诱导的色氨酸分子的共振荧光淬灭。这项研究表明,连续太赫兹辐射与色氨酸的共振相互作用导致了色氨酸分子的荧光可逆耗尽。该可逆性表明,太赫兹辐射不会破坏或分解样品。太赫兹源功率和频率对荧光损耗的影响证实了淬灭是由太赫兹辐射与分子的共振耦合所致的。纯加热和无外部太赫兹辐射的控制实验证实,太赫兹辐射所引起的变化在本质上是非热效应的。我们推测,荧光淬灭可能是由太赫兹辐射与分子的共振耦合引起的分子重排。因此,来自色氨酸分子的荧光可以作为敏感探针来用于了解太赫兹辐射与生物分子的相互作用。该方法也可用来研究使用来自色氨酸分子的固有荧光的无标记体系中由太赫兹辐射诱导的分子之间的相互作用。太赫兹诱导荧光调制的概念也适用于乳清蛋白和绿色荧光蛋白。所有的研究表明,太赫兹波辐射频率为 0.2～2.55 THz 时,乳清蛋白在太赫兹辐射下表现出荧光淬灭。乳清蛋白中的荧光淬灭在低紫外强度下是可逆的,在高紫外强度下是不可逆的。绿色荧光蛋白在低太赫兹频率(0.2 THz、1.08 THz 和 1.2 THz)下表现出荧光淬灭;在高太赫兹频率(1.4 THz、1.63 THz、1.89 THz 和 2.55 THz)下表现出荧光增强。频率相关响应的可能机制是太赫兹辐射与蛋白质之间的共振耦合。Fröhlich 在 1968 年的一篇重要论文中提出了电磁辐射与生物分子之间的共振耦合。荧光调制背后的确切机制很难确定,但荧光调制的频率相关响应和温度控制测量值非常有力地表明,该机制不是通过热响应来调节的。这项工作可能在基态耗尽的荧光显微镜中存在潜在的应用,但需要对特定发光区域的荧光进行调制(Hell and Kroug,1995)。在荧光显微镜领域,由太赫兹辐射引起的荧光增强可能也有用,在荧光显微镜中,绿色荧光蛋白被广泛用作荧光标记来研究活细胞或标记报告基因(Kain,et al,1995;White and Stelzer,1999)。

参 考 文 献

Albinsson, B. , M. Kubista, B. Norden, and E. W. Thulstrup. 1989. Near-ultraviolet electronic transitions of the tryptophan chromophore: Linear dichroism, fluorescence anisotropy, and magnetic circular dichroism spectra of some indole derivatives. *The Journal of Physical Chemistry*

93:6646-6654.

Albinsson, B. and B. Norden. 1992. Excited-state properties of the indole chromophore: Electronic transition moment directions from linear dichroism measurements: Effect of methyl and methoxy substituents. *The Journal of Physical Chemistry* 96:6204-6212.

Alcala, J. R., E. Gratton, and F. G. Prendergast. 1987. Fluorescence lifetime distributions in proteins. *Biophysical Journal* 51:597-604.

Attallah, N. A. and G. F. Lata. 1968. Steroid-protein interactions studied by fluorescence quenching. *Biochimica et Biophysica Acta (BBA)-Protein Structure* 168:321-333.

Bartel, T., P. Gaal, K. Reimann, M. Woerner, and T. Elsaesser. 2005. Generation of single-cycle THz transients with high electric-field amplitudes. *Optics Letters* 30:2805-2807.

Burstein, E. A., N. S. Vedenkina, and M. N. Ivkova. 1973. Fluorescence and the location of tryptophan residues in protein molecules. *Photochemistry and Photobiology* 18:263-279.

Callis, P. R. 1991. Molecular orbital theory of the $1L_b$ and $1L_a$ states of indole. *The Journal of Chemical Physics* 95:4230-4240.

Callis, P. R. and B. K. Burgess. 1997. Tryptophan fluorescence shifts in proteins from hybrid simulations: An electrostatic approach. *The Journal of Physical Chemistry B* 101:9429-9432.

Cook, D. J. and R. M. Hochstrasser. 2000. Intense terahertz pulses by four-wave rectification in air. *Optics Letters* 25:1210-1212.

Creed, D. 1984. The photophysics and photochemistry of the near-uv absorbing amino acids-i. Tryptophan and its simple derivatives. *Photochemistry and Photobiology* 39:537-562.

Demchenko, A. P. 1988. *Ultraviolet Spectroscopy of Proteins*. New York: Springer-Verlag.

Dlott, D. D. and M. D. Fayer. 1991. Applications of infrared free-electron lasers: Basic research on the dynamics of molecular systems. *IEEE Journal of Quantum Electronics* 27:2697-2713.

Eftink，M. R.，L. A. Selvidge，P. R. Callis，and A. A. Rehms. 1990. Photophysics of indole derivatives：Experimental resolution of L_a and L_b transitions and comparison with theory. *Journal of Physical Chemistry* 94：3469-3479.

Eisinger，J. and J. Flores. 1979. Front-face fluorometry of liquid samples. *Analytical Biochemistry* 94：15-21.

Foster，K. R.，B. R. Epstein，and M. A. Gealt. 1987. "Resonances" in the dielectric absorption of DNA? *Biophysical Journal* 52：421-425.

Fröhlich，H. 1975. The extraordinary dielectric properties of biological materials and the action of enzymes. *Proceedings of the National Academy of Sciences* 72：4211-4215.

Gabriel，C.，E. H. Grant，R. Tata et al. 1987. Microwave absorption in aqueous solutions of DNA. *Nature* 328：145-146.

Hell，S. W. and M. Kroug. 1995. Ground-state-depletion fluorescence microscopy：A concept for breaking the diffraction resolution limit. *Applied Physics B* 60：495-497.

Heyduk，T. 2002. Measuring protein conformational changes by FRET/LRET. *Current Opinion in Biotechnology* 13：292-296.

Kain，S. R.，M. Adams，A. Kondepudi，et al. 1995. Green fluorescent protein as a reporter of gene expression and protein localization. *Biotechniques* 19：650.

Kasha，M. 1950. Characterization of electronic transitions in complex molecules. *Discussions of the Faraday Society* 9：14-19.

Kim，S. J.，B. Born，M. Havenith，and M. Gruebele. 2008. Real-time detection of protein-water dynamics upon protein folding by terahertz absorption spectroscopy. *Angewandte Chemie International Edition* 47：6486-6489.

Kinsella，J. E. and D. M. Whitehead. 1989. Proteins in whey：Chemical，physical，and functional properties. *Advances in Food and Nutrition Research* 33：437-438.

Kuster，N.，J. Schuderer，A. Christ，P. Futter，and S. Ebert. 2004. Guidance for exposure design of human studies addressing health risk evaluations of mobile phones. *Bioelectromagnetics* 25:524-529.

Lakowicz,J. R. 1999. *Principles of Fluorescence Spectroscopy*. New York：Plenum Press.

Le Floc'h, N. , W. Otten, and E. Merlot. 2011. Tryptophan metabolism, from nutrition to potential therapeutic applications. *Amino Acids* 41:1195-1205.

Levitt, J. A. , D. R. Matthews, S. M. Ameer-Beg, and K. Suhling. 2009. Fluorescence lifetime and polarization-resolved imaging in cell biology. *Current Opinion in Biotechnology* 20:28-36.

Loew,G. H. and D. L. Harris. 2000. Role of the heme active site and protein environment in structure,spectra,and function of the cytochrome P450s. *Chemical Reviews* 100:407-420.

Maier,M. ,C. Blakemore,and M. Koivisto. 2000. The health hazards of mobile phones. *British Medical Journal* 320:1288-1289.

Makino，Y. , K. Amada, H. Taguchi, and M. Yoshida. 1997. Chaperonin-mediated folding of green fluorescent protein. *Journal of Biological Chemistry* 272:12468-12474.

Markelz, A. G. , A. Roitberg, and E. J. Heilweil. 2000. Pulsed terahertz spectroscopy of DNA,bovine serum albumin and collagen between 0. 1 and 2. 0 THz. *Chemical Physics Letters* 320:42-48.

Martin, M. M. and L. Lindqvist. 1975. The pH dependence of fluorescein fluorescence. *Journal of Luminescence* 10:381-390.

Misteli,T. and D. L. Spector. 1997. Applications of the green fluorescent protein in cell biology and biotechnology. *Nature Biotechnology* 15:961-964.

Ohmae,E. , T. Kurumiya, S. Makino, and K. Gekko. 1996. Acid and thermal unfolding of *Escherichia coli* dihydrofolate reductase. *Journal of Biochemistry* 120:946-953.

Pace,C. N. , F. Vajdos, L. Fee, G. Grimsley, and T. Gray. 1995. How to measure and predict the molar absorption coefficient of a protein. *Protein Science* 4:2411-2423.

Petrich,J. W. ,M. C. Chang,D. B. McDonald,and G. R. Fleming. 1983. On the origin of nonexponential fluorescence decay in tryptophan and its derivatives. *Journal of the American Chemical Society* 105:3824-3832.

Plusquellic, D. F., K. Siegrist, E. J. Heilweil, and O. Esenturk. 2007. Applications of terahertz spectroscopy in biosystems. *Chemphyschem: A European Journal of Chemical Physics and Physical Chemistry* 8: 2412-2431.

Repacholi, M. H. 2001. Health risks from the use of mobile phones. *Toxicology Letters* 120:323-331.

Shimomura, O., F. H. Johnson, and Y. Saiga. 1962. Extraction, purification and properties of aequorin, a bioluminescent protein from the luminous hydromedusan, *Aequorea*. *Journal of Cellular and Comparative Physiology* 59:223-239.

Song, P. -S. and W. E. Kurtin. 1969. Photochemistry of the model phototropic system involving flavines and indoles. Ⅲ. A spectroscopic study of the polarized luminescence of indoles. *Journal of the American Chemical Society* 91:4892-4906.

Torchia, D. A. 1984. Solid state NMR studies of protein internal dynamics. *Annual Review of Biophysics and Bioengineering* 13:125-144.

Tsien, R. Y. 1998. The green fluorescent protein. *Annual Review of Biochemistry* 67:509-544.

Nonlinear Interaction of Amino Acids and Proteins with Terahertz Waves. Udenfriend, S. 1971. *Fluorescence Assay in Biology and Medicine*. New York: Academic Press.

Vivian, J. T. and P. R. Callis. 2001. Mechanisms of tryptophan fluorescence shifts in proteins. *Biophysical Journal* 80:2093-2109.

Waider, J., N. Araragi, L. Gutknecht, and K. -P. Lesch. 2011. Tryptophan hydroxylase-2（TPH2）in disorders of cognitive control and emotion regulation: A perspective. *Psychoneuroendocrinology* 36:393-405.

Wallach, D. F. and P. H. Zahler. 1966. Protein conformations in cellular membranes. *Proceedings of the National Academy of Sciences of the United States of America* 56:1552.

White, J. and E. Stelzer. 1999. Photobleaching GFP reveals protein dynamics inside live cells. *Trends in Cell Biology* 9:61-65.

Xie, A. , A. F. G. van der Meer, and R. H. Austin. 2001. Excited-state lifetimes of far-infrared collective modes in proteins. *Physical Review Letters* 88:018102.

Xie, X. , J. Dai, and X. -C. Zhang. 2006. Coherent control of THz wave generation in ambient air. *Physical Review Letters* 96:075005.

Yamamoto, Y. and J. Tanaka. 1972. Polarized absorption spectra of crystals of indole and its related compounds. *Bulletin of the Chemical Society of Japan* 45:1362-1366.

Yang, L. , Y. Xu, Y. Su et al. 2005. FT-IR spectroscopic study on the variations of molecular structures of some carboxyl acids induced by free electron laser. *Spectrochimica Acta Part A : Molecular and Biomolecular Spectroscopy* 62:1209-1215.

Yang, L. , Y. Xu, Y. Su et al. 2007. Study on the variations of molecular structures of some biomolecules induced by free electron laser using FTIR spectroscopy. *Nuclear Instruments and Methods in Physics Research Section B : Beam Interactions with Materials and Atoms* 258: 362-368.

第 13 章
宽带太赫兹脉冲
的生物学效应

13.1　引言

太赫兹技术的最新进展推动了宽带、基于超快激光的太赫兹脉冲源,以及相干、相位敏感的太赫兹探测器的发展(Baxter and Guglietta,2011;Jepsen et al,2011;Lee,2009;Mittleman,2013;Tonouchi,2007),并促进了宽带、皮秒持续时间的太赫兹脉冲在医学和生物学中的广泛应用。特别是基于宽带太赫兹脉冲的新型生物医学成像方式在改善癌症的无创诊断(Ashworth,et al,2009;Fitzgerald,et al,2002;Woodward,et al,2003;Yu,et al,2012)、烧伤评估(Arbab,et al,2011)和术中肿瘤边缘识别方面显示出广阔的前景(Ashworth,et al,2008)。太赫兹辐射是非电离的,对细胞含水量很敏感,与可见光相比,太赫兹辐射在组织中的散射明显减少,并且可以提供亚毫米数量级的成像分辨率(Siegel,2004;Zhang,2002)。宽带太赫兹脉冲成像,又称为太赫兹脉冲成像或 TPI,其与连续波、单色太赫兹成像方法相比有很多优点(Pickwell-MacPherson and Wallace,2009)。除了产生结构图像之外,它还允许在宽光谱范围内(通常为 0.1~3 THz)收集光谱信息,从而检测含水量、离子浓度,以及生物样品组成中其他细微差异的变化（Masson，et al，2006；Zhang，2002）。许多重要的生物分子在太赫兹频率范围内具有独特的构象状态依赖性光谱指纹（Cherkasova，et al，2009；Falconer and Markelz，2012；Fischer，et al，2002；Kim，et al，2008；Markelz，et al，2002），目前有许多研究人员致力于识别固有的太赫兹光谱生物标记物，以对各种类型的癌症和其他疾病进行无标记、无创检测（Joseph，et al，2009；Yu，et al，2012）。利用太赫兹脉冲的短持续时间并应用时域分析，可以从成像组织的表面和皮下获取信息，对应的深度分辨率可达到 40 μm（Woodward，et al，2003）。最终，近场 TPI 技术的实现结合了太赫兹时域技术和高空间分辨率的优点，从而为新型无创、准确的诊断工具开发，以及高通量、无标记切除组织病理分析带来了希望（Federici，et al，2002）。

在医学 TPI 应用的发展中取得的显著进展强调，有必要仔细检查太赫兹脉冲对人体组织的影响，以便为将来在临床环境中实施新技术建立明确的安全标准。然而，我们目前对太赫兹辐射的生物学效应（特别是宽带太赫兹脉冲的生物效应，如其遗传毒性、对细胞活性和细胞完整性的影响等）的理解仍然有限。

由于典型的光子能量为 0.5～15 meV，太赫兹辐射是非电离的，因此光子与细胞和组织相互作用的机制从根本上不同于那些涉及生命物质与高能电离辐射（如 UVB，UVC，X 射线，γ 射线）相互作用的机制。虽然太赫兹的光子能量太低，以至于不能破坏化学键，但一些理论工作和实验表明，与构象状态相关的许多细胞生物分子（如氨基酸、蛋白质和 DNA）的振动光谱的固有振动频率都在太赫兹频率范围内（Cherkasova，et al，2009；Chitanvis，2006；Fischer，et al，2002；Kim，et al，2008；Markelz，et al，2002；Prohofsky，et al，1979）。模拟研究表明，太赫兹电磁场与 DNA 的共振型线性和非线性相互作用可能显著改变 DNA 动力学特性，并且在某些条件下，甚至通过耦合两个互补 DNA 之间氢键的呼吸振动模式来诱导 DNA 链中的局部开口（气泡）（Alexandrov，et al，2010；Bergues-Pupo，et al，2013；Chitanvis，2006；Maniadis，et al，2011）。太赫兹辐射还可以耦合到在细胞蛋白的侧链和水化壳的水分子之间形成的氢键的振动，从而影响蛋白质的动态弛豫特性，进而影响细胞功能（Born，et al，2009；Kim，et al，2008；Pal and Zewail，2004）。

越来越多的理论和实验证据表明，太赫兹辐射确实能影响生物系统的功能。特别是皮秒时间的太赫兹脉冲最有可能通过共振型、非线性相互作用引起分子和细胞反应,因为太赫兹辐射耦合到氢键网络的振动模式的有效性随太赫兹峰值功率的增加而增加。尽管皮秒太赫兹脉冲束的平均功率通常很低(在 μW 或 mW 数量级内),但峰值功率可高达 1 MW,即使在高度衰减的液体环境中,也足以穿透细胞和细胞核(Xu,et al,2006)。

与连续波太赫兹辐射不同,强的太赫兹脉冲的特征还在于可以达到 MV/cm 数量级的极高峰值电场(Blanchard,et al,2011;Hirori,et al,2011;Hoffmann and Fülöp,2011;Junginger,et al,2010)。飞秒时间尺度上的上升时间比大多数哺乳动物细胞核和细胞膜的典型充电时间(约 100 ns)快许多数量级,太赫兹脉冲电场通过细胞膜进入细胞质和细胞核内,并影响生物功能(Schoenbach,et al,2008)。此外,有人认为,相干太赫兹模式在生物自组织中起着重要的作用,因此探索太赫兹辐射(特别是强的太赫兹脉冲)与生物系统之间的相互作用可能为研究生物系统提供了一条新的途径(Weightman,2012)。

对太赫兹辐射的细胞和分子效应的大多数实验研究几乎只集中在连续波、单色太赫兹辐射的影响上(Hintzsche,et al,2011;Wilmink and Grundt,2011;Wilmink,et al,2010)。虽然一些使用连续波太赫兹源的研究没有发现任何生物学效应,但其他研究已经揭示,在特定的暴露条件下,会改变细胞膜的通透性,会诱导人类淋巴细胞的遗传毒性(Korenstein-Ilan,et al,2009),以及会干扰人类-仓鼠杂交细胞中的纺锤体(Hintzsche,et al,2011)。研究人员还发现,在 2.52 THz 的连续波辐射下,Jurkat 细胞和人类真皮成纤维细胞也会引起细胞应激反应和炎症基因的显著上调,并且在长时间(30~40 min)暴露后,会造成细胞死亡(Wilmink,et al,2010)。重要的是,在大多数连续波太赫兹辐射暴露实验中,细胞效应归因于热冲击。在连续波太赫兹辐射的激发下,生物材料由于水的强吸收而产生的加热可能是显著的(Kristensen,et al,2010)。此后,水吸收太赫兹辐射的热效应的模拟成功用于评估与太赫兹辐射相关的暴露风险(Berry,et al,2003;Fitzgerald,et al,2002;Kristensen,et al,2010;Wilmink and Grundt,2011)。

然而,对于具有低重复率和平均功率的皮秒持续时间太赫兹脉冲,其平均热效应是最小的(Kristensen,et al,2010)。已有实验确凿地证明,在没有热变化的情况下,高强度的太赫兹脉冲可以引起暴露在外的细胞和组织中的细胞和分子的变化,正如温度变化敏感基因和蛋白质水平不变所证实的那样(Alexandrov,et al,2011,2013;Kim,et al,2013;Titova et,al,2013)。

13.2　太赫兹脉冲对细胞生物学效应的体外研究

相关人员利用体外细胞培养模型进行首次旨在揭示宽带太赫兹脉冲的生物学效应的实验（Alexandrov，et al，2011，2013；Bock，et al，2010；Clothier and Bourne，2003；Williams，et al，2013）。细胞培养是指从组织中取出细胞，并在适当条件下，在具备必需营养素的培养皿中增殖细胞的过程。使用体外细胞培养的主要优点是在几乎相同的细胞（最好是来自无性系种群的细胞）上进行的实验具有一致性和可重复性。为了清楚地区分宽带太赫兹脉冲对来自有如热冲击或干燥寄生效应的培养细胞的影响，在整个暴露期间，保持细胞处于适当的生理条件下是至关重要的，如温度、中等的 pH 和气体成分（O_2，CO_2）（Williams，et al，2013）。

13.2.1　太赫兹脉冲对人的上皮和干细胞的影响

由于水在生物组织中的氢键网络对太赫兹辐射吸收强烈，因此脉冲太赫兹成像最有前途的医学用途是诊断皮肤癌、评估皮肤烧伤和感知角膜水化。因此，从了解电磁辐射超短脉冲与生物物质相互作用的非热效应的角度来看，探索宽带太赫兹脉冲对人体皮肤、眼细胞和组织的生物效应不仅有趣，而且对于确定生物医学脉冲太赫兹成像的可接受暴露参数也是至关重要的。

2003 年，Clothier 和 Bourne（Clothier，et al，2003）研究了长时间暴露于皮秒持续时间的太赫兹脉冲对原发性人类角质形成细胞的分化，以及活性和活力的影响。角质形成细胞的面积占皮肤最外层表皮细胞面积的 90% 以上。通过程序化的分化过程，在此期间角质形成细胞迁移到表面，停止分裂，并经历形态变化，它们合成表皮屏障（保护其免受病原体、热、紫外辐射和水分损失）的主要结构组分（Eckert and Rorke，1989；Eckert，et al，2013）。由于分化过程中的显著中断可能导致有害后果，如炎症性皮肤病和皮肤癌（Eckert，et al，2013），因此，评估宽带太赫兹脉冲对角质形成细胞分化的影响很重要。通过增加培养皿中的物质的量浓度（使其高于 0.1 mmol/L），并激活转谷氨酰胺酶，可在体外触发原代角质形成细胞的分化。在实验中，Clothier 和 Bourne 使用了从几个供体皮肤中分离出来的原发性角质形成细胞，在钙的物质的量浓度为 0.06 mmol/L 的角质细胞生长培养皿中培养这些细胞 48 h，形成融合层，并将它们暴露于皮秒持续时间，同时让 0.2～3.0 THz 带宽的太赫兹脉冲通过培养皿底部。基于本书提供的实验细节，估计每个脉冲的能量密度约为

$3~pJ/cm^2(3\times10^{-6}~\mu J/cm^2)$，而总曝光量在 30 min 内不超过 $0.45~mJ/cm^2$。标准的刃天青还原实验用于评估太赫兹照射对细胞活力的影响，而监测荧光素尸胺摄取的变化则用于检测分化能力的变化。细胞暴露后立即分析暴露细胞的活力和分化能力，以及暴露 3 天、6 天和 8 天后的情况。与未暴露的对照组相比，在暴露后的任何时间内，在体外均未发现原发性人类角质形成细胞的分化，以及活性或活力有明显变化。

最近，Williams 等人（2013）探讨了由 Alice（英国 Daresbury 实验室）同步辐射源产生的强太赫兹脉冲对两种人类眼细胞（角膜上皮细胞和视网膜色素上皮细胞）以及人类胚胎干细胞的影响。Alice 同步辐射源是宽带太赫兹辐射的一个强源，在 10 个 100 μs 的脉冲序列中以 41 MHz 的重复频率传输皮秒脉冲。每个脉冲的能量密度为 $3\sim10~nJ/cm^2(0.003\sim0.01~\mu J/cm^2)$，各不相同，曝光时间为 $2\sim6$ h，因此总曝光量为 $0.15\sim5.4~J/cm^2$。

使用活细胞相衬显微术分析暴露的上皮细胞的形态学，在暴露于强太赫兹脉冲 3 h 内，没有观察到视网膜色素上皮细胞的形态变化，因为暴露的细胞的形态与未暴露的对照组的相同。同样地，研究表明，太赫兹辐射不会影响视网膜色素或角膜上皮细胞的增殖，无论是多次暴露于单一环境中，还是在几天内重复暴露 3 h。除了上皮细胞外，人类胚胎干细胞也暴露在强太赫兹脉冲下。虽然胚胎干细胞在推荐的医学成像应用中不会暴露于太赫兹脉冲中，但它们对物理和化学环境刺激具有高度响应性，因此相关人员为评估体外强太赫兹可能产生的细胞效应提供了一种独特的敏感实验台。借助 Alice 源，Williams 等人发现，强太赫兹脉冲照射对人胚胎干细胞的附着、形态、增殖和分化没有影响，即结论为，在理想条件（在 37 ℃ 的细胞培养箱中进行二氧化碳培养）下保存的细胞能够借助研究中使用的峰值功率水平补偿暴露在太赫兹辐射下造成的任何影响。然而，本研究并未探讨暴露细胞中的蛋白质和基因表达的变化。

13.2.2 强宽带太赫兹脉冲对哺乳动物干细胞基因表达的影响

如前所述，干细胞对环境中的微小变化非常敏感，因此特别适用于研究各种外源刺激的细胞效应。如前一节所述，Williams 等人发现，人类胚胎干细胞的形态不受长时间暴露于脉冲能量密度高达 $0.01~\mu J/cm^2$ 的太赫兹脉冲的影响（Williams，et al，2013）。在一系列不同的实验中，Bock 等人和 Alexandrov 等人将小鼠间充质干细胞（MSCs）暴露于脉冲能量密度约为 $1~\mu J/cm^2$ 的宽带太赫兹脉冲下，首次证实了宽带太赫兹脉冲诱导哺乳动物细胞基因表达的变化(Alexandrov,et al,2011,2013;Bock,et al,2010)。在这些实验中,太赫兹脉冲是通过在增压的氩气中分别将 800 nm 和 400 nm 的基频激光场和二次谐波激光场进行混频而产生的,如图 13.1 所示。培养皿中的 MSCs 暴露于宽带(1~15 THz,中心频率为 10 THz,见图 13.1(a))亚皮秒太赫兹脉冲下。将对照组培养物置于受辐射样品旁边(从太赫兹辐射中筛选),对照和受辐射样品的培养温度保持为 26~27 ℃(见图 13.1(b))。使用基因芯片微阵列分析暴露于太赫兹脉冲的样品的基因表达与其对照组的基因表达的差异。重要的是,由于 MSCs 的每个分化阶段都具有不同的基因表达模式,因此小鼠的 MSCs培养物用诱导脂肪表型的培养皿进行预处理,并且在暴露于太赫兹脉冲之前立即同步在同一分化时间点。这些研究表明,长时间暴露于宽带太赫兹脉冲会加速 MSCs 向脂肪表型的分化,因为暴露 9 h 或 12 h 的细胞表现出与脂肪细胞相关的基因表达模式(Alexandrov,et al,2013;Bock,et al,2010)。最值得注意的是,逆转录聚合酶链反应(RT-PCR)分析表明,与未暴露的对照细胞相比,在暴露 12 h(Alexandrov,et al,2013;见图 13.2)或 9 h (Bock,et al,2010)的 MSCs 中,在分化脂肪细胞中转录活跃,而在多能干细胞中不表达的PPARG、脂肪细胞因子、GLUT4 和 FABP4 的基因上调。同时,编码热休克的基因以及应激反应蛋白(如 HSP90、HSP105 等)不受影响,这突出了暴露于宽带亚皮秒太赫兹脉冲的细胞的非热性质(Alexandrov,et al,2013)。

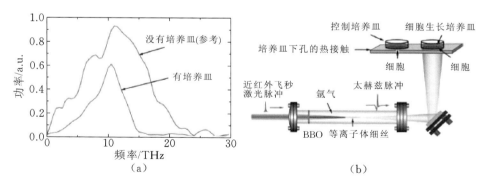

图 13.1　MSCs 暴露在强宽带太赫兹脉冲下。(a)使用和不使用培养皿测量的太赫兹脉冲的光谱;(b)受辐射样品和对照样品的实验装置示意图。受辐射样品和对照样品均保持在相同的温度下

在 RT-PCR 检测中,除了被宽带太赫兹脉冲上调的 PPARG、脂肪细胞因子、GLUT4 和 FABP4 外,通过对暴露了 12 h 的细胞的微阵列进行分析,发现

了 20 个不同表达的基因。尤其是 Gem 和 Slco4a1 的下调和 Nfe212 的上调是最有趣的(见图 13.2)。Gem 和 Slco4a1 在多能干细胞中具有典型的转录活性,并且随着细胞向脂肪表型分化的进展而变得不活跃。另一方面,Nfe2l2 参与脂肪的形成,并且在脂肪组织中过度表达。除了 PPARG、脂肪细胞因子、GLUT4 和 FABP4 外,不同表达的基因表明,长时间暴露于强宽带太赫兹脉冲会加速小鼠 MSCs 的分化。有趣的是,宽带太赫兹脉冲暴露的影响也与干细胞分化水平有关(Alexandrov,et al,2013;Bock,et al,2010)。在用分化培养皿处理 48 h 或 120 h 后,暴露细胞中的基因表达出现加速向脂肪表型分化的变化,只有进一步分化的充质干细胞表现出太赫兹脉冲诱导的成熟脂肪细胞典型的形态学的改变,如细胞质中有透明的滴状包涵体。

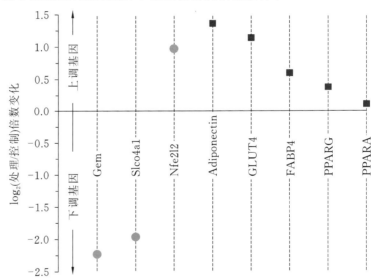

图 13.2　所选基因在小鼠 MSCs 暴露于宽带太赫兹脉冲 12 h 后的差异表达。使用微阵列分析法测定 Gem、Slco4a1 和 Nfe212(圆形)的 $\log_2$ 倍数变化,相应的 p 值分别为 6.91×10^{-19}、4.47×10^{-15} 和 1.03×10^{-4}(Alexandrov,et al,2013);其他基因(正方形)的 $\log_2$ 倍数变化通过 RT-PCR 测定的相对 RNA 水平来计算(Alexandrov,et al,2013);误差线表示相应的标准差,在某些情况下小于符号大小

　　暴露于宽带太赫兹脉冲的影响也取决于暴露参数,这可以通过比较暴露 2 h 的小鼠 MSCs 和暴露 12 h 的小鼠 MSCs 的基因表达水平(均为分化开始后 48 h)看出。暴露 2 h 并不影响 PPARG、脂肪细胞因子、GLUT4 和 FABP4 的表达,并且上调了 Slco4a1。然而,在 12 h 的暴露后,Slco4a1 被下调。在 2 h 的暴露

中,细胞仍然是多能的,而 12 h 的暴露时间足以使分化过程取得实质性进展。在这两种情况下,在干细胞的特定分化阶段,暴露于太赫兹脉冲下影响转录活性基因的表达(Alexandrov,et al,2013)。

　　Alexandrov 等人的研究表明太赫兹脉冲对基因表达的影响仅仅是起催化作用,这可能由转录因子(抑制子或增强子)的可用性、染色质结构中动态活性启动子的位置,以及活性转录途径的性质来决定(Alexandrov,et al,2013)。宽带太赫兹脉冲可能诱导转录因子的构象变化,转录因子是控制基因表达活性的蛋白质(Cherkasova,et al,2009)。构象的变化会影响转录因子与 DNA 的结合,既有利于转录,也可能干扰转录。太赫兹辐射的催化作用的另一种可能机制是由影响基因的核心启动子所在区域的太赫兹场与 DNA 呼吸模式的非线性共振耦合驱动(Alexandrov,et al,2010,2013;Bock,et al,2010)。核心启动子位于基因上游的 DNA 链上,指导 RNA 聚合酶 Ⅱ 精确启动基因转录(Smale and Kadonaga,2003)。在结合到 DNA 的核心启动子区域后,RNA 聚合酶通过一系列反应启动基因转录,除其他变化外,在 DNA 链的分离中形成转录泡,这是 DNA 的一个未缠绕部分,长度约为 13 个碱基对。这种局部 DNA 开放对促进转录基因的获取是必要的,而双链 DNA 的瞬时、热诱导的链分离运动,即 DNA 呼吸,在其形成和转录启动中起着重要作用(Alexandrov,et al,2009,2012)。使用扩展的 Peyrard-Bishop-Dauxois Langevin 分子动力学模拟技术,Alexandrov 等人和 Bock 等人研究了几种基因核心启动子区域内的双链 DNA 呼吸动力学,他们发现局部呼吸的倾向存在很大差异,其特征在于以下三个动态标准:气泡的长度、幅度和寿命(Alexandrov,et al,2013;Bock,et al,2010)。一些基因的核心启动子区域在转录起始位点表现出以长寿命和大幅度气泡为特征的动态模式(即约 5 ps 的生存期和大于 1.5 Å 的振幅,超过 10 个碱基对),而其他基因的启动子区域的动态活性几乎均匀分布,明显较弱(Alexandrov,et al,2009)。在宽带太赫兹脉冲中暴露对特定基因表达的影响似乎与其核心启动子区域的局部呼吸动力学相关。PPARG、Gem 和 Slco4a1 等上调基因在其核心启动子区域的转录起始点有大的瞬时气泡,PPARA 的启动子区域与 PPARG 的属于同一组核受体蛋白,不受太赫兹脉冲的影响(见图 13.2),其特征是局部呼吸倾向较低。某些基因对太赫兹脉冲诱导的转录变化的易感性与其核心启动子区域的 DNA 呼吸动力学之间的关系表明,太赫兹辐射可以耦合到 DNA 链之间的氢键振动,增强现有的转录气泡,甚至产生新的气泡,从而影响基因转录。

13.3 强皮秒脉冲对人体皮肤组织的生物学效应

体外细胞培养模型为研究诸如宽带太赫兹脉冲等外源性刺激的细胞和分子效应提供了重要的实验基础。体外实验最重要的优点是,通过限制对单个细胞的研究,大大简化了识别太赫兹脉冲对活生物体生物效应的复杂任务。此外,克隆细胞系的使用使具有一致性和重复性的实验结果被得到。如前一节所述,体外研究首次证明了宽带太赫兹脉冲诱导哺乳动物干细胞基因表达的变化(Alexandrov,et al,2013;Bock,et al,2010)。然而,将使用细胞培养的体外实验的结论外推到处于完整状态下的活的有机体上是很有挑战性的。另一方面,动物模型的体内研究被认为是评估各种环境刺激的生物效应的黄金标准,其自身存在一系列缺点,如伦理方面,或模型的复杂性使其难以解释结果,以及测试对象之间的显著变异性。三维组织模型重建结构,以及细胞-细胞和细胞-胞外基质相互作用,为体外和体内实验提供了一种实用的替代方法。

在最近的一系列研究中,Titova 等人分析了三维人体皮肤组织模型中高强度、宽频带、皮秒持续时间的太赫兹脉冲对 DNA 完整性和整体基因表达的影响(Titova,et al,2013)。在这些实验中,利用 LiNbO$_3$ 中放大的钛蓝宝石激光源对 800 nm 脉冲前沿进行光整流,可产生重复频率为 1 kHz、脉冲能量高达 1 μJ 的太赫兹脉冲(Blanchard,et al,2011;Hoffmann and Fülöp,2011),如图 13.3(a)所示。使用自由空间电光采样记录的太赫兹脉冲波形(见图 13.3(b))的振幅谱峰值为 0.5 THz,带宽为 0.1~2 THz(见图 13.3(c))。

如图 13.3(d)所示,全厚的人体皮肤组织模型重建了正常的皮肤组织结构,皮肤组织由正常的人源性表皮角质形成细胞和真皮成纤维细胞组成,图中显示了人体真皮和表皮的多层、高分化模型,皮肤组织具有有丝分裂和代谢活性,维持体内皮肤组织中细胞的排列和信息的沟通(Boelsma,et al,2000;Sedelnikova,et al,2007),其为评估强太赫兹脉冲对人体皮肤的影响提供了一个极好的平台。焦点处的太赫兹光斑的直径为 1.5 mm(见图 13.4(e)),在组织表面产生约 220 kV/cm 的峰值入射太赫兹电场,太赫兹脉冲的能量为 1 μJ。为了进行比较,使用脉冲紫外线照射组织 2 min(400 nm,0.1 ps,脉冲能量为 0.080 μJ 或 0.024 μJ)。虽然紫外线不直接被 DNA 吸收,但它会刺激活性氧的产生,进而对 DNA 和其他细胞成分造成间接损伤(Agar,et al,2004;Cadet, et al,2005；Wang,et al,2001）。组织暴露后,将组织在 37 ℃下培养 30 min,然后在干冰上快速冷冻。在生物低温环境（21 ℃）下进行太赫兹曝露,太赫兹暴露导致的预计温升小于 0.7 ℃（Kristensen,et al,2010）。此外,热休克蛋白编码基因在太赫兹或紫外线中暴露后没有差异表达,因此,所有观察到的细胞和分子效应被认为是非热效应。

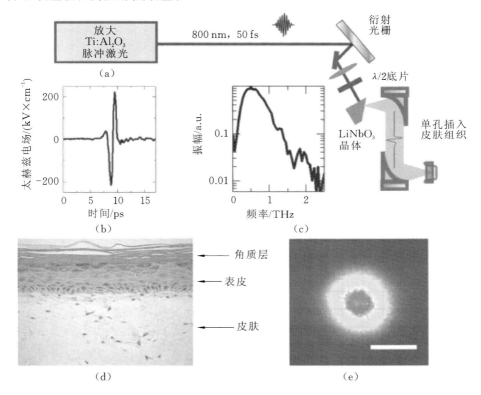

图 13.3　将人造人体皮肤组织暴露于强太赫兹脉冲下。(a)位于太赫兹光束焦点处的单孔插入物中倾斜的脉冲前沿太赫兹脉冲源和表皮组织示意图；(b)1.0 μJ 太赫兹脉冲的波形；(c)相应的振幅谱；(d)表皮组织样品（放大 400 倍,由 MatTek 公司提供）,显示表皮含有基底、棘突、颗粒状角质形成细胞和角质层,真皮包含许多可存活的成纤维细胞；(e)热释电红外摄像机拍摄的样品位置处的太赫兹光束剖面图。太赫兹光束的 $1/e^2$ 直径为 1.5 mm（比例尺为 1 mm）

13.3.1　DNA 损伤和损伤反应激活的证据

如第 13.2.2 节所述,分子动力学模拟表明,与双链 DNA 局部呼吸动力学频率共振的高强度太赫兹辐射可以放大双链中自发形成的局部开口（Alexandrov, et al,2010)。在皮秒持续时间内,强太赫兹脉冲具有数百 kV/cm 的瞬时太赫兹电场,这可能不仅足以暂时破坏 DNA 动力学特性,而且通过共振,可以增强因 DNA 链的快速、大振幅运动而造成的 DNA 损伤。在各种类型的 DNA 损伤中,双链断裂(DSB)是最危险的,如果不进行修复,可能导致细胞死亡或癌症,这种双链断裂是 DNA 双螺旋的两条互补链同时受到损伤造成的(Sedelnikova,et al,2003)。出于许多不同的内源性原因,例如活性氧物质的氧化损伤,以及诸如暴露于 X 射线(Hoeijmakers,2001)或紫外辐射(Agar,et al,2004;Cadet,et al,2005;Wang,et al,2001)的外源性原因,DSB 可能发生在细胞中。

不管 DSB 形成的确切机制如何,细胞通过迅速启动组蛋白 H2AX 的磷酸化来对其作出反应,如图 13.4(a)所示。细胞内的 DNA 被组织成称为染色质的致密形式。染色质的基本单位称为核小体,由包裹在组蛋白核心周围的 DNA 组成,形成一种类似于一串珠子的结构(Bonner,et al,2008;Downs and Jackson,2003)。组蛋白 H2AX 是组氨酸 H2A 的变体,在识别 DSB 和启动修复过程中起关键作用(Bassing,et al,2002;Fragkos,et al,2009;Sedelnikova,et al,2003)。在 DSB 形成的几分钟内,断裂位点周围的染色质中的数百甚至数千个 H2AX 分子在丝氨酸 139 处被磷酸化,磷酸化大约 30 min 后达到最大值(Dickey,et al,2011)。由此产生的磷酸化 H2AX(γH2AX)会促进染色质重塑,使断裂的 DNA 末端更紧密地结合在一起,并在 DSB 位点的 DNA 修复病灶中起重要作用(Bassing,et al,2002;Downs and Jackson,2003;Fragkos,et al,2009;Sedelnikova,et al,2003)。因为 H2AX 磷酸化与 DBS 的数量密切相关,并且可以通过标准免疫印迹法方便地检测到,因此它被广泛用作 DNA 损伤的替代标记物和可靠的 DSB 检测工具(Bonner,et al,2008;Downs and Jackson,2003)。

与未暴露的对照组相比,为了评估太赫兹脉冲暴露和紫外线暴露组织中 DSB 的发生率,Titova 等人使用蛋白质印迹法(蛋白质印迹法是一种分子生物学技术,用于检测从细胞中提取的复杂混合物中特定蛋白的存在,通过凝胶电泳将靶蛋白与其他蛋白质分离,并通过结合特异性定向抗体来进行检测)分析 γH2AX 蛋白的水平(Titova,et al,2013)与对照样品相比,暴露于高(1.0 μJ)或低(0.1 μJ)能量的强太赫兹脉冲 10 min 将显著诱导 H2AX 磷酸化(见图 13.4(b))。这表明强太赫兹脉冲会导致人体皮肤细胞中出现 DNA DSB。UVA(400 nm)产生活性氧并导致氧化性 DNA 损伤(Agar,et al,2004;Cadet,et al,2005;Wang,et al,2001,2010),也导致暴露组织中 γH2AX 水平的显著增加(见图 13.4(b))。

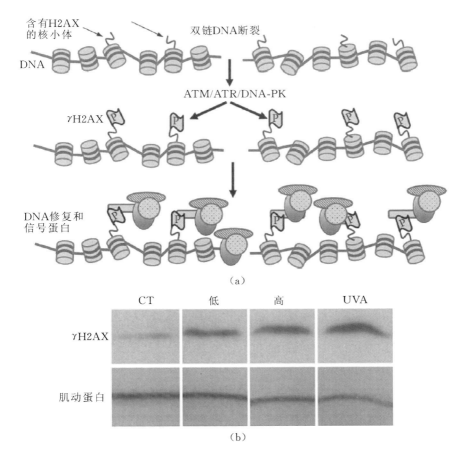

（a）

（b）

图 13.4　（a）DSB 后磷酸化 H2AX 病灶诱导的示意图；一旦检测到病变，激活酶（如
ATM、ATR 和 DNA-PK）就被激活，并使 DSB 附近的组蛋白 H2AX 磷酸化。
γH2AX 有助于组建和保留 DNA 修复，并向 DSB 位点传递蛋白质；（b）与对照
（CT）样品相比，在高（1.0 μJ）或低（0.1 μJ）能量的强太赫兹脉冲中暴露 10 min
或在紫外线脉冲（400 nm，0.080 μJ）中暴露 2 min，与在人造人体皮肤组织中诱
导的 γH2AX 是相当的。肌动蛋白被用作负荷控制；每项实验包括从三个组织
中收集的裂解物，对于每个曝露条件，每个组织具有相同的代表性

　　作为对 DSB 的响应，参与 DNA 修复的蛋白质被激活（Fillingham，et al，
2006；Mirzayans，et al，2012）。其中，p53 蛋白尤为重要。p53 蛋白是一种有效
的肿瘤抑制因子和细胞周期调节因子，称为"基因组的守护者"（Bolderson，et
al，2009；Menendez，et al，2009）。它激活细胞周期检查点以给予细胞修复时
间，如果 p53 蛋白损伤过大，会导致细胞凋亡（Attardi and DePinho，2004；

Bolderson，et al，2009；Fragkos，et al，2009；Menendez，et al，2009；Mirzayans，et al，2012），见图 13.5(a)。在此研究中，Titova 等人观察到太赫兹暴露组织中 p53 蛋白的水平升高，见图 13.5(b)。一旦 p53 蛋白在 DNA 损伤中被激活，其功能和稳定性就会受到磷酸化的调节(Meek and Anderson，2009)。与对照组相比，在丝氨酸 15 处磷酸化的 p53 蛋白，即 p-p53 蛋白的磷酸化水平在太赫兹暴露组织中几乎不受影响。另一方面，由于 p53 蛋白的检测水平较低，因此其磷酸化变体 p-p53 蛋白的诱导作用显著，所以，在 UVA 暴露组织中，该模式被逆转。这些蛋白质的磷酸化水平在太赫兹脉冲诱导的和 UVA 诱导的 DNA 损伤后的变化可能为这些外源刺激激活的细胞损伤反应途径的差异提供线索。

另一种影响肿瘤抑制因子和 DNA 损伤反应的关键因素是 p21 蛋白，它是一种细胞周期进程的通用抑制剂和 p53 蛋白靶标(Mirzayans，et al，2012；

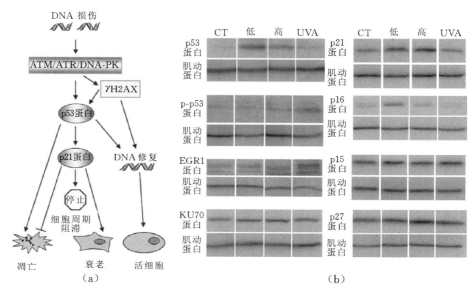

图 13.5　(a)p53/p21 蛋白 DNA 损伤反应途径简图；作为对 DNA 损伤的反应，激酶蛋白 ATM、ATR 和 DNA-PK 激活肿瘤抑制 p53 蛋白，进而诱导 p21 蛋白和类似的细胞周期调节蛋白，并激活导致细胞凋亡的途径(如果损伤太大)。p21 蛋白与其他细胞周期调节蛋白结合，实现细胞周期停滞，为 DNA 修复留出时间；它还抑制细胞凋亡并引发衰老；(b)与未曝光的对照(CT)样品相比，在高(1.0 μJ)或低(0.1 μJ)能量的强太赫兹脉冲中暴露 10 min 或在 0.080 μA 的 UVA(400 nm)脉冲中暴露 2 min 后，肿瘤抑制蛋白和细胞周期调节蛋白在人造人体皮肤组织中的表达相当。肌动蛋白被用作负荷控制

Rowland and Peeper,2005)。除了在细胞周期控制中起作用外,p21 蛋白还可控制基因表达、抑制细胞凋亡、诱导细胞衰老(Mirzayans,et al,2012)。与在 UVA 中暴露的组织相比,在太赫兹中暴露的组织中的 p21 蛋白的诱导更为明显,见图 13.5(b)。

另外三种蛋白,p16 蛋白、p15 蛋白和 p27 蛋白也在太赫兹和 UVA 暴露的组织中被测量,它们与 P21 蛋白属于同一个细胞周期蛋白依赖激酶抑制剂家族,它们都是细胞周期调节因子和肿瘤抑制因子,为细胞提供 DNA 修复的关键时间(Sherr and Roberts,1995)。在太赫兹暴露的组织中,p16 蛋白和 p27 蛋白的水平升高,但在 UVA 暴露的组织中,蛋白质的水平没有升高。同时,p15 蛋白的水平没有被太赫兹脉冲或 UVA 改变。p53 蛋白、p16 蛋白和 p21 蛋白的协同上调是细胞 DNA 损伤反应的标志(Sperka,et al,2012)。

另一种由 p53 蛋白诱导的体内肿瘤抑制因子是早期生长反应 1(EGR1)蛋白,它有助于 p53 蛋白控制细胞生长和细胞周期(Krones-Herzig,et al,2005;Zwang,et al,2011)。太赫兹脉冲暴露的组织中的 EGR1 蛋白略微上调,太赫兹脉冲和 UVA 暴露组织中的 KU70 蛋白显著上调。这种蛋白质对于非同源末端连接是必需的,其是哺乳动物细胞中 DSB 修复的主要机制(Hoeijmakers,2001;Khanna and Jackson,2001;Mahaney,et al,2009),并且已经证明其在暴露于 X 射线(Reynolds,et al,2012)、γ 射线(Chen,et al,2012)和 UV 辐射(Rastogi,et al,2010)的细胞中被诱导。太赫兹暴露的组织上调表明通过激活非同源末端连接过程可修复 DNA 双链的断裂。

总之,Titova 等人的研究已经表明,暴露在强太赫兹脉冲下会导致 H2AX 磷酸化,DNA 双链断裂,以及人体皮肤组织中的 DNA 损伤反应(Titova,et al,2013)被激活。要了解强皮秒太赫兹脉冲诱导 DNA 损伤和细胞信号改变的确切机制,还需要进行进一步的研究。

13.3.2　对基因表达的影响

第 13.2.2 节讨论过的哺乳动物干细胞培养的实验已经证明,暴露在宽带、皮秒持续时间的太赫兹脉冲中会影响哺乳动物干细胞的分化,并引发在特定分化时间点转录活性基因的表达水平的特定参数变化(Alexandrov,et al,2011,2013;Bock,et al,2010)。在人体皮肤组织中,如第 13.3.1 节所述,太赫兹脉冲诱导的损伤修复蛋白的激活表明,强皮秒太赫兹脉冲影响基因表达。Titova 等人(2013)利用微阵列分析了太赫兹脉冲诱导的人体组织整体基因表达的变化。在本研究中,遵循用于研究强太赫兹脉冲对 DNA 完整性影响的相同方案,将全厚度正常皮肤组织暴露于强太赫兹脉冲或 400 nm 脉冲(UVA)下。全面的基因表达分析表明,强太赫兹脉冲对人体皮肤组织中的基因表达具有深远的影响。与未暴露的对照组相比,暴露于 1.0 μJ 或 0.1 μJ 太赫兹脉冲 10 min 的组织中数百个基因的表达水平发生了变化。如图 13.6 所示,对于上调和下调的基因,受太赫兹脉冲能量影响的基因之间存在明显的重叠,而由太赫兹和 UVA 诱导的基因表达谱之间几乎没有重叠。这些由太赫兹脉冲诱导的和 UVA 诱导的基因表达变化,以及前面讨论的细胞周期调节和 DNA 修复蛋白在暴露后水平上的差异,强调了低光子能量(约 4 meV)太赫兹辐射和高光子能量(3.1 eV)UVA 辐射与活细胞相互作用的根本性差异。

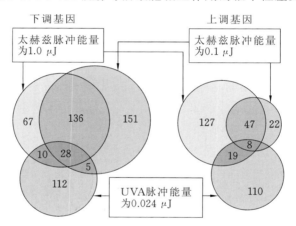

图 13.6 维恩图。暴露于 1.0 μJ 或 0.1 μJ 太赫兹或 UVA(400 nm,0.024 μJ)脉冲下的表皮组织中的差异表达基因。错误发现率校正假定值小于 0.05 和 lg2 差异倍数大于 1.6(1.5 倍变化)的基因被认为是差异表达基因

大量基因(共 219 个)的表达受到两种太赫兹脉冲能量暴露模式的影响。这些基因在许多皮肤癌和炎症性皮肤病,以及凋亡信号通路中起着重要作用,这些基因作为潜在的太赫兹脉冲暴露生物标志物,尤其受到关注。其中,164 个基因被下调,55 个基因因太赫兹脉冲暴露而上调(见图 13.6)。

本研究最重要的发现之一是在整个基因组中太赫兹脉冲敏感基因的高度分布不均匀。表皮分化复合物(EDC)的基因表达最为显著,它是人 1q21 染色体上的 1.6 Mb 位点,包含 57 个与角质形成细胞的终末分化和表皮屏障功能调节,以及皮肤免疫和炎症反应相关的基因(de Guzman Strong,et al,2010;

Kypriotou，et al，2012；Mischke，et al，1996）。EDC 的基因被组织成编码钙结
合蛋白（S100）、丝聚蛋白（FLG）、晚期角质化包膜蛋白（LCE）和小富含脯氨酸
蛋白（SPRR）的基因簇，如图 13.7（a）所示。其中，近一半（27 个）基因受到强
太赫兹脉冲的影响，其中 20 个受到明显抑制，相比之下，只有 12 个受到 UVA
脉冲的影响（见图 13.7（a）和（b））。EDC 基因的增强表达导致角质形成细胞
的增殖和分化增加，这在炎症性皮肤疾病（de Guzman Strong，et al，2010；
Hoffjan and Stemmler，2007；Roberson and Bowcock，2010）和皮肤癌中常见
（Haider，et al，2006）。例如，S100A 基因 S100A15（Eckert，et al，2004）和
S100A12（Eckert，et al，2004；Semprini，et al，2002），SSPRR 基因 PRR2A，SPRR3

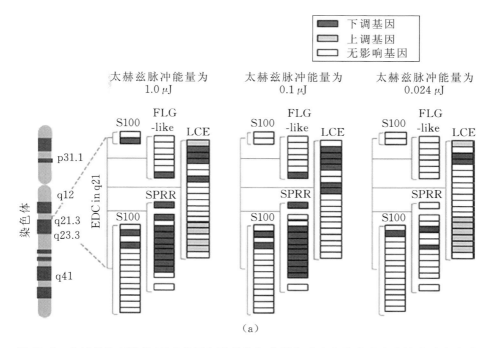

（a）

图 13.7　非特异性表达的 EDC 基因和选择的与非黑色素瘤皮肤癌或炎症性皮肤病有关
　　　　 的其他基因。（a）将皮肤组织暴露于 1.0 μJ 或 0.1 μJ 太赫兹脉冲能量或 UVA
　　　　 脉冲下，EDC 基因被上调（灰色矩形）或下调（黑色矩形）。（b）、（c）不同程度表达
　　　　 的 EDC 基因和选择的与皮肤癌或炎症性皮肤病有关的其他基因。（b）属于四个
　　　　 EDC 基因家族（FLG-like，LCE，S100 和 SPRR）的差异表达基因的 $\log_2$ 倍变化；
　　　　 （c）与皮肤病和癌症相关的其他基因（已选择）的表达水平因暴露于两种太赫兹
　　　　 脉冲能量状态而改变。在（b）和（c）中，误差线表示相应的标准偏差，在某些情况
　　　　 下，小于符号大小

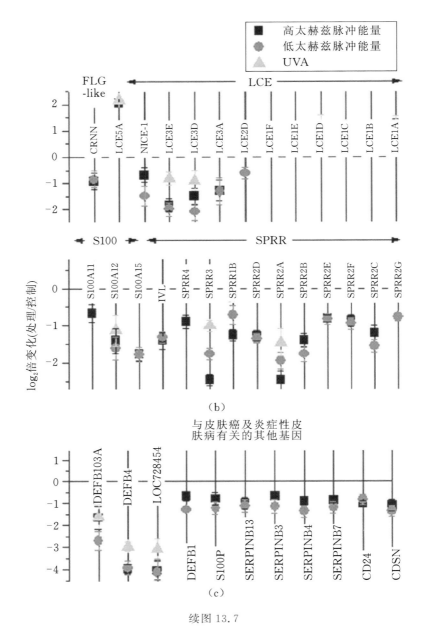

续图 13.7

和 SPRR2B（Haider，et al，2006），以及多个 LCE3 基因（Bergboer，et al，2011），它们都在银屑病中表现为上调（Haider，et al，2006；Roberson and Bowcock，2010），即被强太赫兹脉冲抑制（见图 13.7（b））。此外，8 个 EDC 基因（S100A11、S100A12、SPRR1B、SPRR2B、SPRR2C、SPRR3，1VL、LCE3D）的增强表达在强太

赫兹脉冲照射下出现下调,这与皮肤鳞状细胞癌(SCC)有关(Haider,et al,2006;Hudson,et al,2010)。通过强太赫兹脉冲下调这些基因可能为银屑病和 SCC 的靶向治疗开辟新的途径(Haider,et al,2006;Hudson,et al,2010)。

除了 EDC 基因外,暴露于强太赫兹脉冲下也改变了许多与炎症性皮肤病以及皮肤癌相关的其他基因的表达水平,包括侵害性口腔 SCC(OSCC)和非黑色素瘤皮肤癌(SCC 和 BCC)的相关基因,如图 13.7(c)所示。例如,太赫兹脉冲显著降低了四种 β-防御素(DEFB103A、DEFB4、LOC728454 和 DEFB1)的 mRNA 表达。β-防御素基因的增强表达与 OSCC(Sawaki,et al,2001)、BCC 和 SCC(Gambichler,et al,2006;Haider,et al,2006;Hudson,et al,2010;Mburu,et al,2011;Muehleisen,et al,2012),以及银屑病(Roberson and Bowcock,2010)相关。有趣的是,强太赫兹脉冲对 β-防御素表达水平的影响与 UVA 脉冲的相似。暴露于强太赫兹脉冲(而不是 UVA)也会下调角膜肌球蛋白(CDSN),其表达在银屑病中经常得到增强(Allen,et al,2001)。S100P(Arumugam,et al,2005;Kim,et al,2009;Schor,et al,2006)和 CD24(Baumann,et al,2005;Haider,et al,2006;Lee,et al,2009)的过表达与各种癌症的侵害性肿瘤进展等相关。此外,太赫兹脉冲辐射还下调了位于染色体 18q21.3(Schneider,et al,1995)上的 SERPIN 基因簇中的 10 个丝氨酸蛋白酶抑制剂 B 基因中的 4 个基因,再次证明了在整个基因组中强太赫兹脉冲敏感基因的不均匀分布。其中,4 个基因中的 2 个基因,分别位于染色体 18q21.3 上的丝氨酸蛋白酶抑制剂 B3 和丝氨酸蛋白酶抑制剂 B4 上,也称为 SCC 抗原 1 和 2。虽然它们在致癌中的作用还尚未被明确确定,但研究发现,它们的增强表达与 SCC 和乳腺癌的侵害性进展之间存在相关性(Catanzaro,et al,2011;Murakami,et al,2010)。丝氨酸蛋白酶抑制剂 B13 或 HURPIN 在鳞状细胞癌和银屑病病变中也过度表达(Moussali,et al,2005)。

总体来说,观察到的 EDC 基因和涉及炎症性皮肤病和皮肤癌的其他几个基因的表达的变化,与同疾病相关的变化相反。这些结果可能会引起关于强太赫兹脉冲改变与疾病相关的基因的表达的医疗方面应用的争论,在充分发挥太赫兹脉冲的临床应用潜力之前,必须对暴露于健康组织和病变组织一段时间后的太赫兹诱导效应进行广泛研究。

另外,直接暴露的组织(Titova,et al,2013),以及包含直接暴露和相邻的未暴露细胞的组织(Titova,et al,2013)中基因表达的比较结果表明,强太赫兹脉冲也可能通过所谓的旁观者效应在邻近的未暴露细胞中产生生物学效应。

太赫兹生物医学科学与技术

在旁观者效应中,直接暴露的细胞通过几种机制(例如间隙连接细胞间通信,氧化代谢和各种可溶性因子的分泌)与相邻细胞沟通(Azzam,et al,2003;Mothersill and Seymour,1998;Nagasawa and Little,1999;Watson,et al,2000)。旁观者效应已被记录在电离辐射(Mothersill and Seymour,1998;Nagasawa and Little,1999;Ojima,et al,2011;Sedelnikova,et al,2007;Watson,et al,2000),以及紫外线 A 和紫外线 B 照射下(Banerjee,et al,2005;Dahle,et al,2005;Nishiura,et al,2012)。太赫兹脉冲诱导的旁观者效应的存在,以及其中可能涉及的信号事件,将在未来的研究中得到解决。

13.4 亚皮秒太赫兹脉冲对小鼠皮肤非热效应的体内研究

在第一次对宽带太赫兹脉冲的非热细胞效应的体内研究中,Kim 等人将亚皮秒太赫兹脉冲应用在小鼠皮肤上(Kim,et al,2013),将 C57BL/6J 和 BALB/c 裸鼠的皮肤暴露于亚皮秒持续时间的太赫兹脉冲中 1 h,太赫兹脉冲带宽为 0.1~2.5 THz,重复频率为 1 kHz,每脉冲能量密度为 0.32 nJ/cm²。利用 mRNA 微阵列技术进行全基因组表达谱分析,揭示在太赫兹脉冲中暴露 24 h 后,基因表达的变化。与之前讨论过的借助了小鼠骨髓间充质干细胞(Alexandrov,et al,2013;Bock,et al,2010)和人造人体皮肤组织(Titova,et al,2013)的早期研究类似,与未暴露的对照组相比,暴露于宽带太赫兹脉冲下的小鼠皮肤中的基因表达发生了相当大的变化,上调了 82 个基因,下调了 67 个基因。Kim 等人通过基因集富集分析,建立了一套受宽带太赫兹脉冲影响最大的生物学功能。其中,愈合功能受影响最大,许多差异表达基因,如 BMP2、CD44、KRT6A、LEP、SERPINE1、SPRR1B、THBS1 在伤口愈合中发挥着重要作用。

伤口愈合是一个复杂的过程,要通过四个重叠阶段进行:止血、扩张、增殖和重塑(Diegelmann and Evans,2004;Penn,et al,2012)。在各种信号级联中,转化生长因子 β(TFG-β)信号通路是最重要的信号通路之一。蛋白质 TGB-β 是一种控制细胞增殖并刺激血管生成的细胞因子的细胞活素(Gharaee-Kermani and Phan,2001),其在伤口愈合的增殖阶段起着至关重要的作用(Deonarine,et al,2007)。该蛋白主要通过激活 NFκB1 蛋白和 Smad 蛋白,调节参与细胞生长和增殖等的各个方面的多个基因表达的转录因子发挥作用(Ear,et al,2010;Ishinaga,et al,2007),包括 SERPINE1,THBS1,BMP2,CD44 和其他暴露于太赫兹脉冲后在小鼠皮肤中差异表达的基因(Kim,et al,

2013)。Kim 等人通过实时 RT-PCR 分析 TGF-β1 mRNA 的表达,证实了暴露于宽带太赫兹脉冲的小鼠皮肤中 TGF-β 信号的激活。他们发现,C57BL/6J 和 BALB/c 裸鼠的皮肤暴露于太赫兹脉冲中 1 h 后,TGF-β1 mRNA 的相对水平显著增加,达到在活体伤口模型中观察到的水平,并在 24 h 内降低至对照水平。虽然在太赫兹暴露的小鼠皮肤中观察到伤口愈合的基因表达特征,但是暴露区域没有显示任何伤口损伤的组织学证据。假设太赫兹脉冲诱导 TGF-β 信号的激活可能影响伤口愈合,Kim 等人还研究了宽带太赫兹脉冲对 C57BL/6J 小鼠皮肤 4 mm 冲压伤口闭合的影响。他们发现,10 天后未暴露皮肤中的冲压伤口完全闭合,而每天暴露于太赫兹脉冲 1 h 的皮肤的伤口闭合明显延迟。同时,与未暴露的伤口相比,在太赫兹脉冲中暴露的伤口组织中,TGF-β1 蛋白的表达在受伤后 5 天和 9 天时显著升高,这种蛋白通常随着愈合过程进入增殖和重塑阶段而增加(Deonarine,et al,2007;Penn,et al,2012)。相关人员得出的结论是:TGF-β 表达的增加及其下游靶基因的激活会干扰体内的伤口愈合过程,从而延缓伤口闭合,这与先前的报道一致,即过度表达的 TGF-β 抑制瘢痕的再上皮化(Shah,et al,1999;Yang,et al,2001)。

尽管暴露参数(Kim 使用的是 0.32 nJ/cm^2,Titova 等人使用的是 6～60 μJ/cm^2)和采样时间点的显著差异使得直接比较这些研究结果变得困难,但基于这些研究可以提出几个有趣的问题。小鼠皮肤在太赫兹脉冲中的暴露而激活的 TGF-β 控制细胞增殖,并且在不同组织中的不同条件下发挥不同的作用(Massagué,2012)。在伤口中,它增强增殖以促进受损上皮的重塑(Penn,et al,2012)。然而,在正常的上皮组织和早期肿瘤中,它作为一种有效的增殖抑制因子起着抑制肿瘤的作用(Cui,et al,1994;Massagué,2012;Piccolo,2008)。在暴露于强太赫兹脉冲后的人体皮肤组织中观察到的太赫兹脉冲诱导的 TGF-β 的激活是否在与癌症和炎症性皮肤病相关的基因转录变化中起作用仍然不能确定(Titova,et al,2013)。此外,众所周知,p53 蛋白与 Smad 蛋白作为 TGF-β 的调节者,协同调节 TGF-β 信号(Cordenonsi,et al,2003;Piccolo,2008;Prime,et al,2004)。此外,细胞周期抑制剂 p21 蛋白在 TGF-β 通路中起重要作用(Dai,et al,2013;Voss,et al,1999)。在暴露于强太赫兹脉冲的人体皮肤组织中可观察到 p53 蛋白和 p21 蛋白表达的增强(Titova,et al,2013)。太赫兹脉冲诱导的这些肿瘤抑制蛋白的激活仅仅是强太赫兹脉冲对 DNA 损伤的响应,这是在 Kim 等人使用的明显较低的太赫兹能量密度下发生的吗(2013)？或者 p53 蛋白和 p21 蛋白在介导太赫兹诱导的暴露小鼠皮肤中观察到的 TGF-β 信号级联激活中也起着关键作用吗？各种太赫兹脉冲敏感基因和皮肤组织中的信号通路之间的相互作用,必将在未来的研究中得到探讨,这不仅可以揭示太赫兹脉冲与细胞和组织相互作用的机制,而且可能对宽带太赫兹脉冲的临床应用有重要的意义。此外,还需要详细研究太赫兹脉冲对基因表达的调控作用。确定哪些转录因子在太赫兹辐射下控制基因表达具有重要意义。这可以通过对太赫兹脉冲敏感基因的启动子区域进行深入的生物信息学分析来实现,然后进行染色质免疫沉淀分析,检测不同基因组部位是否存在转录因子。

13.5　总结

在过去的十年中,只有少数旨在阐明宽带太赫兹脉冲对活体细胞和组织的影响的实验研究,如本章所讨论的。所研究的生物系统(包括体外培养细胞、人造皮肤组织和活体动物模型)的巨大差异,以及不同组织及模型在太赫兹暴露条件下的差异,使得这些研究具有挑战性。重要的是,在所有有关太赫兹脉冲诱导效应的研究中,观察到的效应是非热效应,对在太赫兹脉冲中暴露的温度升高可忽略不计(Alexandrov,et al,2013;Bock,et al,2010;Kim,et al,2013),以及热休克蛋白编码基因的表达水平不变(Alexandrov,et al,2013;Kim,et al,2013;Titova,et al,2013)。在小鼠骨髓间充质干细胞(Alexandrov,et al,2013;Bock,et al,2010)、人体皮肤组织(Titova,et al,2013)和小鼠皮肤方面,报道了对在宽带太赫兹脉冲中暴露响应的基因表达谱的巨大变化(Kim,et al,2013)。强太赫兹脉冲也能显著诱导人体皮肤组织中 H2AX 的磷酸化,表明 DNA 受损,同时导致多细胞周期调节蛋白和肿瘤抑制蛋白水平的增加(Titova,et al,2013)。在活体小鼠皮肤实验中,这些细胞效应发生在每脉冲能量密度为 $0.32\ nJ/cm^2$ 的宽带太赫兹脉冲下(Kim,et al,2013);在小鼠骨髓间充质干细胞(Alexandrov,et al,2013;Bock,et al,2010)的研究中,每脉冲能量密度为 $1\ \mu J/cm^2$;在人体皮肤组织中为 $6\sim60\ \mu J/cm^2$(Titova,et al,2013)。在这些实验中,没有发现细胞的明显形态变化或组织损伤的组织学证据,除了小鼠骨髓间充质干细胞在其分化程序的晚期阶段暴露于宽带太赫兹脉冲之外时(Bock,et al,2010)。因此,当 Williams 等人将人的上皮和胚胎干细胞暴露在由 Alice 同步辐射源产生的每脉冲能量密度达到 $10\ nJ/cm^2$ 的高强度太赫兹脉冲中,发生的细胞和表观遗传学变化是可信的(Williams,et al,

2013)。在这项研究中,相关人员报道了暴露细胞的附着、形态、增殖和分化没有改变,但没有分析基因表达谱或细胞蛋白水平。因此,迄今为止进行的研究尚不允许建立太赫兹脉冲能量密度阈值和其他暴露参数来研究太赫兹脉冲诱导的基因表达和细胞功能的变化。

此外,强太赫兹脉冲影响基因的表达和诱导 DNA 损伤的机制尚不清楚。正如 Alexandrov 等人所建议的那样,强太赫兹脉冲辐射可以增强现有的转录气泡或在 DNA 双螺旋中产生新的开放状态,从而影响转录因子的转录或结合(Alexandrov,et al,2010,2013;Bock,et al,2010)。或者,基因表达的变化可能影响对太赫兹脉冲诱导的 DNA 损伤的细胞反应(Titova,et al,2013)或破坏、改变细胞内蛋白质的构象状态(Cherkasova,et al,2009)。未来的研究需要对宽带太赫兹脉冲的分子效应进行详细和全面的分析。

参 考 文 献

Agar,N. S. ,G. M. Halliday,R. S. Barnetson et al. 2004. The basal layer in human squamous tumors harbors more UVA than UVB fingerprint mutations:A role for UVA in human skin carcinogenesis. *Proceedings of the National Academy of Sciences of the United States of America* 101:4954-4959.

Alexandrov,B. S. ,Y. Fukuyo,M. Lange et al. 2012. DNA breathing dynamics distinguish binding from nonbinding consensus sites for transcription factor YY1 in cells. *Nucleic Acids Research* 40:10116-10123.

Alexandrov,B. S. ,V. Gelev,A. R. Bishop,A. Usheva,and K. Ø. Rasmussen. 2010. DNA breathing dynamics in the presence of a terahertz field. *Physics Letters A* 374:1214-1217.

Alexandrov,B. S. , V. Gelev,Y. Monisova et al. 2009. A nonlinear dynamic model of DNA with a sequence-dependent stacking term. *Nucleic Acids Research* 37:2405-2410.

Alexandrov,B. S. ,M. L. Phipps,L. B. Alexandrov et al. 2013. Specificity and heterogeneity of terahertz radiation effect on gene expression in mouse mesenchymal stem cells. *Scientific Reports* 3:1184.

Alexandrov,B. S. ,K. Ø. Rasmussen,A. R. Bishop et al. 2011. Non-thermal effects of terahertz radiation on gene expression in mouse stem cells. *Biomedical Optics Express* 2:2679.

Allen, M., A. Ishida-Yamamoto, J. McGrath et al. 2001. Corneodesmosin expression in psoriasis vulgaris differs from normal skin and other inflammatory skin disorders. *Laboratory Investigation* 81:969-976.

Arbab, M. H., T. C. Dickey, D. P. Winebrenner et al. 2011. Terahertz reflectometry of burn wounds in a rat model. *Biomedical Optics Express* 2:2339.

Arumugam, T., D. M. Simeone, K. Van Golen, and C. D. Logsdon. 2005. S100P promotes pancreatic cancer growth, survival, and invasion. *Clinical Cancer Research* 11:5356-5364.

Ashworth, P. C., P. O'Kelly, A. D. Purushotham et al. 2008. An intra-operative THz probe for use during the surgical removal of breast tumors. Presented at 33rd *International Conference on Infrared, Millimeter and Terahertz Waves*, Pasadena, CA, pp. 1-3.

Ashworth, P. C., E. Pickwell-MacPherson, E. Provenzano et al. 2009. Terahertz pulsed spectroscopy of freshly excised human breast cancer. *Optics Express* 17:12444-12454.

Attardi, L. D. and R. A. DePinho. 2004. Conquering the complexity of p53. *Nature Genetics* 36:7-8.

Azzam, E. I., S. M. de Toledo, and J. B. Little. 2003. Oxidative metabolism, gap junctions and the ionizing radiation-induced bystander effect. *Oncogene* 22:7050-7057.

Banerjee, G., N. Gupta, A. Kapoor, and G. Raman. 2005. UV induced bystander signaling leading to apoptosis. *Cancer Letters* 223:275-284.

Bassing, C. H., K. F. Chua, J. Sekiguchi et al. 2002. Increased ionizing radiation sensitivity and genomic instability in the absence of histone H2AX. *Proceedings of the National Academy of Sciences* 99:8173-8178.

Baumann, P., N. Cremers, F. Kroese et al. 2005. CD24 expression causes the acquisition of multiple cellular properties associated with tumor growth and metastasis. *Cancer Research* 65:10783-10793.

Baxter, J. B. and G. W. Guglietta. 2011. Terahertz spectroscopy. *Analytical*

Chemistry 83:4342-4368.

Bergboer,J. G. M. ,G. S. Tjabringa,M. Kamsteeg et al. 2011. Psoriasis risk genes of the late cornified envelope-3 group are distinctly expressed compared with genes of other LCE groups. *The American Journal of Pathology* 178:1470-1477.

Bergues-Pupo,A. E. ,J. M. Bergues,and F. Falo. 2013. Modeling the interaction of DNA with alternating fields. *Physical Review E* 87:022703.

Berry,E. ,G. C. Walker,A. J. Fitzgerald et al. 2003. Do in vivo terahertz imaging systems comply with safety guidelines? *Journal of Laser Applications* 15:192.

Blanchard,F. ,G. Sharma,L. Razzari et al. 2011. Generation of intense terahertz radiation via optical methods. *IEEE Journal of Selected Topics in Quantum Electronics* 17:5-16.

Bock,J. ,Y. Fukuyo,S. Kang et al. 2010. Mammalian stem cells reprogramming in response to terahertz radiation. *PLoS ONE* 5:e15806.

Boelsma,E. ,S. Gibbs,C. Faller,and M. Ponec. 2000. Characterization and comparison of reconstructed skin models: Morphological and immunohistochemical evaluation. *Acta Dermatovenereologica-Stockholm-*80:82-88.

Bolderson,E. ,D. J. Richard,B. -B. S. Zhou,and K. K. Khanna. 2009. Recent advances in cancer therapy targeting proteins involved in DNA double-strand break repair. *Clinical Cancer Research* 15:6314-6320.

Bonner,W. M. ,C. E. Redon,J. S. Dickey et al. 2008. γH2AX and cancer. *Nature Reviews Cancer* 8:957-967.

Born,B. ,S. J. Kim,S. Ebbinghaus,M. Gruebele,and M. Havenith. 2009. The terahertz dance of water with the proteins: The effect of protein flexibility on the dynamical hydration shell of ubiquitin. *Faraday Discussions* 141:161-173.

Cadet,J. ,E. Sage,and T. Douki. 2005. Ultraviolet radiation-mediated damage to cellular DNA. *Mutation Research/Fundamental and Molecular Mechanisms of Mutagenesis* 571:3-17.

Catanzaro,J. M. ,J. L. Guerriero,J. Liu et al. 2011. Elevated expression of squamous cell carcinoma antigen（SCCA）is associated with human breast carcinoma. *PLoS ONE* 6:e19096.

Chen,H. , Y. Bao,L. Yu et al. 2012. Comparison of cellular damage response to low-dose-rate [125] I seed irradiation and high-dose-rate gamma irradiation in human lung cancer cells. *Brachytherapy* 11:149-156.

Cherkasova,O. P. , V. I. Fedorov, E. F. Nemova, and A. S. Pogodin. 2009. Influence of terahertz laser radiation on the spectral characteristics and functional properties of albumin. *Optics and Spectroscopy* 107:534-537.

Chitanvis, S. M. 2006. Can low-power electromagnetic radiation disrupt hydrogen bonds in dsDNA? *Journal of Polymer Science Part B: Polymer Physics* 44:2740-2747.

Clothier,R. H. and N. Bourne. 2003. Effects of THz exposure on human primary keratinocyte differentiation and viability. *Journal of Biological Physics* 29:179-185.

Cordenonsi, M. , S. Dupont, S. Maretto et al. 2003. Links between tumor suppressors:p53 is required for TGF-β gene responses by cooperating with Smads. *Cell* 113:301-314.

Cui,W. ,C. J. Kemp, E. Duffie, A. Balmain, and R. J. Akhurst. 1994. Lack of transforming growth factor-β1 expression in benign skin tumors of p53null mice is prognostic for a high risk of malignant conversion. *Cancer Research* 54:5831-5836.

Dahle,J. ,O. Kaalhus, T. Stokke, and E. Kvam. 2005. Bystander effects may modulate ultraviolet A and B radiation-induced delayed mutagenesis. *Radiation Research* 163:289-295.

Dai,M. , A. Al-Odaini, N. Fils-Aimé et al. 2013. Cyclin D1 cooperates with p21 to regulate TGFβ-mediated breast cancer cell migration and tumor local invasion. *Breast Cancer Research* 15:1-14.

de Guzman Strong, C. , S. Conlan, C. B. Deming et al. 2010. A milieu of regulatory elements in the epidermal differentiation complex syntenic block:Implications for atopic dermatitis and psoriasis. *Human Molecular Genetics* 19:1453-1460.

Deonarine，K.，M. Panelli，M. Stashower et al. 2007. Gene expression profiling of cutaneous wound healing. *Journal of Translational Medicine* 5：11.

Dickey，J. S.，F. J. Zemp，A. Altamirano et al. 2011. H2AX phosphorylation in response to DNA doublestrand break formation during bystander signalling：Effect of microRNA knockdown. *Radiation Protection Dosimetry* 143：264-269.

Diegelmann，R. F. and M. C. Evans. 2004. Wound healing：An overview of acute，fibrotic and delayed healing. *Frontier in Bioscience* 9：283-289.

Downs，J. A. and S. P. Jackson. 2003. Cancer：Protective packaging for DNA. *Nature* 424：732-734.

Ear，T.，C. F. Fortin，F. A. Simard，and P. P. McDonald. 2010. Constitutive Association of TGF-β-Activated Kinase 1 with the IκB Kinase Complex in the Nucleus and Cytoplasm of Human Neutrophils and Its Impact on Downstream Processes. *The Journal of Immunology* 184：3897-3906.

Eckert，R. L.，G. Adhikary，C. A. Young et al. 2013. AP1 transcription factors in epidermal differentiation and skin cancer. *Journal of Skin Cancer* 2013：537028.

Eckert，R. L.，A. M. Broome，M. Ruse et al. 2004. S100 proteins in the epidermis. *Journal of Investigative Dermatology* 123：23-33.

Eckert，R. L. and E. A. Rorke. 1989. Molecular biology of keratinocyte differentiation. *Environmental Health Perspectives* 80：109-116.

Falconer，R. J. and A. G. Markelz. 2012. Terahertz spectroscopic analysis of peptides and proteins. *Journal of Infrared，Millimeter，and Terahertz Waves* 33：973-988.

Federici，J. F.，O. Mitrofanov，M. Lee et al. 2002. Terahertz near-field imaging. *Physics in Medicine and Biology* 47：3727.

Fillingham，J.，M. -C. Keogh，and N. J. Krogan. 2006. γ H2AX and its role in DNA double-strand break repair This paper is one of a selection of papers published in this Special Issue，entitled 27th International West Coast Chromatin and Chromosome Conference，and has undergone the Journal's usual peer review process. *Biochemistry and Cell Biology* 84：

568-577.

Fischer, B. M., M. Walther, and P. U. Jepsen. 2002. Far-infrared vibrational modes of DNA components studied by terahertz time-domain spectroscopy. *Physics in Medicine and Biology* 47:3807.

Fitzgerald, A. J., E. Berry, N. N. Zinovev et al. 2002. An introduction to medical imaging with coherent terahertz frequency radiation. *Physics in Medicine and Biology* 47:R67.

Fragkos, M., J. Jurvansuu, and P. Beard. 2009. H2AX is required for cell cycle arrest via the p53/p21 pathway. *Molecular and Cellular Biology* 29: 2828-2840.

Gambichler, T., M. Skrygan, J. Huyn et al. 2006. Pattern of mRNA expression of β-defensins in basal cell carcinoma. *BMC Cancer* 6:163.

Gharaee-Kermani, M. and S. H. Phan. 2001. Role of cytokines and cytokine therapy in wound healing and fibrotic diseases. *Current Pharmaceutical Design* 7:1083-1103.

Haider, A. S., S. B. Peters, H. Kaporis et al. 2006. Genomic analysis defines a cancer-specific gene expression signature for human squamous cell carcinoma and distinguishes malignant hyperproliferation from benign hyperplasia. *Journal of Investigative Dermatology* 126:869-881.

Hintzsche, H., C. Jastrow, T. Kleine-Ostmann et al. 2011. Terahertz radiation induces spindle disturbances in human-hamster hybrid cells. *Radiation Research* 175:569-574.

Hirori, H., F. Blanchard, and K. Tanaka. 2011. Single-cycle THz pulses with amplitudes exceeding 1 MV/cm generated by optical rectification in LiNbO$_3$. *Applied Physics Letters* 98:091106.

Hoeijmakers, J. H. J. 2001. Genome maintenance mechanisms for preventing cancer. *Nature* 411:366-374.

Hoffjan, S. and S. Stemmler. 2007. On the role of the epidermal differentiation complex in ichthyosis vulgaris, atopic dermatitis and psoriasis. *British Journal of Dermatology* 157:441-449.

Hoffmann, M. C. and J. A. Fülöp. 2011. Intense ultrashort terahertz pulses:

Generation and applications. *Journal of Physics D：Applied Physics* 44：083001.

Hudson，L. G. ，J. M. Gale，R. S. Padilla et al. 2010. Microarray analysis of cutaneous squamous cell carcinomas reveals enhanced expression of epidermal differentiation complex genes. *Molecular Carcinogenesis* 49：619-629.

Ishinaga，H. ，H. Jono，J. H. Lim et al. 2007. TGF-β induces p65 acetylation to enhance bacteria-induced NF-κB activation. *The EMBO Journal* 26：1150-1162.

Jepsen，P. U. ，D. G. Cooke，and M. Koch. 2011. Terahertz spectroscopy and imaging-modern techniques and applications. *Laser & Photonics Reviews* 5：124-166.

Joseph，C. S. ，A. N. Yaroslavsky，M. Al-Arashi et al. 2009. Terahertz spectroscopy of intrinsic biomarkers for non-melanoma skin cancer. Presented at *Proceedings of SPIE*：72150I-I-10.

Junginger，F. ，A. Sell，O. Schubert et al. 2010. Single-cycle multiterahertz transients with peak fields above 10 MV/cm. *Optics Letters* 35：2645-2647.

Khanna，K. K. and S. P. Jackson. 2001. DNA double-strand breaks：Signaling，repair and the cancer connection. *Nature Genetics* 27：247-254.

Kim，J. K. ，K. H. Jung，J. H. Noh et al. 2009. Targeted disruption of S100P suppresses tumor cell growth by down-regulation of cyclin D1 and CDK2 in human hepatocellular carcinoma. *International Journal of Oncology* 35：1257.

Kim，K. -T. ，J. H. Park，S. J. Jo et al. 2013. High-power femtosecond-terahertz pulse induces a wound response in mouse skin. *Scientific Reports* 3：2296.

Kim，S. J. ，B. Born，M. Havenith，and M. Gruebele. 2008. Real-time detection of protein-water dynamics upon protein folding by terahertz absorption spectroscopy. *Angewandte Chemie International Edition* 47：6486-6489.

Korenstein-Ilan，A. ，A. Barbul，P. Hasin et al. 2009. Terahertz radiation increases genomic instability in human lymphocytes. *Radiation Research*

170:224-234.

Kristensen,T. T. L.,W. Withayachumnankul,P. U. Jepsen,and D. Abbott. 2010. Modeling terahertz heating effects on water. *Optics Express* 18: 4727-4739.

Krones-Herzig,A.,S. Mittal,K. Yule et al. 2005. Early growth response 1 acts as a tumor suppressor in vivo and in vitro via regulation of p53. *Cancer Research* 65:5133-5143.

Kypriotou,M.,M. Huber,and D. Hohl. 2012. The human epidermal differentiation complex:Cornified envelope precursors,S100 proteins and the 'fused genes' family. *Experimental Dermatology* 21:643-649.

Lee,J.-H.,S.-H. Kim,E.-S. Lee,and Y.-S. Kim. 2009. CD24 overexpression in cancer development and progression:A meta-analysis. *Oncology Reports* 22:1149-1156.

Lee,Y. S. 2009. *Principles of Terahertz Science and Technology*. New York:Springer.

Mahaney,B.,K. Meek,and S. Lees-Miller. 2009. Repair of ionizing radiation-induced DNA double-strand breaks by non-homologous end-joining. *Biochemical Journal* 417:639-650.

Maniadis,P.,B. S. Alexandrov,A. R. Bishop,and K. Ø. Rasmussen. 2011. Feigenbaum cascade of discrete breathers in a model of DNA. *Physical Review E* 83:011904.

Markelz,A.,S. Whitmire,J. Hillebrecht,and R. Birge. 2002. THz time domain spectroscopy of biomolecular conformational modes. *Physics in Medicine and Biology* 47:3797-3805.

Massagué,J. 2012. TGFβ signalling in context. *Nature Reviews Molecular Cell Biology* 13:616-630.

Masson,J.-B.,M.-P. Sauviat,J.-L. Martin,and G. Gallot. 2006. Ionic contrast terahertz near-field imaging of axonal water fluxes. *Proceedings of the National Academy of Sciences of the United States of America* 103:4808-4812.

Mburu,Y. K.,K. Abe,L. K. Ferris,S. N. Sarkar,and R. L. Ferris. 2011.

Human β-defensin 3 promotes NF-κB-mediated CCR7 expression and anti-apoptotic signals in squamous cell carcinoma of the head and neck. *Carcinogenesis* 32:168-174.

Meek,D. W. and C. W. Anderson. 2009. Posttranslational modification of p53: Cooperative integrators of function. *Cold Spring Harbor Perspectives in Biology* 1:a000950.

Menendez,D. ,A. Inga,and M. A. Resnick. 2009. The expanding universe of p53 targets. *Nature Reviews Cancer* 9:724-737.

Mirzayans,R. ,B. Andrais,A. Scott,and D. Murray. 2012. New insights into p53 signaling and cancer cell response to DNA damage:Implications for cancer therapy. *Journal of Biomedicine and Biotechnology* 2012:170325.

Mischke,D. ,B. P. Korge,I. Marenholz,A. Volz,and A. Ziegler. 1996. Genes encoding structural proteins of epidermal cornification and S100 calcium-binding proteins form a gene complex ("epidermal differentiation complex") on human chromosome 1q21. *Journal of Investigative Dermatology* 106:989-992.

Mittleman,D. M. 2013. Frontiers in terahertz sources and plasmonics. *Nature Photonics* 7:666-669.

Mothersill, C. and C. Seymour. 1998. Cell-cell contact during gamma irradiation is not required to induce a bystander effect in normal human keratinocytes:Evidence for release during irradiation of a signal controlling survival into the medium. *Radiation Research* 149:256-262.

Moussali,H. ,M. Bylaite,T. Welss et al. 2005. Expression of hurpin,a serine proteinase inhibitor,in normal and pathological skin:Overexpression and redistribution in psoriasis and cutaneous carcinomas. *Experimental Dermatology* 14:420-428.

Muehleisen,B. ,S. B. Jiang,J. A. Gladsjo et al. 2012. Distinct innate immune gene expression profiles in non-melanoma skin cancer of immunocompetent and immunosuppressed patients. *PLoS ONE* 7:e40754.

Murakami, A. , C. Fukushima, K. Yositomi et al. 2010. Tumor-related protein,the squamous cell carcinoma antigen binds to the intracellular protein carbonyl reductase. *International Journal of Oncology* 36: 1395-1400.

Nagasawa, H. and J. B. Little. 1999. Unexpected sensitivity to the induction of mutations by very low doses of alpha-particle radiation: Evidence for a bystander effect. *Radiation Research* 152:552-557.

Nishiura, H. , J. Kumagai, G. Kashino et al. 2012. The bystander effect is a novel mechanism of UVA induced melanogenesis. *Photochemistry and Photobiology* 88:389-397.

Ojima, M. , A. Furutani, N. Ban, and M. Kai. 2011. Persistence of DNA double-strand breaks in normal human cells induced by radiation-induced bystander effect. *Radiation Research* 175:90-96.

Pal, S. K. and A. H. Zewail. 2004. Dynamics of water in biological recognition. *Chemical Reviews* 104:2099-2124.

Penn, J. W. , A. O. Grobbelaar, and K. J. Rolfe. 2012. The role of the TGF-β family in wound healing, burns and scarring: A review. *International Journal of Burns and Trauma* 2:18-28.

Piccolo, S. 2008. p53 regulation orchestrates the TGF-β response. *Cell* 133: 767-769.

Pickwell-MacPherson, E. and V. P. Wallace. 2009. Terahertz pulsed imaging— A potential medical imaging modality? *Photodiagnosis and Photodynamic Therapy* 6:128-134.

Prime, S. S. , M. Davies, M. Pring, and I. C. Paterson. 2004. The role of TGF-β in epithelial malignancy and its relevance to the pathogenesis of oral cancer (part Ⅱ). *Critical Reviews in Oral Biology & Medicine* 15:337-347.

Prohofsky, E. W. , K. C. Lu, L. L. Van Zandt, and B. F. Putnam. 1979. Breathing modes and induced resonant melting of the double helix. *Physics Letters A* 70:492-494.

Rastogi, R. P. , A. Kumar, M. B. Tyagi, and R. P. Sinha. 2010. Molecular mechanisms of ultraviolet radiation induced DNA damage and repair. *Journal of Nucleic Acids* 16:592980.

Reynolds, P. , J. A. Anderson, J. V. Harper et al. 2012. The dynamics of Ku70/80 and DNA-PKcs at DSBs induced by ionizing radiation is dependent on the complexity of damage. *Nucleic Acids Research* 40:10821-10831.

Roberson, E. and A. M. Bowcock. 2010. Psoriasis genetics: Breaking the barrier. *Trends in Genetics* 26:415-423.

Rowland, B. D. and D. S. Peeper. 2005. KLF4, p21 and context-dependent opposing forces in cancer. *Nature Reviews Cancer* 6:11-23.

Sawaki, K. , N. Mizukawa, T. Yamaai et al. 2001. High concentration of beta-defensin-2 in oral squamous cell carcinoma. *Anticancer Research* 22: 2103-2107.

Schneider, S. S. , C. Schick, K. E. Fish et al. 1995. A serine proteinase inhibitor locus at 18q21. 3 contains a tandem duplication of the human squamous cell carcinoma antigen gene. *Proceedings of the National Academy of Sciences* 92:3147-3151.

Schoenbach, K. H. , S. Xiao, R. P. Joshi et al. 2008. The effect of intense subnanosecond electrical pulses on biological cells. *IEEE Transactions on Plasma Science* 36:414-422.

Schor, T. , A. Paula, F. M. Carvalho et al. 2006. S100P calcium-binding protein expression is associated with high-risk proliferative lesions of the breast. *Oncology Reports* 15:3-6.

Sedelnikova, O. A. , A. Nakamura, O. Kovalchuk et al. 2007. DNA double-strand breaks form in bystander cells after microbeam irradiation of three-dimensional human tissue models. *Cancer Research* 67:4295-4302.

Sedelnikova, O. A. , D. R. Pilch, C. Redon, and W. M. Bonner. 2003. Histone H2AX in DNA damage and repair. *Cancer Biology and Therapy* 2:233-235.

Semprini, S. , F. Capon, A. Tacconelli et al. 2002. Evidence for differential S100 gene over-expression in psoriatic patients from genetically heterogeneous pedigrees. *Human Genetics* 111:310-313.

Shah, M. , D. Revis, S. Herrick et al. 1999. Role of elevated plasma transforming growth factor-beta1 levels in wound healing. *The American Journal of Pathology* 154:1115-1124.

Sherr, C. J. and J. M. Roberts. 1995. Inhibitors of mammalian G1 cyclin-dependent kinases. *Genes & Development* 9:1149-1163.

Siegel, P. H. 2004. Terahertz technology in biology and medicine. *IEEE Transactions on Microwave Theory and Techniques* 52:2438-2447.

Smale, S. T. and J. T. Kadonaga. 2003. The RNA polymerase Ⅱ core promoter. *Annual Review of Biochemistry* 72:449-479.

Sperka, T. , J. Wang, and K. L. Rudolph. 2012. DNA damage checkpoints in stem cells, ageing and cancer. *Nature Reviews Molecular Cell Biology* 13:579-590.

Titova, L. V. , A. K. Ayesheshim, A. Golubov et al. 2013a. Intense THz pulses cause H2AX phosphorylation and activate DNA damage response in human skin tissue. *Biomedical Optics Express* 4:559.

Titova, L. V. , A. K. Ayesheshim, A. Golubov et al. 2013b. Intense picosecond THz pulses alter gene expression in human skin tissue in vivo. Presented at *Proceedings of SPIE* 8585:85850Q-Q-10, San Francisco, CA.

Titova, L. V. , A. K. Ayesheshim, A. Golubov et al. 2013c. Intense THz pulses down-regulate genes associated with skin cancer and psoriasis: A new therapeutic avenue? *Scientific Reports* 3:2363.

Tonouchi, M. 2007. Cutting-edge terahertz technology. *Nature Photonics* 1:97-105.

Voss, M. , B. Wolff, N. Savitskaia et al. 1999. TGFbeta-induced growth inhibition involves cell cycle inhibitor p21 and pRb independent from p15 expression. *International Journal of Oncology* 14:93-194.

Wang, H. -T. , B. Choi, and M. -s. Tang. 2010. Melanocytes are deficient in repair of oxidative DNA damage and UV-induced photoproducts. *Proceedings of the National Academy of Sciences* 107:12180-12185.

Wang, S. Q. , R. Setlow, M. Berwick et al. 2001. Ultraviolet A and melanoma: A review. *Journal of the American Academy of Dermatology* 44:837-846.

Watson, G. E. , S. A. Lorimore, D. A. Macdonald, and E. G. Wright. 2000. Chromosomal instability in unirradiated cells induced in vivo by a bystander effect of ionizing radiation. *Cancer Research* 60:5608-5611.

Weightman, P. 2012. Prospects for the study of biological systems with high power sources of terahertz radiation. *Physical Biology* 9：053001.

Williams，R.，A. Schofield，G. Holder et al. 2013. The influence of high intensity terahertz radiation on mammalian cell adhesion，proliferation and differentiation. *Physics in Medicine and Biology* 58：373-391.

Wilmink，G. and J. Grundt. 2011. Invited review article：Current state of research on biological effects of terahertz radiation. *Journal of Infrared，Millimeter，and Terahertz Waves* 32：1074-1122.

Wilmink，G. J.，B. L. Ibey，C. L. Roth et al. 2010a. Determination of death thresholds and identification of terahertz（THz）-specific gene expression signatures. *Presented at Proceedings of SPIE* 7562，San Francisco，CA：75620K.

Wilmink，G. J.，B. D. Rivest，B. L. Ibey et al. 2010b. Quantitative investigation of the bioeffects associated with terahertz radiation. Presented at *Proceedings of SPIE* 7562：75620L-L-10，San Francisco，CA.

Woodward，R. M.，V. P. Wallace，D. D. Arnone，E. H. Linfield，and M. Pepper. 2003. Terahertz pulsed imaging of skin cancer in the time and frequency domain. *Journal of Biological Physics* 29：257-259.

Xu，J.，K. W. Plaxco，and S. J. Allen. 2006. Absorption spectra of liquid water and aqueous buffers between 0. 3 and 3. 72 Thz. *The Journal of Chemical Physics* 124：036101.

Yang，L.，T. Chan，J. Demare et al. 2001. Healing of burn wounds in transgenic mice overexpressing transforming growth factor-Î² 1 in the epidermis. *The American Journal of Pathology* 159：2147-2157.

Yu，C.，S. Fan，Y. Sun，and E. Pickwell-MacPherson. 2012. The potential of terahertz imaging for cancer diagnosis：A review of investigations to date. *Quantitative Imaging in Medicine And Surgery* 2：33-45.

Zhang，X. -C. 2002. Terahertz wave imaging：Horizons and hurdles. *Physics in Medicine and Biology* 47：3667-3677.

Zwang，Y.，A. Sas-Chen，Y. Drier et al. 2011. Two phases of mitogenic signaling unveil roles for p53 and EGR1 in elimination of inconsistent growth signals. *Molecular Cell* 42：524-535.

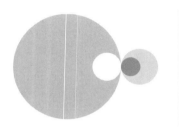

第 14 章
皮肤对药物吸收的
太赫兹动态成像

14.1　引言

利用太赫兹时域光谱技术能够根据材料的光谱吸收特性来识别其化学成分(Kawase,et al,2007;Son,2009;Watanabe,et al,2004)。太赫兹光谱技术通常被应用在药物的研究中(Reid,et al,2010)。例如,太赫兹光谱技术可用于检测混合于其他物品中的诸如苯丙胺之类的非法药物、识别诸如多西环素和磺胺吡啶之类的抗生素的光谱特征(Redo-Sanchez,et al,2011)。

自 20 世纪 90 年代中期太赫兹光谱成像技术发展以来,用于皮肤癌、口腔癌和乳腺癌检测的生物医学应用越来越受到人们的关注(Brun,et al,2010;Fitzgerald,et al,2006;Ji,et al,2009;Son,2009)。这些生物医学应用包括皮肤、口腔粘膜或切除组织的表面成像。因为太赫兹光束进入生物组织的穿透深度有限,因此,皮肤成像是太赫兹成像技术最有希望达成的目标,目前已经开发出几种商业的太赫兹成像设备来评估皮肤病(Wallace,et al,2004)。

理论上,光谱学和太赫兹时域光谱成像技术的结合,可以使药物识别和药物组分成像的结合成为可能。考虑到皮肤确实是太赫兹成像的最佳目标,皮肤药物吸收成像可能是太赫兹成像在生物医学上一个很好的应用。自从 1979 年美国食品药品监督管理局(FDA)批准了用于晕动病的第一种市售的东莨菪碱透皮贴剂以来,经皮给药系统的使用(超过 30 年)渐渐增加(Nachum,et al, 2006;Tfayli,et al,2007)。2005 年经皮给药量在全球市场估值为 127 亿美元, 2015 年增长至 315 亿美元(Tanner and Marks,2008)。经皮给药研究的终极目的是开发一种无创设备,该设备根据患者的需要以合适的速率输送适量的活性剂。用新的、无创的方法来加强和控制穿过皮肤的药物输送正在深入的研究中(Guy,2010)。本章将回顾经皮给药的基本概念,以及太赫兹成像作为经皮给药研究成像工具的可行性。

14.2 经皮给药

14.2.1 经皮给药概述

与口服给药、经脉给药和肌内给药相比,经皮给药有许多优点(见表 14.1), 它能够使药物的输送具有持续性,也可使药物受控释放,从而使药物的血药浓度可以在治疗窗口内保持较长的时间。经皮给药是一种无创式或给药管理模式,能够使人非常方便地控制给药量。给药管理可以简单地通过去除经皮给药系统(例如贴片)来停止。此外,经皮给药有助于避免肝脏代谢,当药物通过静脉和口服途径进入人体时,可能会影响药物的功效。因此,与全身给药相比,经皮给药有助于减少药物的剂量和对身体造成的副作用(Guy,2010)。

表 14.1 经皮给药的优点

优 点
长时间对药物输送进行控制
血药浓度微弱波动(避免了静脉给药或口服给药后药物峰值浓度的出现)
无创,有益于病人
改善病人的满意度
移除系统,给药终止
减少剂量,减轻肝脏代谢压力
避免了对胃和全身带来的副作用

经皮给药有几个缺点和局限性。由于皮肤具有理化性质的屏障,因此仅有一些小到足以穿过皮肤细胞间隙的分子(例如相对分子质量小于 500 Da 的

小分子)才能渗透到身体内。此外,亲脂性的药物才可渗透皮肤,并且药物应该具有水溶性以便溶于血液。局部刺激或致敏药物不能用于临床实践(Thomas and Finnin,2004)。

最常见的经皮给药系统是含有特定剂量的药物和/或渗透增强剂的黏附性皮肤贴片(Berner and John,1994)。贴片有很多类型,如单层药物黏合剂贴片、多层药物黏合剂贴片、储存系统和基质系统等,但它们的基本机制是相似的,即药物通过黏合剂从含药部位,如膜、基质或者储存系统,释放到皮肤中。根据菲克第一定律,药物穿过皮肤的流量受药物扩散性和药物浓度梯度的影响,该定律假定从高浓度区域到低浓度区域的流量大小与浓度梯度成正比(见图 14.1)(Surber,et al,1990)。药物的扩散性随着药物的化学结构的变化而变化,这可能显示出药物与皮肤组分间存在相互作用。此外,传统的经皮给药系统,如贴剂、乳膏和凝胶,具有一些局限性。为了提高药物的渗透性,人们开发了各种用品和技术,包括化学渗透增强剂和物理增强方法,如离子电渗疗法、声导法、电穿孔和微针法(Thomas and Finnin,2004)。

菲克第一定律

$$J = DAK\frac{\Delta C}{h} = P\Delta C$$

其中,J 是流量,即单位时间间隔内流过单位区域的药物量(单位:$\mu g/(cm^2 \cdot h)$);D 是扩散系数(单位:cm/s),反映药物扩散的速度;A 是表面积;K 是分配系数,反映亲水性;ΔC 是药物浓度差异($\Delta C = C_2 - C_1$);h 是膜厚度;P 是渗透性(单位:cm/s)。

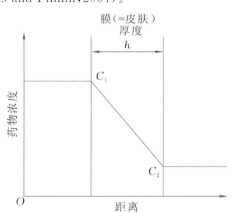

图 14.1　菲克第一定律

渗透增强技术的发展是制造经皮给药系统的重要课题之一。目前,相关人员已经对多种可用作化学渗透促进剂的化合物进行了评估,如亚砜(如二甲基亚砜(DMSO))、氮酮(如月桂氮酮)、吡咯烷酮(如 2-吡咯烷酮)、醇(如乙醇)或二醇类(如丙二醇)(Pathan,et al,2009)。渗透增强剂可以通过减弱角质层的阻隔性或通过增强药物通过皮肤蛋白质的扩散性而发挥作用。

在过去几十年中,经皮给药系统得到了研究人员和制药公司的高度重视,许多药物已被批准用于经皮给药(见表 14.2),基于这一进展可更好地了解皮肤屏障功能、药物的理化特性,以及药物代谢动力学特征。然而,经皮给药潜在的候选药物库并没有显著扩大,这仍然存在一些明显的挑战(Guy,2010)。其中的挑战之一是,在目前使用的体外和体内给药方法中,需要很长时间来测试化学品和进行大量的化学分析测试,如基于高效液相色谱法的测试。皮肤药物吸收的实时体内评价方法可以减少测试时间,并且可以跳过专门的化学分析测试,使得能够大规模筛选用于经皮给药的候选化学品。

表 14.2   经皮给药常用药物

药物化合物	目标疾病或病症
东莨菪碱	晕动病
硝酸甘油	心绞痛
可乐定	高血压
雌二醇	激素替代疗法
芬太尼	镇痛
尼古丁	戒烟
睾酮	性腺功能减退症
利多卡因	局部麻醉
奥昔布宁	失禁
丙炔苯丙胺	抑郁症
利他林	注意缺陷多动障碍
丁丙诺啡	镇痛
卡巴拉汀	痴呆
罗替戈汀	帕金森病
格拉司琼	止吐

14.2.2   皮肤的结构与作用

皮肤是覆盖全身最大的器官,在维持生命中起着至关重要的作用。皮肤有多种功能,其中,最重要的功能是形成屏障,保护身体免受物理伤害,以及微生物、紫外线辐射和有毒物质的伤害。皮肤在保持身体的平衡方面也有非常动态的功能,包括调节身体的温度和水分、皮肤的呼吸,以及控制水、电解质和各种物质向内和向外运动的通道。

皮肤是由表皮、真皮和下皮组织组成的多层器官(见图 14.2)。了解每个皮肤层的结构和功能对经皮药物研究和太赫兹成像研究都是至关重要的(见表 14.3)。表皮是层状鳞状角化上皮,由几层细胞组成。角质细胞在基底层增殖,通过表皮向表面迁移,最后转化成角质层的角质细胞。角质层是外皮层的最外层,在经皮给药方面是最重要的一层,因为它形成了保护底层皮肤组织免受化学物质侵害的障碍(Haftek,et al,2011)。

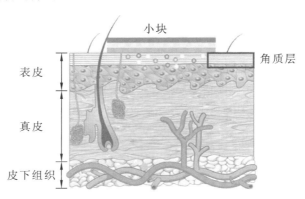

图 14.2 皮肤的结构。皮肤由表皮、真皮和皮下组织三层组成。表皮最浅层是角质层

表 14.3 皮肤组织结构

皮　肤　层	特　　点
无活性表皮(角质层)	皮肤最外层,真实的身体屏障 经皮给药中的最强屏障 厚度为 $20\sim170\ \mu m$ 由角膜细胞和细胞间脂质基质组成 脂质(占干重的 5%~15%)、蛋白质(主要是角蛋白,占干重的 75%~85%)、可变含水量(覆盖皮肤表面 15%~25%)
活性表皮	该层位于角质层和真皮之间 由称为角质细胞的角质活细胞组成 厚度为 0.5~1.5 mm 含水量约为 70%
真皮	表皮下层 主要由嵌入无定形基质的疏松结缔组织构成 厚度为 0.3~3 mm 包含药物可被系统吸收进入的血管和淋巴管
皮下组织(皮下脂肪)	含有少量血管和淋巴管的脂肪组织

  角质层由 10～20 层角质细胞组成,以砖状的方式堆叠。每个角质细胞都具有扁平结构和板状结构的死细胞(Bouwstra,et al,2003)。根据个体的年龄、解剖位置和水化情况不同,角质层的厚度为 20～170 μm(Egawa,et al,2007)。角质细胞膜的主要成分是神经酰胺,它是由鞘氨醇和脂肪酸组成的蜡质脂质分子家族构成的,使细胞膜成为角质细胞最不溶的结构。每个角质细胞都含有密集的角质网,角质网可以容纳大量的水,并通过防止水分蒸发来保持皮肤的水分。角质细胞和称为角膜小体的特殊蛋白质结合在一起(Hatta,et al,2006)。细胞外空间周围的角膜细胞是脂质层,即所谓的细胞间脂质基质。这种细胞间脂质基质也可以作为水、药物和其他物质的屏障(Hatta,et al,2006)。就成分而言,角质层含有大量脂质(占干重的 5%～15%)、蛋白质(主要是角蛋白,占干重的 75%～85%)和可变含水量(覆盖皮肤表面 15%～25%,可以吸收 3 倍的重量)。角质层通过改变药物扩散性或药物与皮肤的相互作用来影响经皮给药。

  活性表皮由活细胞组成,主要是角质细胞。表皮厚度为 0.5～1.5 mm(Brannon,2007)。角质层的含水量从皮肤表面的约 15%增加到 25%(水/组织),在活性表皮中达到恒定的 70%左右(Warner,et al,1988)。表皮和真皮之间是基底膜,其是一种非常薄的结缔组织,主要由IV型胶原蛋白组成。

  真皮在皮肤的中层,通常比表皮厚,从眼睑的 0.3 mm 到背部、手掌和脚掌的 3 mm 不等(Brannon,2007)。真皮的主要成分是诸如胶原蛋白和弹性纤维的结缔组织。它也包含神经、真皮脉管系统、淋巴管、汗腺和发根。在真皮层中,渗透性药物被吸收,并输送到全身循环(Pathan,et al,2009)。

  皮下组织,也称为皮下脂肪,在最内层,主要由脂肪组成。皮下组织的厚度随年龄、性别、位置和营养状况不同而不同。虽然脂肪组织可以充当药物的储存库,但大部分通过皮肤渗透的药物在到达皮下组织之前就已经开始体循环(Pathan,et al,2009)。

  大多数外用药物的输送速率决定层是角质层。药物可通过角质层的细胞间脂质基质,以及角质层胞内角蛋白结构域或通过毛囊、皮脂腺和汗腺进行细胞间的渗透。大多数分子被认为通过细胞间途径穿透皮肤(Pathan,et al,2009;Tanner and Marks,2008)。渗透性取决于化学物质的亲油性和表皮外层的厚度,以及诸如物质的相对分子质量和浓度之类的因素。尽管人们对皮肤障碍的物理性质已知晓,但是理解各种候选药物的详细渗透机制,以及药物与皮肤成分之间的生物相互作用仍然是一个不小的挑战。

14.2.3　皮肤药物吸收的评价方法

为了理解和优化透皮药物的皮肤吸收能力,掌握透皮药物扩散动力学的准确且可靠的数据是十分有必要的。为此,经济合作与发展组织(OECD)皮肤吸收问题专家组编写了《皮肤吸收研究指导说明》(OECD,2011)。测量经皮吸收的方法可分为两类:体外法和体内法。

目前,经济合作与发展组织指南采用的一种行之有效的方法是体外皮肤吸收试验。该试验使用扩散细胞来测量化学药品穿过皮肤到达受体储液室过程的扩散特性。这种体外测量方法可以提供大量有价值的信息,例如化学药品的渗透力,即注入剂量的比例或注入的速率。最常用的方法是和高效液相色谱(HPLC)分析方法相结合的弗兰兹细胞扩散试验。基本的弗兰兹细胞扩散系统如图14.3所示(Kim,et al,2012)。扩散池由供体室和位于皮肤之间的受体室组成。受体室含有缓冲液,其通过循环水浴系统保持恒温。在将试验药物加到与皮肤接触的供体腔后,在预定的时间内连续取受体流体样品,以便评估其渗透动力学特性。用高效液相色谱分析法测定采样的受体流体,以确定渗透皮肤的药物浓度(Franz,1975,1978)。尽管弗兰兹细胞扩散法是一种精确、可靠和完善的方法,但它只能提供与经皮给药扩散有关的信息,不能提供有关体内状态的信息,除此之外,该方法涉及许多步骤,比如需要用到扩散池实验和高效液相色谱分析法。

有几种不同的体内测量方法用于测定经皮给药的药物吸收:①测量血液放射性和在皮肤上应用的放射性标记药物的放射性;②测量血液的母体化学物质和/或其代谢物水平;③微透析技术;④角质层带剥离技术(Kezic,2008)。体内测量方法的最重要的优点是,其允许在生理和代谢完整的系统中评估经皮给药吸收状况和对皮肤的毒性。但体内测量方法也存在一些缺点,比如这种方法需要使用活体动物,从而可能引发伦理问题。动物皮肤和人体皮肤渗透性的差异可能妨碍体内法的结果在人类研究或临床实践中的应用。示踪材料对于获得可靠的结果是非常必要的,但这也有可能导致辐射泄漏。另外,用体内测量方法测定早期的吸收是困难的(OECD,2004)。由于存在这些缺点,一些无创的、时间分辨高的三维成像技术正在开发当中,包括光谱成像技术(Jiang,et al,2008;Tfayli,et al,2007)和多光子显微镜成像技术(Tsai,et al,2009)。

光谱成像技术是经皮给药研究的一个有价值的工具,因为它们允许同时

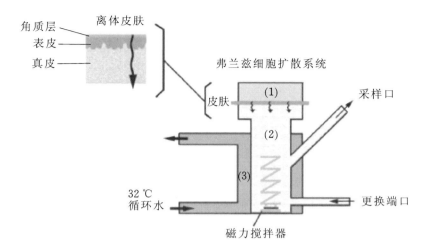

图 14.3　安装在弗兰兹细胞扩散系统中的离体皮肤示意图。皮肤上方的供体室(1)含有医用
的外用剂;皮肤下面的腔室是受体室(2),在该受体室,样品通过采样口进行采样;受
体室被水套(3)包围,温度保持在 32 ℃左右;磁力搅拌器和搅拌螺旋在受体室的底部
进行磁性旋转;敷在皮肤角质层一侧的外用药物渗入真皮层,然后穿过皮肤

地、实时地测定成像形式的空间信息和药物的化学性质,同时保持药物和受试
者的完整性(Jiang,et al,2008)。在经皮给药的体内研究中应用了多种光谱方
法,包括红外光谱成像和拉曼光谱成像(Jiang,et al,2008;Tfayli,et al,2007)。
而红外光谱技术和拉曼光谱技术都属于振动光谱技术,即能够提供关于样品
的分子组成和结构,以及其内部发生的相互作用的多种信息。在这两种技术
中,辐射光都引起分子的振荡和旋转能量的变化。

　　在各种红外光谱技术中,傅里叶变换红外光谱成像是研究经皮给药渗透
动力学最常用的方法。在该技术中,红外光束通过红外透明晶体发射到目标
皮肤。然后,辐射的皮肤以与药物的吸收光谱相对应的频率吸收红外线,并且
可以通过测量红外光谱来量化穿透的药物(Kezic,2008)。这种技术可以实现
高空间分辨率,并允许在几分钟内进行快速采样(Jiang,et al,2008)。然而,这种
技术的不足之处是会使穿透深度变小。此外,热辐射衰减傅里叶变换红外光谱
成像方法作为最近发展起来的用于检测角质层中化学物质的存在和浓度的非接
触技术,也可以用于评估深度高达 10 μm 的角质层的光谱(Kezic,2008)。

　　拉曼光谱技术是一种基于激光辐射的方法,它可以通过显微物镜将光线
聚焦在皮肤样品上的一点。当光照射分子时,大部分光子发生弹性散射,而少

量的光子发生非弹性散射。非弹性散射的光称为拉曼散射光。拉曼散射显示了相对于入射光的频移,并对应于分子的振动能量跃迁(Tfayli,et al,2007)。拉曼光谱可被认为是分子的指纹谱,而共焦拉曼光谱则是拉曼光谱和共焦显微镜的组合。它可以对皮肤进行无创、深度分辨和时间分辨的成像,从而可以提供关于皮肤化学成分和其成分的空间和深度分布的信息。基于这些特点,它还可用于实时监测体内药物的经皮吸收过程(如确定经皮给药的浓度分布或估计经皮给药的扩散系数和渗透系数)(Kezic,2008)。该技术可以获得高空间分辨率和相对较高的可达数百微米的穿透深度(Cal,et al,2009;Kezic,2008)。然而,拉曼光谱技术仍有一些局限:①使用强激光辐射加热样品会破坏组织;②拉曼效应非常弱,需要高灵敏度和高优化度的装置;③该方法只能检测与皮肤结构不同的、具有特定吸收光谱的化学物质(Cal,et al,2009;Kezic,2008)。

14.3 太赫兹成像在皮肤药物吸收中的应用

太赫兹成像是一种新型的光谱成像技术,它具有无创性、免标记和快速成像的特性,同时还可以获得光谱信息。在各种太赫兹成像技术中,最成熟的方法是基于光电导开关的太赫兹时域光谱技术。飞秒脉冲激光激发光电导开关,引起光电导载流子密度和电导率的瞬变(Sun,et al,2011)。THz-TDS 成像技术是一种可用于获取太赫兹电场的相干技术,可同时获得太赫兹脉冲幅度和相位信息。太赫兹时域光谱图像的每个像素包含完整的太赫兹脉冲波形,该波形可以通过傅里叶变换将时域谱变换为频域谱,进而得到折射率和吸收系数(Wallace,et al,2004),吸收系数取决于培养皿的化学成分。通过宽带检测获取较大光谱范围内的信息可以得到关于样品的特定光谱信息。

反射模式下的太赫兹时域光谱成像是一种时域技术,可用于检测组织内不同层次结构的太赫兹脉冲反射。当太赫兹脉冲到达具有不同折射率的介质间的边界时,脉冲被反射回来。来自不同层的反射具有不同的光学时间延迟,使用光学时间延迟技术,可以获得关于层深度的信息(Wallace,et al,2004;Woodward,et al,2002)。把绘制的时域轮廓作为位置的函数,可以生成太赫兹 B 超图像,并且可以将其重构为垂直轴表示光学时间延迟,灰度代表太赫兹振幅,例如 B 超扫描。太赫兹时域光谱成像技术可以实现非常高的信噪比,因为可以通过相干时间门控检测来有效地消除背景噪声(Mittleman,et al,1996)。具有高信噪比的成像技术能够对具有微小折射率变化的材料进行检

测和成像。这些相干、时间门控和低噪声的太赫兹成像技术由于具有化学特
异性,从而具有提供结构和功能信息的潜力(Wallace,et al,2008)。

　　近来,科学家证明,在常规的太赫兹时域光谱系统中使用含有酮洛芬的
DMSO 后,太赫兹反射二维成像和体层成像 B 超图像可以显示出局部药物的分
布特性、渗透特性,以及一系列的动态变化特性(Kim,et al,2012)。太赫兹动态
反射成像可以基于经皮药物应用的皮肤反射信号的变化来反映穿透皮肤的药
物。药物作用位点最初在连续太赫兹反射二维图像上是不可见的,其出现在施
用药物 8～16 min 后拍摄的图像上(见图 14.4)。在这些图像上,与相邻的正常皮
肤相比,药物作用位点的反射信号强度较低。当作用于皮肤角质层的药物进入真
皮时,药物作用位点的反射信号强度在一定时间段内逐渐降低,然后保持恒定。太
赫兹二维图像上的每个像素都具有太赫兹波形的全光谱数据。如图 14.5(a)所
示,在药物作用位点上获得的连续时域波形上出现了两个峰,可以解释如下:
①第一峰值随时间增加而减小,其是确定太赫兹反射图像的主要因素;②第二峰
值随时间增加而增加,可以指示药物渗透层与皮肤真皮的其余部分之间存在界
面。体层成像 B 超图像可以用这些峰的光学时延和太赫兹反射信号来重建(见
图 14.5(b))。本实验是对太赫兹反射图像进行皮肤药物吸收的首次尝试。然而,
体层成像 B 超图像反映的是光学时间深度,而不是解剖深度,这值得进一步研究。

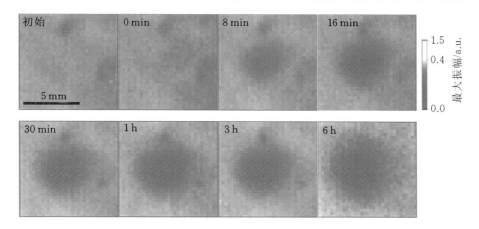

图 14.4　药物作用位点的连续太赫兹反射图像。药物作用位点在初始图像上不可见,但
　　　　在药物应用约 8 min 后显示为暗影区;与未涂敷的皮肤相比,药物作用位点出现
　　　　在较暗的阴影下(反射信号强度较低);黑暗强度逐渐增加 1 h,然后保持不变;暗
　　　　影区面积随时间增加而增加,这可能表明局部药物在皮肤中的扩散和分布的变化

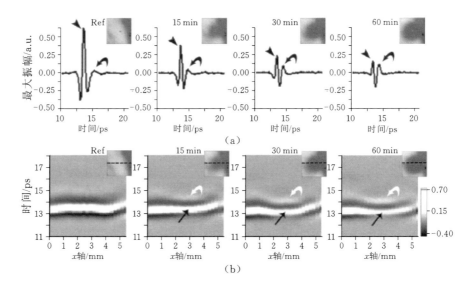

图 14.5 药物作用位点的时域波形和 B 超扫描图像。(a)在给药前(Ref)和给药 15 min、30 min 和 60 min 后获得的一系列时域波形显示在药物作用位点(右上方的太赫兹反射图像的中心点)的第一主峰(箭头)和第二小峰(曲线箭头)的最大振幅。(b)药物作用位点的 B 超扫描图像,显示重建的垂直图像(在右上角的太赫兹反射图像中的虚线上),垂直轴表示光学延迟,灰度表示太赫兹振幅;连续太赫兹 B 超扫描图像显示:石英-真皮界面(箭头)的信号强度和光学时间宽度随时间增加而减小,对应于时域波形的第一主峰。石英-真皮界面上方的层(弯曲箭头)的信号强度,对应于时域波形的小峰值,随时间增加而增加

　　与标准的体外皮肤吸收试验(弗兰兹细胞扩散试验)相比,太赫兹反射信号动态模式的衰减与弗兰兹细胞扩散试验所分析的 DMSO 吸收动态模式相似,这表明太赫兹成像主要反映 DMSO 组分的渗透和分布特性(见图 14.6)(Kim,et al,2012)。这可以通过以下事实来解释:太赫兹成像对极性材料高度敏感,而 DMSO 是对太赫兹辐射具有强烈吸收的极性溶剂(Suen,et al,2009)。这些事实可能意味着太赫兹成像有利于测试极性分子的渗透性。然而,由于各种局部药物可能引起对太赫兹辐射的不同反映,因此需要进一步研究太赫兹成像用于各种药物经皮给药的详细特征。

　　太赫兹成像对皮肤药物吸收的潜在优势如下:①太赫兹成像对极性分子非常敏感,这使其能够用于分析极性分子的渗透动力学特性(Suen,et al,2009);②太赫兹成像能够快速获取图像而无须做如标记之类的特殊准备,这

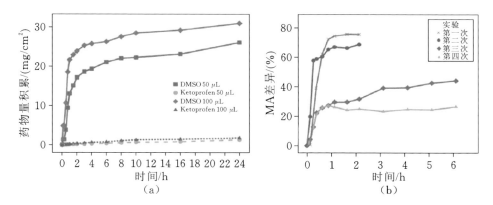

图 14.6 弗兰兹细胞扩散试验获得的(a)累积渗透药物量的轮廓图和(b)显示太赫兹反射
信号的时间过程图。由图可见,渗透的 DMSO 量和太赫兹信号在早期迅速增
加,然后保持不变,这表明,太赫兹成像主要反映了 DMSO 的组分

样可以得到皮肤和药物在自然状态下的实时信息;③太赫兹辐射是一种安全
的、具有非常低的光子能量的非电离辐射(Bourne,et al,2008);④太赫兹成像
中使用的辐射的波长(3~100 μm)显著大于皮肤组织中散射结构的尺寸,这与
使用较短波长辐射的其他光谱技术相比(如近红外成像),可以显著减小散射
效应(Wallace,et al,2004);⑤太赫兹成像具有高的图像信噪比,并且可以估计
组织内分层结构的深度信息(如前文所介绍的)(Mittleman,et al,1996;
Wallace,et al,2008)。

与红外光谱技术或拉曼光谱技术相比,太赫兹成像的潜在缺点是空间分辨
率和轴向分辨率较低。传统的分辨率不足以用于在医学成像技术中越来越流行
的对细胞或分子成像。在体内成像中,渗透深度仍然是一个关键问题。渗透深
度从高含水量组织的几百微米到高脂肪含量组织的几厘米不等(Arnone,et al,
1999;Pickwell and Wallace,2006)。由于水或极性分子在太赫兹频率范围内具有
很强的吸收特性,因此用太赫兹波对非极性分子进行探测受到了限制,这可能阻
碍对多复方药物经皮给药的分析(Pickwell-MacPherson,2010)。这些缺点都是未
来要研究的课题,目前正在深入研究当中。

14.4 未来研究展望

人们采用体内实时成像法对皮肤中的化合物进行跟踪的需求不断增加。
新的体内方法能够对皮肤隔层进行无创研究,这些皮肤隔层不需要切除组织,

并且在自然条件下实时跟踪药物，以便评估局部药物的动力学特性。太赫兹成像则可以满足这些需求（Kim，et al，2012）。太赫兹成像是一种相干的、时间分辨性好的低噪声成像技术，具有提供皮肤和经皮药物结构信息和化学特异性的潜力（Wallace，et al，2008）。此外，太赫兹成像是观察自然条件下皮肤变化的无创、免标记的工具（Hattori and Sakamoto，2007）。再者，太赫兹成像可以检测各药物组分在混合外用制剂中的不同扩散速率。

为了将太赫兹成像技术用于经皮给药的研究中，需要提高太赫兹成像的空间分辨率、轴向分辨率、渗透深度和采样速率。太赫兹成像仍处于发展的早期阶段，在过去的几十年中，太赫兹产生、太赫兹探测和太赫兹成像取得了很大的进展。希望在不久的将来，太赫兹成像将从实验室转到临床，用于经皮给药评估以及其他生物医学方面。

参 考 文 献

Arnone，D. D. ，C. M. Ciesla，A. Corchia et al. 1999. Applications of terahertz（THz）technology to medical imaging. Presented at *Proceedings of SPIE* 3828：209-219.

Berner，B. and V. A. John. 1994. Pharmacokinetic characterisation of transdermal delivery systems. *Clinical Pharmacokinetics* 26：121-134.

Bourne，N. ，R. H. Clothier，M. D'Arienzo，and P. Harrison. 2008. The effects of terahertz radiation on human keratinocyte primary cultures and neural cell cultures. *Alternatives to Laboratory Animals* 36：667-684.

Bouwstra，J. A. ，P. L. Honeywell-Nguyen，G. S. Gooris，and M. Ponec. 2003. Structure of the skin barrier and its modulation by vesicular formulations. *Progress in Lipid Research* 42：1-36.

Brannon，H. 2007. Dermatology—Epidermis. http：//dermatology. about. com/cs/skinanatomy/a/anatomy. htm，assessed on February 8，2014.

Brun，M. A. ，F. Formanek，A. Yasuda et al. 2010. Terahertz imaging applied to cancer diagnosis. *Physics in Medicine and Biology* 55：4615.

Cal，K. ，J. Stefanowska，and D. Zakowiecki. 2009. Current tools for skin imaging and analysis. *International Journal of Dermatology* 48：1283-1289.

Egawa，M. ，T. Hirao，and M. Takahashi. 2007. In vivo estimation of stratum corneum thickness from water concentration profiles obtained with Raman spectroscopy. *Acta Dermato-Venereologica* 87:4-8.

Fitzgerald, A. J., V. P. Wallace, M. Jimenez-Linan et al. 2006. Terahertz pulsed imaging of human breast tumors1. *Radiology* 239:533-540.

Franz, T. J. 1975. Percutaneous absorption. On the relevance of in vitro data. *Journal of Investigative Dermatology* 64:190-195.

Franz, T. J. 1978. The finite dose technique as a valid in vitro model for the study of percutaneous absorption in man. *Current Problems in Dermatology* 7:58.

Guy, R. H. 2010. Transdermal drug delivery. In *Drug Delivery*, ed. Schäfer-Korting, M., pp. 399-410. New York: Springer.

Haftek, M., S. Callejon, Y. Sandjeu et al. 2011. Compartmentalization of the human stratum corneum by persistent tight junction-like structures. *Experimental Dermatology* 20:617-621.

Hatta, I., N. Ohta, K. Inoue, and N. Yagi. 2006. Coexistence of two domains in intercellular lipid matrix of stratum corneum. *Biochimica et Biophysica Acta (BBA)-Biomembranes* 1758:1830-1836.

Hattori, T. and M. Sakamoto. 2007. Deformation corrected real-time terahertz imaging. *Applied Physics Letters* 90:261106.

Ji, Y. B., E. S. Lee, S.-H. Kim, J.-H. Son, and T.-I. Jeon. 2009. A miniaturized fiber-coupled terahertz endoscope system. *Optics Express* 17:17082-17087.

Jiang, J., M. Boese, P. Turner, and R. K. Wang. 2008. Penetration kinetics of dimethyl sulphoxide and glycerol in dynamic optical clearing of porcine skin tissue in vitro studied by Fourier transform infrared spectroscopic imaging. *Journal of Biomedical Optics* 13:021105.

Kawase, K., A. Dobroiu, A. Masatsugu Ya, Y. Sasaki, and C. Otani 2007. Terahertz rays to detect drugs of abuse. In *Terahertz Frequency Detection and Identification of Materials and Objects*, ed. Miles, R. E., pp. 241-250. New York: Springer.

Kezic, S. 2008. Methods for measuring in-vivo percutaneous absorption in humans. *Human & Experimental Toxicology* 27:289-295.

Kim,K. W. , H. Kim, J. Park, J. K. Han, and J.-H. Son. 2012a. Terahertz tomographic imaging of transdermal drug delivery. *IEEE Transactions on Terahertz Science and Technology* 2:99-106.

Kim,K. W. , K. -S. Kim, H. M. Kim et al. 2012b. Terahertz dynamic imaging of skin drug absorption. *Optics Express* 20:9476-9484.

Mittleman,D. M. , R. H. Jacobsen, and M. C. Nuss. 1996. T-ray imaging. *IEEE Journal of Selected Topics in Quantum Electronics* 2:679-692.

Nachum,Z. , A. Shupak, and C. R. Gordon. 2006. Transdermal scopolamine for prevention of motion sickness. *Clinical Pharmacokinetics* 45:543-566.

OECD. 2004. Test No. 427:Skin Absorption:In Vivo Method,OECD Guidelines for the Testing of Chemicals,Section 4,OECD Publishing,Paris,France.

OECD. 2011. Guidance notes on dermal absorption, series on testing and assessment,No. 156. http://www. oecd. org/env/ehs/testing/48532204. pdf,accessed on February 8,2014.

Pathan, I. B. and C. M. Setty. 2009. Chemical penetration enhancers for transdermal drug delivery systems. *Tropical Journal of Pharmaceutical Research* 8:173-179.

Pickwell,E. and V. P. Wallace. 2006. Biomedical applications of terahertz technology. *Journal of Physics D-Applied Physics* 39:R301-R310.

Pickwell-MacPherson, E. 2010. Practical considerations for in vivo THz imaging. *Terahertz Science and Technology* 3:163-171.

Redo-Sanchez,A. , G. Salvatella, R. Galceran et al. 2011. Assessment of terahertz spectroscopy to detect antibiotic residues in food and feed matrices. *Analyst* 136:1733-1738.

Reid,C. B. , E. Pickwell-MacPherson, J. G. Laufer et al. 2010. Accuracy and resolution of THz reflection spectroscopy for medical imaging. *Physics in Medicine and Biology* 55:4825.

Son,J. H. 2009. Terahertz electromagnetic interactions with biological matter and their applications. *Journal of Applied Physics* 105:102033.

Suen,J. Y. , P. Tewari , Z. D. Taylor et al. 2009. Towards medical terahertz sensing of skin hydration. *Studies in Health Technology and Informatics* 142: 364-368.

Sun, Y., M. Y. Sy, Y.-X. J. Wang et al. 2011. A promising diagnostic method: Terahertz pulsed imaging and spectroscopy. *World Journal of Radiology* 3:55.

Surber, C., K.-P. Wilhelm, M. Hori, H. I. Maibach, and R. H. Guy. 1990. Optimization of topical therapy: Partitioning of drugs into stratum corneum. *Pharmaceutical Research* 7:1320-1324.

Tanner, T. and R. Marks. 2008. Delivering drugs by the transdermal route: Review and comment. *Skin Research and Technology* 14:249-260.

Tfayli, A., O. Piot, F. Pitre, and M. Manfait. 2007. Follow-up of drug permeation through excised human skin with confocal Raman microspectroscopy. *European Biophysics Journal* 36:1049-1058.

Thomas, B. J. and B. C. Finnin. 2004. The transdermal revolution. *Drug Discovery Today* 9:697-703.

Tsai, T.-H., S.-H. Jee, C.-Y. Dong, and S.-J. Lin. 2009. Multiphoton microscopy in dermatological imaging. *Journal of Dermatological Science* 56:1-8.

Wallace, V., A. Fitzgerald, S. Shankar et al. 2004. Terahertz pulsed imaging of basal cell carcinoma ex vivo and in vivo. *British Journal of Dermatology* 151: 424-432.

Wallace, V. P., E. MacPherson, J. A. Zeitler, and C. Reid. 2008. Three-dimensional imaging of optically opaque materials using nonionizing terahertz radiation. *Journal of the Optical Society of America A* 25:6.

Warner, R. R., M. C. Myers, and D. A. Taylor. 1988. Electron probe analysis of human skin: Determination of the water concentration profile. *Journal of Investigative Dermatology* 90:218-224.

Watanabe, Y., K. Kawase, T. Ikari et al. 2004. Component analysis of chemical mixtures using terahertz spectroscopic imaging. *Optics Communications* 234:125-129.

Woodward, R. M., B. E. Cole, V. P. Wallace et al. 2002. Terahertz pulse imaging in reflection geometry of human skin cancer and skin tissue. *Physics in Medicine and Biology* 47:3853.

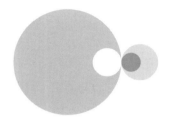

第 15 章
太赫兹检测皮肤癌

15.1　皮肤癌概况

在美国,皮肤癌是很常见的一种癌症。根据美国皮肤癌基金会提供的统计数据,每年有超过 350 万人被确诊为皮肤癌。每年,新的皮肤癌病例比乳腺癌、前列腺癌、肺癌和结肠癌的总和还要多。皮肤暴露在阳光下而受到紫外线辐射是造成皮肤癌的主要原因。其他的因素,包括吸烟、HPV、某些遗传综合征和慢性不愈合的伤口等也会导致皮肤癌(Saladi and Persaud,2005)。

皮肤癌主要有三种类型:基底细胞癌(BCC)、鳞状细胞癌(SCC)和恶性黑色素瘤,每一种都是以皮肤细胞的起源命名的。

BCC 形成于表皮的最底层,即基底层。它通常在头部、颈部或肩膀等暴露在阳光下的皮肤上形成,看起来是光滑的、珍珠般的隆起。有时可以在肿瘤内看到小血管,经常可以观察到肿瘤中心的结痂和出血,但这常常被误认为是无法愈合的伤痛。

BCC 是最常见的皮肤癌,据估计,美国每年有大约 280 万人被确诊患有BCC,约占所有非黑色素瘤皮肤癌(NMSC)的 80%(Rubin,et al,2005)。BCC 的死亡率相对较低,其死亡人数仅占癌症死亡人数的 0.1% 以下(Miller and

Weinstock,1994),但是,如果允许其恣意生长,可能会造成严重的毁容的后果。

鳞状细胞癌形成于表皮的中间层,是继 BCC 之后第二常见的皮肤癌。暴露在阳光下的皮肤区域,如耳朵、脸部和嘴巴,最有可能发展成鳞状细胞癌。这种皮肤癌的症状包括变成疮口的肿块、溃疡,有时会结痂为红色扁平斑点、变得越来越大的肿块,以及一个无法愈合的疮伤。如果不治疗,它会扩散到身体的其他部位,如淋巴系统、血液和神经系统。

恶性黑色素瘤是最具侵害性的、最易于扩散的,且最致命的,其源于色素生成细胞(黑色素细胞)。它可以在身体的任何部分发育,但最常见于手臂、腿和躯干。早期发现时,其治愈率非常高。症状包括痣、雀斑,以及大小、形状和颜色发生变化的新的/现有的斑点。它的轮廓可能不规则,并且可能有多种颜色。

依据严重性,恶性黑色素瘤被单独分类,而 BCC、SCC 和其他皮肤癌一般在术语上归类为 NMSC。

发生皮肤癌的可能性因地理、种族、性别和年龄而异。首先,阳光的紫外线辐射是导致皮肤癌的主要原因,所以在阳光照射较多的地区,人们患皮肤癌的概率较高。其次,种族背景也是导致皮肤癌的一个重要因素:肤色浅的白种人比任何其他皮肤类型的人更容易被诊断出患有皮肤癌。研究还发现,患有皮肤癌的白种人的死亡率更高。澳大利亚的皮肤癌发病率最高。根据澳大利亚政府健康与老龄化部门的数据,澳大利亚人患皮肤癌的可能性比患其他形式的癌症的可能性高 4 倍(2008),大约 2/3 的澳大利亚人在 70 岁之前被诊断患有皮肤癌。男性和女性一般具有不同的皮肤癌患病率,男性的患病率高于女性的。美国疾病控制和预防中心报告称,人类患皮肤癌的可能性越来越大(CDC,2012)。来自香港的某皮肤科医生的报告表明皮肤癌患者的年龄越来越小。

15.2　莫氏显微外科手术

对于界限清楚的、实性、囊性和浅表性 BCC 以及直径小于 20 mm 的肿瘤,手术切除是治疗方法之一。对于 95% 以上的病例,完全切除肿瘤至少需要 4 mm 的边缘(Wolf and Zitelli,1987)。界限不明确的、具有小结节的、浸润性和硬化性的肿瘤可能超出临床边缘 15 mm 或更多。准确反映所有肿瘤边缘的组织学技术似乎是实现完全治愈的关键。所有已报道的组织学技术范围都不是理想的,但莫氏显微外科手术(MMS)可能是最好的,因为它允许对所有边缘进行检查,并在当天愈合伤口(Shriner,et al,1998)。

MMS 的使用方法和结果如图 15.1 所示。如图 15.1 所示,明显的肿瘤被切除(去除)。手术刀与表面成 45°,进行碟形切除,包括下表面和整个表皮边缘,用虚线表示。将组织分成多个部分并进行颜色编码,这有利于进一步确定切除方向。在手术过程中,对包含所有边缘的组织下层的水平冷冻组织切片进行检查,并切除组织,直到所有边缘都清晰。

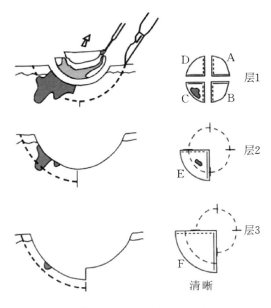

图 15.1　使用 MMS 进行组织切除的方法

　　MMS 有许多优点,其可准确定义具有渗透性、硬化性的肿瘤的类型及扩散方向,从而保留组织,避免盲目的、过多的切除。使用该技术,5 年内原发性肿瘤的治愈率高达 99%,复发性肿瘤的治愈率高达 96%(Chu and Edelson,1999)。然而,MMS 既耗时又昂贵。任何可以帮助确定 BCC 的组织学亚型和术前亚临床扩散方向而不进行活检的系统都可以将 MMS 简化为单层,除了最广泛的肿瘤外。此外,通过做 MMS,外科医生可以切除所有的癌细胞,并尽可能多地保留健康的皮肤,从而减少毁容的发生。

15.3　皮肤图像技术的研究现状与展望

　　目前各国正在研究成像和诊断技术,这些技术处于临床应用的不同发展阶段(Mogensen and Jemec,2007;Ulrich,et al,2007)。通常将 NMSC 的成像技术与组织样品的组织切片的黄金标准进行比较。对于无创技术，获取的数据或图像与黄金标准的相关性在确定成像的灵敏度、特异性和预测值方面至关重要。下文将介绍一些常规的实验方法。

15.3.1 临床和健康检查

NMSC 诊断是最容易使用的测试方法。然而，其精度和准确性尚不明确。测试的灵敏度和特异性值与使用人员（如皮肤科医生、家庭医生、初级保健医师）相关。总的灵敏度为 $56\% \sim 90\%$，特异性为 $75\% \sim 90\%$（Cooper and Wojnarowska，2002；Davis，et al，2005；Ek，et al，2005；Hallock and Lutz，1998；Har-Shai，et al，2001；Leffell，et al，1993；Morrison，et al，2001；Schwartzberg，et al，2005；Whited and Hall，1997；Whited，et al，1995）。

15.3.2 皮肤镜

皮肤镜本质上是借助放大镜和光源对皮肤进行无创成像。通常，将浸油涂抹在透镜-皮肤界面上，可改善折射率匹配并去除空气-皮肤界面的散射。该镜的别名有表观发光显微镜、入射光学显微镜和皮肤表面显微镜。它所使用的倍率为 $10\times \sim 100\times$。报道的 BCC 灵敏度为 $86\% \sim 96\%$，特异性为 $72\% \sim 92\%$（Argenziano，et al，2004；Chin，et al，2003；Kreusch，2002；Menzies，2002；Newell，et al，2003；Otis，et al，2004；Zalaudek，2005；Zalaudek，et al，2004，2006）。皮肤镜检查也被证明可以帮助初级保健医师对可疑皮肤病变进行鉴别（Argenziano，et al，2006）。

15.3.3 光学相干层析术

光学相干层析术（OCT）本质上是超声脉冲回波成像的光学模拟。OCT已经成功应用于视网膜成像，目前正在研究其在皮肤中的应用。典型的 OCT 系统由迈克耳孙干涉仪组成（见图 15.2）。光束被分成参考光束和样品光束。控制参考光束的光程长度，可以控制对样品光束的干扰。OCT 使用低相干光源，使两束光在光源相干长度内匹配时产生干扰。因此，改变参考光束图像在样品中不同深度的移动距离，就可以通过移动穿过目标物的光束来创建二维图像和三维图像（Pitris，et al，2010）。

最初的 OCT 系统使用机械方法来改变参考路径的长度，这种实现方式称为时域 OCT。另一种实现方式是傅里叶域的 OCT（FD-OCT），它使扫描速度显著提高（$10\times \sim 100\times$）。在 FD-OCT 中，参考臂保持静止来检测反射光的

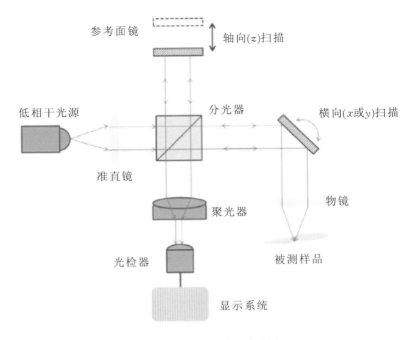

图 15.2　OCT 系统示意图

波长谱。对恢复光谱进行傅里叶变换，可进行常规的轴向扫描。在光谱 FD-OCT 中，使用宽带光源和光谱仪来采集图像。另一种实现方式是扫频源 OCT，通过改变源的波长，并用探测器对连续波长进行探测可得到最终光谱，这也称为光学频域成像（OFDI）（Chinn，et al，1997；Yun，et al，2003）。偏振敏感 OCT 可用于绘制样品的双折射。

与许多其他无创光学成像技术不同，OCT 提供了与传统组织学相似的垂直横截面图像。无创成像可以实时进行。OCT 的轴向分辨率为 $1 \sim 10~\mu m$，并受到源的带宽限制。皮肤的穿透深度为 $1 \sim 2~mm$。OCT 图像的对比度来自组织结构的折射率变化。几项研究使用 OCT 观察了 NMSC。诊断的目的是鉴定癌症组织的形态与正常组织的不同。例如，癌症患者人体皮肤的特征层被破坏。（Gambichler，et al，2007；Mogensen，et al，2009；Olmedo，et al，2006；Strasswimmer，et al，2004；Welzel，2001）。

15.3.4　共聚焦显微镜

共聚焦显微镜（CLSM）基于共聚焦原理，已广泛应用于离体和体内的人体组织。共聚焦显微镜的发展克服了传统远场光学显微镜的局限性。在传统的远场显微镜中,光路中的整个样品区对收集到的信号有贡献,对于被成像的物体,从不同深度采样的信号没有区别,因此,散射会导致图像噪声和显微镜分辨率的损失。共聚焦显微镜利用物镜和在探测臂上的针孔来排除离焦光。针孔放置在系统物镜的共轭平面上,从而去除了成像体内其他平面散射的光。因此,图像由来自样品内高度局部化的成像区的光组成,样品(本质上受限于衍射)受到物镜的横向和针孔的轴向限制。这一原理构成了共聚焦显微镜的基础。共聚焦显微镜提供了在细胞分辨率下对人体组织进行无创光学切片的功能(Rajadhyaksha,et al,1995,1999)。

共聚焦图像是在样品的二维空间上通过扫描点光源光束产生的。共聚焦图像提供皮肤表面的面视图。将物镜正交地平移到样品上,就可以生成样品内不同深度的二维图像,并可以垂直堆叠呈现出样品的三维信息。光在组织中的穿透深度受到散射的限制。目前的商业系统使用近红外线(830 nm),横向分辨率为 $0.5\sim1~\mu m$,轴向分辨率为 $1\sim5~\mu m$。显微镜有一个机械固定装置,允许使用浸水透镜,这样可以最大限度地减少界面处的折射率失配,并且能够深入皮肤成像(Nehal,et al,2008),皮肤成像的最大深度为 $300~\mu m$。

体内反射共聚焦成像的对比度依赖于正常组织显微结构中折射率的大小。内源性对比由黑色素、角蛋白、线粒体等细胞器、细胞核中的染色质,以及真皮胶原蛋白提供(Nehal,et al,2008;Rajadhyaksha,et al,1995,1999)。将使用 CLSM 获得的形态学信息与常规组织学相关联,可以识别出 NMSC 的特征,从而提高使用体内共聚焦成像进行 NMSC 诊断的灵敏度和特异性(Gerger,et al,2006,2008;Nori,et al,2004)。

15.3.5　荧光成像

荧光成像提供了一种相对快速的无创技术,用于皮肤成像和 NMSC 分界。这个概念基本上是很直观的:使用激光或灯在组织中激发荧光信号,并使用相机和滤光片进行图像绘制。荧光成像可以在使用或不使用外部荧光团的情况下进行。自发荧光通常是指绿色组织荧光(约 470 nm),无须使用外部光敏剂即可观察到。自发荧光通常归因于天然存在的荧光团,包括胶原蛋白、弹性蛋白和烟酰胺腺嘌呤二核苷酸(NADH)。与正常皮肤相比,肿瘤中荧光强度降低,这可能是由于肿瘤代谢加快所致(Brancaleon,et al,2001;Na,et al,2001;Onizawa,et al,2003;Panjehpour,et al,2002)。

在皮肤上局部施用δ-5-氨基酮戊酸(ALA)也可以诱导荧光,这将导致原卟啉 IX(Pp IX)的积累,与正常值相比,其在肿瘤中的含量更高。可以用 UV 和蓝光(365 nm,405 nm)激发 Pp IX 荧光,并发射出红光(610～700 nm),增加的红色荧光可作为肿瘤的生物标志物(Andersson-Engels,et al,2000;Brancaleon,et al,2001;Na,et al,2001;Onizawa,et al,2003;Panjehpour,et al,2002)。ALA 诱导荧光与自发荧光的结合已被证明是 BCC 分界的一种有前途的方法(Ericson,et al,2005;Stenquist,et al,2006)。

15.3.6　高频超声

高频超声(HFUS)已被广泛用于研究表征皮肤肿瘤,其通过传感器发射脉冲超声波产生 HFUS 图像,然后检测并记录来自样品的回波。超声 A 扫描表示回波的强度和时间延迟,超声 B 扫描通过横向移动传感器在样品上产生二维图像。

成像系统的穿透深度和分辨率与频率有关。增加频率将提高分辨率,但会降低穿透深度。HFUS 系统通常使用 20 MHz 频率的探头,在 20 MHz 频率下实现的轴向分辨率为 50 μm,横向分辨率为 350 μm。在这个频率下,皮肤的穿透深度为 6～7 mm(Desai,et al,2007)。HFUS 可对比显示出正常组织和癌组织的声阻抗。与 NMSC 相比,正常真皮显示较高的超声波反射(回声),特别是具有较高声阻抗(低回声)的 BCC。一些研究调查了 HFUS 在 NMSC 诊断和分界中的应用(Gupta,et al,1996;Harland,et al,1993;Schmid-Wendtner and Burgdorf,2005)。

15.3.7　拉曼光谱

拉曼光谱是无创 NMSC 诊断最有前景的技术之一。当入射光的光子被分子非弹性散射而产生聚光频移时,可观察到拉曼散射,该过程与荧光不同,因为它不是共振过程,因此其发生在所有入射波长上。发射的拉曼光谱提供了不同分子的振动态的信息,可用于分子的分类。

几个研究小组的研究表明,NMSC 的特征拉曼光谱可以与正常组织区别开来(Choi,et al,2005;Gniadecka,et al,1997;Lieber,et al,2008;Nijssen,et al,2002;Sigurdsson,et al,2004)。一项研究表明,BCC 切片可以使用拉曼光谱进行鉴别,灵敏度约为 100%,特异性约为 93%(Nijssen,et al,2002)。利用拉曼光谱对 NMSC 进行体内研究,结果表明,其对于异常 NMSC 表现出 100% 的敏感性和 91% 的特异性(Lieber,et al,2008)。拉曼显微镜已经与共聚焦显微镜相结合(共聚焦拉曼显微镜),这样可以显著减少来自组织本身的干扰拉曼信号的荧光的影响(Choi,et al,2005)。

由于 NMSC 的流行和手术治疗的便利性,一些其他的无创成像方式的潜在应用也正在被研究,包括偏振光成像(Yaroslavsky,et al,2003)、荧光共焦成像(Astner,et al,2008)、多光子成像(Paoli,et al,2007)、电阻抗映射(Åberg,et al,2005),甚至是传统的 CT、PET 和 MRI(Fosko,et al,2003;Querleux,1995;Williams,et al,2001)。尽管如此,参考标准仍然是组织病理学评估的皮肤活检的标准。

15.3.8　太赫兹成像

太赫兹成像技术是一种比较新的成像技术,近二十年来已成为研究的热点。太赫兹时域光谱系统可以设置为两种不同的形式:透射式和反射式。在反射式(见图 15.3)中,探测器通过检测样品反射回来的太赫兹光束来工作,这使得它特别适合皮肤成像。相关人员已经在体内和体外使用太赫兹频率的光进行了皮肤癌方面的检测研究(Woodward,et al,2003)。对于体内样品的检测,首选反射式系统;太赫兹频率的光束以 30°角聚焦在样品上,并在样品平面上进行光栅扫描(Wallace,et al,2004)。

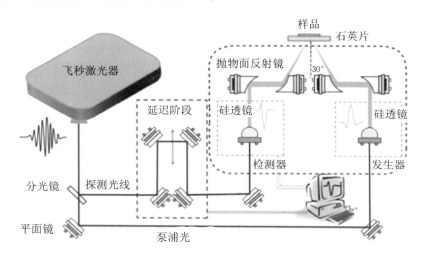

图 15.3　反射式太赫兹系统

15.4　BCC 的太赫兹成像

虽然核磁共振成像(MRI)和高频超声(HFUS)等传统成像技术已用作皮

肤肿瘤边缘评估的诊断工具,但是它们都有局限性。MRI只能用于检测皮肤表面下超过 15 mm 的肿瘤。HFUS可以提供 80 μm 和 200 μm 的可视尺寸和 7 mm 的穿透深度,但不能区分良性和恶性皮肤病变,因此,它在确定肿瘤边缘中的作用也可能是有限的。

水占人体皮肤成分的 70%。许多成像技术,包括核磁共振成像技术和近红外光谱技术已经发现皮肤肿瘤组织的水化水平较高。在猪皮和鸡皮上进行的一些研究证实了这一理论。太赫兹电磁辐射被水高度吸收的事实使得它对癌症诊断很敏感。

Wallace等人对 19 名患者的体外 BCC 样品的吸收系数进行了研究,并成功地报告了病变组织和健康组织之间的区别(见图 15.4)。透射式太赫兹系统用于测量被切除的皮肤组织的透射太赫兹波。通过观察由光谱计算出的折射率和吸收系数的差异,可以发现正常组织和肿瘤组织之间存在着明显的差异。相关人员采用不同的技术来模拟皮肤组织(Pickwell,et al,2004),并在这一领域进行了几项研究(Tonouchi,2007;Wallace,et al,2006)。

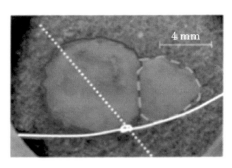
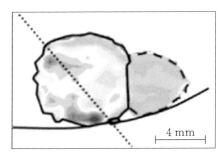
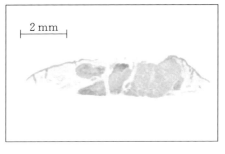
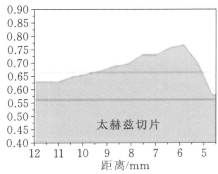

图 15.4 病变组织和健康组织的对比

由于并非所有需要诊断的皮肤异常都会是皮肤癌,因此在切除皮肤组织之前最好先进行诊断。此外,大多数 BCC 肿瘤都是在脸上发现的,因此,有创性的诊断方法是不可取的。太赫兹成像可以在反射模式下进行,在这种模式下,探测器接收从样品表面反射回来的信号,这允许进行体内测量,使得太赫兹成像更适合于皮肤癌诊断和肿瘤边缘标记。

15.5　图像对比度

太赫兹成像的一个优点是可以获得比 X 射线和许多其他成像技术更好的软组织图像对比度。许多研究已经证明了太赫兹光在测量不同生物医学组织的差异时的灵敏度。然而,获取新鲜的组织并不总是容易的。福尔马林固定和冷冻通常用于生物医学组织保存。相关实验证实,用福尔马林固定的组织会减小折射率的对比度和不同组织的吸收系数(Sun,et al,2009),冷冻样品也将减小吸收系数(Ashworth,et al,2007)。尽管剩余的对比度仍然足以使人区分组织类型,但是可以使用包括暗场技术、相位成像和添加造影剂在内的一些技术来改善图像对比度。

15.5.1　暗场技术

在引入太赫兹频率范围之前,暗场成像被用于增强可见光和近红外光谱范围内的图像对比度。该技术可检测散射或偏离主波束传播方向的太赫兹光的一部分。图像仅由样品散射的光形成,样品周围的区域根本未照明。因此,图像的背景是完全黑暗的。考虑到设置的简单性,暗场技术具有令人印象深刻的对比性能(Löffler,et al,2001),这种技术特别有助于增强活的或未染色的生物组织的一些样品的对比度。

15.5.2　相位成像

相位成像是使用干涉仪结构的技术。沿着干涉仪两个臂传播的光被设置为具有 π 的相位差。当照射没有任何细节的样品平面区域时,相位差将保持为 π,而在其他具有细节的地方,相位差会因不同细节处具有不同的折射率而发生变化(Edward,et al,2008)。因此,所形成的图像的背景将是黑色的。类似于暗场技术,相位成像也非常适合生物医学样品。

15.5.3　添加造影剂

据 Huang 等人(2006)、Lee 等人(2008)和 Oh 等人(2009)的报道,金纳米

棒（GNR）可用于增强癌症诊断的对比度。当注射到组织中并用红外辐射源照射时，GNR 的表面将产生等离子体极化子。效果好时将导致 GNR 周围的水温上升，从而产生更强的太赫兹信号。被特别制作的 GNR 更可能被癌细胞吸收。因此，在癌组织中将会获取更强烈的反射信号。

15.6 未来的研究方向

太赫兹成像在皮肤癌评估中的应用前景有赖于多项技术和基本要素的成功实现。为此，相关人员正在研究多种方法，包括多模太赫兹光学成像、太赫兹近场成像和纳米颗粒增强的太赫兹成像。

15.6.1 多模太赫兹光学成像

用于生物医学应用的太赫兹成像技术的缺点之一是波长会限制分辨率：这会导致太赫兹辐射难以识别组织形态。马萨诸塞州大学洛厄尔分校（UML）的一个研究小组提出将太赫兹成像与光学成像方式相结合，以提高组织形态的分辨率，他们提出的技术是宽场 PLI。

PLI 是一种光学技术，可用于以相对较高分辨率的视频速率对相对较大的视野进行成像（Yaroslavsky，et al，2003），其基本原理是：当线偏振光入射到样品时，来自超级组织层的反射光主要与入射光束进行共极化。当光穿透到组织时，偏振通过散射随机化，交叉极化信号从组织体积较深处收集，这基本上等同于来自深部组织的共极化信号。因此，从共极化信号中减去交叉极化信号，得到的基本上就是该图像来自超级组织层的信号。以这种方式，PLI 可以基本上用于光学切片厚的组织。如图 15.5 所示，成像深度为皮肤 PLI 波长的函数。

UML 的研究人员使用的 PLI 系统具有 2.8 cm×2.5 cm 的视野，横向分辨率大于 15 μm。选择用于光学成像的波长为 440 nm，其对应于 80 μm 的成像深度（Joseph，et al，2012）。

当与外部造影剂（例如亚甲蓝）一起使用时，PLI 会通过高对比度显示正常组织和癌组织的不同。然而，PLI 的内在对比度对于可靠的癌症检测是无效的（Yaroslavsky，et al，2003）。PLI 与太赫兹成像（提供对比度但缺乏分辨率）的结合，为皮肤癌中皮肤癌边界的界定提供了契机。

图 15.6 显示了浸润性 BCC 样品的连续波（CW）太赫兹图像以及样品的光

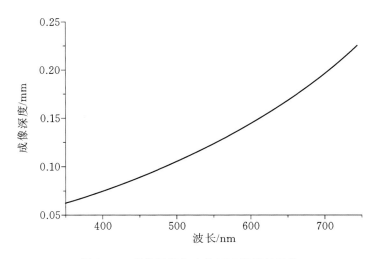

图 15.5　成像深度为皮肤 PLI 波长的函数

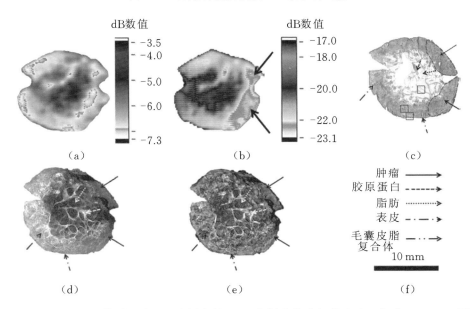

图 15.6　(a),(b)分别显示了具有浸润性 BCC 的样品的共极化和交叉极化 CW-THz 图
像;(d)和(e)分别显示了同一样品的光学交叉极化和 PLI 图像;同一样品的
H&E 染色的 5 μm 截面参见(c);(f)显示箭头图例。

学交叉偏振图像和 PLI 图像。研究人员表明,交叉极化的太赫兹图像可用于
识别肿瘤区域,光学图像可用于鉴定组织形态。肿瘤区域具有低太赫兹交叉
偏振反射率和光学图像结构缺失的特点。因此,使用太赫兹图像来识别癌变

区域,光学图像可用于识别肿瘤边缘。

在测量期间样品保持水化,将收集的太赫兹图像与标准苏木精-伊红(H&E)染色组织学进行比较以进行评估。使用在 584 GHz 操作的 CW 太赫兹成像系统收集图像。研究人员观察到,交叉极化的太赫兹成像具有癌变组织和正常组织之间可衡量的对比度。此外,在连续太赫兹成像(或频域太赫兹成像)中,共极化反射在空气-窗口界面和组织表面受到菲涅耳伪影的影响,从而降低了对比度。后向散射光束的复极化需要在组织中进行多次散射,这一事实意味着交叉极化太赫兹成像可以深入组织,所采集的信号代表组织体积。测量的交叉极化反射率很低(<1%),但是,这意味着散射不可忽略。由于癌细胞聚集在与太赫兹波长相同的区域,并且癌变区域比正常皮肤(包括皮脂腺、毛囊和其他结构)更均匀,因此部分观察到的太赫兹对比可能是由散射造成的。

这项工作的观察结果与 Löffler 等人的是一致的,他们发现,尽管肿瘤区域的总体损失很高,但肿瘤区域的散射和消失的损失却很低。Löffler 等研究了太赫兹暗射成像以增强图像对比度(Löffler,et al,2001)。暗场成像涉及检测由于散射或不均匀性而导致的样品外放射的辐射。他们拍摄了含有肥大细胞肿瘤的犬皮肤样品,用福尔马林固定组织,对组织进行酒精脱水并用石蜡进行包埋,成品具有 3 mm 的厚度。使用时域太赫兹成像系统将样品成像为透射形态。该系统设置用于收集不包括弹道传播组件的定向传输太赫兹辐射。研究人员发现肿瘤区域、毛发皮肤区域和结缔组织区域的总损失(包括弹道成分)高。然而,研究人员还发现,肿瘤区域的偏转损耗很低,特别是与不同组织结构与毛发区域之间的界限相比较。在 0.6 THz 时,毛发区域的散射高,并且组织边界处的差异是主要效应。

将太赫兹成像与其他成像方式(如 OCT 和共焦反射)相结合,也可以提供辅助信息来帮助癌症检测和分界。

15.6.2　太赫兹近场成像

具有解决太赫兹成像器的波长限制分辨率的潜在技术是太赫兹近场成像。研究人员已经使用各种太赫兹收发器系统来构成近场太赫兹显微镜,其通常为基于孔径的近场显微镜和无孔径近场显微镜,几个研究小组正在研究这两种设计(Chen,et al,2000,2003;Chiu,et al,2009;Cho,et al,2005;Huber,et al,2008)。

  基于孔径的近场技术通常采用亚波长尺寸孔径来对样品进行成像,系统的分辨率由孔径的大小确定。1998 年,使用了太赫兹脉冲系统的近场成像得到首次实现(Hunsche,et al,1998),研究人员使用椭圆形亚波长孔径来实现 50 μm 的分辨率,其对应于 $\lambda/4$。一般来说,通过亚波长孔径的透射量表示为 $(d/\lambda)^4$,其中,d 是孔径。可以使用不同的孔形状和孔周围的一系列同心环来增强透射率(Ishihara,et al,2006;Wang,et al,2011)。中国台湾的一个研究小组已经展示了一种基于太赫兹孔径的近场显微镜,并通过在透射模式下成像乳腺癌组织薄片来证明其可投入使用(Chiu,et al,2009)。图 15.7 所示的为乳腺癌样品的成像。

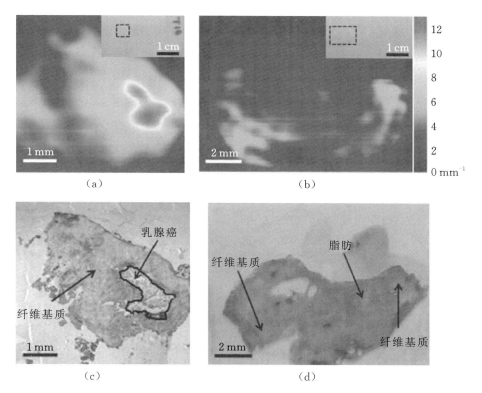

图 15.7 (a),(b)乳腺组织薄(20 μm)切片的太赫兹近场传播图;(c),(d)相应的 H&E 染色
    组织图

  用于本实验的源是 CW Gunn 二极管振荡器,输出频率为 312 GHz (962 μm)。探测器采用室温戈雷盒。使用孔径为 250 μm 的牛眼结构实现近场成像。实现的空间分辨率为 210 μm,系统视角为 2 cm×2 cm(Chiu,et al,2009)。

近场成像的另一种实现方法是无孔径技术。根据巴比涅原理,亚波长尺寸尖端可以看作是亚波长尺寸孔径的倒数。尖端由太赫兹源照亮,并用作亚波长散射体。因此,分辨率由尖端的直径决定。由于亚波长尖端制作容易,因此,这种技术显示了近场太赫兹成像的许多前景。基于尖端的太赫兹近场成像的第一次演示是在 2002 年(Van der Valk and Planken,2002)。已经证实了原子力显微镜(AFM)尖端在 2.54 THz 下 40 nm 的分辨率(Huber,et al,2008)。基于太赫兹尖端系统的数据解释表明需要考虑尖端探针的天线特性(Li,et al,2009;Wang,et al,2004)。

15.6.3　纳米颗粒增强的太赫兹成像

太赫兹成像面临的挑战之一是恶性和良性病变之间缺乏对比。韩国首尔的一个研究小组一直在研究使用 GNR 来提高太赫兹成像(太赫兹分子成像,TMI)的灵敏度和对比度(Oh,et al,2009,2011),其基本原理是,近红外光照射的 GNR 引起等离子体共振,从而使细胞和组织中水的温度升高,增强其对太赫兹的响应(Oh,et al,2011;Tong,et al,2009)。该技术的灵敏度基于水对太赫兹响应的强温度依赖性。

图 15.8 显示了体内肿瘤的一个示例 TMI 图像。使用反射时域成像系统收集太赫兹图像,同时使用 808 nm 近红外二极管激光器使 GNR 中的等离子体

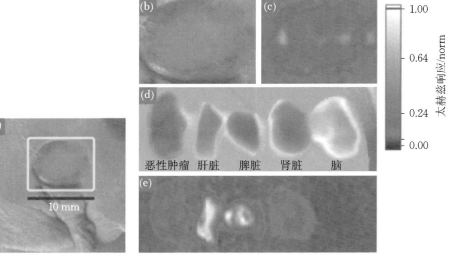

图 15.8　(a)、(b)肿瘤照片;(c)GNR 增强体内太赫兹图像;(d)切除的样品;(e)相应的体外太赫兹图像

共振。将 GNR 复合物与西妥昔单抗结合,用于靶向肿瘤细胞的表皮生长因子受体(EGFR)。给小鼠注射 A431 表皮样癌肿瘤细胞。在成像之前,给小鼠注射 100 μL 浓度为 1 mmol/L 的共轭 GNR。研究人员发现,太赫兹响应随 GNR 浓度的增加呈线性增加,并且他们能够在体内检测到 15 μmol/L 的最低浓度(Oh,et al,2011)。

GNR 增强型太赫兹成像具有促进早期癌症诊断技术的发展和监测药物递送过程的潜力。此外,局部细胞特异性加热效应最终可用于细胞特异性癌症的治疗。

参 考 文 献

AACR and AIHW. 2008. *Cancer in Australia*:*An Overview*. Canberra, Australia:AIHW.

Åberg,P.,P. Geladi,I. Nicander et al. 2005. Non-invasive and microinvasive electrical impedance spectra of skin cancer—A comparison between two techniques. *Skin Research and Technology* 11:281-286.

Andersson-Engels, S., G. Canti, R. Cubeddu et al. 2000. Preliminary evaluation of two fluorescence imaging methods for the detection and the delineation of basal cell carcinomas of the skin. *Lasers in Surgery and Medicine* 26:76-82.

Argenziano, G., S. Puig, I. Zalaudek et al. 2006. Dermoscopy improves accuracy of primary care physicians to triage lesions suggestive of skin cancer. *Journal of Clinical Oncology* 24:1877-1882.

Argenziano,G.,I. Zalaudek,R. Corona et al. 2004. Vascular structures in skin tumors:A dermoscopy study. *Archives of Dermatology* 140:1485.

Ashworth,P. C.,E. Pickwell-MacPherson,S. E. Pinder et al. 2007. Terahertz spectroscopy of breast tumors. In *Infrared and Millimeter Waves*,2007 *and the 15th International Conference on Terahertz Electronics*,2007. *IRMMW-THz. Joint 32nd International Conference on IEEE*,pp. 603-605.

Astner,S.,S. Dieterle,N. Otberg et al. 2008. Clinical applicability of in vivo fluorescence confocal microscopy for noninvasive diagnosis and therapeutic monitoring of nonmelanoma skin cancer. *Journal of Biomedical Optics* 13:014003.

Brancaleon, L. , A. J. Durkin, J. H. Tu et al. 2001. In vivo fluorescence spectroscopy of nonmelanoma skin cancer. *Photochemistry and Photobiology* 73:178-183.

CDC. 2012. *Skin Cancer Rates by Race and Ethnicity*. Atlanta, GA: National Center for Chronic Disease Prevention and Health Promotion. http://www.cdc.gov/cancer/dcpc/data/race.htm, accessed November 2012.

Chen, H. -T. , R. Kersting, and G. C. Cho. 2003. Terahertz imaging with nanometer resolution. *Applied Physics Letters* 83:3009-3011.

Chen, Q. , Z. Jiang, G. Xu, and X. -C. Zhang. 2000. Near-field terahertz imaging with a dynamic aperture. *Optics Letters* 25:1122-1124.

Chin, C. W. S. , A. J. E. Foss, A. Stevens, and J. Lowe. 2003. Differences in the vascular patterns of basal and squamous cell skin carcinomas explain their differences in clinical behaviour. *The Journal of Pathology* 200:308-313.

Chinn, S. , E. Swanson, and J. Fujimoto. 1997. Optical coherence tomography using a frequency-tunable optical source. *Optics Letters* 22:340-342.

Chiu, C. -M. , H. -W. Chen, Y. -R. Huang et al. 2009. All-terahertz fiber-scanning near-field microscopy. *Optics Letters* 34:1084-1086.

Cho, G. C. , H. -T. Chen, S. Kraatz, N. Karpowicz, and R. Kersting. 2005. Apertureless terahertz near-field microscopy. *Semiconductor Science and Technology* 20:S286.

Choi, J. , J. Choo, H. Chung et al. 2005. Direct observation of spectral differences between normal and basal cell carcinoma (BCC) tissues using confocal Raman microscopy. *Biopolymers* 77:264-272.

Chu, A. C. and R. L. Edelson. 1999. *Malignant Tumours of the Skin*. London, U. K. : Arnold.

Cooper, S. M. and F. Wojnarowska. 2002. The accuracy of clinical diagnosis of suspected premalignant and malignant skin lesions in renal transplant recipients. *Clinical and Experimental Dermatology* 27:436-438.

Davis, D. A. , J. P. Donahue, J. E. Bost, and T. D. Horn. 2005. The diagnostic concordance of actinic keratosis and squamous cell carcinoma. *Journal of Cutaneous Pathology* 32:546-551.

Desai,T. D. ,A. D. Desai,D. C. Horowitz,F. Kartono,and T. Wahl. 2007. The use of high-frequency ultrasound in the evaluation of superficial and nodular basal cell carcinomas. *Dermatologic Surgery* 33:1220-1227.

Edward,K. ,T. W. Mayes,B. Hocken,and F. Farahi. 2008. Trimodal imaging system capable of quantitative phase imaging without 2π ambiguities. *Optics Letters* 33:216-218.

Ek,E. W. ,F. Giorlando,S. Y. Su,and T. Dieu. 2005. Clinical diagnosis of skin tumours:How good are we? *ANZ Journal of Surgery* 75:415-420.

Ericson,M. B. ,J. Uhre,C. Strandeberg et al. 2005. Bispectral fluorescence imaging combined with texture analysis and linear discrimination for correlation with histopathologic extent of basal cell carcinoma. *Journal of Biomedical Optics* 10:034009-0340098.

Fosko,S. W. ,W. Hu,T. F. Cook,and V. J. Lowe. 2003. Positron emission tomography for basal cell carcinoma of the head and neck. *Archives of Dermatology* 139:1141.

Gambichler,T. ,A. Orlikov,R. Vasa et al. 2007a. In vivo optical coherence tomography of basal cell carcinoma. *Journal of Dermatological Science* 45:167-173.

Gambichler,T. ,P. Regeniter,F. G. Bechara et al. 2007b. Characterization of benign and malignant melanocytic skin lesions using optical coherence tomography in vivo. *Journal of the American Academy of Dermatology* 57:629-637.

Gerger,A. ,R. Hofmann-Wellenhof,U. Langsenlehner et al. 2008. In vivo confocal laser scanning microscopy of melanocytic skin tumours: Diagnostic applicability using unselected tumour images. *British Journal of Dermatology* 158:329-333.

Gerger,A. ,S. Koller,W. Weger et al. 2006. Sensitivity and specificity of confocal laser-scanning microscopy for in vivo diagnosis of malignant skin tumors. *Cancer* 107:193-200.

Gniadecka,M. ,H. Wulf,N. N. Mortensen,O. F. Nielsen,and D. H.

Christensen. 1997. Diagnosis of basal cell carcinoma by Raman spectroscopy. *Journal of Raman Spectroscopy* 28:125-129.

Gupta,A. K. ,D. H. Turnbull,F. S. Foster et al. 1996. High frequency 40-MHz ultrasound a possible noninvasive method for the assessment of the boundary of basal cell carcinomas. *Dermatologic Surgery* 22:131-136.

Hallock,G. G. and D. A. Lutz. 1998. Prospective study of the accuracy of the surgeon's diagnosis in 2000 excised skin tumors. *Plastic and Reconstructive Surgery* 101:1255-1261.

Har-Shai,Y. ,N. Hai,A. Taran et al. 2001. Sensitivity and positive predictive values of presurgical clinical diagnosis of excised benign and malignant skin tumors:A prospective study of 835 lesions in 778 patients. *Plastic and Reconstructive Surgery* 108:1982-1989.

Harland,C. ,J. Bamber,B. Gusterson, and P. Mortimer. 1993. High frequency,high resolution B-scan ultrasound in the assessment of skin tumours. *British Journal of Dermatology* 128:525-532.

Huang,X. ,I. H. El-Sayed,W. Qian,and M. A. El-Sayed. 2006. Cancer cell imaging and photothermal therapy in the near-infrared region by using gold nanorods. *Journal of the American Chemical Society* 128:2115-2120.

Huber,A. J. ,F. Keilmann,J. Wittborn,J. Aizpurua,and R. Hillenbrand. 2008. Terahertz near-field nanoscopy of mobile carriers in single semiconductor nanodevices. *Nano Letters* 8:3766-3770.

Hunsche,S. ,M. Koch,I. Brener,and M. Nuss. 1998. THz near-field imaging. *Optics Communications* 150:22-26.

Ishihara,K. ,K. Ohashi,T. Ikari et al. 2006. Terahertz-wave near-field imaging with subwavelength resolution using surface-wave-assisted bow-tie aperture. *Applied Physics Letters* 89:201120 (3 pages).

Joseph,C. S. ,R. Patel,V. A. Neel,R. H. Giles,and A. N. Yaroslavsky. 2012. Imaging of ex vivo nonmela-noma skin cancers in the optical and terahertz spectral regions optical and terahertz skin cancers imaging. *Journal of Biophotonics*. DOI:10. 1002/jbio. 201200111.

Kreusch,J. F. 2002. Vascular patterns in skin tumors. *Clinics in Dermatology*

20:248-254.

Löffler,T. ,T. Bauer,K. J. Siebert et al. 2001. Terahertz dark-field imaging of biomedical tissue. *Optics Express* 9:616-621.

Lee,J. W. ,J. M. Yang, H. J. Ko et al. 2008. Multifunctional magnetic gold nanocomposites: Human epithelial cancer detection via magnetic resonance imaging and localized synchronous therapy. *Advanced Functional Materials* 18:258-264.

Leffell,D. J. , Y. -T. Chen,M. Berwick,and J. L. Bolognia. 1993. Interobserver agreement in a community skin cancer screening setting. *Journal of the American Academy of Dermatology* 28:1003-1005.

Li,Y. ,S. Popov,A. T. Friberg,and S. Sergeyev. 2009. Rigorous modeling and physical interpretation of terahertz near-field imaging. *Journal of the European Optical Society-Rapid Publications* 4:09007.

Lieber, C. A. , S. K. Majumder, D. L. Ellis, D. D. Billheimer, and A. Mahadevan-Jansen. 2008. In vivo non-melanoma skin cancer diagnosis using Raman microspectroscopy. *Lasers in Surgery and Medicine* 40: 461-467.

Menzies,S. W. 2002. Dermoscopy of pigmented basal cell carcinoma. *Clinics in Dermatology* 20:268-269.

Miller,D. L. and M. A. Weinstock. 1994. Nonmelanoma skin cancer in the United States: Incidence. *Journal of the American Academy of Dermatology* 30:774-778.

Mogensen,M. and G. B. Jemec. 2007. Diagnosis of nonmelanoma skin cancer/ keratinocyte carcinoma: A review of diagnostic accuracy of nonmelanoma skin cancer diagnostic tests and technologies. *Dermatologic Surgery* 33: 1158-1174.

Mogensen,M. , T. Joergensen, B. M. Nürnberg et al. 2009a. Assessment of optical coherence tomography imaging in the diagnosis of non-melanoma skin cancer and benign lesions versus normal skin: Observer-blinded evaluation by dermatologists and pathologists. *Dermatologic Surgery* 35:965-972.

太赫兹生物医学科学与技术

Mogensen, M., L. Thrane, T. M. Jøgensen, P. E. Andersen, and G. B. Jemec. 2009b. OCT imaging of skin cancer and other dermatological diseases. *Journal of Biophotonics* 2:442-451.

Morrison, A., S. O'Loughlin, and F. C. Powell. 2001. Suspected skin malignancy: A comparison of diagnoses of family practitioners and dermatologists in 493 patients. *International Journal of Dermatology* 40:104-107.

Na, R., I.-M. Stender, and H. C. Wulf. 2001. Can autofluorescence demarcate basal cell carcinoma from normal skin? A comparison with protoporphyrin IX fluorescence. *Acta Dermato-Venereologica-Stockholm* 81:246-249.

Nehal, K. S., D. Gareau, and M. Rajadhyaksha 2008. Skin imaging with reflectance confocal microscopy. Presented at *Seminars in Cutaneous Medicine and Surgery* 27:37-43.

Newell, B., A. Bedlow, S. Cliff et al. 2003. Comparison of the microvasculature of basal cell carcinoma and actinic keratosis using intravital microscopy and immunohistochemistry. *British Journal of Dermatology* 149:105-110.

Nijssen, A., T. C. B. Schut, F. Heule et al. 2002. Discriminating basal cell carcinoma from its surrounding tissue by Raman spectroscopy. *Journal of Investigative Dermatology* 119:64-69.

Nori, S., F. Rius-Díaz, J. Cuevas et al. 2004. Sensitivity and specificity of reflectance-mode confocal microscopy for in vivo diagnosis of basal cell carcinoma: A multicenter study. *Journal of the American Academy of Dermatology* 51:923-930.

Oh, S. J., J. Kang, I. Maeng et al. 2009. Nanoparticle-enabled terahertz imaging for cancer diagnosis. *Optics Express* 17:3469-3475.

Oh, S. J., J. Choi, I. Maeng et al. 2011. Molecular imaging with terahertz waves. *Optics Express* 19(5):4009-4016.

Olmedo, J. M., K. E. Warschaw, J. M. Schmitt, and D. L. Swanson. 2006. Optical coherence tomography for the characterization of basal cell carcinoma in vivo: A pilot study. *Journal of the American Academy of*

Dermatology 55:408-412.

Onizawa, K., N. Okamura, H. Saginoya, and H. Yoshida. 2003. Characterization of autofluorescence in oral squamous cell carcinoma. *Oral Oncology* 39:150-156.

Otis, L. L., D. Piao, C. W. Gibson, and Q. Zhu. 2004. Quantifying labial blood flow using optical Doppler tomography. *Oral Surgery, Oral Medicine, Oral Pathology, Oral Radiology, and Endodontology* 98:189-194.

Panjehpour, M., C. E. Julius, M. N. Phan, T. Vo-Dinh, and S. Overholt. 2002. Laser-induced fluorescence spectroscopy for in vivo diagnosis of non-melanoma skin cancers. *Lasers in Surgery and Medicine* 31:367-373.

Paoli, J., M. Smedh, A. -M. Wennberg, and M. B. Ericson. 2007. Multiphoton laser scanning microscopy on non-melanoma skin cancer: Morphologic features for future non-invasive diagnostics. *Journal of Investigative Dermatology* 128:1248-1255.

Pickwell, E., B. E. Cole, A. J. Fitzgerald, M. Pepper, and V. P. Wallace. 2004. In vivo study of human skin using pulsed terahertz radiation. *Physics in Medicine and Biology* 49:1595.

Pitris, C., A. Kartakoullis, and E. Bousi 2010. Optical coherence tomography theory and spectral time-frequency analysis. In *Handbook of Photonics for Biomedical Science. Series: Series in Medical Physics and Biomedical Engineering*, ed. Tuči n, V. V., pp. 377-400. Boca Raton, FL:CRC Press.

Pye, R. J. 2000. The hidden epidemic of basal cell carcinoma. *Horizons in Medicine* 12:339-346.

Querleux, B. 1995. Nuclear magnetic resonance (NMR) examination of the epidermis in vivo. In *Handbook of Non-Invasive Methods and the Skin*, eds. Serup, J. and Jemec, G. B. E., pp. 133-139. Boca Raton, FL: CRC Press.

Rajadhyaksha, M., S. González, J. M. Zavislan, R. R. Anderson, and R. H. Webb. 1999. In vivo confocal scanning laser microscopy of human skin Ⅱ: Advances in instrumentation and comparison with histology. *Journal of Investigative Dermatology* 113:293-303.

Rajadhyaksha，M.，M. Grossman，D. Esterowitz，R. H. Webb，and R. R. Anderson. 1995. In vivo confocal scanning laser microscopy of human skin：Melanin provides strong contrast. *Journal of Investigative Dermatology* 104:946-952.

Rapini，R. P. 1990. Comparison of methods for checking surgical margins. *Journal of the American Academy of Dermatology* 23:288-294.

Rubin，A. I.，E. H. Chen，and D. Ratner. 2005. Basal-cell carcinoma. *New England Journal of Medicine* 353:2262-2269.

Saladi，R. N. and A. N. Persaud. 2005. The causes of skin cancer：A comprehensive review. *Drugs of Today* 41:37-54.

Schmid-Wendtner，M.-H. and W. Burgdorf. 2005. Ultrasound scanning in dermatology. *Archives of Dermatology* 141:217.

Schwartzberg，J. B.，G. W. Elgart，P. Romanelli et al. 2005. Accuracy and predictors of basal cell carcinoma diagnosis. *Dermatologic Surgery* 31: 534-537.

Shriner，D. L.，D. K. McCoy，D. J. Goldberg，and R. F. Wagner Jr. 1998. Mohs micrographic surgery. *Journal of the American Academy of Dermatology* 39:79-97.

Sigurdsson，S.，P. A. Philipsen，L. K. Hansen et al. 2004. Detection of skin cancer by classification of Raman spectra. *IEEE Transactions on Biomedical Engineering* 51:1784-1793.

Stenquist，B.，M. B. Ericson，C. Strandeberg et al. 2006. Bispectral fluorescence imaging of aggressive basal cell carcinoma combined with histopathological mapping：A preliminary study indicating a possible adjunct to Mohs micrographic surgery. *British Journal of Dermatology* 154:305-309.

Strasswimmer，J.，M. C. Pierce，B. H. Park，V. Neel，and J. F. de Boer. 2004. Polarization-sensitive optical coherence tomography of invasive basal cell carcinoma. *Journal of Biomedical Optics* 9:292-298.

Sun，Y.，B. M. Fischer，and E. Pickwell-MacPherson. 2009. Effects of formalin fixing on the terahertz properties of biological tissues. *Journal of Biomedical Optics* 14:064017.

Tong,L.,Q. Wei,A. Wei,and J. X. Cheng. 2009. Gold nanorods as contrast agents for biological imaging:Optical properties,surface conjugation and photothermal effects. *Photochemistry and Photobiology* 85:21-32.

Tonouchi,M. 2007. Cutting-edge terahertz technology. *Nature Photonics* 1:97-105.

Ulrich,M.,E. Stockfleth,J. Roewert-Huber,and S. Astner. 2007. Noninvasive diagnostic tools for non-melanoma skin cancer. *British Journal of Dermatology* 157:56-58.

Van der Valk,N. and P. Planken. 2002. Electro-optic detection of subwavelength terahertz spot sizes in the near field of a metal tip. *Applied Physics Letters* 81:1558-1560.

Wallace,V. P.,A. J. Fitzgerald,E. Pickwell et al. 2006. Terahertz pulsed spectroscopy of human basal cell carcinoma. *Applied Spectroscopy* 60:1127-1133.

Wallace,V. P.,A. J. Fitzgerald,S. Shankar et al. 2004. Terahertz pulsed imaging of basal cell carcinoma ex vivo and in vivo. *British Journal of Dermatology* 151:424-432.

Wang,D.,T. Yang,and K. B. Crozier. 2011. Optical antennas integrated with concentric ring gratings:Electric field enhancement and directional radiation. *Optics Express* 19:2148-2157.

Wang,K.,A. Barkan,and D. M. Mittleman. 2004a. Propagation effects in apertureless near-field optical antennas. *Applied Physics Letters* 84:305-307.

Wang,K.,D. M. Mittleman,N. C. van der Valk,and P. Planken. 2004b. Antenna effects in terahertz apertureless near-field optical microscopy. *Applied Physics Letters* 85:2715-2717.

Welzel,J. 2001. Optical coherence tomography in dermatology:A review. *Skin Research and Technology* 7:1-9.

Whited,J. D. and R. P. Hall. 1997. Diagnostic accuracy and precision in assessing dermatologic disease: Problem or promise? *Archives of Dermatology* 133:1409.

Whited, J. D., R. D. Horner, R. P. Hall, and D. L. Simel. 1995. The influence of history on interobserver agreement for diagnosing actinic keratoses and malignant skin lesions. *Journal of the American Academy of Dermatology* 33:603-607.

Williams, L. S., A. A. Mancuso, and W. M. Mendenhall. 2001. Perineural spread of cutaneous squamous and basal cell carcinoma: CT and MR detection and its impact on patient management and prognosis. *International Journal of Radiation Oncology, Biology, Physics* 49: 1061-1069.

Wolf, D. J. and J. A. Zitelli. 1987. Surgical margins for basal cell carcinoma. *Archives of Dermatology* 123:340.

Woodward, R., V. Wallace, D. Arnone, E. Linfield, and M. Pepper. 2003a. Terahertz pulsed imaging of skin cancer in the time and frequency domain. *Journal of Biological Physics* 29:257-259.

Woodward, R. M., V. P. Wallace, R. J. Pye et al. 2003b. Terahertz pulse imaging of ex vivo basal cell carcinoma. *Journal of Investigative Dermatology* 120:72-78.

Yaroslavsky, A. N., V. Neel, and R. R. Anderson. 2003. Demarcation of nonmelanoma skin cancer margins in thick excisions using multispectral polarized light imaging. *Journal of Investigative Dermatology* 121:259-266.

Yun, S.-H., G. J. Tearney, J. F. de Boer, N. Iftimia, and B. E. Bouma. 2003. High-speed optical frequency-domain imaging. *Optics Express* 11:2953.

Zalaudek, I. 2005. Dermoscopy subpatterns of nonpigmented skin tumors. *Archives of Dermatology* 141:532.

Zalaudek, I., G. Argenziano, B. Leinweber et al. 2004. Dermoscopy of Bowen's disease. *British Journal of Dermatology* 150:1112-1116.

Zalaudek, I., G. Argenziano, H. Soyer et al. 2006. Three-point checklist of dermoscopy: an open internet study. *British Journal of Dermatology* 154:431-437.

第 16 章
太赫兹技术在乳腺癌中的应用

16.1 乳腺癌简介

16.1.1 乳腺癌的主要事实

无论是在发达国家还是在发展中国家,乳腺癌是在妇女中最常见的癌症。据估计,全世界每年有 138 万名妇女被诊断出患有乳腺癌,乳腺癌为仅次于肺癌的第二大诊断癌症(Ferlay,et al,2010)。在男性中,乳腺癌不常见,占男性癌症总病例不到 1%。

与其他国家相比,发达国家女性乳腺癌发病率较高。西欧国家的发病率最高(89.7/100000),中非的最低(19.3/100000)。发病率的影响因素很多,特别是生活方式(Youlden,et al,2012)。在英国和其他西欧地区,1980—2008 年期间乳腺癌的发病率增加了近 50%。目前,英国和美国妇女一生中患乳腺癌的概率约为 1/8(Cancer Research UK,2012;Siegel,et al,2012)。

虽然发达国家的发病率明显较高,但死亡率要小得多(每 10 万人中有 6～19 人死亡)。这是由于多种因素的综合作用,包括早期发现、有利的治疗方式等。然而,每年约有 18.9 万乳腺癌与肺癌患者死亡,无论是在发达国家还是在发展中国家,它们都是最常见的致死癌症。

尽管一些国家的早期诊断技术和有效的治疗方案可降低死亡率,但乳腺癌的诊治仍然是一个很大的问题。所以,有必要在全球范围内改善和优化乳腺癌的治疗技术。

16.1.2 乳腺癌类型

乳腺癌有多种类型,每种类型都有不同的症状和特征。虽然以前认为在某些情况下,乳腺癌发生在导管中,而在其他情况下会发生在小叶中,但现在已证实,这种疾病来源于末端导管小叶单位(TDLU)(见图 16.1)。乳腺癌可以大致分为非侵害性乳腺癌和侵害性乳腺癌。

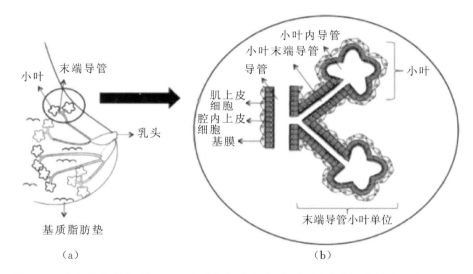

图 16.1　人类乳腺的示意图。(a)人乳腺组成小叶,小叶通过分支导管网络互连;(b)导管由腔内上皮细胞的内层和肌上皮细胞的外层组成。大导管分成小叶外导管,小叶外导管分成小叶内导管;乳腺的主要功能单位是 TDLU,其由小叶、小叶内导管和小叶末端导管组成

非侵害性乳腺癌是尚未突破肌上皮层和基底膜的癌症,因此其局限于小叶导管单位内,称为原位癌。导管原位癌(DCIS)是原位乳腺癌的最常见形式,开始于导管系统内,几乎总是涉及乳腺内的单个导管。DCIS 通常没有体征或症状,尽管少数患者可能出现可触及的小肿块。如果 DCIS 细胞死亡并堆积,细胞内会形成细小的钙斑点(称为钙化斑点或微钙化斑点)。这些钙斑点通常非常小,因此难以通过成像技术识别。

随着时间的推移,癌细胞可穿透导管和小叶的壁,从而渗透到乳腺基质中。如果发生这种情况,则对应的癌症就称为侵害性癌症。侵害性乳腺癌的最常见形式是侵害性导管癌(IDC)。超过 80% 的乳腺癌患者被诊断为患有 IDC(Cancer Research UK,2012),并且随着女性年龄的增长而更为常见。侵害性小叶癌是第二常见的侵害性癌症,占所有侵害性癌症的 10%。

侵害性癌症倾向于形成硬的、可触及的病变,而 DCIS 大多是不可触及的。这对准确的术前和术中识别提出了额外的挑战。

16.1.3 乳腺癌手术

大多数患有乳腺癌的妇女都要通过手术来切除原发性肿瘤,在过去的一个世纪里,原发性肿瘤的治疗已经从激进走向保守。乳腺癌手术大致可分为保乳手术(BCS)和乳房切除术(即彻底切除乳房)。一般可根据肿瘤相对于乳房的大小、肿瘤的位置,以及弥漫性微钙化斑点的存在情况来选择手术方式。BCS 可减少与乳房切除术相关的心理和身体疾病的发病率。

16.1.3.1 保乳手术

患者和医生的意识的增强,以及乳腺 X 光检查的广泛应用,对癌症的诊断有很大的影响。0 期(原位癌)、1 期(侵害性肿瘤<2 cm)或 2 期(侵害性肿瘤<5 cm)乳腺癌的患者是 BCS 的理想候选者。在英国和美国,大约有 2/3 的新诊断的乳腺癌患者都将 BCS 作为初始治疗方案(Jeevan,et al,2011;Katipamula,et al,2009)。

BCS 的目的是去除原发性肿瘤,同时尽可能保存健康的乳腺组织,以减少身体创伤。进行 BCS 之后,通常需要进行一个疗程的术后放疗,BCS 与放疗的结合为患有侵害性疾病的妇女提供了与进行单纯的乳房切除术相似的存活率(Fisher,et al,2002)。然而,不完全的肿瘤去除会导致肿瘤边缘受到牵连,这是造成局部复发和影响无病生存的主要危险因素之一(Singletary,2002;Veronesi,et al,2002)。

目前已有多种用于诊断乳腺癌的成像技术,包括 X 射线乳腺摄影术、超声(US)成像和核磁共振成像。这些术前成像技术可提供肿瘤的大小和位置信息,但是这些技术在术中的能力有限。术前成像技术的肿瘤大小估计和组织病理学大小之间的相关性仍然不理想,从而在决定手术期间切除多少组织时产生了不确定因素。因此,外科医生可以将此信息用作定义肿瘤边缘的粗略指导。

术中采取哪种用于获取肿瘤边缘信息的技术取决于肿瘤是否可触及。可触及的肿瘤通过外科医生的拇指和食指的尖端定位，这种技术称为触诊引导术。外科医生可以确定肿瘤的范围，并且在确定肿瘤边界之后，连同健康组织区域一起将肿瘤切除。由此可知，这是一种非常主观的方法。不可触及的肿瘤不能通过触摸来识别，因此需要借助额外的技术来确定病变部位并确定其边界。第16.2节将概述一些利用了金属丝、放射性物质或超声波的可用的各种技术。外科医生使用这些技术指导病变部位的切除，从而获得足够的健康组织边缘。

上述手术指导技术提供了关于肿瘤边缘的宏观信息。为了确定肿瘤是否完全切除，需要对切除样品的肿瘤边缘进行微观分析。这些所谓的微观边缘决定了手术是否成功。目前有两种可用于评估术中微观边缘的技术：冷冻切片分析和印片细胞学，更多细节将在第16.2节中讲述，然而，这两种技术都有缺点，因此，只有少数医院使用这些技术。

评估显微切除的黄金标准是术后组织学检查。在此过程中，病理学家对切除的样品的表面进行涂墨处理，并且在手术后几天内报告墨水表面与肿瘤细胞的最近距离。大多数机构认为边缘宽度不小于2 mm为负，0～2 mm为近，0 mm为正，如图16.2所示（Houssami，et al，2010；Morrow，et al，2012）。虽然对于什么是足够的微观边缘没有达成共识，但大多数保健中心都建议对具有正边缘或近边缘的患者进行再次手术以去除残留组织。

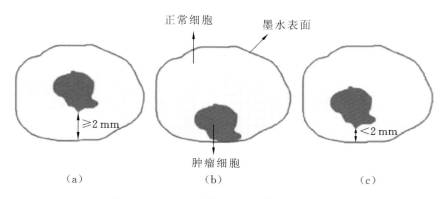

图16.2 （a）负边缘；（b）正边缘；（c）近边缘

在再次手术期间，外科医生重新开放原始手术部位，并移除涉及边缘的另一切片组织。然后，再次对切除的组织进行类似于BCS样品的术后组织学检查，以确定是否已切除所有癌组织，如果重新切除未产生明显的边缘，则可能需要进行第二次或第三次切除。乳房切除术是在尝试切除残余组织多次失败的情况下进行的。大约10%的BCS初次手术患者最终都进行了乳房切除术以获得清晰的边缘（McCahill，et al，2012；Waljee，et al，2008）。

在初次进行BCS手术之后，需要对边缘受损的患者再次进行手术，这会导致各种不良后果。这很可能导致辅助治疗延迟，并且有证据表明，初次进行BCS手术后，阳性边缘患者的局部复发的概率更高了（Kouzminova，et al，2009）。对于再次切除和乳房切除术，再次手术会导致更差的美容效果（Munshi，et al，2009）。这些额外的程序也增加了健康经济成本，从而对保健系统构成了负担。再次手术也会使患者有负面情绪。这可能导致他们手术部位恢复延迟，因为患者无法恢复正常工作或进行其他活动，从而造成不利的社会经济影响。

由于缺乏足够的术中工具来鉴定和评估当前临床护理中的肿瘤边缘，高达41%的患者有阳性切除边缘，并且原位癌患者更有可能出现阳性切除边缘（Jeevan，et al，2012；Talsma，et al，2011；Waljee，et al，2008）。由于目前需要进行再次手术的患者比例很高，因此需要采用新的术中技术来准确评估接受BCS的患者的切除边缘。

16.1.3.2　乳房切除术

乳房切除术是一种外科手术，用于去除所有乳房组织，以确保不会遗留任何疾病。这种手术比BCS更广泛，术后副作用多，恢复时间更长。重建手术可以与乳房切除术同时进行（立即重建），也可在乳房切除术后的某个时间进行（延迟重建）。

乳房切除术通常用于不适合BCS的患者，包括大肿瘤患者（尤其是小乳房妇女）、肿瘤在乳房中部的患者、多发性病变或乳腺其他部位的DCIS区域的患者、在初始时采用BCS并经历过一次或多次再切除术仍未完全消除癌症的患者。

由于大多数发达国家目前正处在乳腺癌诊断的早期研究阶段，因此将乳房切除术作为初始治疗方案的患者比BCS的少很多。

从仅切除乳腺组织到更彻底的乳房切除术，乳房切除术有多种不同类型，除了切除乳房外，有时还要切除腋窝的淋巴结和乳房下的胸壁肌肉。每种类型的乳房切除术都要去除所有的乳腺组织，因此由于肿瘤不完全切除而导致阳性肿瘤边缘的情况很少发生。

16.1.4　总结

目前阻碍 BCS 成功的一个关键问题是，缺乏可提供术中肿瘤边缘信息的准确、实时的技术。这导致多达 41％的患者需要再次入院治疗。再次手术会对患者的身心产生很大影响，并对保健部门造成经济负担。因此，需要一种能够在术中准确评估肿瘤边缘的技术，以便减少再次手术的次数。

太赫兹辐射具有许多特性，这使其成为肿瘤边缘评估的可行技术。第 16.3 节将重点介绍太赫兹辐射与人体乳腺组织和癌症的相互作用，以及使用不同的太赫兹成像装置获得的结果。术中评估肿瘤边缘的其他技术的概述见第16.2 节。

16.2　术中评估肿瘤边缘的其他技术

在目前临床医疗、临床试验或研究阶段有许多技术可为外科医生提供关于肿瘤边缘的术中信息。所有这些技术都旨在降低再切除率。然而，在选择或开发这些技术时，需要考虑重要的临床标准，包括时间、检测深度和采样面积。

本部分概述了当前可用技术以及处于开发阶段的技术的性能、优点和局限性。目前可用的技术可以分为术中肿瘤定位技术和术中病理技术。前者在宏观层面提供有关肿瘤边缘的信息，而后者在显微镜下评估肿瘤边缘。

16.2.1　现有的术中肿瘤定位技术

16.2.1.1　线导管定位

在小于 5 cm 的乳腺癌肿瘤中，大约有 35％是无法触诊的（Lovrics，et al，2009；Skinner，et al，2001），用于确定这些肿瘤的位置的最常用技术是线导管定位（WGL）。

用于定位病变的金属丝长 20～25 cm，在尖端处弯曲形成 V 形钩。在 X 射线、超声或 MRI 引导下用针瞄准病变。在引入针后，金属丝向下穿过针（先是钩端），以停留在目标组织处。然后取出针，在取出针时钩子膨胀，从而将线锚固定在病变处。乳房 X 射线检查用于确认金属丝是否正确定位，确认后，金属丝的外部部分被贴到身上，以防止发生位移。

在手术过程中，外科医生观察乳房 X 光片以获得肿瘤定位的指示，并且使用金属丝作为向导来发现不可触及的损伤。由于金属丝的尖端处在病变中，因此外科医生在接触到金属丝尖端之前会偏离金属丝,以获得足够的健康组织边缘。

　　文献显示,30%～37%的金属丝引导手术可以获得阳性边缘(Gajdos,et al,2002;Lovrics,et al,2009)。从这些结果可以得出结论,WGL 在辅助无法触及的乳腺癌的完全切除上是欠佳的。

　　正边缘率高的原因之一是导丝不能提供对各种肿瘤边缘的清晰三维透视图,负边缘所需的切除范围仍然是一个估计。此外,导丝在手术前或手术中易于移动,因此可能会提供关于肿瘤定位的不充分的信息。其他缺点包括放置金属丝所需的时间较长和患者会感到不适,导致压力和唤醒水平的增加(Kelly and Winslow,1996)。高的再切除率和患者的不适应性,促进了其他用来评估肿瘤边缘的技术的开发。

16.2.1.2　放射性同位素标记定位

　　放射性同位素标记定位是 WGL 的替代技术,用于术中定位和切除不可触及的乳腺肿瘤定位。该技术有两种变体:放射引导的隐匿性病变定位(ROLL)和放射引导的种子定位(RSL)。在 ROLL 中,术前要将放射性示踪剂注射到肿瘤中,然后在手术过程中使用伽马探针引导切除。为了便于正确定位,在立体定向或超声引导下注射放射性示踪剂。在切除原发性肿瘤后,可以使用伽马探针来搜索和识别乳房腔内的残留组织。RSL 几乎与 ROLL 相同,但是使用放射性种子代替了放射性示踪剂。

　　研究人员已经进行了许多研究来评估 ROLL 和 RSL 程序的肿瘤安全性(Barentsz,et al,2013;Donker,et al,2013;Hughes,et al,2008;Lovrics,et al,2011;Medina-Franco,et al,2008;Monti,et al,2007;Sarlos,et al,2009;Thind,et al,2011)。Sarlos 等人报道的 DCIS 患者的阳性边缘率为 35%,而实际阳性边缘率为 4%～27%。Hughes 等人将 RSL 与 WGL 进行比较,发现 RSL 的阳性边缘率明显降低,而 Lovrics 等人报道 RSL 的阳性边缘率与 WGL 的相似。Postma 等人通过临床试验比较了 ROLL 与 WGL 在侵害性乳腺癌患者中的应用(Postma,et al,2012)。他们发现 ROLL 和 WGL 的阳性边缘率相似。然而,他们在 ROLL 组中发现了更大的切除量,并得出结论:ROLL 不能代替WGL 作为护理标准。

　　虽然 ROLL 和 RSL 的肿瘤安全性可能与 WGL 的类似,但这两种技术都优于 WGL。它们是易于执行的放射学外科手术,可以在三维空间中识别肿瘤,从而进行更精确的切除。更重要的是,这两种技术都对患者更友好,因此,患者报告的疼痛等级显著降低(Lovrics,et al,2011;Rampaul,et al,2004)。然而,这些指导技术仍然如 WGL 一样具有侵害性,这与患者的不适有关。此外,放射性物质的使用会使患者和卫生保健工作者暴露于辐射之下,相关法规会有相关约束,因此,这些技术只能在具有核医学部门的医院使用。

16.2.1.3　术中超声引导切除术

术中超声引导切除术(IOUS)是一种在可视化情况下切除肿瘤的方法,可为外科医生提供肿瘤范围的实时信息。

切除后立即在手术室进行体外超声检查,以检查样品的完整性。在样品整体显阳性或者仅有边缘显阳性的情况下,可刮除患者的空腔边缘来去除残留组织。

COBALT 试验比较了 IOUS 与触诊引导切除侵害性可触诊肿瘤的情况,发现 11% 的 IOUS 组和 28% 的触诊引导组涉及肿瘤相关边缘($p = 0.0031$)(Krekel,et al,2012)。此外,IOUS 的切除体积明显较小。Moore 等人发现,IOUS 的边缘状态也显著改善(Moore,et al,2001)。

对于无法触及的侵害性乳腺癌,4.3%～19% 的患者在 IOUS 后发现了阳性边缘(Bennett,et al,2005;Krekel,et al,2011;Ngô,et al,2007;Rahusen,et al,2002;Snider and Morrison,1999)。Rahusen 等人的报告显示,与 WGL 相比,IOUS 显著改善了边缘状况(分别为 11% 和 45%),这一发现得到 Krekel 等人的支持。此外,Snider 等人发现,与 WGL 相比,IOUS 切除的体积更小。

这些结果表明,与触诊引导和 WGL 相比,IOUS 可以降低肿瘤累计切除边缘的比例,同时减少切除量。超声被广泛使用,不需要辐射,并可尽量减少患者的创伤和不适,因为不需要额外的干预(即金属线或其他材料)。但是,IOUS 也存在一些缺点,该技术不适用于检测微钙化,因为它们不是超声波可见的,因此不能用于识别 DCIS。此外,病变尺寸必须达到一定大小才能成像,并且 50% 的不可触及的肿瘤会被漏诊(Klimberg,2003)。其他可能的限制条件是,该技术在原发性肿瘤切除后,不具备发现残留组织的灵敏度和分辨率,并且在手术过程中必须有放射科医师在场。

16.2.1.4　术中标本 X 射线摄影术

术中标本 X 射线摄影术(IDSM)是一种用于对不可触及乳腺肿瘤患者切除的标本进行成像的技术。在传统的标本 X 射线检查中,手术标本从手术室输送到诊断成像部门,而术中标本 X 射线摄影术需要在手术室内进行成像。前者可能需要相当长的运输时间(约 30 min)。如果标本 X 光片显示涉及边缘,外科医生可以剔除相关的腔边缘,以消除残留的恶性肿瘤。

2007 年,Kaufman 等人将 IDSM 与 CRF 进行比较以评估肿瘤边缘。IDSM 和 CRF 检测阳性边缘的灵敏度分别为 36% 和 31%,特异性分别为 71% 和 74%(Kaufman,et al,2007)。最近,Bathla 等人评估了用于术中边缘评估的 IDSM 装置的性能,发现其灵敏度和特异性分别为 58.5% 和 91.8%(Bathla,et al,2011),阳性预测值为 82.7%,阴性预测值为 76.7%。

IDSM 的一个缺点是,只有在有足够的对比度或微钙化的情况下,原位癌才会出现。因此,即使肿瘤似乎在放射摄影图像上被充分切除,如果组织病理学发现靠近或在边缘处有原位癌成分,则仍然可能需要进行再次手术。此外,标本摄影仅提供了关于边缘状态的宏观信息,因此不能完全依赖它。

16.2.2　目前可用的术中病理技术

前文所述的技术的一个共同缺点是,没有提供关于微观边缘状态的信息。因此,一些保健中心使用额外的术中病理技术来向外科医生提供有关肿瘤微观程度的信息。最常用的术中病理学技术是冷冻切片分析(FSA)和印片细胞学(TIC)。

16.2.2.1　冷冻切片分析

FSA 用于术中评估许多肿瘤手术(包括乳腺癌)的微观边缘状态。当患者仍然在手术台上时,切除的样品由经验丰富的组织病理学家(Weber,et al,2008)对其进行着墨、切片、冷冻和显微镜分析,这大约需要 30 min。手术在病理分析过程中继续进行,如果得到病理结果的时间比外科手术时间长,则外科医生会缝合伤口。如果识别出边缘,则重新打开患者的伤口并执行额外的腔体剃刮。

报告的切除边缘状态评估的灵敏度范围在 73%~83% 之间,而特异性在 87.5%~99% 之间(Esbona and Wilke,2012;Hunt,et al,2007;Olson,et al,2007;Weber,et al,2008)。较低的灵敏度主要是由小肿瘤(<10 mm)和微钙化的不可靠检测所致的。两项大型研究评估了 FSA 后的再次手术的次数,两项研究均证实,冷冻切片分析后的再手术率较低(分别为 9% 和 10%)(Esbona and Wilke,2012;Riedl,et al,2009)。除了对小肿瘤和微钙化的不可靠检测之

外,FSA 在切除前不向外科医生提供肿瘤范围的信息,因此这不能帮助减少切除量。此外,FSA 是劳动密集型的,需要经验丰富的病理学家在现场,因此该项技术可能不会在医院病理部门之外的地方实施。此外,FSA 需要相对较大的样品,这可能会影响病理学家的术后评估,并且冷冻伪影在脂肪组织中很常见,这可能会干扰细胞类型的准确识别。

16.2.2.2　印片细胞学

术中 TIC 是 FSA 的简单而快速的替代方案。切除的样品定向压在具有特定涂层的载玻片上,形成六个边缘的印记。对黏附在玻璃表面上的细胞进行固定、染色和显微分析(Klimberg,et al,1998)。该技术基于恶性细胞与乳腺脂肪细胞的表面特征的差异:恶性细胞会黏附到载玻片上,而脂肪细胞则不会。

TIC 的结果在 15 min 内出报告,这显然比 FSA 的快,对于大多数手术,结果是在伤口缝合前收到的。与 FSA 相比,其另一个优点是,它节省了用于永久性切片和组织病理学检查的组织,而且它比 FSA 便宜。

Esbona 等人对 TIC 的再次切除率、灵敏度和特异性进行了系统评估,并将其与 FSA 和术后组织病理学评估进行了比较(Esbona and Wilke,2012)。TIC 的再次切除率为 11%,而 FSA 和术后组织病理学的分别为 10% 和 35%。TIC 的灵敏度和特异性分别为 72% 和 92%,而 FSA 的为 83% 和 95%。与前述 FSA 的结果一致,在原位病变的肿瘤中观察到大多数 TIC 的假阴性结果。然而,TIC 的灵敏度存在较大程度的变化。病理学专家的细胞病理学水平差异可能造成病变程度的不同,因为这项技术需要广泛的细胞学专业知识。

虽然这种技术似乎能得到好的结果,但迄今为止,它还没有像 FSA 那样得到广泛的应用。其中一个解释是,该技术只能检测到浅表肿瘤细胞,而没有考虑近边缘。进而,就没有收集关于边缘宽度、多灶性和接近切割边缘的癌细胞数量上的信息(Pleijhuis,et al,2009)。该方法也可能存在由气流和表面烧灼引起的伪影,而且 TIC 在识别小叶癌方面似乎不太有效(Valdes,et al,2007)。

16.2.3　正在开发的技术

先前描述的技术都有一定的缺点,并导致大量患者的切缘呈阳性。所有这些技术的主要缺点是,检测 DCIS 时存在不准确性,而检测 DCIS 是非常重要的,因为它被认为是一个重要的术中评估目标。目前,有几种术中肿瘤边缘评估技术正在开发中,特别是能够识别 DCIS 的技术。下面将介绍这些新的、创新的技术。

16.2.3.1　射频光谱:边缘探针

MarginProbe(美国 Framingham Dune 医疗器械公司)使用射频光谱法检测有无癌症的组织的电磁特性的微小差异,并将阴性或阳性这一关键信息提供给乳腺外科医生。该设备由一个控制台和一个有效测量面积为 7 mm、探测深度约为 1 mm 的一次性手持探头组成。

相关人员进行了一项前瞻性的、随机的多中心试验来评估该设备在评估手术边缘时的性能(Allweis,et al,2008)。切除主要乳腺肿瘤样品后,患者被随机分配到一个设备臂和一个对照组设备臂中。在设备臂中,外科医生将设备应用于六个边缘(内侧、外侧、上侧、下侧、深侧和前侧),如果设备显示出阳性边缘,则重新切除组织。在设备臂中,60% 的相关边缘被正确识别,而对照组的为 40%($p=0.044$)。在非触诊亚群体中,正确识别边缘的患者比率也较高(分别为 69%、39%)。本研究并未明确或规定在出现正边缘的情况下再次进行手术的必要性,因此本研究无法确定使用该设备后再切除率会实际降低。

该技术的优点之一是具有检测 DCIS 的潜力(Pappo,et al,2010;Thill,et al,2011),因此边缘探针对这类患者有特殊的意义。其他优点包括测量时间短(每次测量 1~2 s)和使用基于真空的机制进行可控的、用户独立的组织测量。这种技术的主要缺点是,对于成分非常不均匀的组织,设备的性能降低,也就是说,探头对癌症特征尺寸较小的测量点不太敏感(Pappo,et al,2010)。因此,对于小肿瘤患者,可能仍然需要进行第二次手术以获得清晰的边缘。此外,该技术仅取 7 mm 的区域作为样品,如果外科医生不能准确覆盖每个整体边缘,则阳性边缘可能会丢失。

16.2.3.2　漫反射光谱

漫反射光谱(DRS)可以通过测量组织在紫外-可见光范围内对不同波长的固有光的吸收和散射特性来识别组织特征。用选定的光谱照射组织可以获得漫反射光谱,这些光谱反映了组织的吸收和散射特性。吸收系数与组织中生理相关吸收剂的浓度直接相关,包括氧合血红蛋白和脱氧血红蛋白。散射系数反映了细胞和细胞核等组织中散射中心的大小和密度。与恶性转化相关的人体组织的变化包括细胞组成、代谢率和组织形态特征的变化,因此反射光谱可用于区分肿瘤与正常组织。

Bigio 等人最早进行了一项关于 DRS 在评估肿瘤边缘的适用性的研究（Bigio,et al,2000）。他们使用了在光纤探针组件中实现的弹性散射光谱（DRS 的一种变体），并测量了切除后体内肿瘤腔的漫反射光谱。探针的感测深度为 $300~\mu m$，足以检测表面的疾病。对测量的组织进行活检，以进行病理相关性分析，并对光谱使用分类算法，以对残留组织的存在进行估计。他们测量了 72 个乳腺组织位点，灵敏度和特异性分别为 69% 和 85%。

  最近，杜克大学的一个生物医学小组开发了一种漫反射成像装置，在 48 名患者的体外环境中研究了 55 例切除边缘。无论病理情况或边缘深度如何，他们都能够检测到阳性边缘，其具有 79% 的灵敏度和 67% 的特异性（Ramanujam,et al,2009；Wilke,et al,2009）（见图 16.3）。有趣的是，正确识别了 DCIS 8/9 的阳性边缘，相应的灵敏度为 89%。然而，在接受新辅助治疗的 8 名患者中，只有 4 名患者的边缘评估正确，这表明当前设备无法识别该患者组的阳性边缘。

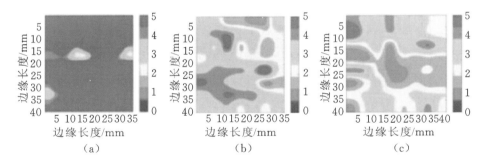

图 16.3 肿瘤边缘评估的漫反射光谱。根据 β-胡萝卜素吸收参数和波长平均减少的散射系数的比值，得到各边缘的参数图。(a)病理证实为阴性边缘；(b)病理证实 DCIS 边缘为阳性；(c)病理证实 IDC 边缘为阳性

  另一组将漫反射光谱和自发荧光光谱相结合进行检测（Keller,et al,2010）。通过光纤探针测量切除样品的漫反射光谱和自发荧光光谱，然后用两部分分类法将其分类为良性或恶性。对 32 名患者的组织进行测量，灵敏度和特异性分别为 85% 和 96%。

  这些初步结果表明，DRS（结合自发荧光）可以为术中评估肿瘤边缘提供一个有用的工具。检测 DCIS 的潜力尤为重要，因为目前所有可用的技术都缺乏准确检测 DCIS 的能力。然而，由于受光纤输出的限制，当前探针的扫描面

积很小,只能扫描很小的组织体积。因此,为了覆盖整个边缘,必须测量多个位点,这是非常耗时的并且容易出现用户错误。因此,这项技术的一个重要挑战是增加扫描量,使其适合于在术中使用。

16.2.3.3　空间偏移拉曼光谱

另一种可能用于乳腺肿瘤边缘评估的光学技术是拉曼光谱。拉曼光谱是振动光谱的一种形式。激光(主要在可见光、近红外或近紫外波段)是由受入射光激发的分子非弹性散射而产生的,这种非弹性散射可用于识别有机分子,如脂肪、胶原蛋白、细胞质和细胞核。这些分子被证明提供了与异常相关的特征(Frank,et al,1995),从而提供了边缘评估的可能性。

Keller 等人使用空间偏移拉曼光谱(SORS)来评估乳腺肿瘤手术边缘,SORS 是拉曼光谱的一种变体(Keller,et al,2011)。他们开发了一种具有一个源光纤和多根检测光纤的 SORS 探针,能够在距离组织表面前 2 mm 内检测肿瘤的光谱特征。共扫描了 35 个切除样品:15 个样品边缘为阴性(>2 mm),20 个样品边缘为阳性(<2 mm)。然后对光谱进行分类,以预测边缘是阳性还是阴性。他们发现灵敏度、特异性、阴性预测值和阳性预测值分别为 95%、100%、94% 和 100%。虽然他们的研究结果是基于一个小的数据集的,并没有包括实际的再切除率,但是他们的结果似乎非常准确。然而,其探针的直径约为 5 mm,因此仅覆盖一个小的组织区域。因此,该技术的最大挑战与 DRS 的相似:调整探针以探测较大面积的组织,以便在实际时间限制内满足足够面积采样的临床标准。

16.2.3.4　光学相干断层扫描

在过去十几年中,光学相干断层扫描(OCT)已经成为一种高分辨率光学诊断成像模式,目前正在用于眼科和皮肤科。最近,OCT 作为一种评估乳腺肿瘤边缘的技术被研究。OCT 是超声的光学等效物,但它不是声波,而是基于来自低相干宽带光源(通常采用 NIR 光)的光反射。通过测量后向散射或反向反射光,可以获得与组织病理学分辨率相似的组织微结构的横截面断层图像。

Nguyen 等人在伊利诺伊大学使用 OCT 图像在手术中评估暴露的肿瘤边缘(Nguyen,et al,2009)。他们的系统在大约 1300 nm 的光谱区域中工作,在组织中分别提供 35 μm 和 5.9 μm 的横向和轴向分辨率。他们扫描了 37 名患者的切除样品(包括 DCIS),前 17 名患者的 OCT 图像被用于确定成像方案和

OCT 标准,以鉴定阳性边缘,其余患者的图像被用于研究组。OCT 成像显示 11 个边缘为阳性,9 个边缘为阴性,灵敏度、特异性和总体准确度分别为 100%、82%、90%。由于密集细胞的强烈反射,散射增强成为边缘正态分类的主要特征。

该技术的主要挑战是减少采样和处理时间,允许在更短的时间间隔内扫描较大的区域。OCT 的最新发展可能使扫描时间缩短,但这些进展将导致数据量的显著增加。这就需要用到自动分类算法,因为 OCT 图像的个别分析和解释太耗时。然而,一旦这些挑战被克服,该技术便可以提供有用的术中信息,以减少再次手术的次数。

16.2.3.5　近红外荧光成像

在近红外荧光(NIRF)成像中施用 NIR 荧光团,然后用外部激光在 NIR 光谱范围(650～900 nm)内照射乳房组织。在激发后,荧光团将释放更高 NIR 波长的光子,这些光子被 NIRF 摄像系统捕捉并数字化转换为可见光图像。在 650～900 nm 范围内,组织中的吸收系数最小,导致光散射和自发荧光降低,并且穿透深度比可见光和紫外线的低。

荧光团可以与特定靶向配体或单克隆抗体结合,用于识别乳腺癌的肿瘤靶向分子,包括 Her2 或 Neu 受体、血管内皮生长因子(EGF)受体和 EGF。这些所谓的肿瘤靶向荧光团的肿瘤特异性结合特性似乎完全适用于图像引导手术,因为它为外科医生提供了关于病变位置和范围的实时肿瘤特异性信息。

然而,由于需要批准供人体使用,因此需要使用外源性荧光团,从而限制了该技术的临床应用。吲哚菁绿(ICG)是目前最常用的 NIR 荧光团,但 ICG 不能提供肿瘤特异性抗原偶联的可能性。阻碍该技术发展的另一个原因是,缺乏专用的术中成像系统。

到目前为止,已经有少量使用 NIRF 成像指导乳腺癌手术切除的研究发表。Mieog 等人在乳腺癌大鼠模型中使用 NIRF 成像。17 只大鼠接受手术,从而彻底切除了 17 个肿瘤(Mieog,et al,2011)。此外,该技术能够识别手术腔中的残留肿瘤,这是与 WGL 和超声相比的一个重要优势。Aydogan 等人对两名患者进行了可行性研究。在超声技术的引导下,他们在乳腺病变中注射非靶向 ICG。注射后 1 h 进行手术,两组患者均获得清晰的边缘(Aydogan,et al,2012)。

总体而言,NIRF 成像似乎是在早期手术中引入的合适候选者,因为它是一种快速且简单的操作技术,具有足够的穿透深度来评估肿瘤边缘。然而,临床上可用的荧光团和专用成像系统需要进一步发展。此外,该技术不提供有关微观边缘状态的信息。因此,它很可能会与提供关于肿瘤边缘微观信息的技术一起使用。

16.2.4 结论

目前在 BCS 中使用的术中技术都具有局限性。所有这些技术的总体缺点是 DCIS 的检测不准确,而且解决这种局限性在不久的将来会变得更加重要,因为患者需要在早期被诊断出来。目前正处于临床试验或研究阶段的技术有潜力比现有技术更准确地评估肿瘤边缘。此外,这些技术中的大多数似乎能够检测到 DCIS,从而在这个特定的患者群体中提供额外的价值。然而,这需要技术的发展,以满足实际时间限制内进行足够面积采样的临床标准,并且必须进行进一步的研究,以阐明它们在降低 BCS 再手术率方面的价值。

16.3 太赫兹技术在乳腺癌中的具体应用

16.3.1 引言

近年来,太赫兹技术在生物医学研究领域的应用越来越受到人们的关注(Berry,et al,2004;Fitzgerald,et al,2006;Knab,et al,2007;Pickwell,et al,2004;Reid,et al,2007;Woodward,et al,2003)。太赫兹已被成功地用来表征这一范围内的 DNA(Nagel,et al,2006)和蛋白质(Knab,et al,2007),辐射探测分子间相互作用的能力被证实。典型的太赫兹成像系统产生的辐射的波长在 $80\ \mu\mathrm{m} \sim 3\ \mathrm{mm}$ 的范围内;这比可见光谱或红外辐射的波长长,所以太赫兹辐射不太容易在生物组织内散射(Han,et al,2000),一般认为,散射可以忽略不计。由于太赫兹对水的独特灵敏度和所用波长的安全性,太赫兹技术已被研究用于组织成像(Arnone,et al,1999;Ashworth,et al,2006,2008;Berry,et al,2004;Brucherseifer,et al,2000;Fitzgerald,et al,2006;Han,et al,2000;Markelz,et al,2000;Nagel,et al,2006;Nakajima,et al,2007;Pickwell,et al,2004)。人体的许多组织的含水量为 70% 左右,而成年人体的含水量约为 57%(Hall ,2010)。众所周知,许多癌症组织的水的浓度比正常组织的高。太赫兹辐射对水特别敏感,加上前面列出的优点,使其成为医学成像,特别是癌症组织成像的可行工具。

Wallace 等人在 TeraView 有限公司工作,他们展示了太赫兹反射图像在体外和体内样品上用于区分正常皮肤和癌症皮肤的应用(Fitzgerald,et al,2004;Pickwell,et al,2004;Wallace,et al,2006),并额外进行了太赫兹光谱分析以表征不同组织类型的特性。在伦敦大学,Reid 进一步研究了健康结肠组织、发育异常组织和癌症组织之间的不同(Reid,2009)。

16.3.2　太赫兹技术在乳腺癌中的部分应用

太赫兹技术在乳腺癌中的应用最早由 Fitzgerald 等人于 2004 年提出(Fitzgerald,et al,2004)。他们利用为医院环境开发的便携式太赫兹脉冲成像(TPI)系统,测量了切除的乳腺组织的样品。该系统使用光电导产生和检测频率在 0.1~4 THz 之间的太赫兹脉冲,并对几个新切除的乳腺样品进行了成像。利用时域脉冲函数中的两个参数生成图像:太赫兹脉冲函数的最大值 E_{max} 与脉冲函数的最小值 E_{min} 的比值图像。图像显示出了健康组织和癌组织之间的不同,与组织学的结论一致。有趣的是,这些图像也突出显示了 DCIS。这项初步研究证实了 TPI 对乳腺肿瘤成像的潜力,并鼓励进一步的研究,以确定该技术区分不同类型乳腺组织的能力(Fitzgerald,et al,2004)。

Fitzgerald 等人在 2006 年进行的一项更全面的研究证实了 TPI 可通过使用 E_{min} 和 E_{max}/E_{min} 来鉴别健康乳腺组织和乳腺癌组织之间的异同。TPI 肿瘤的形状和大小与组织病理学密切相关(见图 16.4)。这项研究表明,太赫兹辐射可以从正常组织和脂肪性乳腺组织中鉴别出侵害性小叶癌和导管乳腺癌,并且也可能对 DCIS 进行成像(Fitzgerald,et al,2006)。

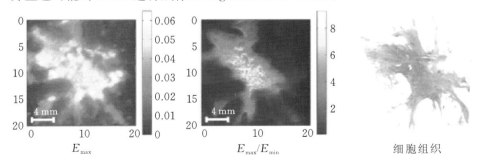

图 16.4　太赫兹脉冲函数的最大值(E_{max})图像和太赫兹脉冲的最大值和最小值的比值(E_{max}/E_{min})图像。在 E_{max} 图像中显示了所有组织,肿瘤周围有脂肪组织。在 E_{max}/E_{min} 图像中,只有肿瘤是可见的,并且与组织学图像中显示的肿瘤有很好的相关性

　　由于太赫兹成像具有准三维特性,因此它产生了大量的数据,这是由于两个时空分量都被记录下来了。Fitzgerald 等人在对新切除乳腺癌组织的太赫兹数据进行分类之前研究了数据简化方法。太赫兹图像通常是通过一系列参数(或特征)形成的,这些参数(或特征)来自脉冲或光谱(Fitzgerald,et al,2002;Woodward,et al,2002)。与传统上用于其他领域的无监督方法相比,这种启发式数据简化方法称为主成分分析(PCA)(Hutchings,et al,2009)。PCA 提供理论上最佳的线性简化,不需要对数据的统计性质进行基本假设。将 PCA 方法应用于太赫兹脉冲,并与启发式参数进行比较。本研究采用支持向量机算法进行分类,该算法非常适合于复杂的决策边界,并在其他太赫兹数据集上取得了良好的效果(Yin,et al,2007)。然后将太赫兹频率信号的分类结果与组织病理学结果进行比较。结果表明,根据参数特征和/或主要成分,采用适当的数据简化方法,可以对新鲜切除的乳腺癌组织所反映的太赫兹频率信号分类,准确度高达92%。

　　本章提供了进一步的证据来证明该技术的有效性,并指出了在乳腺癌中使用太赫兹辐射来改善获得信号的方法。相关人员进一步证明了该技术的有效性,在此基础上,有人建议将这种成像技术用于术中评估接受 BCS 的患者的肿瘤边缘,旨在减少再手术次数(Wallace,et al,2005)。

16.3.3　术中使用的手持式太赫兹探针

　　为了使用太赫兹技术对乳腺肿瘤边缘进行术中评估,相关人员开发了一种手持式太赫兹探针(见图 16.5)(Wallace,et al,2005)。该系统使用光电导发射器和接收器来产生和检测带宽为 0.1~2.0 THz 的太赫兹脉冲。太赫兹脉冲光束通过一个硅透镜和一个 Risley 光束转向棱镜系统,聚焦到探针尖端,再被反射回来。通过控制 Risley 棱镜的旋转,太赫兹脉冲光束在有效区域上来回扫描,从而形成一个长度为 8 mm 的成像窗口。

　　该探针已用于研究从伦敦盖伊医院的 37 名患者新切除的肿块中提取的组织样品(Ashworth,et al,2008)。图 16.6 显示了三种主要乳腺组织类型(脂肪、纤维和癌组织)的典型脉冲响应。图 16.7 显示了三个关键组织类型的四个参数的平均值。可以清楚地看出,用探针很容易辨别脂肪组织和癌组织之间的差异。然而,正如预期的那样,纤维组织与癌组织之间的区别更难观察到。通过检查图 16.7 所示的脉冲积分和 FWHM,可以看到纤维组织和癌组织之间的这些参数的平均值存在的细微差异。将 PCA 应用于全时域太赫兹

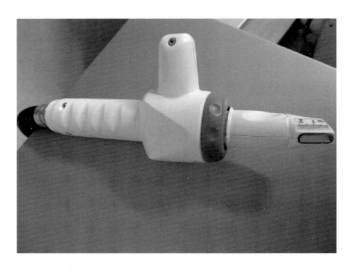

图 16.5　手持式太赫兹探针,由 TeraView 有限公司提供(专利)

脉冲数据,然后采用线性判别分析预测表 16.1 中所列的单个样品的组织类型,结果表明,灵敏度为 90%,特异性为 81%,PCA 具有较好的应用前景(Ashworth,2010)。

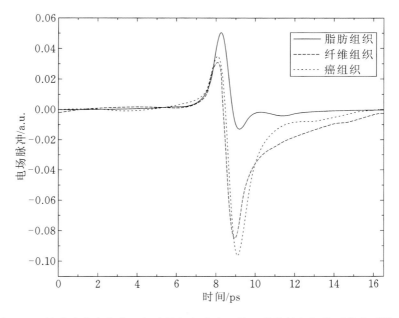

图 16.6　从乳腺癌患者身上切除的组织中发现的三种关键组织类型的典型脉冲

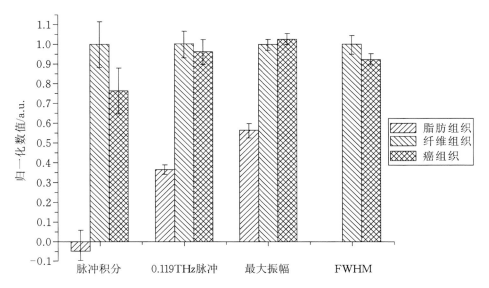

图 16.7　三种组织类型的四个参数的平均值。误差线表示 95% 的置信区间

表 16.1　使用手持式探针收集数据的线性判别分析结果

太赫兹脉冲预测	组织学结果	
	癌	健康
癌	27	34
健康	3	142
总 N	30	176
总修正	27	142

　　很明显,使用手持式太赫兹探针进行的这些研究是有前途的,太赫兹技术现在变得十分通用,可以构建这样的探针,并在临床环境中实现良好的性能水平。手持式探针的一个限制是,由于成像窗口很小,其只能扫描体积小的组织。如果想在不久的将来使用太赫兹探针来扫描完整的乳腺肿瘤切除样品,则必须对每个边缘进行多次测量,这是一项耗时且对用户错误敏感的工作。一般来说,使用太赫兹评估乳房边缘的一个潜在限制是,由于太赫兹在水中的高度衰减,因此穿透深度有限。因此,可能无法检测到深度大于 1 mm 的肿瘤细胞,需要进行进一步的研究以确定太赫兹在乳腺组织中的实际穿透深度。为了提高信噪比、减少数据配准中的错误,以及从用于判别分析的训练数据集

中去除污染数据,仍然需要对探针进行改进。这些改进很可能使该探针可用于常规手术。

16.3.4 了解乳腺组织的太赫兹信号

有必要通过太赫兹图像来了解乳腺癌的产生机制,并将反射脉冲数据与组织病理学变化联系起来。Ashworth 等人通过时域太赫兹脉冲光谱(TPS)测量了太赫兹区域的健康组织和患病乳腺组织的吸收系数和折射率(Ashworth,et al,2009)。太赫兹透射光谱或 TPS 曾被用于获得皮肤组织和基底细胞癌的太赫兹光学特征(Pickwell,et al,2004;Wallace,et al,2006),包括折射率和吸收系数谱。Ashworth 测量了 74 个新切除的乳腺组织样品,其中 33 个被归类为癌症(肿瘤),22 个被归类健康的纤维,19 个被归类为健康的脂肪。图 16.8 和图 16.9 分别显示了每一组测得的平均吸收系数和平均折射率。显示的误差线代表 95% 的置信区间,该置信区间源自平均值的标准偏差。对于纤维组织和脂肪来说,折射率的误差线是恒定的,但是对于癌症样品,在高频率和低频率时,误差线稍大。这是由于在这些范围内的低信号是通过样品衰减造成的。

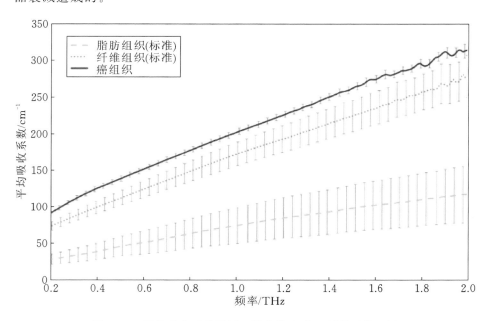

图 16.8　平均吸收系数谱图。误差线表示 95% 的置信区间

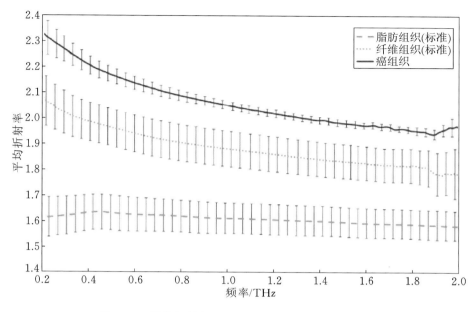

图 16.9 平均折射率图。误差线表示 95％的置信区间

由于乳房内纤维组织具有的一些特殊性质,从完整的脂肪组织中分离出足够的纤维组织是一项具有挑战性的任务,因此它将适用于光谱分析。结果发现,纤维组织的脂肪含量比癌组织的高,因为肿瘤形成了更容易分离的固体肿块。

所有纯组织类型的折射率存在明显差异,脂肪的吸收系数也与其他两种组织类型的存在差异。如图 16.8 所示,肿瘤的光谱形状与纤维的非常相似,但由于光波在肿瘤中的衰减增加,其传输信号较低。衰减由吸收和散射共同影响,用这种测量方法不可能确定每个机制的贡献。如前所述,癌组织中含水量的增加会导致吸收的增加,因此在癌组织样品中,假设吸收是主导的而散射可忽略不计。但是,如果你看一下有关脱水蜡包埋样品的研究,你会发现光波在肿瘤区域的衰减也会增加,这只能由结构变化引起,而结构变化又改变了散射特性(Berry,et al,2004;Nakajima,et al,2007)。结果表明,癌组织的折射率高于健康脂肪组织的和健康纤维组织的,最大差异表现在 0.32 THz 频率上。此外,在 0.32 THz 左右,与纤维组织相比,癌组织的吸收系数略有增加。通过对这些组织进行太赫兹脉冲反射成像,模拟预测其脉冲响应。正如预期的那样,健康脂肪组织的脉冲响应与健康纤维组织和癌组织的脉冲响应有很大差异。癌组织和健康纤维组织之间的脉冲响应峰高相差约 60%。

综上所述,乳腺癌反射成像时的对比主要是由癌组织与健康组织之间的折射率增加引起的,部分也是由吸收系数的增加所致的。这些基本性质增加的根本原因尚未确定。

获得光谱太赫兹数据可以模拟健康纤维组织和癌组织的反射时间响应函数。Pickwell 等人分别研究了组织的折射率和吸收系数。他们使用相同的模型来研究太赫兹数据和病理学之间的关系,识别模拟反射脉冲响应函数的参数和相应的光谱特性,以提高区分乳腺中纤维组织和癌组织的能力(Pickwell-Macpherson,et al,2012)。

16.4 结论

太赫兹技术在医学成像领域还处于起步阶段,在其被医学界广泛采用之前,还有大量的工作要做,以显示其真正的潜力。目前,只有皮肤癌、结肠癌和乳腺癌是在体外环境中检测的,体外组织的含水量接近于体内组织的含水量。观察太赫兹技术在鉴别其他癌症中的潜在应用将是一件有趣的事情,这些癌组织可以通过局部途径获得,也可以在需要保守切除的情况下获得,例如口腔癌、喉癌、脑癌、宫颈癌或直肠癌情况。然而,重要的是不要偏离重点,并确保太赫兹技术的发展,以期在术中对比诊断那些已经确定的癌症,并改进现有的技术。

在手术中使用太赫兹技术还存在几个挑战,例如相关区域中存在血液和其他液体,需要保持探针与乳房组织的良好接触,以及要考虑介入变异性。尽管可以在手术述程中控制血液和其他液体的存在,例如通过灼烧来解决,但这也可能在不同程度上影响组织的太赫兹响应,因此需要进行进一步的研究。

参 考 文 献

Allweis,T. M. ,Z. Kaufman,S. Lelcuk et al. 2008. A prospective,randomized, controlled,multicenter study of a real-time,intraoperative probe for positive margin detection in breast-conserving surgery. *The American Journal of Surgery* 196:483-489.

Arnone,D. D. ,C. M. Ciesla,A. Corchia et al. 1999. Applications of terahertz (THz) technology to medical imaging. Presented at *Proceedings of*

SPIE 3828:209-219.

Ashworth, P. C. 2010. Biomedical applications of terahertz technology. Cambridge, U. K. : University of Cambridge. PhD.

Ashworth, P. C. , P. O'Kelly, A. D. Purushotham et al. 2008. An intra-operative THz probe for use during the surgical removal of breast tumors. Presented at 33*rd International Conference on Infrared, Millimeter and Terahertz Waves*, Pasadena, CA, pp. 1-3.

Ashworth, P. C. , E. Pickwell-MacPherson, E. Provenzano et al. 2009. Terahertz pulsed spectroscopy of freshly excised human breast cancer. *Optics Express* 17:12444-12454.

Ashworth, P. C. , J. A. Zeitler, M. Pepper, and V. P. Wallace 2006. Terahertz spectroscopy of biologically relevant liquids at low temperatures. Presented at 31*st International Conference on Infrared Millimeter Waves and* 14*th International Conference on Terahertz Electronics*, Shanghai, China, p. 184.

Aydogan, F. , V. Ozben, E. Aytac et al. 2012. Excision of nonpalpable breast cancer with indocyanine green fluorescence-guided occult lesion localization (IFOLL). *Breast Care* 7:48-51.

Barentsz, M. W. , M. A. A. J. van den Bosch, W. B. Veldhuis et al. 2013. Radioactive seed localization for non-palpable breast cancer. *British Journal of Surgery* 100:582-588.

Bathla, L. , A. Harris, M. Davey, P. Sharma, and E. Silva. 2011. High resolution intra-operative two-dimensional specimen mammography and its impact on second operation for re-excision of positive margins at final pathology after breast conservation surgery. *The American Journal of Surgery* 202:387-394.

Bennett, I. C. , J. Greenslade, and H. Chiam. 2005. Intraoperative ultrasound-guided excision of nonpalpable breast lesions. *World Journal of Surgery* 29:369-374.

Berry, E. , J. W. Handley, A. J. Fitzgerald et al. 2004. Multispectral classification techniques for terahertz pulsed imaging: An example in *histopathology. Medical Engineering & Physics* 26:423-430.

Bigio,I. J. ,S. G. Bown,G. Briggs et al. 2000. Diagnosis of breast cancer using elastic-scattering spectroscopy:Preliminary clinical results. *Journal of Biomedical Optics* 5:221-228.

Brucherseifer,M. ,M. Nagel,P. Haring Bolivar et al. 2000. Label-free probing of the binding state of DNA by time-domain terahertz sensing. *Applied Physics Letters* 77:4049-4051.

Cancer Research UK. 2012a. Breast cancer incidence statistics—lifetime risks. http://www. cancerresearchuk. org/cancer-info/cancerstats/types/breast/incidence/#risk,accessed June 25,2013.

Cancer Research UK. 2012b. Invasive ductal breast cancer. http://www. cancerresearchuk. org/cancer-help/type/breast-cancer/%20about/types/invasive-ductal-breast-cancer,accessed June 25,2013.

Donker,M. , C. A. Drukker, R. A. V. Olmos et al. 2013. Guiding breast-conserving surgery in patients after neoadjuvant systemic therapy for breast cancer:A comparison of radioactive seed localization with the ROLL technique. *Annals of Surgical Oncology* 20:1-7.

Esbona,K. and L. G. Wilke. 2012. Intraoperative imprint cytology and frozen section pathology for margin assessment in breast conservation surgery:A systematic review. *Annals of Surgical Oncology* 19:3236-3245.

Ferlay,J. S. , H. R. Shin, F. Bray et al. 2010. GLOBOCAN 2008,cancer incidence and mortality worldwide:IARC CancerBase No. 10. Presented at *International Agency for Research on Cancer* 2010,Lyon,France, p. 29.

Fisher,B. , S. Anderson,J. Bryant et al. 2002. Twenty-year follow-up of a randomized trial comparing total mastectomy,lumpectomy,and lumpectomy plus irradiation for the treatment of invasive breast cancer. *New England Journal of Medicine* 347:1233-1241.

Fitzgerald,A. J. , E. Berry, N. N. Zinovev et al. 2002. An introduction to medical imaging with coherent terahertz frequency radiation. *Physics in Medicine and Biology* 47:R67.

Fitzgerald, A. J., S. Pinder, A. D. Purushotham et al. 2012. Classification of terahertz-pulsed imaging data from excised breast tissue. *Journal of Biomedical Optics* 17: 0160051-01600510.

Fitzgerald, A. J., V. P. Wallace, M. Jimenez-Linan et al. 2006. Terahertz pulsed imaging of human breast tumors. *Radiology* 239: 533-540.

Fitzgerald, A. J., V. P. Wallace, R. Pye et al. 2004. *Terahertz Imaging of Breast Cancer, a Feasibility Study*. New York: IEEE.

Frank, C. J., R. L. McCreery, and D. C. B. Redd. 1995. Raman spectroscopy of normal and diseased human breast tissues. *Analytical Chemistry* 67: 777-783.

Gajdos, C., P. I. Tartter, I. J. Bleiweiss et al. 2002. Mammographic appearance of nonpalpable breast cancer reflects pathologic characteristics. *Annals of Surgery* 235: 246.

Hall, J. E. 2010. *Guyton and Hall Textbook of Medical Physiology: Enhanced E-Book*. Philadelphia, PA: Elsevier Health Sciences.

Han, P. Y., G. C. Cho, and X. -C. Zhang. 2000. Time-domain transillumination of biological tissues with terahertz pulses. *Optics Letters* 25: 242-244.

Houssami, N., P. Macaskill, M. L. Marinovich et al. 2010. Meta-analysis of the impact of surgical margins on local recurrence in women with early-stage invasive breast cancer treated with breast-conserving therapy. *European Journal of Cancer* 46: 3219-3232.

Hughes, J. H., M. C. Mason, R. J. Gray et al. 2008. A multi-site validation trial of radioactive seed localization as an alternative to wire localization. *The Breast Journal* 14: 153-157.

Hunt, K. K., A. A. Sahin, H. M. Kuerer et al. 2007. Role for intraoperative margin assessment in patients undergoing breast-conserving surgery. *Annals of Surgical Oncology* 14: 1458-1471.

Hutchings, J., C. Kendall, B. Smith et al. 2009. The potential for histological screening using a combination of rapid Raman mapping and principal component analysis. *Journal of Biophotonics* 2: 91-103.

Jeevan, R., D. Cromwell, J. Browne, and J. Van Der Meulen. 2011. *National*

Mastectomy and Breast Reconstruction Audit 2011. Leeds，U. K. ：The NHS Information Centre.

Jeevan，R. ，D. A. Cromwell，M. Trivella et al. 2012. Reoperation rates after breast conserving surgery for breast cancer among women in England： Retrospective study of hospital episode statistics. *British Medical Journal* 345：e4505.

Katipamula，R. ，A. C. Degnim，T. Hoskin et al. 2009. Trends in mastectomy rates at the Mayo Clinic Rochester： Effect of surgical year and preoperative magnetic resonance imaging. *Journal of Clinical Oncology* 27：4082-4088.

Kaufman，C. S. ，L. Jacobson，B. A. Bachman et al. 2007. Intraoperative digital specimen mammography： Rapid，accurate results expedite surgery. *Annals of Surgical Oncology* 14：1478-1485.

Keller，M. D. ，S. K. Majumder，M. C. Kelley et al. 2010. Autofluorescence and diffuse reflectance spectroscopy and spectral imaging for breast surgical margin analysis. *Lasers in Surgery and Medicine* 42：15-23.

Keller，M. D. ，E. Vargis，N. de Matos Granja et al. 2011. Development of a spatially offset Raman spectroscopy probe for breast tumor surgical margin evaluation. *Journal of Biomedical Optics* 16：077006.

Kelly，P. and E. H. Winslow 1996. Needle wire localization for nonpalpable breast lesions： Sensations，anxiety levels，and informational needs. *Presented at Oncology Nursing Forum* 23：639-645.

Klimberg，V. S. 2003. Advances in the diagnosis and excision of breast cancer. *The American Surgeon* 69：11.

Klimberg，V. S. ，K. C. Westbrook，and S. Korourian. 1998. Use of touch preps for diagnosis and evaluation of surgical margins in breast cancer. *Annals of Surgical Oncology* 5：220-226.

Knab，J. R. ，J.-Y. Chen，Y. He，and A. G. Markelz. 2007. Terahertz measurements of protein relaxational dynamics. *Proceedings of the IEEE* 95：1605-1610.

Kouzminova，N. B. ，S. Aggarwal，A. Aggarwal，M. D. Allo，and A. Y. Lin.

2009. Impact of initial surgical margins and residual cancer upon re-excision on outcome of patients with localized breast cancer. *The American Journal of Surgery* 198:771-780.

Krekel,N. ,M. H. Haloua,A. M. Lopes Cardozo et al. 2012. Intraoperative ultrasound guidance for palpable breast cancer excision (COBALT trial):A multicentre,randomised controlled trial. *The Lancet Oncology* 14:48-54.

Krekel,N. M. A. ,B. M. Zonderhuis,H. B. A. C. Stockmann et al. 2011. A comparison of three methods for nonpalpable breast cancer excision. *European Journal of Surgical Oncology* 37:109-115.

Lovrics,P. J. ,S. D. Cornacchi,F. Farrokhyar et al. 2009. The relationship between surgical factors and margin status after breast-conservation surgery for early stage breast cancer. *The American Journal of Surgery* 197:740-746.

Lovrics,P. J. ,D. McCready,G. Gohla,C. Boylan,and M. Reedijk. 2011. A multicentered,randomized,controlled trial comparing radioguided seed localization to standard wire localization for nonpalpable,invasive and in situ breast carcinomas. *Annals of Surgical Oncology* 18:3407-3414.

Markelz,A. G. ,A. Roitberg,and E. J. Heilweil. 2000. Pulsed terahertz spectroscopy of DNA,bovine serum albumin and collagen between 0. 1 and 2. 0 THz. *Chemical Physics Letters* 320:42-48.

McCahill,L. E. ,R. M. Single,E. J. A. Bowles et al. 2012. Variability in reexcision following breast conservation surgery. *The Journal of the American Medical Association* 307:467-475.

Medina-Franco,H. ,L. Abarca-Pérez,M. N. García-Alvarez et al. 2008. Radioguided occult lesion localization (ROLL) versus wire-guided lumpectomy for non-palpable breast lesions:A randomized prospective evaluation. *Journal of Surgical Oncology* 97:108-111.

Mieog,J. S. D. ,M. Hutteman,J. R. van der Vorst et al. 2011. Image-guided tumor resection using real-time near-infrared fluorescence in a syngeneic rat model of primary breast cancer. *Breast Cancer Research and*

Treatment 128:679-689.

Monti, S., V. Galimberti, G. Trifiro et al. 2007. Occult breast lesion localization plus sentinel node biopsy (SNOLL): Experience with 959 patients at the European Institute of Oncology. *Annals of Surgical Oncology* 14:2928-2931.

Moore, M. M., L. A. Whitney, L. Cerilli et al. 2001. Intraoperative ultrasound is associated with clear lumpectomy margins for palpable infiltrating ductal breast cancer. *Annals of Surgery* 233:761.

Morrow, M., J. R. Harris, and S. J. Schnitt. 2012. Surgical margins in lumpectomy for breast cancer-Bigger is not better. *The New England Journal of Medicine* 367:79-82.

Munshi, A., S. Kakkar, R. Bhutani et al. 2009. Factors influencing cosmetic outcome in breast conservation. *Clinical Oncology* 21:285-293.

Nagel, M., M. Först, and H. Kurz. 2006. THz biosensing devices: Fundamentals and technology. *Journal of Physics: Condensed Matter* 18:S601.

Nakajima, S., H. Hoshina, M. Yamashita, C. Otani, and N. Miyoshi. 2007. Terahertz imaging diagnostics of cancer tissues with a chemometrics technique. *Applied Physics Letters* 90:041102.

Ngô, C., A. G. Pollet, J. Laperrelle et al. 2007. Intraoperative ultrasound localization of nonpalpable breast cancers. *Annals of Surgical Oncology* 14:2485-2489.

Nguyen, F. T., A. M. Zysk, E. J. Chaney et al. 2009. Intraoperative evaluation of breast tumor margins with optical coherence tomography. *Cancer Research* 69:8790-8796.

Olson, T. P., J. Harter, A. Munoz, D. M. Mahvi, and T. M. Breslin. 2007. Frozen section analysis for intraoperative margin assessment during breast-conserving surgery results in low rates of re-excision and local recurrence. *Annals of Surgical Oncology* 14:2953-2960.

Pappo, I., R. Spector, A. Schindel et al. 2010. Diagnostic performance of a novel device for real-time margin assessment in lumpectomy specimens.

Journal of Surgical Research 160:277-281.

Pickwell,E. ,B. E. Cole,A. J. Fitzgerald,M. Pepper,and V. P. Wallace. 2004. In vivo study of human skin using pulsed terahertz radiation. *Physics in Medicine and Biology* 49:1595.

Pickwell-Macpherson,E. , A. J. Fitzgerald, and V. P. Wallace 2012. Breast cancer tissue diagnosis at terahertz frequencies. In *Optical Interactions with Tissue and Cells XXIII*, eds. Jansen, E. D. and R. J. Thomas, Bellingham,WA:SPIE.

Pleijhuis,R. G. , M. Graafland,J. De Vries,J. Bart,J. S. De Jong,and G. M. Van Dam. 2009. Obtaining adequate surgical margins in breast-conserving therapy for patients with early-stage breast cancer:current modalities and future directions. *Annals of Surgical Oncology* 16: 2717-2730.

Postma,E. L. , H. M. Verkooijen, S. van Esser et al. 2012. Efficacy of "radioguided occult lesion localisation" (ROLL) versus "wire-guided localisation" (WGL) in breast conserving surgery for non-palpable breast cancer:A randomised controlled multicentre trial. *Breast Cancer Research and Treatment* 136:469-478.

Rahusen,F. D. , A. J. A. Bremers, H. F. J. Fabry, and R. P. A. Boom. 2002. Ultrasound-guided lumpectomy of nonpalpable breast cancer versus wire-guided resection:A randomized clinical trial. *Annals of Surgical Oncology* 9:994-998.

Ramanujam,N. ,J. Q. Brown,T. M. Bydlon et al. 2009. Quantitative spectral reflectance imaging device for intraoperative breast tumor margin assessment. Presented at *Annual International Conference of the IEEE Engineering in Medicine and Biology Society*:6554-6556.

Rampaul,R. S. , M. Bagnall, H. Burrell et al. 2004. Randomized clinical trial comparing radioisotope occult lesion localization and wire-guided excision for biopsy of occult breast lesions. *British Journal of Surgery* 91:1575-1577.

Reid,C. 2009. Spectroscopic methods for medical diagnosis at terahertz wavelengths. Doctoral Thesis, University College London, London, U. K.

Reid,C. , A. P. Gibson, J. C. Hebden, and V. P. Wallace 2007. The use of tissue mimicking phantoms in analysing contrast in THz pulsed imaging of biological tissue. Presented at *Joint 32nd International Conference on Infrared and Millimeter Waves and the 15th International Conference on Terahertz Electronics*,Cardiff,U. K. ,pp. 567-568.

Riedl, O. , F. Fitzal, N. Mader et al. 2009. Intraoperative frozen section analysis for breast-conserving therapy in 1016 patients with breast cancer. *European Journal of Surgical Oncology* 35:264-270.

Sarlos,D. , L. D. Frey, H. Haueisen et al. 2009. Radioguided occult lesion localization (ROLL) for treatment and diagnosis of malignant and premalignant breast lesions combined with sentinel node biopsy: A prospective clinical trial with 100 patients. *European Journal of Surgical Oncology* 35:403-408.

Siegel,R. ,D. Naishadham,and A. Jemal. 2012. Cancer statistics,2012. *CA: A Cancer Journal for Clinicians* 62:10-29.

Singletary,S. E. 2002. Surgical margins in patients with early-stage breast cancer treated with breast conservation therapy. *The American Journal of Surgery* 184:383-393.

Skinner,K. A. , H. Silberman, and M. J. Silverstein. 2001. Palpable breast cancers are inherently different from nonpalpable breast cancers. *Annals of Surgical Oncology* 8:705-710.

Snider Jr, H. C. and D. G. Morrison. 1999. Intraoperative ultrasound localization of nonpalpable breast lesions. *Annals of Surgical Oncology* 6:308-314.

Talsma,A. K. ,A. M. J. Reedijk,R. A. M. Damhuis,P. J. Westenend,and W. J. Vles. 2011. Re-resection rates after breast-conserving surgery as a performance indicator: Introduction of a case-mix model to allow comparison between Dutch hospitals. *European Journal of Surgical Oncology* 37:357-363.

Thill, M., K. Röder, K. Diedrich, and C. Dittmer. 2011. Intraoperative assessment of surgical margins during breast conserving surgery of ductal carcinoma in situ by use of radiofrequency spectroscopy. *Breast* 20:579-580.

Thind, C. R., S. Tan, S. Desmond et al. 2011. SNOLL. Sentinel node and occult (impalpable) lesion localization in breast cancer. *Clinical Radiology* 66:833-839.

Valdes, E. K., S. K. Boolbol, I. Ali, S. M. Feldman, and J.-M. Cohen. 2007. Intraoperative touch preparation cytology for margin assessment in breast-conservation surgery: Does it work for lobular carcinoma? *Annals of Surgical Oncology* 14:2940-2945.

Veronesi, U., N. Cascinelli, L. Mariani et al. 2002. Twenty-year follow-up of a randomized study comparing breast-conserving surgery with radical mastectomy for early breast cancer. *New England Journal of Medicine* 347:1227-1232.

Waljee, J. F., E. S. Hu, L. A. Newman, and A. K. Alderman. 2008. Predictors of re-excision among women undergoing breast-conserving surgery for cancer. *Annals of Surgical Oncology* 15:1297-1303.

Wallace, V. P., A. J. Fitzgerald, E. Pickwell et al. 2006. Terahertz pulsed spectroscopy of human basal cell carcinoma. *Applied Spectroscopy* 60:1127-1133.

Wallace, V. P., A. J. Fitzgerald, B. Robertson, E. Pickwell, and B. Cole 2005. Development of a hand-held TPI system for medical applications. In 2005 *IEEE MTT-S International Microwave Symposium*, Vols. 1-4, Long Beach, CA, pp. 637-639. IEEE.

Weber, W. P., S. Engelberger, C. T. Viehl et al. 2008. Accuracy of frozen section analysis versus specimen radiography during breast-conserving surgery for nonpalpable lesions. *World Journal of Surgery* 32:2599-2606.

Wilke, L. G., J. Brown, T. M. Bydlon et al. 2009. Rapid noninvasive optical imaging of tissue composition in breast tumor margins. *The American Journal of Surgery* 198:566-574.

Woodward，R. M. ，B. E. Cole，V. P. Wallace et al. 2002. Terahertz pulse imaging in reflection geometry of human skin cancer and skin tissue. *Physics in Medicine and Biology* 47：3853.

Woodward，R. M. ，V. P. Wallace，R. J. Pye et al. 2003. Terahertz pulse imaging of ex vivo basal cell carcinoma. *Journal of Investigative Dermatology* 120：72-78.

Yin，X. ，B. -H. Ng，B. M. Fischer，B. Ferguson，and D. Abbott. 2007. Support vector machine applications in terahertz pulsed signals feature sets. *IEEE Sensors Journal* 7：1597-1608.

Youlden，D. R. ，S. M. Cramb，N. A. Dunn et al. 2012. The descriptive epidemiology of female breast cancer：An international comparison of screening，incidence，survival and mortality. *Cancer Epidemiology* 36：237-248.

第 17 章
口腔癌冷冻太赫兹成像

17.1　引言

　　第 15 章和第 16 章已经对太赫兹成像进行了全面的回顾,评估了太赫兹成像在癌症诊断中的应用,尤其是皮肤癌和乳腺癌(Fitzgerald,et al,2006; Wallace,et al,2006)。使用太赫兹技术研究这类癌症的原因是,生物组织中含有丰富的水分,太赫兹辐射不能深入到生物组织中。正如第 6 章详细描述的那样,太赫兹内窥镜可以很容易地进入口腔,随着更小型的太赫兹内窥镜的发展,现在可以到达诸如胃和结肠等内部器官(Ji,et al,2009)。大多数口腔癌位于口腔表皮,由黑色素细胞或癌细胞产生。在早期阶段,它们对生命的潜在危险似乎很小。然而,一些论文报道口腔癌转移造成死亡的概率比皮肤癌造成死亡的概率更高,因此口腔癌的早期诊断对于预防癌细胞的增殖具有重要意义(Lozano,et al,2013)。因此,使用太赫兹辐射检测口腔肿瘤是一个有趣的课题,其具有广泛的临床应用前景。

　　将太赫兹辐射应用于肿瘤成像中的一个重要事项是了解其对比机制,增强对比度以获得准确的诊断。众所周知,良性组织和恶性组织之间的对比来源于细胞结构变形和含水量的变化。水不仅有助于区分不同组织,而且可限制太赫兹辐射和组织之间的相互作用。因此,有必要将湿组织和已排除液态水的干燥样品的成像结果进行比较。有一些方法可以用于去除液态水,一种是石蜡包埋方法,但其工艺复杂,耗时长(Miura,et al,2011;Park,et al,2011)。在冷冻温度下冻干是一种简单的干燥生物组织的方法(Booth and Kenny,1974)。

本章将回顾人类口腔黑色素瘤和口腔癌的太赫兹成像结果,并通过与湿样品图像进行比较来评估冻干法的效果。

17.2　口腔癌

口腔癌是一个用来定义源于口腔黏膜内层的肿瘤的术语。"癌症"是所有恶性肿瘤的通用术语。根据源发组织的不同,恶性肿瘤一般分为两类:上皮肿瘤和中胚层肿瘤。癌是上皮源性恶性肿瘤,口腔癌属于这一类。事实上,癌症占人类已知恶性肿瘤的 90% 以上。肉瘤影响中胚层组织,如肌肉、软骨和骨骼等。

口腔癌会侵入头颈部的各种结构,口腔癌在癌症中占据重要组成部分。仅口咽恶性肿瘤就占所有人类癌症的 5% 左右,其中,发生在上呼吸道上的恶性肿瘤占近 70%(Posner,2011)。口咽癌是头颈部最常见的恶性肿瘤(除皮肤癌外),口咽癌和皮肤癌是头颈部的重要癌症。然而,口腔癌是一种比皮肤癌更致命的疾病,它的治疗更加困难(Wein,et al,2010)。由于其病程很快,要想治疗成功,早期识别口腔癌是必不可少的。在治疗开始时掌握疾病发展到何种阶段,往往比外科医生的技能或所使用的治疗方式更为重要。

在美国,每年诊断的所有癌症中,口腔癌占 2%～5%。据美国国家癌症研究所的数据,2013 年美国口腔癌的新增病例和死亡人数分别为 41380 例和 7890 人。口腔癌可以在口腔或咽喉的任何部位形成。虽然没有一个年龄段的人对口腔癌是免疫的,但它基本上是发生在中老年人身上的一种疾病。大部分患者的年龄大于 40 岁,但现在年轻患者也在逐渐变多。一般来说,口腔癌在男性中更为普遍。男性患病率是女性的 2 倍,患者的年龄与患口腔癌的发生率和严重程度呈正相关。口腔恶性肿瘤的存活率取决于口腔癌发生的部位,总体来说,据报道,Ⅲ期或Ⅳ期疾病的 5 年生存率低于 50%(Felix,et al,2012)。

绝大多数口腔癌与慢性刺激有关。有一些诱发因素是可以识别的。有充分的证据表明,长期存在的异常状况下的刺激可能会导致癌症的发生。事实上,几种形式的慢性刺激可促使唇和口腔黏膜癌前病变的产生。晒伤是慢性刺激的一个重要例子。对于水手等户外工作者,过度暴露在阳光下会导致皮肤癌和唇癌相对较高的发病率。一些研究人员也认为,组织肤色起着一定的作用,白皙红润的人更容易受到影响。有令人信服的证据表明,烟草烟雾直接刺激恶性口腔病变的发展。保存在牙龈沟中的咀嚼过的烟草是引发口腔癌的一个众所周知的原因。对于酗酒的烟民来说,其患病概率更高。超过 75% 的口腔癌发生在吸烟和/或饮酒的人群中。研究报告称,某些病毒感染与口腔癌有关,如人类乳头状瘤病毒(Hashibe and Sturgis,2013)。

口腔黏膜的表面软组织损伤通常是良性的,在大多数情况下,可使用活组织检查技术进行简单的手术切除。所有良性病变均源于口腔黏膜和黏膜下层正常组织学成分的过度生长。然而,口腔底部的口腔癌可能是一种侵害性恶性肿瘤。当口腔癌转移时,它通常通过淋巴系统传播。当这种情况发生时,一种新的肿瘤的细胞与原发肿瘤部位的异常细胞的类型相同。如果口腔癌扩散到肺部,则肺部的癌细胞实际上是口腔癌细胞(Dequanter,et al,2013)。不存在阻碍其进展的解剖学障碍。口腔底部、中舌、后舌,以及软腭的癌症都有侵害性。位于更后面位置的病变的转移率更高,转移方法也不那么有序。并非所有口腔癌的生长速度都一样。

口腔癌的治疗方法通常是多学科的方法。口腔癌可以通过手术、放疗、化疗方法或这些方法的结合来进行治疗。癌症患者的治疗情况取决于几个因素,包括组织病理学诊断、肿瘤位置、是否发生转移、肿瘤的放射灵敏度或化学灵敏度,以及患者的身体状况(Kumar and Manjunatha,2013)。口腔癌切除的手术方法因病变的类型和程度而异。可以通过简单的切除手术切除位于可触及部位且与淋巴结无关的小肿瘤。诊断为淋巴结转移的口腔恶性肿瘤需要进一步的手术才能连同周围的组织一起彻底切除。这一过程可能会导致大的颌骨缺损和软组织的大量丧失,从而使康复成为一个漫长而艰难的过程(Jones,2012)。

鳞状细胞层覆盖口腔、舌头和嘴唇的大部分表面。口腔癌的恶性肿瘤可能来自各种组织,如唾液腺、肌肉和血管。它甚至可能以远处转移的形式出现。最常见的形式是口腔黏膜的鳞状细胞癌(见图 17.1)。唇和舌的鳞状细胞癌是最常见的病变,这两种病变加起来占所有口腔恶性肿瘤的约 50%(Laudenbach,2013;Terada,2012)。在晚期,癌细胞侵入附近的淋巴结并扩散到身体其他部位,如肺、肝或脑(见图 17.2)。因此,早期诊断和检测癌症区域对于提高患者的生存率至关重要。然而,由于诊断较晚,大多数口腔癌患者需要进行广泛的消融手术以获得足够的裕度。肿瘤的生长速度影响对病情的预断,因此早期诊断具有重要意义。

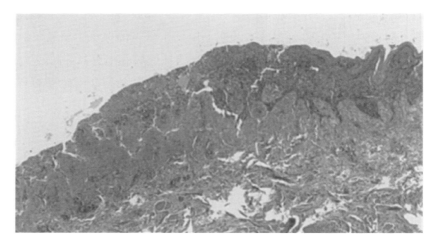

图 17.1　鳞状细胞癌。注意升高和破坏性的表面变化

图 17.2　舌黏膜表皮样癌。注意癌细胞侵害性结节

　　肿瘤切除的程度由术前核磁共振成像、超声检查和视觉检查决定。应获得至少 1.5 cm 的安全裕度以防止复发。然而,在将切除的组织样品送去做最后的病理检查之前,外科医生很难知道是否所有的肿瘤都被完全切除。在手术中会随机选取一个冰冻切片样品,但这并不能覆盖整个病变区(Shah and Gil,2009)。在外科手术中,精确限定口腔癌的边缘具有很强的临床需求。

17.3 人的口腔黑色素瘤的太赫兹成像

人的口腔黑色素瘤是由黑色素细胞发展来的,主要见于口腔鳞状组织。口腔癌的发病率仅为黑色素瘤总数的 1.4%,其 5 年生存率约为 20%,在口腔癌细胞侵害肌肉层的阶段很难确定手术边缘(Hicks and Flaitz,2000;Manganaro,et al,1995;Mihajlovic,et al,2012)。太赫兹成像采用冻融法检测黑色素瘤。从一名 75 岁的妇女的口腔中取出一块大小约为 15 mm² 的带有恶性黑色素瘤的口腔组织,并立即用干冰冷冻。太赫兹成像系统配备有温度控制器,并在 −20 ℃ 和 20 ℃ 下,以 250 μm 的步长进行光栅扫描进而测量口腔组织。

图 17.3(a) 和(b)分别为冷冻和解冻的组织的太赫兹图像(Sim,et al,2013)。刻度线代表测量的时域太赫兹波形的峰值振幅。冷冻组织的太赫兹图像的振幅比解冻组织的低。这意味着太赫兹辐射在冷冻组织中的反射小于在解冻组织中的,因为存在水分子,冷冻组织可很好地吸收和反射太赫兹辐射。在太赫兹图像中,斑点显示在样品的右上角。比较图 17.3(a)和(b)所示的斑点,Ya 的图像对比度高于 Yb 的,如图 17.3(c)所示。Ya 的 FWHM 约为 1 mm,这是与组织学分析中确定的实际尺寸相比较的结果。

图 17.4 显示了图 17.3 中的太赫兹图像中斑点的组织学图像(Sim,et al,2013)。口腔黑色素瘤细胞群由一个虚线圈标记,周围是正常的口腔细胞。黑色素瘤组织沿其长轴的大小约为 300 μm,小于图 17.3(c)所示的 Ya 的 FWHM。尺寸偏差来自使用倾斜聚焦的太赫兹光束的太赫兹测量方法。频率范围为 0.2~1.2 THz 的聚焦光束,其光束直径为 800 μm,这是由于其相对于试样的对角线入射所致。利用聚焦的太赫兹光束直径,通过去卷积过程测量黑色素瘤组织的大小,其值为 600 μm,可以在几百微米的误差内提供接近组织学图像的手术边缘信息。

从图 17.3(a)和图 17.3(b)所示的太赫兹图像中提取的正常黏膜和口腔黑色素瘤的时域太赫兹波形如图 17.5 所示。如果样品足够大,可以从正常黏膜区域的 20 个像素和口腔黑色素瘤区域的 5 个像素中获得独立的波形。误差线代表 95% 的置信区间。如图 17.5(a)所示,在 −20 ℃ 下进行的测量中,正常黏膜反射的太赫兹波的振幅大于口腔黑色素瘤反射的太赫兹波的振幅。在 20 ℃ 下测量的样品中,反射振幅相反,口腔黑色素瘤区域的反射更大,如图 17.5(b)所示,由于组织中的液态水凝固成冰,其折射率更小(Sim,et al,2013)。

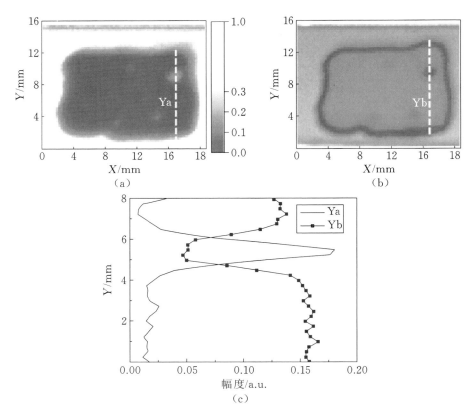

图 17.3　(a)−20 ℃ 和(b)20 ℃下口腔黑色素瘤样品的太赫兹图像;(c)横截面
　　　　　振幅线 Ya 和 Yb

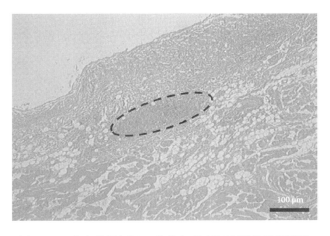

图 17.4　由虚线圈标记口腔黑色素瘤细胞群的病理图像

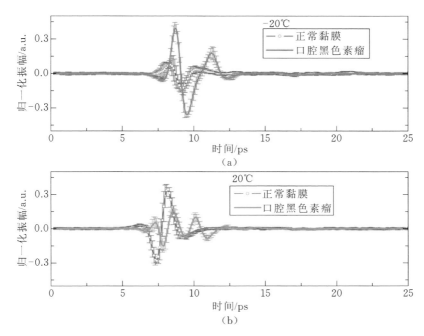

图 17.5　在(a)−20 ℃ 和(b)20 ℃条件下获得的正常黏膜和口腔黑色素瘤区域的
时域太赫兹波形

利用图 17.5 所示的时域波形重建 B 型扫描图像,如图 17.6 所示,波形的时间间隔代表样品间的距离(Sim,et al,2013)。图 17.6(a)显示了在−20 ℃温度下基底和组织之间的边界,如插图中的二维图像中的虚线所示。在正常黏膜表面中横穿的区域边界不变,然而,穿过黑色素瘤结节的 B 型扫描图像显示组织表面有一个斑点,如图 17.6(b)中的箭头所示。如图 17.4 中的组织学图像所示,该斑点与组织表面下方 150 μm 处的黑色素瘤结节完全对应。

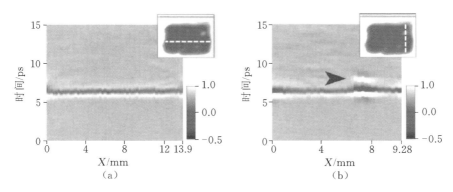

图 17.6　冷冻温度下(a)正常黏膜;(b)口腔黑色素瘤区域的太赫兹 B 型扫描图像

17.4　口腔癌的太赫兹成像

在过去的 50 年中,黏液表皮样癌和鳞状细胞癌占所有口腔癌病例的 90%
以上,其死亡率也高于皮肤癌或乳腺癌的。对约有 10 mm² 的癌细胞的口腔组
织在冷冻和室温下使用太赫兹辐射成像,并将两种结果应用组织学原理进行
比较,如表 17.1 所示。

表 17.1　含癌细胞的口腔组织的列表

鉴 定 序 号	癌　　症	癌 症 类 型
1	Y	MEC
2	Y	MEC
3	Y	SCC
4	Y	SCC
5	Y	SCC
6	Y	SCC
7	Y	SCC

注:MEC 代表黏液表皮样癌;SCC 代表鳞状细胞癌。

经组织切片证实,7 号样品组织内有恶性肿瘤,将单独处理。图(a)中切除
组织的可见图像显示血液呈红色,但没有明显的癌症迹象。冷冻和室温下的
太赫兹图像分别在图(b)中和图(c)中显示,它们是由映射到 0.5 THz 频率下
的折射率图像像素组成的,并带有彩虹状的比例尺。

病理检查显示,该病起源于形态学特征的细微外观。图 17.8 显示了图 17.7(d)
中标记的癌症区的放大病理图像。图 17.8(a)是放大口腔癌区域中心的图像,
存在由细胞间桥相连的多形性细胞和深染细胞组成的大核。细胞结构的这种
变形是由有丝分裂引起的,这种有丝分裂增加了具有异常形态的细胞核和深
染细胞核的细胞密度。在癌细胞周围可发现明显的炎症斑点,如图 17.8(b)和
(c)所示。组织损伤来自巨噬细胞、纺锤体细胞和淋巴细胞数量的快速增加,
以及嗜酸粒细胞和多角细胞进入上皮细胞的侵袭。这证实了在冷冻温度下,
太赫兹图像中的紫色区域是由变形的细胞结构和太赫兹辐射的相互作用引入
的(Sim,et al,2013)。

图 17.9 显示了口腔癌细胞和正常黏膜在两个温度下的折射率和吸收系数,
误差线代表 95% 的置信区间。在 −20 ℃ 的冷冻温度下,0.5～1 THz 的太赫兹

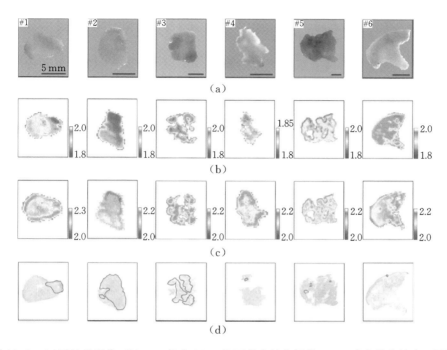

图 17.7 (a)可见光图像;(b)—20 ℃和(c)20 ℃下的太赫兹图像;(d)口腔癌样品的病理图像

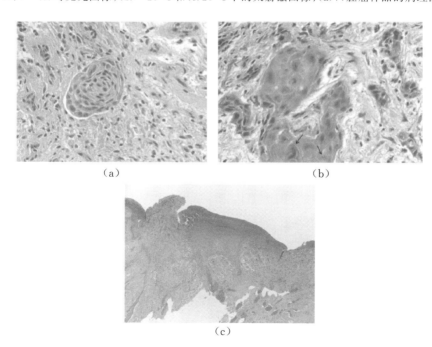

图 17.8 图 17.7(d)中癌细胞区域放大了的病理图像。(a)中心区域;(b)相邻区域;(c)侧面

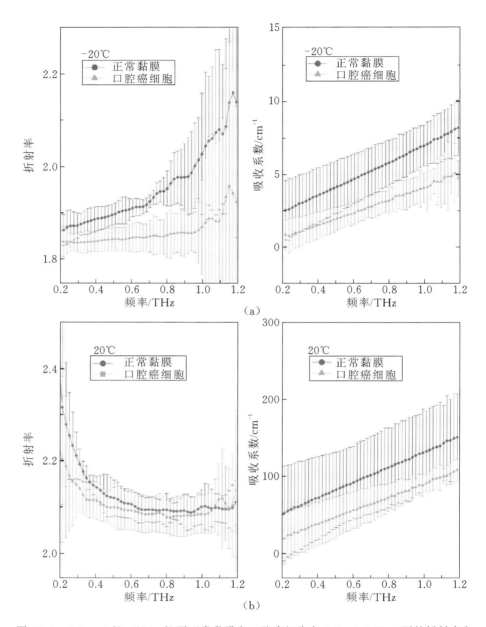

图 17.9 (a)－20 ℃、(b)20 ℃下正常黏膜和口腔癌细胞在 0.2～1.2 THz 下的折射率和
吸收系数

折射率和吸收系数在正常黏膜和口腔癌细胞之间有明显的间隙,如图 17.9(a)
所示。这意味着,如前一段所述,太赫兹辐射可以感测细胞结构的变形,没有

像液态水那样被冰强烈吸收。然而，在 20 ℃的室温下，癌细胞区域的太赫兹光谱的平均值小于正常黏膜区域的平均值，并且它们的误差线相互重叠，如图 17.9(b)所示，它们的折射率和吸收系数也与液态水的相似。这表明解冻组织上的太赫兹辐射主要与液态水反应，导致区分癌变区域与正常区域的灵敏度变差(Sim,et al,2013)。

由于口腔癌和正常黏膜的细胞结构不同，表 17.1 中所示的 7 号样品组织表面以下的癌变肿瘤，可在冷冻温度下通过监测时域太赫兹脉冲检测到。图 17.10(a)～(e)分别显示了 7 号样品的可见光图像、两个温度下获得的太赫兹图像、病理图像和太赫兹时域波形。图 17.10(a)～(c)所示的表面图像没有

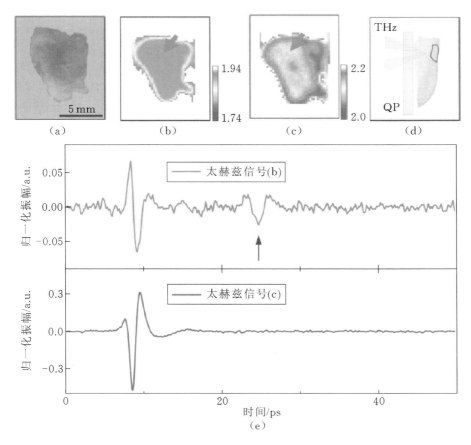

图 17.10　隐藏在组织样品中的侵害性癌变肿瘤的太赫兹检测。(a)可见光图像和样品表面的太赫兹图像；(b)—20 ℃和(c)20 ℃时的太赫兹图像；(d)垂直截面的病理图像；(e)从(b)和(c)中箭头指定的区域提取的太赫兹时域波形

显示任何肿瘤迹象。在组织学的垂直切片中可发现肿瘤,如图 17.10(d)所示,肿瘤位于组织表面下 1.3 mm 处,深度由太赫兹辐射在冷冻温度下进入黏膜组织的路径长度来估算。图 17.10(e)为图 17.10(b)和(c)中的箭头所指区域的太赫兹时域波形。在两个温度下测量从组织表面反射的第一脉冲,其在第二脉冲到达 17 ps 后到达,仅在冷冻温度下才被检测到。考虑到冷冻组织的近似折射率和聚焦的太赫兹光束的入射角,该延迟对应于 1.2 mm 的深度,这与组织学测量结果非常一致。该结果表明,冷冻太赫兹成像技术可以通过区分细胞结构的差异来鉴定组织表面 1 mm 以下的癌变肿瘤区域(Sim,et al,2013)。

一些论文报道说,冻融过程可能导致肺细胞损伤或改变细胞的黏弹性(Chan and Titze,2003;Nonaka,et al,2013)。然而,太赫兹测量病理结果显示,没有任何证据表明冻融过程会对样品的细胞器或细胞结构造成损害。

17.5　冷冻切片与冷冻太赫兹成像

冷冻切片是在实验室中使用快速显微镜检查分析组织样品的组织学过程。与传统的固定组织处理方法相比,由于组织制备质量差,因此该方法仅用于大体评估样品。虽然冷冻切片诊断具有较高的准确率,但必须了解某些相对的局限性,尤其是,当快速诊断至关重要时。

手术室的外科医生向病理实验室提交一份样品,在获得适当的测量之后,用液氮或异戊烷迅速冷冻切除的组织样品。为了消除造成伪影的冰晶的形成,必须尽可能快地冷冻样品(Wilson,1905)。样品的推荐尺寸为 20 mm×20 mm×20 mm。将组织样品置于金属盘上,并在−30～−20 ℃的操作温度下将其固定在卡盘中(Gal and Cagle,2005)。将样品嵌入由聚乙二醇和聚乙烯醇组成的低温化合物中。组织在冷冻的同时被切开,放在玻片上,用苏木精和曙红染色。15～20 min 的组织制备过程比常规组织学的 15～16 h 要快得多。

冷冻切片的病理诊断是外科病理学实践中最重要且最困难的步骤之一。冷冻切片最常见的适应症是建立并确定手术期间病变的性质和进行切除边缘的评估(Ganly,et al,2012;Shah,et al,2003)。在手术过程中,病理学家使用冷冻切片图像进行会诊,但这仅限于切除组织的良性或恶性肿瘤,或切除肿瘤边缘。然而,冷冻切片诊断将影响并改变外科手术操作。冷冻切片有限组织的制备需要经验丰富的病理学家来确定切除组织是否恶性,并进行边缘清除。

冷冻切片要通过样品的切除和染色，以及病理学家的会诊，在大约 10 min 的时间内用显微镜检查才能得出结果。冷冻温度下的太赫兹成像技术可能有助于去除一些步骤，例如样品的切除和染色。如第 17.3 节和第 17.4 节所示，在没有病理学知识的情况下，也可由现场操作外科医生作出决定。太赫兹技术的快速发展，如太赫兹图像的获取，已经可以做到对太赫兹进行实时采样（Behnken et al，2008；Blanchard et al，2013；Lee et al，2006），另外，可以将微型的太赫兹内窥镜插入人体器官（Ji，et al，2009），使这项技术更具吸引力。

17.6 结论

本章回顾了口腔癌太赫兹成像的结果，以评估诊断临床应用的可行性。冷冻温度下的太赫兹图像与组织学图像具有良好的相关性。这意味着太赫兹辐射可以感知正常细胞结构到癌细胞结构的变形，而不需要监测癌细胞周围血管增生引起的含水量变化。冷冻技术还可以通过观察对肿瘤脉冲的反射来检测组织表面深处的癌变肿瘤。冻干样品与湿样品相比，正常黏膜和口腔癌的对比度更好，这是因为湿样品使太赫兹辐射主要与水分子相互作用。作者期望冷冻太赫兹成像技术可以代替冷冻切片，使外科医生无须转移组织就能进行组织学确认，从而在手术室中识别癌变肿瘤。

参 考 文 献

Behnken，B. N. ，G. Karunasiri，D. R. Chamberlin，P. R. Robrish，and J. Faist. 2008. Real-time imaging using a 2.8 THz quantum cascade laser and uncooled infrared microbolometer camera. *Optics Letters* 33：440-442.

Blanchard，F. ，A. Doi，T. Tanaka，and K. Tanaka. 2013. Real-time, subwavelength terahertz imaging. *Annual Review of Materials Research* 43：237-259.

Booth，A. G. and A. J. Kenny. 1974. A rapid method for the preparation of microvilli from rabbit kidney. *Biochemical Journal* 142：575-581.

Chan，R. W. and I. R. Titze. 2003. Effect of postmortem changes and freezing on the viscoelastic properties of vocal fold tissues. *Annals of Biomedical Engineering* 31：482-491.

Dequanter，D. ，M. Shahla，P. Paulus，and P. Lothaire. 2013. Long term results of sentinel lymph node biopsy in early oral squamous cell carcinoma. *OncoTargets and Therapy* 6:799.

Felix,D. H. ,J. Luker,and C. Scully. 2012. Oral medicine:3. Ulcers:Cancer. *Dental Update* 39:664.

Fitzgerald, A. J. , V. P. Wallace, M. Jimenez-Linan et al. 2006. Terahertz pulsed imaging of human breast tumors1. *Radiology* 239:533-540.

Gal,A. A. and P. T. Cagle. 2005. The 100-year anniversary of the description of the frozen section procedure. *JAMA:The Journal of the American Medical Association* 294:3135-3137.

Ganly,I. ,S. Patel,and J. Shah. 2012. Early stage squamous cell cancer of the oral tongue—Clinicopathologic features affecting outcome. *Cancer* 118: 101-111.

Hashibe, M. and E. M. Sturgis. 2013. Epidemiology of oral-cavity and oropharyngeal carcinomas:Controlling a tobacco epidemic while a human papillomavirus epidemic emerges. *Otolaryngologic Clinics of North America* 46:507-520.

Hicks,M. J. and C. M. Flaitz. 2000. Oral mucosal melanoma:Epidemiology and pathobiology. *Oral Oncology* 36:152-169.

Ji, Y. B. , E. S. Lee, S. -H. Kim, J. -H. Son, and T. -I. Jeon. 2009. A miniaturized fiber-coupled terahertz endoscope system. *Optics Express* 17:17082-17087.

Jones,D. L. 2012. Oral cancer:Diagnosis, treatment, and management of sequela. *Texas Dental Journal* 129:459.

Kumar,G. and B. Manjunatha. 2013. Metastatic tumors to the jaws and oral cavity. *Journal of Oral and Maxillofacial Pathology* 17:71.

Laudenbach, J. M. 2013. Oral medicine update:Oral cancer—Screening, lesions and related infections. *Journal of the California Dental Association* 41:326-328.

Lee,A. W. ,B. S. Williams,S. Kumar,Q. Hu,and J. L. Reno. 2006. Real-time imaging using a 4. 3-THz quantum cascade laser and a 320/spl times/240 microbolometer focal-plane array. *IEEE Photonics Technology Letters*

18:1415-1417.

Lozano, R., M. Naghavi, K. Foreman et al. 2013. Global and regional mortality from 235 causes of death for 20 age groups in 1990 and 2010: A systematic analysis for the Global Burden of Disease Study 2010. *The Lancet* 380:2095-2128.

Manganaro, A. M., H. L. Hammond, M. J. Dalton, and T. P. Williams. 1995. Oral melanoma: Case reports and review of the literature. *Oral Surgery, Oral Medicine, Oral Pathology, Oral Radiology, and Endodontology* 80:670-676.

Mihajlovic, M., S. Vlajkovic, P. Jovanovic, and V. Stefanovic. 2012. Primary mucosal melanomas: A comprehensive review. *International Journal of Clinical and Experimental Pathology* 5:739.

Miura, Y., A. Kamataki, M. Uzuki et al. 2011. Terahertz-wave spectroscopy for precise histopathological imaging of tumor and non-tumor lesions in paraffin sections. *The Tohoku Journal of Experimental Medicine* 223: 291-296.

Nonaka, P. N., N. Campillo, J. J. Uriarte et al. 2013. Effects of freezing/ thawing on the mechanical properties of decellularized lungs. *Journal of Biomedical Materials Research Part A* 102:413-419.

Park, J. Y., H. J. Choi, K. -S. Cho, K. -R. Kim, and J. -H. Son. 2011. Terahertz spectroscopic imaging of a rabbit VX2 hepatoma model. *Journal of Applied Physics* 109:064704.

Posner, M. L. 2011. Head and neck cancer. In *Cecil Medicine*, eds. Goldman, L. D. and A. I. Schafer, pp. 1257-1263. Philadelphia, PA: Saunders Elsevier.

Shah, J. P. and Z. Gil. 2009. Current concepts in management of oral cancer-surgery. *Oral Oncology* 45:394-401.

Shah, J. P., N. W. Johnson, and J. G. Batsakis. 2003. *Oral Cancer*. London, U. K.: Martin Dunitz. Sim, Y. C., K. -M. Ahn, J. Y. Park, C. Park, and J. -H. Son. 2013a. Temperature-dependent terahertz imaging of excised oral malignant melanoma. *IEEE Journal of Biomedical and Health Informatics* 17:779-784.

Sim，Y. C. ，J. Y. Park，K. -M. Ahn，C. Park，and J. -H. Son. 2013b. Terahertz imaging of excised oral cancer at frozen temperature. *Biomedical Optics Express* 4：1413.

Terada，T. 2012. Adenoid squamous cell carcinoma of the oral cavity. *International Journal of Clinical and Experimental Pathology* 5：442.

Wallace，V. P. ，A. J. Fitzgerald，E. Pickwell et al. 2006. Terahertz pulsed spectroscopy of human basal cell carcinoma. *Applied Spectroscopy* 60：1127-1133.

Wein，R. O. ，Malone，J. P. ，and Weber，R. S. 2010. Malignant neoplasms of the oral cavity. In *Cummings Otolaryngology—Head and Neck Surgery*：*Head and Neck Surgery*，eds. P. W. Flint，B. H. Haughey，J. K. Niparko，M. A. Richardson，V. J. Lund，K. T. Robbins，M. M. Lesperance，and J. R. Thomas，pp. 1293-1318. St. Louis，MI：Elsevier Health Sciences.

Wilson，L. B. 1905. A method for the rapid preparation of fresh tissues for the microscope. *Journal of the American Medical Association* 45：1737.

第18章
太赫兹分子成像及其临床应用

18.1 引言

在许多疾病中,传统的成像方式(如超声、计算机断层扫描(CT)或核磁共振成像(MRI)检测到的结构或解剖变化比分子变化要晚。分子生物学和成像技术的最新进展使活体动物中单个分子的可视化成为可能(Kherlopian,et al,2008)。利用这些技术,研究人员可以在生理条件下追踪细胞或组织内的分子,由此,临床医生可以对疾病进行早期检查和处理,从而提高临床疗效。

分子成像对于监测肿瘤对治疗的反应也是必要的。目前使用的实体肿瘤反应评估标准适用评估肿瘤在治疗后的结构变化,如大小和形状的变化(Costelloe,et al,2010)。治疗后的分子变化发生在结构改变之前,因此,临床医生可以通过分子成像来改善对患者的管理方式。

目前可用的分子成像技术包括 MRI、单光子激发 CT、正电子发射层析成像,以及使用了荧光或生物发光技术的光学成像(Choi,et al,2011;Massoud and Gambhir,2003;Weissleder and Pittet,2008)。然而,每种技术在空间分辨率、灵敏度、量化和其他特征方面都有优缺点,如表 18.1 所示。

表 18.1 各种分子成像技术的特点

技术名称	空间分辨率	灵敏度	量化	优　　点	缺　　点
MRI	$50\sim500~\mu m$	$10^{-5}\sim$ $10^{-3}~mol/L$	★★	形态与功能结合成像	扫描和后处理时间长
CT	$50~\mu m$	无	不适用	肺和骨头成像	限于软组织,辐射危险
超声	$50\sim500~\mu m$	无	★	实时,成本低	空间分辨率低
PET	$1\sim2~mm$	$10^{-12}\sim$ $10^{-11}~mol/L$	★★★	灵敏度高,定量转化	低分辨率,使用放射性同位素
生物发光/荧光成像	$2\sim10~mm$	$10^{-16}\sim$ $10^{-9}~mol/L$	★	灵敏度高,成本低	分辨率低,深度有限
近红外吸收成像	$0.5\sim3~mm$	$10^{-4}~mol/L$	不适用	快速热成像	分辨率低,深度有限
TMI	$100\sim500~\mu m$	$10^{-5}~mol/L$	★★★	非离子化,可扫描光	深度有限

注:★一般;★★好;★★★极好

我们采用纳米颗粒开发了一种利用了太赫兹辐射的新的分子成像技术。如第 15 章～第 17 章所述,太赫兹成像最近被评估为一种医学成像方式,其用于对各种类型的癌症进行诊断(Fitzgerald,et al,2006;Sim,et al,2013;Woodward,et al,2003),因为它具有许多优点,如安全性高(不同于电离 X 射线),组织中衍射受限的空间分辨率高和对水分子的灵敏度高。然而,当只有太赫兹辐射用于成像时,恶性组织和良性组织之间的对比依然不明显,即使是对于非常严重的癌症。使用抗体结合的纳米颗粒造影剂探针时(Oh,et al,2009,2011),这种微弱的对比度或灵敏度得到了显著改善,这种方法已用于增强 MRI 的灵敏度(Lee,et al,2006)。

本章将回顾纳米颗粒探针(NPPs)的太赫兹分子成像(TMI)的原理,并讨论其生物医学应用,包括癌症诊断、药物传递监测和干细胞(SC)跟踪。

18.2　工作原理

18.2.1　利用纳米颗粒探针进行太赫兹分子成像

分子成像的诊断性能通过使用 NPPs 得以提高(McCarthy and Weissleder,

2008)。研究最广泛的纳米颗粒与一组为核磁共振设计的铁氧化物有关。对于磁性工程,氧化铁纳米颗粒探针可以通过减少水质子的弛豫时间来提高图像对比度,这种纳米颗粒探针已经在人类和动物身上应用了十多年(Frank,et al,2002;Wang,2011)。Oh 等人也采用了类似的方法,通过采用金纳米棒(GNRs)作为纳米颗粒探针来实现太赫兹成像中的高灵敏度和对比度(Oh,et al,2009)。用于 TMI 的 GNRs 的长度为几十纳米,宽高比约为 4,如图 18.1(a)～(c)所示。它们的吸收峰值约为 800 nm,可通过改变如图 18.1(d)所示的宽高比来进行修改。

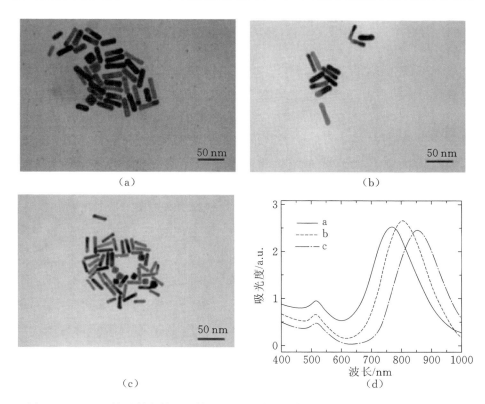

图 18.1 GNRs 的透射发射显微镜(TEM)图像。宽高比为(a)3.2、(b)4.0 和(c)4.2;
(d)GNRs 在(a)、(b)和(c)中的紫外可见吸收光谱

为了模拟摄取 NPPs 后细胞的太赫兹响应,将 GNRs 置于生物细胞的主要组成部分——水中,并使用由 INAs 产生、低温生长的 GaAs 光电导天线探测的典型的反射模式太赫兹时域光谱系统测量响应(详见第 2 章)。太赫兹辐射被装有 GNRs 和水的样品容器反射,其中,水作为第二参考。带和不带

GNRs 的样品反射的太赫兹波几乎相同,这是因为 GNRs 引起的太赫兹辐射的反射或吸收不明显,因此它们的尺寸比太赫兹波长小三到四个数量级。使用连续波红外钛蓝宝石激光器来诱导 GNRs 上的表面等离子体激元,可以增加周围的水的环境温度,这一点在以往的癌细胞热疗研究中得到了证实。如图 18.2 所示,随着磁性金纳米复合材料周围表面等离子体的产生,可观察到温度升高超过 10K(Lee,et al,2008)。温度变化表明,由于太赫兹频段水分子的低频振动和氢键拉伸,水分变化对太赫兹波能量的吸收影响很大(Rønne,et al,1997)。因此,红外辐射引起的表面等离子体效应增加了太赫兹脉冲的反射率,如图 18.3 所示。水的 GNRs 浓度为 3.2 mg/mL,IR 强度为 10 W/cm^2(Oh,et al,2009)。

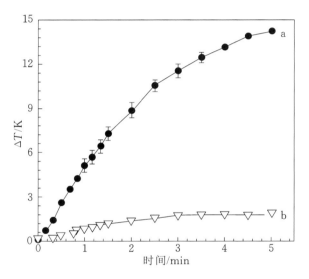

图 18.2　多功能磁性金纳米复合溶液(5 mL,4 mg/mL)和近红外激光诱导下的纯水(5 mL)的温度变化

让表皮癌 A431 细胞吞噬 GNRs,并在 IR 辐射下测量细胞的太赫兹反射率。为了便于比较,测量没有吞噬 GNRs 的 A431 细胞的反射率(Oh,et al,2009)。结果表明,在 10 W/cm^2 和 20 W/cm^2 的红外强度下,具有 GNRs 的细胞的反射率发生变化,而没有 GNRs 的细胞的反射率没有发生变化,如图 18.4 所示。还观察到 IR 光束功率越高,反射率越高。这表明,TMI 的工作原理已在生物细胞以及填充了水的 GNRs 中得到了验证。对于癌症成像的可行性试验,使用如图 18.5 所示的反射式太赫兹成像系统对具有和不具有 GNRs 的 A431 细胞进行成像。图 18.5(a)显示了没有 GNRs 的癌细胞和在容器中吞噬有

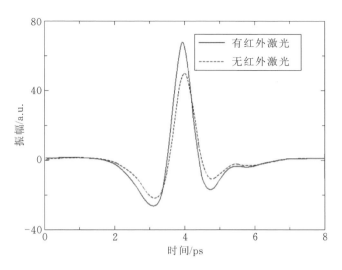

图 18.3   在用红外激光照射前(虚线)和照射后 5 min(实线),由有 GNRs 的水反射的太
赫兹时域波形

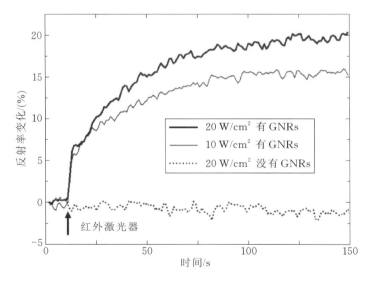

图 18.4   在 10 W/cm² 和 20 W/cm² 的 IR 强度下,有和没有 GNRs 的活癌细胞的
太赫兹振幅峰值的变化

GNRs 的癌细胞的图像,由于有 GNRs 的摄取,它们在照片中可以清楚地被分辨
出来。然而,尽管有 GNRs 的摄取,两种类型的细胞在没有 IR 照射的情况下的
太赫兹图像似乎不可区分,如图 18.5(b)所示。如图 18.5(c)所示,在 IR 照射下,

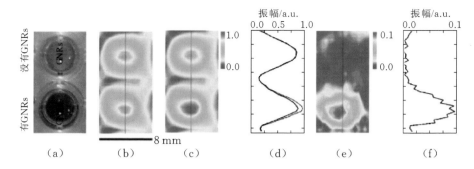

图 18.5　有和没有 GNRs 的癌细胞的图像。(a)可见光图像;(b)没有红外照射的太赫兹图像;(c)有红外照射的太赫兹图像;(d)沿图(b)和图(c)中的线的振幅;(e)(b)和(c)之间的差分图像;(f)沿(e)中的线的振幅

带有 GNRs 的细胞的太赫兹图像变得更亮,而没有 GNRs 的细胞则没有变化。图 18.5(d)显示了图 18.5(b)和(c)中沿着线的振幅。在 IR 照射下,有 GNRs 的细胞的反射率提高 10%。这种增强作用太小,不足以支持用作可能引起不良副作用的纳米颗粒对比剂。然而,当图 18.5(b)中的图像从图 18.5(c)中减去时,这种 TMI 技术的卓越性显然被证实,如图 18.5(e)所示。对于没有 GNRs 的细胞,差异几乎为零。图 18.5(f)显示了沿着图 18.5(e)中所画的线的振幅,GNRs 细胞与非 GNRs 细胞的反射率的比值约为 30%,这表明 TMI 技术可以实现 NPPs 靶向癌细胞的高对比度、靶向特异性检测(Oh,et al,2009)。

18.2.2　直接调制差分探测

太赫兹分子成像是一种对 NPPs 靶向分子和细胞成像非常敏感的技术。然而,上一节描述的原理需要两组太赫兹图像(有和没有 IR 照射),这可能会降低 TMI 技术在生物医学上应用的重要性,因为它们在成像期间通常不会被固定,并且需要更多时间去测量两次样品。为了克服这一缺点,可以使用添加到 IR 激光束路径中的机械斩波器来调制 IR 光束,以便执行图 18.6 所示的数学减法(Oh,et al,2011,2012)。图 18.6 显示了 IR 激光器的振幅调制和结果。在 IR 照射下,加入 GNRs 的水的太赫兹反射率相对于红外光束调制(粗线)的信号表现出很大的变化,而没有 GNRs 的水和没有经过 IR 照射且有 GNRs 的水的振幅几乎为零(Oh,et al,2011)。将直接调制 IR 的方法与上一节中描述的数值差分法进行比较,直接调制的太赫兹成像除了具有只需一次测量的优点外,还具有比数值差分法更好的对比度。直接调制的太赫兹图像和样品之

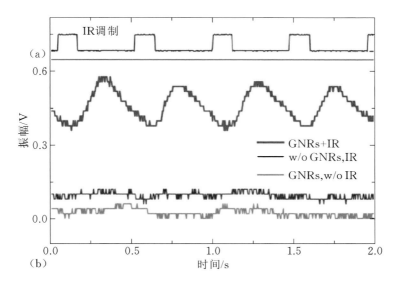

图 18.6　IR 调制下的太赫兹响应。(a)由机械斩波器调制的红外信号；(b)水的太赫兹响
应,粗线表示有 GNRs,有 IR 照射；灰线表示有 GNRs,没有 IR 照射；黑线表示没
有 GNRs,有 IR 照射；IR 光束的强度为 15 W/cm²；通过 IR 光束调制信号触发示
波器,可获得太赫兹振幅信息

间的区域相关性也很好,这对癌症成像的分界是至关重要的(Oh,et al,2012)。

　　图 18.7 所示的为直接调节的 TMI 在动物器官组织中的实例。将 GNRs
通过尾静脉注射到小鼠体内,而另一只小鼠没有注射以作为对照。GNRs 以
相位共轭的方式到达癌变肿瘤,但其大部分在前往肿瘤的途中被肝脏、脾脏和
其他器官俘获 (Oh,et al,2011；Son,et al,2011)。从一组小鼠体内提取的脾
脏在调制的 IR 照射下的太赫兹技术成像如图 18.7 所示。该图显示吸收了
GNRs 的脾脏具有明显的太赫兹响应。

18.2.3　太赫兹分子成像的特点

　　图 18.8 显示了 TMI 产生的敏感响应。为了表征最小检测灵敏度,将
GNRs 用不同浓度的水稀释。虽然几乎没有太赫兹波从水中反射出来,但物
质的量浓度为 10 μmol/L 的溶液可以成像,如图 18.8(a)所示。图 18.8(b)显
示了反射率和 GNRs 的物质的量浓度之间的线性关系,相关系数为 0.992。相
关人员还在小鼠体内用由基质凝胶制作的人造肿瘤检测了最低检测灵敏度和
定量的线性关系。TMI 与人造肿瘤的特征也显示出良好的线性关系,最小检
测物质的量浓度为 15 μmol/L(Oh,et al,2011)。

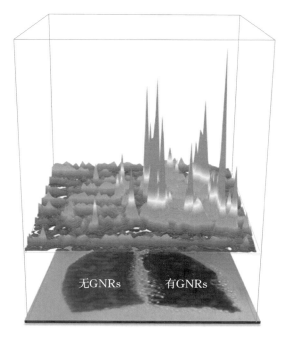

图 18.7　一组有和没有注射 GNRs 的小鼠脾脏的 TMI 信号

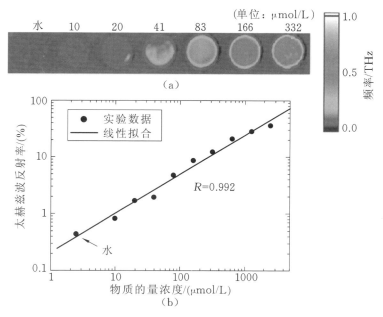

图 18.8　溶液中 TMI 的量化。(a)10～332 μmol/L 的各种浓度的 GNRs 溶液的太赫兹分子成像；(b)不同浓度的 GNRs 溶液的太赫兹波反射率(实心圆)。实验数据用直线拟合

18.3 应用

18.3.1 癌症的诊断

癌症在全世界都属于严重的致死疾病。对于许多癌症,早期的诊断可以有效降低死亡率。然而传统的临床成像技术,包括 X 射线成像、超声成像、CT 和 MRI 等,都只能提供宏观层面的图像。对于高分辨率表面成像,包括太赫兹成像在内的许多光学成像方式正在研究中。

太赫兹成像是一种适合癌症成像的技术,因为太赫兹辐射对极性分子(如水)很敏感,而且癌组织中的血液供应通常会增加。水含量的变化提供了癌变肿瘤和邻近正常组织在太赫兹成像中的一个对比机制。这种对比也源于肿瘤细胞的结构变化,正如石蜡包埋或冷冻癌组织的太赫兹成像所证实的那样(Park,et al,2011;Sim,et al,2013)。然而,所有病例的综合对比度都很小,这限制了太赫兹成像在癌症诊断中的实用性。

如果纳米颗粒探针可以有效地进入癌变肿瘤中,太赫兹分子成像将是一个很好的诊断工具。许多研究已经证明,将磁变 NPPs 运输到肿瘤中,就可以将 MRI 应用于前列腺癌(McCarthy and Weissleder,2008)、上皮癌(Lee,et al,2008),以及其他类型的癌症的诊断中。作为 NPPs 的一个类型,GNRs 也被用于太赫兹成像和通过将其传输到癌变肿瘤中以进行热疗(Choi,et al,2012;Oh,et al,2011)。通过小鼠尾静脉将 GNRs 注入体内,用抗体相结合的方法可定位肿瘤。为了提高靶向癌细胞的特异性,相关人员用西妥昔单抗(CET)、抗表皮生长因子受体和嵌合单克隆抗体对聚乙二醇化的 GNRs(PGNRs)的外表面进行了改造。

将相位结合的 GNRs 注射到大腿近端有 A431 表皮样癌性肿瘤的雄性裸鼠体内。图 18.9 显示了数十种不同浓度 CET-PGNRs 的异种移植小鼠模型中的两个,以及用太赫兹辐射和近红外(NIR)光束进行成像的结果。如图 18.9(a)所示,向小鼠体内注入 54 μL 物质的量浓度为 1 mmol/L 的 CET-PGNRs(Oh,et al,2012),注射 24 h 后,小鼠的太赫兹分子成像如图 18.9(b)所示。由于红外线辐射下存在表面等离子体效应,其温度升高了 2.5 ℃。为了与传统技术作对比,还通过近红外吸收成像(NAI)技术对肿瘤进行了成像,这是一种用于测量 NPPs 的体内光学成像技术。与通过差分调制的 TMI 不同,NAI 要求在 NPPs 注入前后采样图像,并测量所输送 NPPs 分布的相对质量变化。NAI 结果显示注射前和注射 24 h 后的相对质量变化情况,分别如图 18.9(c)和(d)所示。图 18.9(e)显示了一个 2.1 cm³ 大小的肿瘤,因为较小的肿瘤只能注入较少的 NPPs,因此注射的剂量提高到 100 μL,物质的量浓度为 1 mmol/L。无论肿瘤大小,都可以获得清晰的太赫兹分子成像和定量信息,如图 18.9(f)所示,而近红外成像技术不能区分 NPPs 注射前后获得的图像,如图 18.9(g)和(h)所示。

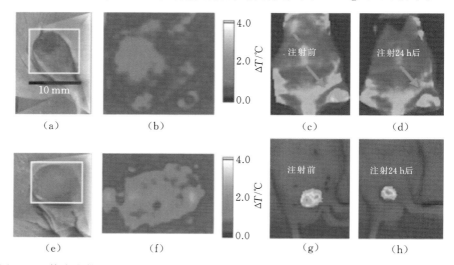

图 18.9　体内太赫兹分子成像与 NIR 吸收成像对比。(a)具有 A431 癌变肿瘤的小鼠的
　　　　照片;(b)图(a)所示的小鼠的太赫兹分子成像;(c)和(d)分别为在注射 NPPs 前
　　　　和注射 24 h 后,图(a)中显示的小鼠的 NIR 吸收成像;(e)具有较小肿瘤
　　　　(2.1 cm³)的小鼠的照片;(f)图(e)所示的小鼠的太赫兹分子成像;(g)和(h)分
　　　　别为在注射 NPPs 前和注射 24 h 后,图(e)中显示的小鼠的 NIR 吸收成像

18.3.2　纳米颗粒给药成像

目前正在开发各种类型的纳米颗粒药物,同时也在进行跟踪研究(Prokop,2011;Son,et al,2011)。TMI 是一个很好的解决方案,它可以对这类药物的输送和分配过程进行成像。为了测量到达特定位置的纳米颗粒的浓度,通过尾静脉注射了纳米颗粒的小鼠的器官被手术切除(Son,et al,2011)。纳米颗粒与普通药物一样,有望在通过抗体结合靶向治疗肿瘤的过程中被肝脏和脾脏所吸收。纳米颗粒在多个器官中的分布如图 18.10(a)所示,肝脏捕获了大部分纳米颗粒,脾脏捕获了一部分纳米颗粒。图 18.10(b)显示了没有注射纳米颗粒的小鼠器官的参考太赫兹成像。结果表明,TMI 可以实现纳米颗粒药物输送的定量成像(Son,et al,2011)。

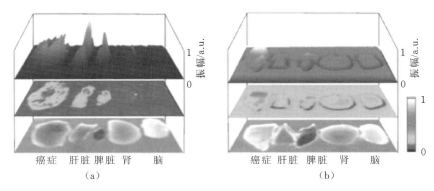

图 18.10　癌变肿瘤和器官的太赫兹成像。(a)注射纳米颗粒后的小鼠的太赫兹成像；(b)没有注射纳米颗粒的小鼠的太赫兹成像

18.3.3　干细胞跟踪

干细胞(SCs)通过有丝分裂，一部分分化成各种专用的细胞，一部分自我更新产生更多的干细胞。因为多种调节过程都存在干细胞的参与，所以对干细胞的跟踪是很重要的。例如，受伤组织的愈合就需要干细胞的参与，但是干细胞还有一个更具有研究价值的方面，就是干细胞可以有效阻止正常组织向肿瘤组织的转换，以及癌细胞的扩散(Modo，et al，2002；Weissman，2000)。图18.11 所示的图像就反映了利用太赫兹分子成像技术跟踪间充质干细胞(MSCs)治愈烧伤斑的迁移过程。如图 18.11 所示，将含有超顺磁性的氧化铁纳米颗粒(SPIO)的间充质干细胞注射到距离烧伤皮肤(图中虚线圆处)几毫米远的小鼠皮肤(图中实线圆处)中。图像为注入 SPIO 后一周内的变化。图像反

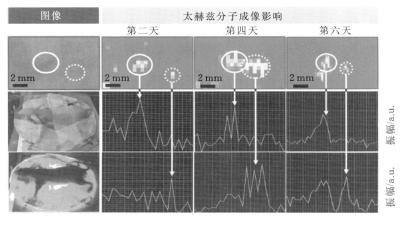

图18.11　用 SPIO 标记的 MSCs 注射到老鼠皮下后的转移过程的太赫兹分子成像

映了被 SPIO 标记了的间充质干细胞的迁移过程。第二天,大多数的间充质干细胞还停留在原来的注射位置,但是到了第四天,它们都转移到了烧伤区域。到了第六天,因为烧伤区域的愈合,间充质干细胞分散,信号减弱。利用太赫兹分子成像技术可以弥补传统方式(如 MRI 和 CT)对皮肤表面成像的不足,让跟踪皮下的间充质干细胞成为可能。

18.4 与传统医学成像技术的比较

太赫兹成像技术显然是一种很有前途的医学成像技术,且在某些方面仍比传统的医学成像技术有优势。超声成像、CT、MRI 和正电子发射断层扫描的常规技术可以通过各自的对比机制提供更好的穿透性断层扫描,然而,太赫兹成像可以更好地区分恶性病变与位于表面的良性病变。

TMI 是一种新的技术,与传统的分子成像技术比较,MRI 是使用了 SPIO 的技术中使用最广泛的分子成像技术(Lee,et al,2008;McCarthy and Weissleder,2008)。为了将 TMI 与 MRI 进行比较,使用双模式纳米颗粒造影剂(一种在商业上可以买到的名为 Feridex 的 SPIO,其被美国食品药品监督管理局批准用于人类)。SPIO 被内吞入卵巢 SKOV3 癌细胞,然后将细胞注射入小鼠右侧大腿,图18.12 显示了小鼠的体内 TMI 和 MRI 图像。二者都显示出类似的新月形肿瘤,其显示 TMI 的强度增加,但 MRI 中的图像变暗。该结果表明,TMI 技术可用于监测手术室的手术过程,而 MRI 可用于术前和术后成像(Park,et al,2012)。

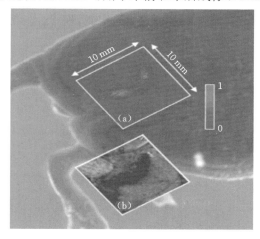

图 18.12　活体小鼠注射 SPIO 标记的卵巢癌细胞 24 h 后的(a)太赫兹分子成像结果和
(b)磁共振成像结果

18.5 结论和展望

本章回顾了太赫兹分子成像的原理,还介绍了一些生物医学应用。分子成像是临床医学中的新领域,对患者的早期疾病检测、治疗监测和患者个性化管理有着巨大的贡献。太赫兹成像技术得到了实质性的发展,研究结果表明了其未来临床应用的潜力,特别是癌症检测和表征应用上。使用了 NPP 的 TMI 已经被进一步开发,以利用常规太赫兹成像的优点和类似于常规医学成像技术中使用的造影剂的 NPP 的优点,其可提供非常高的测量灵敏度,并且能够实现生物医学材料的靶特异性感测。然而,太赫兹成像的临床试验数量有限。与目前常规的成像方式相比,还应进一步验证 TMI 的效果。

总之,我们已经开始测试太赫兹成像作为一种新型医学成像方式的可行性。应该进行更多的研究来对其进行改进,更重要的是要在检测、表征、诊断和后处理监测方面实现突破。这些进展将进一步促进太赫兹成像技术的临床应用。

参 考 文 献

Choi,J. ,J. Yang,D. Bang et al. 2012. Targetable gold nanorods for epithelial cancer therapy guided by near-IR absorption imaging. *Small* 8:746-753.

Choi,J. H. ,J. M. Yang,J. S. Park et al. 2011. Specific near-IR absorption imaging of glioblastomas using integrin-targeting gold nanorods. *Advanced Functional Materials* 21:1082-1088.

Costelloe,C. M. ,H. H. Chuang,J. E. Madewell,and N. T. Ueno. 2010. Cancer response criteria and bone metastases:RECIST 1. 1,MDA and PERCIST. *Journal of Cancer* 1:80.

Fitzgerald,A. J. ,V. P. Wallace,M. Jimenez-Linan et al. 2006. Terahertz pulsed imaging of human breast tumors. *Radiology* 239:533-540.

Frank,J. A. ,H. Zywicke,E. K. Jordan et al. 2002. Magnetic intracellular labeling of mammalian cells by combining (FDA-approved) superparamagnetic iron oxide MR contrast agents and commonly used transfection agents. *Academic Radiology* 9:S484-S487.

Kherlopian,A. R. ,T. Song,Q. Duan et al. 2008. A review of imaging

太赫兹生物医学科学与技术

techniques for systems biology. *BMC Systems Biology* 2:74.

Lee, J.-H., Y.-M. Huh, Y.-W. Jun et al. 2006. Artificially engineered magnetic nanoparticles for ultrasensitive molecular imaging. *Nature Medicine* 13:95-99.

Lee, J. W., J. M. Yang, H. J. Ko et al. 2008. Multifunctional magnetic gold nanocomposites: Human epithelial cancer detection via magnetic resonance imaging and localized synchronous therapy. *Advanced Functional Materials* 18:258-264.

Massoud, T. F. and S. S. Gambhir. 2003. Molecular imaging in living subjects: Seeing fundamental biological processes in a new light. *Genes and Development* 17:545-580.

McCarthy, J. R. and R. Weissleder. 2008. Multifunctional magnetic nanoparticles for targeted imaging and therapy. *Advanced Drug Delivery Reviews* 60:1241-1251.

Modo, M., D. Cash, K. Mellodew et al. 2002. Tracking transplanted stem cell migration using bifunctional, contrast agent-enhanced, magnetic resonance imaging. *Neuroimage* 17:803-811.

Oh, S. J., J. Choi, I. Maeng et al. 2011. Molecular imaging with terahertz waves. *Optics Express* 19:4009-4016.

Oh, S. J., Y.-M. Huh, J.-S. Suh et al. 2012. Cancer diagnosis by terahertz molecular imaging technique. *Journal of Infrared, Millimeter, and Terahertz Waves* 33:74-81.

Oh, S. J., J. Kang, I. Maeng et al. 2009. Nanoparticle-enabled terahertz imaging for cancer diagnosis. *Optics Express* 17:3469-3475.

Park, J. Y., H. J. Choi, K.-S. Cho, K.-R. Kim, and J.-H. Son. 2011. Terahertz spectroscopic imaging of a rabbit VX2 hepatoma model. *Journal of Applied Physics* 109:064704.

Park, J. Y., H. J. Choi, G.-E. Nam, K.-S. Cho, and J.-H. Son. 2012. In vivo dual-modality terahertz/magnetic resonance imaging using superparamagnetic iron oxide nanoparticles as a dual contrast agent. *IEEE Transactions on Terahertz Science and Technology* 2:93-98.

Prokop, A. 2011. *Intracellular Delivery: Fundamentals and Applications.*

New York:Springer.

Rønne, C., L. Thrane, P.-O. Åstrand et al. 1997. Investigation of the temperature dependence of dielectric relaxation in liquid water by THz reflection spectroscopy and molecular dynamics simulation. *The Journal of Chemical Physics* 107:5319.

Sim, Y. C., K.-M. Ahn, J. Y. Park, C. Park, and J.-H. Son. 2013a. Temperature-dependent terahertz imaging of excised oral malignant melanoma. *IEEE Journal of Biomedical and Health Informatics* 17: 779-784.

Sim, Y. C., J. Y. Park, K.-M. Ahn, C. Park, and J.-H. Son. 2013b. Terahertz imaging of excised oral cancer at frozen temperature. *Biomedical Optics Express* 4:1413.

Son, J.-H. 2013. Principle and applications of terahertz molecular imaging. *Nanotechnology* 24:214001.

Son, J.-H., S. J. Oh, J. Choi et al. 2011. Imaging of nanoparticle delivery using terahertz waves. In *Intracellular Delivery: Fundamentals and Applications*, ed. A. Prokop, pp. 701-711. New York:Springer.

Wang, Y.-X. J. 2011. Superparamagnetic iron oxide based MRI contrast agents:Current status of clinical application. *Quantitative Imaging in Medicine and Surgery* 1:35.

Weissleder, R. and M. J. Pittet. 2008. Imaging in the era of molecular oncology. *Nature* 452:580-589. Weissman, I. L. 2000. Stem cells:Units of development, units of regeneration, and units in evolution. *Cell* 100: 157-168.

Woodward, R. M., V. P. Wallace, R. J. Pye et al. 2003. Terahertz pulse imaging of ex vivo basal cell carcinoma. *Journal of Investigative Dermatology* 120:72-78.

第 19 章
太赫兹波的医学应用前景及结论

正如本书前面所讨论的那样,太赫兹电磁波以其独特的优势被用来研究生物现象,太赫兹波也被应用于医学领域,特别是在未来成像模式的太赫兹技术测试方面。然而,太赫兹波在医学成像中的应用存在一些缺陷。其中一个问题是,由于生物组织、细胞和大分子的非均匀展宽和在活细胞中大量存在的水分子的吸收,使得共振特性被抹去,很难从生物组织、细胞和大分子中获得特定的特征信号(Son,2009)。可以通过冷冻干细胞和组织来消除水的影响(Png,et al,2008;Globus,et al,2012;Sim,et,al,2013)。如第 17 章所述,冷冻技术也有助于提高太赫兹波对生物样品的穿透力。Oh 等人开发了另一种测量深度增强技术,利用化学凝胶对水中生物样品进行成像,这种凝胶比水吸收的太赫兹波的吸收系数小,折射率在太赫兹频率范围内是平坦的(Oh,et al,2013)。

为了证明成像深度的增强,使用甘油作为太赫兹渗透增强剂(THz PEA)。图 19.1(a)和(b)分别显示了不使用(*1)和使用(*2)甘油的情况下,放置在金属刀片靶上的小鼠腹部皮肤的照片和测量方案。甘油仅涂在组织的右半部,厚度为 220 μm。涂上甘油 30 min 后,获得的由组织反射的太赫兹波形,如图 19.1(c)所示。图 19.1(d)和(e)中的太赫兹图像为分别使用图 19.1(c)中的时域波形

的第一峰和第二峰进行的重构。表面图像(见图 19.1(d))不能充分揭示甘油
对左右两侧的影响。然而,图 19.1(e)中第二峰的图像清楚地显示了组织左右
两侧的区别。未使用甘油的组织下方的金属靶的图像是模糊的,而使用了甘
油的组织图像的对比度则明显更好。第二峰通过甘油组织的振幅几乎是没有
甘油的 2 倍,第一峰和第二峰之间的时间间隔也减小。这些结果表明,可通过
用甘油替代一些间隙水分子来改变脂类的太赫兹光学特性,如吸收系数和折
射率(Oh,et al,2013)。使用渗透增强剂可使太赫兹波在诊断中深入湿样品,
并减少太赫兹波在生物组织测量中的局限性。如果生物医学样品的太赫兹成
像被广泛应用,将会开发出更好的渗透增强剂,这种渗透增强剂应该是具有较
低太赫兹辐射吸收的生物相容性材料。

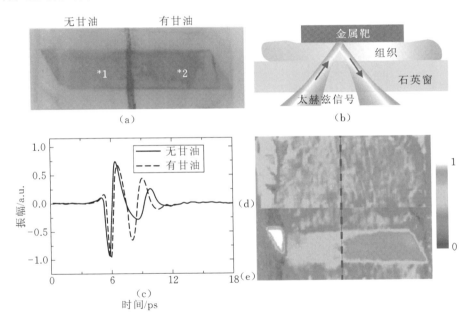

图 19.1　将甘油作为太赫兹渗透增强剂可增强小鼠组织的测量深度。(a)不使用(*1)和
　　　　使用(*2)甘油的情况下,放置在金属靶上的小鼠腹部皮肤的照片;(b)测量方
　　　　案;(c)组织反映的时域太赫兹波形;(d)第一峰和(e)第二峰重构的太赫兹图像。
　　　　组织尺寸为 $5 \times 3 \ cm^2$

可利用太赫兹波的光谱特性来找出特定的信号,以确定太赫兹成像相对
于其他医学成像技术的优势,如磁共振成像或计算机断层扫描。在提交本书
的手稿之前,在医学成像中,特别是在癌症的测量中并没有发现明显的光谱特

征。然而，众所周知，许多疾病都伴随着分子的化学变化而变化（Cooper and Youssoufian，1988；Ehrlich，2002；Pineda，et al，2010），这可能是以具有特定特征的太赫兹波为特征的。

医疗应用的一个重要方面是组件的进步，利用这些组件可以实现让医院负担得起的系统。基于电子和光子技术的各种源、探测器、调制器、滤波器和其他设备正在开发中，以满足潜在的应用。特别是，基于激光的脉冲系统具有更好的光谱性能，在成本方面，连续波固态器件是有前途的。随着太赫兹设备技术的不断成熟，除了癌症成像以外，其他一些特定的应用领域也可以出现在现实世界的医疗领域中，如血液成分的测量（Jeong，et al，2011；Reid，et al，2013）、烧伤创面的表征（Dougherty，et al，2007；Taylor，et al，2011；Baughman，et al，2013）、角膜水化水平的传感（Singh，et al，2010；Taylor，et al，2011）、牙髓活力的诊断（Hirmer，et al，2012），以及胰岛素淀粉样纤维性颤动的研究（Liu，et al，2010）。

为了实现太赫兹技术在医疗领域中的应用，必须与医学领域的研究人员和临床医生密切合作，将精力集中在设备和系统的开发上。在我们继续努力突破限制的同时，编辑希望在不久的将来看到太赫兹医疗设备在医院里运行。

参 考 文 献

Baughman，W. E.，Yokus，H.，Balci，S.，Wilbert，D. S.，Kung，P.，and Kim，S. 2013. Observation of hydrofluoric acid burns on osseous tissues by means of terahertz spectroscopic imaging. *IEEE Journal of Biomedical and Health Informatics* 17：798-805.

Cooper，D. N. and Youssoufian，H. 1988. The CpG dinucleotide and human genetic disease. *Human Genetics* 78：151-155.

Dougherty，J. P.，Jubic，G. D.，and Kiser，W. L. 2007. Terahertz imaging of burned tissue. Paper presented at the *International Conference on Terahertz and Gigahertz Electronics and Photonics* Ⅵ，San Jose，CA.

Ehrlich，M. 2002. DNA methylation in cancer：Too much，but also too little. *Oncogene* 21：5400-5413. Globus，T.，Dorofeeva，T.，Sizov，I. et. al，2012. Sub-THz vibrational spectroscopy of bacterial cells and molecular components. *American Journal of Biomedical Engineering* 2：143-154.

Hirmer，M.，Danilov，S. N.，Giglberger，S. et. al，2012. Spectroscopic study of human teeth and blood from visible to terahertz frequencies for clinical diagnosis of dental pulp vitality. *Journal of Infrared，Millimeter，and Terahertz Waves* 33：366-375.

Jeong，K.，Huh，Y.-M.，Kim，S.-H. et. al，2011. Characterization of blood cells by using terahertz waves. Paper presented at the *International Conference on Infrared，Millimeter and Terahertz Waves*，Houston，TX.

Liu，R.，He，M.，Su，R. et. al，2010. Insulin amyloid fibrillation studied by terahertz spectroscopy and other biophysical methods. *Biochemical and biophysical research communications* 391：862-867.

Oh，S. J.，Kim，S.-H.，Jeong，K. et. al，2013. Measurement depth enhancement in terahertz imaging of biological tissues. *Optics Express* 21：21299-21305.

Pineda，M.，González，S.，Lázaro，C.，Blanco，I.，and Capellá，G. 2010. Detection of genetic alterations in hereditary colorectal cancer screening. *Mutation Research* 693：19-31.

Png，G. M.，Choi，J. W.，Ng，B. W. et. al，2008. The impact of hydration changes in fresh bio-tissue on THz spectroscopic measurements. *Physics in Medicine and Biology* 53：3501-3517.

Reid，C. B.，Reese，G.，Gibson，A. P.，and Wallace，V. P. 2013. Terahertz time-domain spectroscopy of human blood. *IEEE Journal of Biomedical and Health Informatics* 17：774-778.

Sim，Y. C.，Park，J. Y.，Ahn，K.-M.，Park，C.，and Son，J.-H. 2013. Terahertz imaging of excised oral cancer at frozen temperature. *Biomedical Optics Express* 4：1413-1421.

Singh，R. S.，Tewari，P.，Bourges，J. L. et. al，2010. Terahertz sensing of corneal hydration. Paper presented at the *Annual International Conference of the IEEE Engineering in Medicine and Biology Society*，Buenos Aires，Brazil.

Son，J. H. 2009. Terahertz electromagnetic interactions with biological matter and their applications. *Journal of Applied Physics* 105：102033.

Taylor，Z. D.，Singh，R. S. Bennett，D. B. et. al，2011. THz medical imaging：In vivo hydration sensing. *IEEE Transactions on Terahertz Science and Technology* 1：201-219.